Martin Haller (Hrsg.)

Pferde richtig beurteilen

Praktisches Wissen für Reiter, Züchter, Käufer ...

Stocker

Dieses Buch entstand in Zusammenarbeit des Herausgebers/Autors Martin Haller mit weiteren Autoren. Diese haben Beiträge von unterschiedlichem Umfang beigesteuert, die in den Haupttext zum Teil eingeflossen sind bzw. an diesen angefügt wurden. Der Herausgeber/Autor bedankt sich bei allen beitragenden Personen:

Frau Heather Smith Thomas
Lady Marguerita Fuller
Frau Dr. Kate Storey-Whyte
Mrs. Justine Armstrong-Small
Frau Andrea Jänisch
Frau Linda Impey
Herr Hans Brabenetz
Herr Dr. Thomas Druml
Herr Ing. Heinrich Lazarini
Herr Hakan Alp
Herr Hardy Oelke
Herr Rainer Duen
Herr Gabriel Rodenberg

Martin Haller (Hrsg.)

Pferde richtig beurteilen

Praktisches Wissen für Reiter, Züchter, Käufer ...

Leopold Stocker Verlag
Graz – Stuttgart

Umschlaggestaltung: DSR Werbeagentur Rypka GmbH/Thomas Hofer, A-8143 Dobl/Graz, www.rypka.at
Titelbild: Martin Haller
Bildnachweis: Karin Haas (S. 10, 21, 26 re., 45 li. u., 72, 116, 121 re., 132, 189 re., 212, 226 u., 228 u., 242 u., 247, 250), Archiv Martin Haller (S. 14, 15, 17 o., 19 o., 51, 54, 64, 81 u., 90, 115 o., 143), Prof. Rainer Willmann (S. 18 u.), Nicola Rona (S. 24 li.), Verena Braun de Praun (S. 27, 83 li.), Christian Brandstätter Verlag (S. 30), Eileen Haller (S. 32, 44, 197, 209, 232 u., 241), Archiv Hardy Oelke (S. 39 re., 104 li. u., 176, 248, 249, 251), Heike Pekarz (S. 45 o., 230 u., 231), Archiv Nigel Impey (S. 60), Christian Volk (S. 117 Mi.), Franz und Elisabeth Müllner (S. 130, 202 re., 219), Archiv Tierklinik Andritz (S. 147 li., 171), Archiv Gerlinde Achleitner (S. 154 li.), Georg Bartosch (S. 183), Mariela Bartosch (S. 189 re.), Walter Goelles (S. 215 o.), Bettina Niedermayer (S. 211, 243, 244), Archiv Hakan Alp (S. 226 o.), Archiv Thomas Druml (S. 232 o.), Susanne Lehmann (S. 234 o.), Miriam Lewin (S. 236), Andreas Fitzgerald (S. 242 o.), Narelle Wockner (S. 254 u.), Archiv Martin Gurmendez (S. 238). Hufeisen im Kolumnentitel: www.istockphoto.com

Alle Grafiken und die restlichen Fotos wurden dem Verlag dankenswerterweise vom Autor zur Verfügung gestellt.

Bibliographische Information der Deutschen Nationalbibliothek
Die Deutsche Nationalbibliothek verzeichnet diese Publikation in der Deutschen Nationalbibliographie; detaillierte bibliographische Daten sind im Internet über http://dnb.d-nb.de abrufbar.

Leopold Stocker Verlag GmbH
Hofgasse 5 / Postfach 438
A-8011 Graz
Tel.: +43 (0)316/82 16 36
Fax: +43 (0)316/83 56 12
E-Mail: stocker-verlag@stocker-verlag.com
www.stocker-verlag.com

ISBN 978-3-7020-1310-3

Layout: DSR Werbeagentur Rypka GmbH/Thomas Sommer, A-8143 Dobl/Graz, www.rypka.at
Druck: Gorenjski tisk storitve, Kranj
Printed in Slovenia

Inhalt

Dieses Buch widme ich meinen verstorbenen hippologischen Vorbildern, Jasper Nissen und Dr. Michael Schäfer, denen ich so viele Anregungen und Hilfestellungen auf meinem Weg zu einem besseren Verständnis der Pferde verdanke und deren Werke für mich so etwas wie „Bibeln" sind.

Vorwort

Seit meiner frühesten Jugend galt mein Hauptinteresse den Pferden. Mir war, ich muss es gestehen, jedes Pferd recht, solange ich es nur bestaunen, reiten und umsorgen konnte. Mit etwa sechs Jahren bekam ich von Onkel Fritz das damals populäre Buch *Pferde der Welt* der englischen Hippologin Daphne M. Goodall, das ich binnen kürzester Zeit auswendig lernte. Später habe ich nie einem Schulbuch oder Skriptum derartiges Interesse gewidmet; aber PISA-Studien gab es zum Glück noch nicht.

Schon damals war klar, der Knabe Martin zeigte einen unstillbaren Drang zum Pferde. Meine Familie konnte trotz größter Bemühungen nicht verhindern, dass aus mir ein reitender Mensch, Fachjournalist und auch Pferdezüchter wurde – und ich somit bis heute keinen „anständigen Beruf" ausübe. Quasi als Nebenerscheinung meines bewegten Lebens mit Pferden wurde ich im Rennsport und in diversen Zuchtverbänden tätig und legte einige damit einhergehende Prüfungen ab. Das erlaubte mir, im Laufe der Jahre als Richter und Zuchtbeauftragter viele verschiedene Pferde zu sehen und auch beurteilen zu dürfen. Das muss unbedingt als Ehre gesehen werden, denn Pferdebesitzer sind unglaublich stolz auf ihre Tiere und meist schnell beleidigt, wenn man diese kritisiert, auch wenn dies offiziell und völlig zu Recht erfolgt.

Mit diesem Buch erfülle ich mir meine bisher größte literarische Ambition: Mein bescheidenes Wissen um die Beurteilung von Pferden allen jenen zur Verfügung zu stellen, die danach streben, unsere geliebten Vierbeiner und ihre vielfältigen Qualitäten etwas besser einschätzen zu können. Ich wurde dabei von einigen Experten unterstützt, ohne deren Mitarbeit das Unterfangen kaum realisierbar gewesen wäre – wofür ich meinen herzlichsten Dank ausspreche. Nun wünsche ich Ihnen alles Gute beim Beurteilen unserer geliebten Pferde – es ist eine interessante Tätigkeit, durch die man auch viel über sich selbst lernen kann!

Martin Haller,
Graz 2011

Einleitung

In erster Linie sind Pferdehändler, Zuchtbeamte, Sportreiter, Züchter und Ausbilder gezwungen, jene Tiere, die letztlich ihren Lebensunterhalt sichern, tagtäglich einer qualitativen Einschätzung zu unterziehen. Davon hängt ihr wirtschaftlicher, beruflicher oder sportlicher Erfolg ab. Fachtierärzte, Hufschmiede und Transporteure haben ständig mit Pferden jeglicher Provenienz zu tun und können oft genaue Einschätzungen ihrer Eigenheiten abgeben. Berufsbedingt haben Angehörige von Zuchtorganisationen (Zuchtwarte, Körbeamte, Zuchtleiter etc.) ständig damit zu tun; die Beurteilung des Phäno- und Einschätzung des Genotyps, die Kontrolle der Vererbung und der Leistung werden hundertfach pro Saison durchgeführt.

Am häufigsten beurteilen Amateur-Pferdesportler oder private Käufer jene Tiere, auf deren Rücken sie einem vergnüglichen, wenn auch kostspieligen Hobby frönen. Sie haben meist die geringste Erfahrung darin, sind aber in der Regel felsenfest davon überzeugt, das Pferd gewissermaßen „erfunden" zu haben. Gerade für sie ist ein fundiertes Grundwissen unentbehrlich, denn sie entscheiden tagtäglich in vielerlei Hinsicht über Wohl und Wehe ihrer Pferde. So ist es unerlässlich, beim Sattelkauf zu wissen, ob mein Pferd einen hohen, niedrigen, breiten oder schmalen Widerrist hat, und vieles mehr. Man sollte auch die Schwachpunkte seines Pferdes kennen, um akute Probleme sofort lokalisieren und einer Behandlung zuführen zu können. Ist mein Pferd zu dünn oder zu dick, lahmt es heute oder ist es „gerade", sind seine Hufe in Ordnung oder braucht es den Schmied? Dies sind nur einige kleine Beispiele für die notwendige tägliche „Beurteilung"…

Kapitel 1

Kurze Geschichte der Pferderassen

„So wohl gegliedert fertig steht mein Liebling, meines Herzens Freude. Des Schweifes leichte Fahne weht hoch über seinem Prachtgebäude."

(A. Schumacher, aus Jagd und Pferd)

Ein alter Hut

Die Kenntnis vom (guten) Pferd ist eigentlich ein alter Hut, denn seit die Menschen sich mit, hinter oder auf Pferden fortbewegen, wollen sie auch gerne wissen, welches Tier schneller, weiter oder bequemer laufen kann als die übrigen.

Manche Schriften und Aufzeichnungen über das Pferd, seine Abrichtung und Gesunderhaltung sind schon recht alt; um 1350 vor Christus beschrieb der Hethiter-Stallmeister Kikkuli die Zucht, Haltung und das Training der Kriegspferde, mit denen sein Volk, von Kleinasien ausgehend, weite Landstriche eroberte. Rund 420 Jahre vor Christus finden wir im Griechen Xenophon einen ersten Schriftsteller, der Bahnbrechendes und Bleibendes zum Thema Pferd in seinen Büchern *Hipparchikos* und *Peri Hippikes* hinterließ.

> *Wie ein Haus, dessen Mauern auf einem schwachen Fundament stehen, so ist auch ein Kriegspferd wertlos, wenn alles an ihm schön ist, aber die Beine dagegen schwach und hässlich sind.* Xenophon

Die Römer und Griechen des Altertums waren begabte Tierzüchter und besaßen bereits verschiedene Bücher und Anleitungen zum Thema, vor allem aus den Federn von Marcus Terentius Varro, Moderatus Columella und seinem Sohn Lucius Junius. Der Niedergang des römischen Reiches, in dem die Tierzucht einen hohen Stand erreicht hatte, bewirkte einen vergleichsweisen Rückschritt in Europa, während im Orient große Fortschritte erzielt wurden. Das arabische und das berberische Pferd mit seinem andalusischen Nachkommen sowie das Merino-Schaf sind Zeugnisse dafür. Sie gelangten vor allem mit den Kreuzzügen aus dem Osten nach Europa und erregten die Begehrlichkeit des Adels- und Kriegerstandes.

In der Renaissance erkannte man erneut die Bedeutung hochwertiger Nutztiere, waren doch die fallweisen Siege über die iberischen Mauren und während der Kreuzzüge sowie alle über die lateinamerikanischen Indianer auf rei-

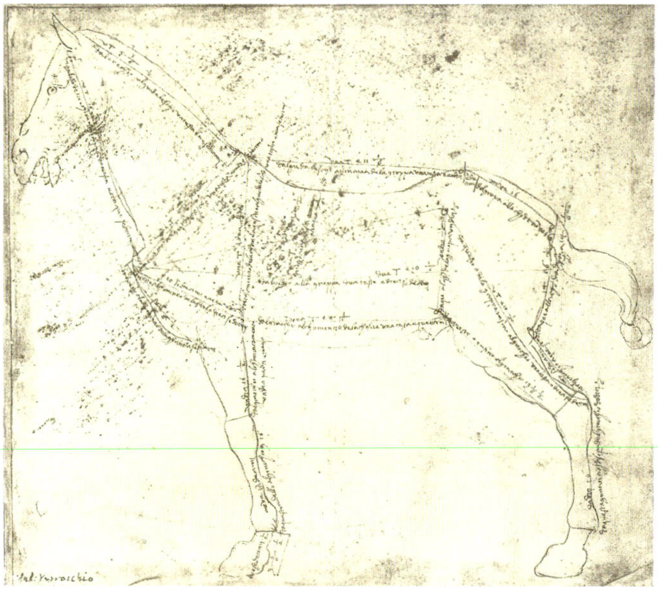

Die Beurteilung und Zucht guter – also kriegsgerechter – Pferde war ein Bestandteil aristokratischer Lebensführung.

terliche Überlegenheit zurückzuführen. Marcus von Fugger schrieb das berühmte Werk *Von der Gestüterey*, und Thomas Blundeville brachte in seinen *Fower Chiefest Offyces of Harsmanshippe* den Briten Neuigkeiten über Zucht und Haltung aus aller Welt. Jacques de Solleysel und Johann Christoph Pinter von der Aue bringen ihre Werke Le *Parfait Maréchal* (1664) und *Vollkommener Pferde-Schatz* (1688) heraus, in denen recht genaue und anschauliche Analysen der damaligen Rassen und ihrer Eigenschaften vorkommen.

Mit den weltumspannenden Kriegen und Entdeckungsreisen zwischen etwa 1500 und 1800 dringen die unterschiedlichsten Typen und Rassen von Nutztieren, auch und vor allem Pferde, in alle Winkel der Welt vor. Zuerst spanische, dann auch orientalische und letztlich britische Pferde gewinnen an Prestige und werden sowohl reinrassig als auch verkreuzt zu internationalen Leistungsträgern in Krieg und Sport, aber auch zu Statussymbolen.

Mit dem Aufblühen des Rennsports in Großbritannien und etwas später am Kontinent sowie aufgrund der militärischen Nützlichkeit des hoch im Blut stehenden Truppenpferdes auf Vollblut-Basis kam es ab ca. 1800 zu einer ausgeprägten Anglomanie, gepaart mit großem Interesse für den Orient. Somit wurde das iberische Pferd von englischen und orientalischen Rassen abgelöst und erfuhr erst vor rund 20 Jahren neue Beliebtheit über das heute so genannte „barocke Reiten".

Die Landwirtschaft wurde zur selben Zeit modernisiert, und auch hier erlangten Pferde weltweite Bedeutung als Quelle der Arbeitskraft. Ungefähr zeitgleich entstanden die hervorragenden Truppenpferde, gewissermaßen Vorläufer unserer Sportpferde, und die erstklassigen Arbeitspferde, die als so genannte Kaltblüter leider die Mechanisierung der Landwirtschaft nur in kleiner Zahl überlebten.

Die Anfänge der organisierten Zucht

Für sämtliche Nutztiere schuf man besonders im 19. oder frühen 20. Jahrhundert Zuchtorganisationen und verbesserte die Zuchtmethoden, meist nach englischem Muster. Das Klassifizierungswesen (Beschälwesen, Remontierungswesen, Zuchtbuchordnungen, Körungen und Zuchtbucheintragungen, Ausstellungswesen etc.) wurde ausgeweitet und schließlich mit einer sportlichen Komponente verbunden. Der heutige Pferdesport sollte demnach eigentlich auch eine Art Leistungsprüfung darstellen.

Prior Johann Gregor Mendel (1822–1884), ein Augustiner des Brünner Klosters, formulierte die Grundlagen der Vererbungsgesetze und damit der modernen Genetik. Seine auf praktischen Versuchen beruhenden so genannten „Mendelschen Gesetze" öffneten der landwirtschaftlichen Tier- und Pflanzenzucht gewissermaßen die Augen und führten zu den modernen Zuchtmethoden.

Die „Päpste der Tierzuchtlehre", wie Hermann Settegast (1819–1908), Johann Gottlieb von Nathusius (1760–1835) oder Prof. Ulrich Duerst (*1937), um nur einige wenige zu nennen, verfassten bahnbrechende Werke von zum Teil hoher wissenschaftlicher Ambition und sprachlicher Dichte. Dem modernen Pferdefreund bleiben sie oft schon wegen ihrer Seltenheit unzugänglich.

Aus zum Teil recht originellen Schriften mit betont mathematischen, analytischen oder philosophischen Ansätzen leitete sich eine sehr formalistisch geprägte Tierzucht ab. Auch an ideologischen Grundsätzen durfte nicht gerüttelt werden; so galt jahrzehntelang das Mongolische Wildpferd (eventuell mit den europäischen Varianten Tarpan und Waldpferd oder Ähnlichen) als der alleinige Vorfahre aller Hauspferde – was sich erst kürzlich als unrichtig herausstellte.

Neue Theorien im 20. Jahrhundert

Erst vor wenigen Jahrzehnten kam mit den Publikationen einiger Querdenker frischer Wind in die verstaubten Hallen der Zoologie. Der Portugiese Dr. Ruy d'Andrade, der Pole Dr. Eduard Skorkowski, die Briten Prof. James Speed und Dr. Mary Etherington und der Deutsche Hermann Ebhardt stellten um die Mitte des 20. Jahrhunderts anhand differenzierter Beobachtungen neue Theorien auf, denen keine monophyletische (aus einem Stamm kommende), sondern eine polyphyletische (aus mehreren Stämmen kommende) Abstammung zugrunde lag. Vermutlich stützten sie sich dabei auf noch ältere Schriften und Beobachtungen, wie jene des schottischen Zoologen Prof. James Cossar-Ewart oder des Deutschen Wilhelm Bölsche (alle um oder nach 1900).

Ihre Thesen wurden von den „jüngeren" hippologischen Autoren wie Dr. Michael Schäfer, Gerhard Kapitzke, Jasper Nissen, Hardy Oelke oder Dr. Deb Bennett aufgenommen und energisch verbreitet bzw. untermauert. Neue wissenschaftliche Methoden, wie etwa die mtDNA-Sequenzierung, unterstützen heute diese Theorien, die kritisch denkenden Pferdekennern schon lange höchst plausibel erscheinen. Mit der Erkenntnis, dass viele natürliche Merkmale unserer Pferde auf unterschiedlichen Urtypen oder Stammformen beruhen, tritt ihre Beurteilung in eine neue, interessante Phase. Heute werden die Eigenschaften und Verhaltensmuster ganzer Populationen (Rassen, Typen etc.), aber auch von Einzelindividuen auf ihre polyphyletische Herkunft zurückgeführt.

Die vier Urformen

Bereits um die Wende vom 19. zum 20. Jahrhundert war der schottische Zoologe James Cossar-Ewart der Ansicht, dass vor der Haustierwerdung mindestens drei Unterarten existiert hatten, ein so genannter Plateau-, ein Steppen- und ein Waldtyp. Inzwischen scheint erwiesen, dass die rezenten Pferde nicht unmittelbar vom Przewalski-Pferd abstammen, und schon gar nicht von ihm allein, sondern einen mehrfachen (multiplen) Ursprung haben. Anhand von Untersuchungen der Zähne, Knochen und des Verhaltens der unterschiedlichsten Pferderassen ist man zu folgendem Schluss gekommen: Es gab vor der Domestikation durch den Menschen in Eurasien vermutlich mindestens vier Grundformen von Wildpferden, die man folgendermaßen beschreiben kann:

Cossar-Ewart forschte in Theorie und Praxis über die Abstammung der Equiden.

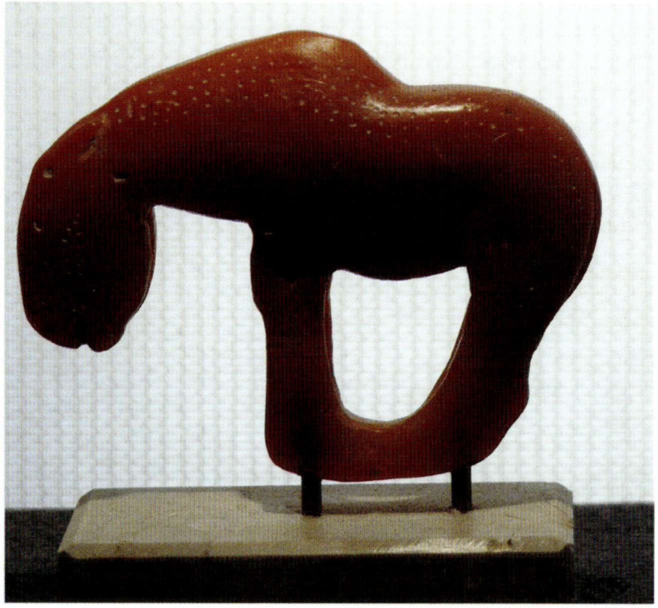

Steinzeitliche Kunstwerke geben Zeugnis von den unterschiedlichen Wildpferden, die unseren Ahnen als Nahrung dienten.

Typ I oder Nordwesteuropäisches Pony

Ein lebhaftes, intelligentes Pony von rund 110 bis 130 cm Stockmaß. Breiter, gerader Kopf mit kleinen Ohren, kräftigen Kiefern und stark ausgeprägten Augenbögen. Kräftiger Hals, wenig ausgeprägter Widerrist, tonnenförmiger Rumpf. Stämmige Beine mit harten, eher kleinen Hufen. Kräftige Bemuskelung und Neigung zum Fettansatz. Üppiges Langhaar, dichte Doppelmähne, Ponyglocke am Schweifansatz sowie wasser- und kälteabweisendes Fell. Beheimatet vor allem im Nordwesten und Westen Europas (aber auch in anderen Regionen), daher unempfindlich gegen Nässe und Wind; Zugwild mit jahreszeitlichen Wanderungen; besonders ausdauernd im Trab. Farben vermutlich Falb und Torfbraun.

Typ II oder Tundrenpony

Ein phlegmatisches Tier im Typ eines großen, kräftigen Ponys von rund 130 bis 150 cm Stockmaß. Großer, derber Kopf mit sehr kräftigen Kiefern und Ramsnase. Kurzer Hals, steile Schultern und breiter, tiefer Rumpf. Vermutlich flacher Widerrist und abgeschlagene Kruppe. Die recht kräftigen Beine wiesen Kötenbehang und eher große, flache Hufe auf. Überwiegend Stehmähne und bürstenartige Schweifwurzel; bei der Waldform eventuell auch Hängemähne und dichter Schweif. Langes und dichtes Winterfell. In ganz Nordeuropa und Nordasien beheimatet, allerdings vornehmlich in Tundren- und Waldregionen; Standwild. Extrem genügsam, kälteunempfindlich und als Schrittpferd eher bedächtig im Wesen. Farben wahrscheinlich Falb, Braun und möglicherweise Schwarz, im Winter heller oder Weiß.

Typ III oder Ramskopf-Pferd

Mittelgroßes Steppenpferd, schlank und relativ schmal, mit lebhaftem Temperament. Ramskopf mit langen Ohren; hoch aufgesetzter Hals und ausgeprägter Widerrist. Abfallende Kruppe, flache Rippung, schlanke Muskulatur. Lange Beine mit harten Hufen, kein Behang. Als Bewohner südlicher Regionen wiesen diese Pferde ein dünnes Fell und schütteres Langhaar auf. Bei einer angenommenen Größe von 145 cm und mehr vererbten sie ihren Nachkommen eine Tendenz zum Größenwuchs. Gutes Springvermögen, viel Trab- und Galoppiervermögen. Farben vermutlich Grau- und Gelbfalb oder Hellbraun, mit z. T. deutlichen Wildabzeichen, wie Aalstrich, Zebrierung, Schulterkreuz.

Jahrzehntelang galt das Mongolische Wildpferd (es ist wirklich eines) als der alleinige Vorfahre unserer Hauspferde; diese Theorie gilt inzwischen als überholt.

Exmoor-Ponys gelten als reine und typische Vertreter der nordwestlichen Ponys vom Typ I.

Typ IV oder Orientalisches Pferd

Ein Vorläufer der leichten, orientalischen Rassen, aber kleiner als es diese heute sind. Bei einem Stockmaß von rund 110 bis 130 cm war dieses Steppen- und Plateaupferdchen in den gemäßigten, relativ fruchtbaren Zonen des Nahen Ostens verbreitet. Feiner, harmonischer Körperbau mit kleinem Kopf, großen Augen und hoch getragenem Hals. Schlanker, schmaler Rumpf, kurze, waagrechte Kruppe, zarte Gliedmaßen ohne Behang, mit harten, engen Hufen. Sozial verträglich und hellwach. Graziöse Bewegungen, fahnenartig getragener Schweif, schneller und ausdauernder Galopp. Fein behaart, hitzeunempfindlich, ausdauernd und temperamentvoll. Farben vermutlich Braun, Schwarz und Fuchs.

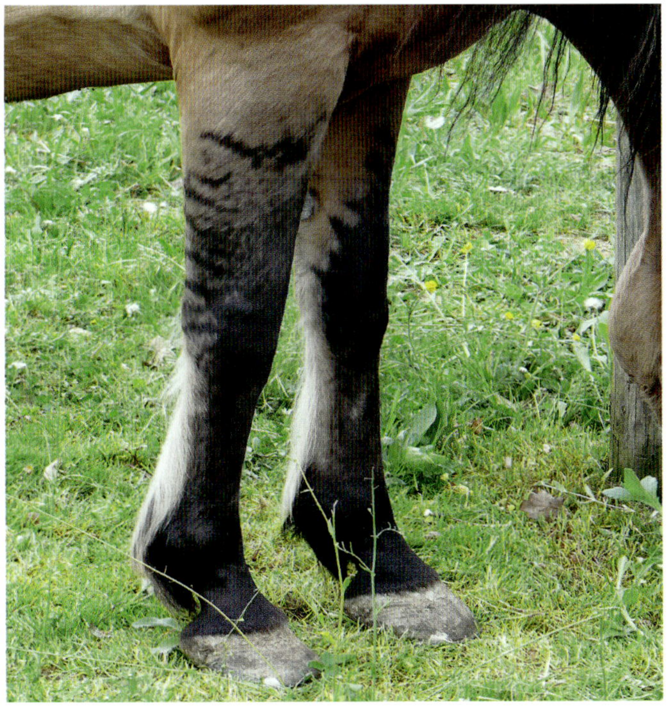

Einige Hauspferde zeigen primitive Merkmale, wie die so genannte Zebrierung und den Aalstrich; das weist evtl. auf Wildpferde-Ahnen hin.

Aufgrund der Erkenntnisse **Charles Darwins** und anderer Wissenschaftler nach ihm, dass sich alle Lebewesen auf dem Wege der natürlichen Selektion ständig ihren veränderlichen Umweltbedingungen anpassen, ist anzunehmen, dass auch diese vier Urpferdetypen innerhalb ihres riesigen Verbreitungsgebietes unterschiedliche Lokalformen hervorbrachten. Ebenso ist anzunehmen, dass sie sich in den Randzonen ihrer Verbreitungsgebiete, wo mehrere Typen aufeinandertrafen, vermischten und damit weitere Unterformen ausbildeten.
Obwohl noch kein einheitlicher Standpunkt kolportiert wurde, zeichnet sich ab, dass die polyphyletische Abstammungstheorie viele richtige Elemente enthält und in der Folge hier als Grundlage herangezogen werden kann. Die vielen markant unterschiedlichen Wildformen, die anhand von Funden rekonstruiert werden können, haben zur Ausbildung der rund 500 oder mehr heutigen Pferderassen genetisch beigetragen und in ihnen mehr oder weniger deutliche Spuren hinterlassen. So finden sich nicht nur die auch dem Laien bekannten, primitiven Merkmale wie Aalstrich und Zebrierung, sondern weit subtilere Unterschiede im Verhaltensmuster, der Gangmanier oder dem Schädelbau.

Einige domestizierte Populationen zeigen die Merkmale eines einzigen Prototyps sehr deutlich, zum Beispiel das portugiesische Sorraia, das eventuell ein fast reiner Typ-III-Repräsentant sein könnte. Der polnische Konik ist ein ganz typischer Tarpan-Nachkomme, während das südenglische Exmoor-Pony wie kein anderes den Typ I verkörpert. Der sibirische Yakute könnte in seinen unverkreuzten Exemplaren eine Restpopulation des alten Typs II darstellen. Im Kaspier meint man die Urform der orientalischen Pferde vom Typ IV, also der heutigen Araber, zu sehen. Das berühmte Przewalski-Pferd ist als Typ-II-Vertreter mit Step-

Die heute angenommenen Grundtypen unserer Pferde werden mit den römischen Buchstaben I bis IV bezeichnet und daneben mit verschiedenen Namen belegt, z. B. Nordwesteuropäisches Pony, Tundrenpony, Ramskopf-Pferd und Orientalisches Pferd.

penanpassung aufzufassen, der sich vor langer Zeit abgespalten hat. Andere Rassen zeigen Kombinationen von mehr oder weniger deutlich ausgeprägten Merkmalen, die von mehreren Urformen stammen könnten.

Was ist eine Rasse?

Allgemein ist eine Rasse eine Gruppe von Tieren (hier: Pferde), deren Mitglieder sich von der Gesamtpopulation abheben, einander überdurchschnittlich ähnlich sind und ihre Merkmale innerhalb der Gruppe relativ oft vererben. Damit ist die Rasse definitionsgemäß der Unterart im zoologischen Sinne gleichzusetzen.

Darüber hinaus wird eine Population in der Hand des Menschen (hier: Züchters) zur Rasse, wenn sie zielgerichtet selektiert und vermehrt wird (Zuchtziel) und diese Zucht einer Dokumentation unterliegt, also Aufzeichnungen über den Zuchtfortgang geführt werden (z. B. Zuchtbuch, Stutbuch). Ein Rassepferd ist im heutigen Sinn in einem anerkannten Zuchtbuch oder Register eingetragen.

Oben: In den letzten Jahrzehnten versuchten viele Zuchtorganisationen, ihre Rassen stark zu vereinheitlichen, um als Marke erkennbar zu sein.

Unten: In der Periode des Barock stellten sich Adlige gerne auf prächtigen Pferden dar. Dazu gründeten sie Gestüte auf meist spanischer Grundlage.

Oben: Es gibt zwischen den Rassen, aber auch innerhalb derselben, Unterschiede im Exterieur. Doch selbst die Rassen unterliegen einem ständigen Wandel.

Seite 21: Ein Rassepferd, hier ein Quarter Horse, sollte seine Abstammung sofort klar erkennen lassen. Als Zuchttier muss es dem Zuchtziel entsprechen.

Ein Zuchtpferd entspricht dem Zuchtziel und ist in einem Zuchtbuch einer anerkannten Zuchtorganisation im Abschnitt für Zuchttiere eingetragen. Seine Abstammung kann über mindestens zwei Generationen und von ihnen ausgehend bis in die früheren Bände des Zuchtbuches verfolgt werden. Den Zuchtverbänden innerhalb der EU obliegt in erster Linie die Erstellung und Durchführung eines Zuchtprogramms und die Erfassung und Kennzeichnung der dafür geeigneten Tiere.

Natur- oder Kunstrassen

Es gibt natürliche und künstliche Rassen, wobei erstere durch naturgegebene Umstände entstehen, letztere durch menschliches Handeln. Ein Beispiel für eine Naturrasse oder Unterart wäre eine Pferdeherde, die durch eine Steinlawine in einem Tal eingeschlossen wird und dort isoliert über Generationen ohne menschliches Eingreifen eine gewisse Einheitlichkeit entwickelt. Als Beispiel könnte hier die Entstehung des Falabella-Pferdes dienen, welches seine geringe Größe durch genau diese Isolation erlangt haben soll; auch andere isolierte Rassen sind eigentlich Unterarten, wie die Sable-Island-Ponys oder die Namib-Pferde.

Ein Beispiel für eine typische Kunst- oder Kulturrasse wäre eine Herde, welche in einem Gestüt planmäßig vermehrt wird und durch Auswahl (Selektion) der Zuchttiere eine besondere Form und Einheitlichkeit erlangt. Die Entwicklung läuft gerichtet auf ein so genanntes Zuchtziel hin und wird genau dokumentiert; ein klassisches Beispiel ist der Lipizzaner, welcher im Hofgestüt Lipica bei Triest auf Anordnung Erzherzog Karls II. aus einigen iberischen Hengsten und Stuten ab 1580 entstanden ist.

Eine „inoffizielle" Zwischenform ist die so genannte Landrasse, die meist auf bodenständigen Tieren beruht, die über lange Zeiträume und nur schwach selektiert werden. Solche Landrassen zeigen oft relativ deutliche Merkmale einer Stammform und sind in der Regel sehr vital und robust. Landrassen werden nicht oder kaum dokumentiert, sind aber in der Überlieferung bekannt und beschrieben. Als Beispiel können heute nur vereinzelt Populationen von Nutzpferden in Randgebieten gelten, da selbst kleinste Rassen züchterisch organisiert sind und dokumentiert werden. Möglicherweise stellt das südamerikanische Arbeitspferd (Mestizo, Ranchpferd) solch eine Population dar.

Veredelte Landrassen sind eine Übergangsform zur Kulturrasse; als Beispiel könnte der frühe Haflinger dienen, der aus örtlichen Südtiroler Stuten mit den orientalisierten Hengsten Hafling 1897 und Folie 1887 geschaffen wurde. Inzwischen ist dies eine der weltweit am weitesten verbreiteten Rassen überhaupt.

Schlag oder Stamm?

Innerhalb der Rassen gibt es als nächst kleinere züchterische Unterteilung die so genannten Schläge oder Typen, und weiters noch Stämme und Familien. Ein Schlag ist eine meist lokale Unterpopulation innerhalb einer Rasse, die sich durch geringe Unterschiede ihrer phänotypischen Merkmale von der Hauptpopulation unterscheidet. Heute wird diese selten gewordene Bezeichnung meist durch das etwas irreführende Wort Typ ersetzt. Beispiele wären der sportliche Schlag oder Typ des Shetland-Ponys, der sich deutlich vom traditionellen Schlag unterscheidet; bis heute kann man das schwere Warmblut auf Alt-Oldenburger Basis vom modernen Oldenburger Sportpferd mit Vollblutanteil unterscheiden.

So genannte Barockpferde erleben derzeit einen Aufschwung. Lange Zeit waren sie vergessen, heute begeistern sie die Freunde der klassischen Reitkunst.

Ein genetisch bedeutender Hengst kann einen Stamm gründen, der über seine Söhne fortgeführt wird; bei Stuten spricht man im analogen Fall von einer Familie. Beide können sich von der Hauptpopulation erkennbar unterscheiden, das ist aber nicht immer der Fall. Zwei Beispiele: Der berühmte Vollblüter Northern Dancer wirkte besonders über seine Söhne positiv in der Rennpferdezucht, und Experten meinen, sein Erbgut noch nach Generationen an Details zu erkennen.

Die Lipizzanerrasse geht auf weiblicher Seite auf 18 originale Stutenfamilien des 18. und 19. Jahrhunderts zurück, von denen 15 bis heute fortgeführt werden und die Basis der Zucht bilden, aus der die berühmten Hengste der Spanischen Reitschule hervorgehen.

Kleine Typenlehre

Grundsätzlich gibt es unabhängig von der eigentlichen Größe (Höhe; Stockmaß) zwei Typen von Pferden:

- leichte oder warmblütige Pferde
- schwere oder kaltblütige Pferde

Sie entwickelten sich unter verschiedenen Umweltbedingungen und aus unterschiedlichen Urformen, daher zeigen sie divergierende Merkmale. Die kaltblütigen, rumpfbetonten nordischen Pferde und deren Kleinformen entstanden in den kalten und/oder feuchten Klimaten Eurasiens und Nordamerikas. Die warmblütigen, atmungsbetonten orientalischen Rassen entwickelten sich in den warmen und eher trockenen Klimaten Nordafrikas, des Mittelmeers und Asiens.

Die Ausdrücke Warmblut und Kaltblut beziehen sich natürlich nicht auf die tatsächliche Blut- oder Körpertemperatur. Alle Pferde haben eine Durchschnittstemperatur von ungefähr 37–38 Grad. Ein warmblütiges Pferd besitzt allerdings auf das Volumen bezogen mehr rote Blutkörperchen, damit steht ihm ein größerer Sauerstoffvorrat zur Verfügung, mit dem es weiter und schneller laufen kann. Aus diesem Grund ist es auch temperamentvoller und reaktionsschneller, und sein Verhalten ist stärker auf schnelle Flucht programmiert.

Der Warmblut-Typ

Der Warmblut-Typ besitzt aufgrund des etwas milderen Klimas seiner Ursprungsregionen einen kleineren und schmäleren Körper, einen längeren Hals und in der Regel ein feineres Haarkleid. Leistungsfähige Schweißdrüsen, eine dünne Haut und schütteres Langhaar helfen dabei, den Körper auf Normaltemperatur zu halten, selbst wenn das Tier in der Hitze weit laufen muss. Die Hufe sind hart und schmal, ein Fesselbehang fehlt oder ist nur schwach

Der Metabolismus von Kaltblut- und Warmblutpferden, ihr Verhalten und ihre Mechanik sind stark von ihren ehemaligen Lebensräumen geprägt.

ausgebildet. Üblicherweise ist der Kopf relativ klein und weist große Augen und weite Nüstern auf, während der hoch angesetzte Schweif ebenfalls der Kühlung dient. Das Gebiss ist vor allem beim Orientalen eher schwach konstruiert, die Ohren können recht klein und zierlich oder aber auch lang und schmal sein.

Der Kaltblut-Typ

Seine Lungen und sein Herz sind nicht so effizient wie beim Warmblüter, dafür speichern sein voluminöser Körper und sein kurzer Hals die Wärme viel besser. Die im Verhältnis kürzeren, kräftigeren Beine verringern den Luftstrom unter dem Körper und die größeren, flachen Hufe ermöglichen die bedächtigere Fortbewegung auf weichem Untergrund. Kaltblütige Typen, dazu gehören auch fast alle echten Ponys, verfügen über eine robustere Haut, ein gut wärmendes Haarkleid und vor allem im Herbst über einen merklichen Fettvorrat unter der Haut. Darum sind bei ihnen die Schweißentwicklung und die Thermoregulation nicht so ausgeprägt effizient wie beim warmblütigen Pferd; ihr Körper ist eher auf Wärmespeicherung programmiert als auf Kühlung. Mähne und Schweif sind dicht und lang und schützen gut gegen Wind und Nässe. Die kleinen Augen, Ohren und Nüstern schützen den Atmungsapparat vor Verkühlungen, während die großen Köpfe genügend Platz für ein robustes Gebiss und geräumige Nasenhöhlen bieten.

Variationen in den Rassen

Weltweit gibt es wahrscheinlich mindestens 500 Pferderassen und Arten, die überwiegend an bestimmte Lebensbedingungen oder Lebensräume und Verwendungen angepasst sind. Sogar innerhalb dieser Rassen findet man oft Varianten, die sich besonders gut oder eher schlecht für etwas eignen und daher vom Rassendurchschnitt abweichen. Als Beispiel kann man die ungarischen Lipizzaner

Kräftige Beine, ein massiger Rumpf und hohe Kälteresistenz und Futterverwertung machen das Kaltblut zu einem idealen Arbeitspferd kalter Klimate.

Relativ lange Gliedmaßen und damit auch eine effiziente Thermoregulierung ermöglichen schnelles, ausdauerndes Laufen selbst in warmen Klimaten.

Innerhalb vieler Rassen gibt es Varianten; das war schon immer so und macht die Pferdewelt bunter und interessanter. Eine Lusitano-Stute mit viel Charme, die auch sportlich verwendbar ist.

Der Rennsport hat aufgrund der strengen Selektion besonders leistungsstarke Pferde hervorgebracht. Die Form folgte der Funktion.

nennen, die stärker im Fahrtyp stehen und dafür weniger gut als ihre slowenischen und österreichischen Verwandten für die Hohe Schule geeignet sind. Ein anderes Beispiel wäre der moderne Lusitano, der bereits deutliche Merkmale eines Sportpferdes aufweist und daher weniger gut für die ursprüngliche Aufgabe des Rinderhütens und Stierkampfes geeignet ist.

Veränderung durch Selektion

Fast alle europäischen und amerikanischen Rassen sind durch menschliche Selektion geschaffen, verändert und ausgeformt worden, um einem bestimmten Zweck möglichst optimal zu entsprechen, z. B. Galopp- und Trabrennen, Zugdienst vor Gerät oder Kutsche, Hüten von Viehherden, Dressur- und Springsport, Distanzritte oder Gangprüfungen. Noch immer versucht man, besonders jene Merkmale zu verstärken und zu fixieren, welche diesen Nutzungen oder sogar nur Teilnutzungen (z. B. Flieger oder Steher im Rennsport) besonders dienlich sind. Im Laufe der Zeit hat dadurch jeder Pferdetyp und jede Pferderasse gewisse innere und äußere Merkmale entwickelt, welche ihm/ihr die Arbeit erleichtern – *form follows function*, die Form folgt der Funktion.

Für die praktische Beurteilung bedeutet dies, dass man ihr nach Möglichkeit den jeweiligen Verwendungszweck zugrunde legt und die dafür erforderlichen Merkmale besonders beachtet. Es macht eben einen großen Unterschied aus, ob ein Pferd aufgrund seines Körperbaus über 400 m extrem schnell galoppieren kann, die Ausdauer für 160 km besitzt oder als Steeplechaser sechs Kilometer im Renngalopp mit 20 hohen Sprüngen bewältigen kann. Kurze, starke Muskeln können sich schnell kontrahieren und die Kraft für einen rasanten Sprint liefern; lange, schlanke Muskeln sind hingegen für längere, ermüdende Distanzen viel geeigneter – auch unter den Pferden gibt es Bodybuilder und Marathonläufer!

Besonders in den modernen Sportpferdepopulationen finden sich viele Tiere, die extrem vielseitig verwendbar sind und für verschiedene Disziplinen großes Talent zei-

Man sollte sich im Klaren darüber sein, wozu man sein zukünftiges Pferd verwenden will. Nicht alle Rassen eignen sich gleichermaßen für jeden Zweck.

gen. In anderen Rassen schätzt man besondere Merkmale als rassetypisch und ideal für den besonderen Zweck. So sind beispielsweise Gangpferde nur selten im Westernsport zu finden, englische Vollblüter im Dressursport eine Rarität oder Island-Ponys im Fahrsport nahezu unbekannt. Für den Käufer eines speziellen Typs oder einer exotischen Rasse ist es ratsam, sich zuvor klar zu machen, ob man mit den Eigenheiten des gewählten Tieres auch wirklich die beabsichtigten Nutzungen abdecken kann. Wer einen Isländer nicht nur in Gangpferdeprüfungen, sondern auch für die Rinderarbeit einsetzen möchte, der muss eben länger suchen und schärfer auswählen, um ein geeignetes Tier zu finden. Umgekehrt wird es schwer sein, ein typisches Quarter Horse zu finden, das neben seinem *cowsense* und dem spurtstarken Galopp auch eine Töltveranlagung mitbringt.

Typische Mängel

In einigen Rassen sind gewisse Fehler oder Mängel geradezu typisch und werden von ihren Züchtern und Anhängern mitunter als rassetypische Merkmale verharmlost oder sogar als besonders erstrebenswert dargestellt. Zwischen dem historischen Idealbild einer traditionellen Rasse und den modernen Anforderungen an ein Freizeit- oder Sportpferd bestehen oft Unterschiede, mit deren Auswirkungen man sich auseinandersetzen muss, bevor man sich ein Tier zulegt, das die Erwartungen nicht erfüllen kann. Auch innerhalb einer Rasse mit traditionellen, rassetypischen Mängeln sollte man daher immer nach möglichst korrekten Exemplaren suchen, welche zwar einen starken Rassetyp aufweisen, aber diese Mängel möglichst nicht haben. Das korrekt gebaute Pferd mit gutem Temperament wird jeden Job besser erfüllen können als das fehlerhafte Pferd mit inneren oder körperlichen Blockaden. Wir haben die süße Qual der Wahl: die Palette der Pferdesportarten und dazu geeigneter Rassen ist breiter und bunter als je zuvor!

Oben: **Wichtig für ein Freizeit- oder Familienpferd ist vor allem die innere Eignung; wenn Charakter und Temperament nicht stimmen, bleibt es ein Risiko und damit ungeeignet.**

Unten: **Die Größe ist nicht immer wichtig; selbst ein kleines Shetty kann einem Erwachsenen viel Freude verschaffen – wie hier als hübsches Kutschpony.**

Ein Kinderpony muss neben der richtigen (geringen) Größe vor allem ein gutmütiges und ausgeglichenes Wesen mitbringen; seine sportliche Qualität ist zweitrangig.

Ein Jugendpferd oder -pony darf schon etwas größer und spritziger sein, damit es auch von Mama korrigiert werden kann. Ein Schuss Vollblut steigert das Leistungsvermögen.

Das Großpony oder Kleinkaltblut für die ganze Familie trägt auch schwere Reiter, bleibt aber cool genug, um niemanden zu überfordern.

Ein klassisches Fahrpferd der traditionellen Art ist der Kladruber. Kräftig und nobel, dabei wesensfest und einfach im Umgang.

Ein Sportpferd durch und durch ist das Vollblut, das bei fachkundigem Umgang und guter Ausbildung Spitzenleistungen in beinahe jeder Sparte erbringen kann.

Ein großrahmiges und bewegungsstarkes Warmblutpferd kann bei entsprechender Ausbildung auch hohe sportliche Anforderungen erfüllen.

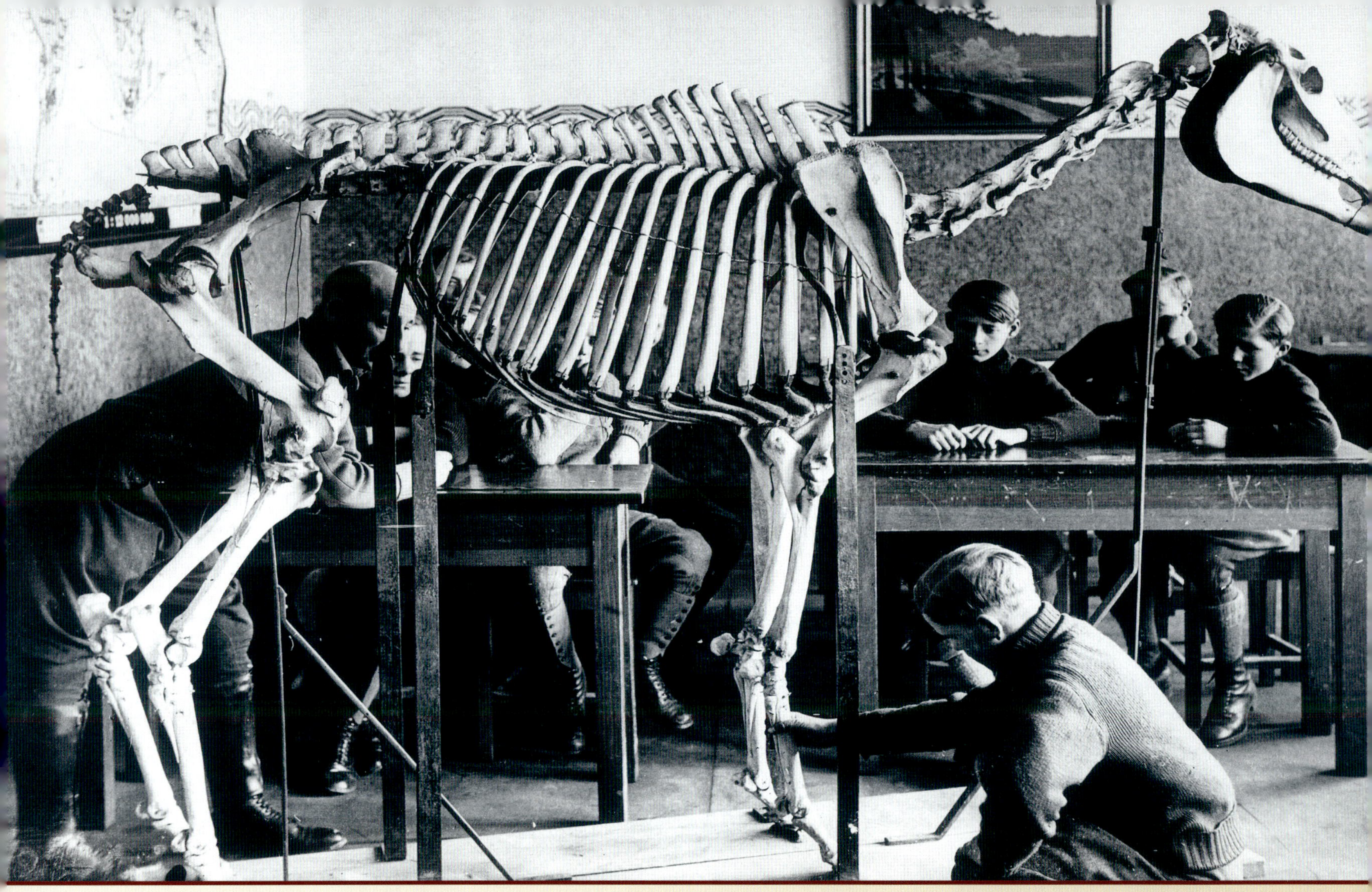

Kapitel 2

Vorführen, Beurteilen, Bewerten

„Sei beim Handel wie ein König, denke viel und rede wenig.
Wie auch immer die Gestalt, bleibe ruhig, bleibe kalt.
Und besonders: bleibe stumm! Rede nicht von steif und krumm.
Schweig und sieh auf seinen Gang, ob die Tritte kurz, ob lang.
Ruhig sag: Ich danke schön, wenn kein Handel soll gescheh'n.
Sage einfach kurz und schlicht: Lieber Freund, es passt mir nicht!"

(F. Trautvetter, Tierarzt der Sächsischen Armee)

Pferde beurteilen – wie und warum?

Immer ist die Beurteilung eines komplexen Lebewesens durch ein paar Augen (es sollten eigentlich immer zwei oder drei sein – an der Sache ändert das wenig) problematisch. Was wir an und in einem Tier sehen können, zu sehen glauben oder sehen wollen, ist von der Realität der Kreatur oft recht weit entfernt. Der erfahrene Beurteiler wird daher eine gewisse Bescheidenheit an den Tag legen und nie behaupten, die einzige und ganze Wahrheit erkannt zu haben. Wer glaubt, ein Tier nach ein paar Minuten visueller Musterung, eventuell einem kurzen Ritt und einem Blick auf seine Abstammung völlig „erkannt" oder „begriffen" zu haben, überschätzt sich meistens.

Dem Kenner ist bewusst, dass er lediglich eine Momentaufnahme wiedergeben und interpretieren kann; mit Sicherheit wissen kann man in kurzer Zeit gar nichts, das sei hier einmal offen gesagt. Wer ein Pferd völlig „begreifen" will, der muss es über Monate oder Jahre hinweg betreuen und verwenden und sollte auch dessen Verwandte gut kennen, erst dann wird das Bild etwas vollständiger.

Doch obwohl ein langes, intensives Zusammensein erst dem Besitzer eines Pferdes möglich wird, ist auch die erste oberflächliche Beurteilung durch einen Außenstehenden wichtig. Der Fachmann kann nämlich aufgrund erkennbarer körperlicher oder mentaler Eigenschaften eine Grundeinschätzung treffen, die das Risiko z. B. einer Fehlinvestition mindert. Der erfahrene Züchter oder Materialrichter versucht zu erkennen, wie weit ein Tier dem Anforderungsprofil der Rasse entsprechen könnte; der routinierte „Pferdedoktor" schätzt die Risiken einer Erkrankung sicher ein und kann dagegen vorbeugen; ein begnadeter Zuchtbeamter kann durch seine Urteile in seinem Wirkungsgebiet einen raschen und messbaren Zuchtfortschritt erzielen – mit alldem ist schon viel erreicht! Nicht zuletzt ist es für einen Käufer wichtig, jeden Fehlkauf so weit wie möglich auszuschließen.

Oben: Die Momentaufnahme einer visuellen Musterung gibt – wie ein Foto – nur einige Aspekte wieder. Das ganze Wesen eines Pferdes zu erfassen, dauert viel länger.

Rechts: Bei der Einschätzung eines Pferdes ist es ratsam, es von allen Seiten zu betrachten und sich ein möglichst umfassendes Bild zu machen. Eine kurze Musterung ergibt selten ein zutreffendes Urteil.

„Falsche Pferde" werden oft unwissentlich unsachgemäß gehalten, genützt oder unabsichtlich sogar gequält. Das sensible Vollblut-Pferd, soeben von der Rennbahn gekommen, fühlt sich „ganztags robust gehalten" auf der winterlichen Koppel bei Minusgraden nicht automatisch wohl; das korpulente Pony ist auf fetter Weide zuerst satt und glücklich; nach kurzer Zeit wird es Hufrehe bekommen und schrecklich leiden. Der Dressurkracher ist nicht automatisch auch springbegabt, nur weil er ein so genanntes Sportpferd ist; auch Zwang wird ihn nicht zu einer Springkanone machen, wenn er die Anlagen dazu nicht besitzt.

Vorurteile und Fehlergucken

Will man ein Pferd kaufen oder muss es aus irgendeinem anderen Grund begutachten, so ist es nötig, sich zuvor intensiv mit Exterieurkunde und Anatomie auseinanderzusetzen.

Oft beginnt die Beurteilung eines Pferdes lange bevor man es zum ersten Mal sieht, und zwar in der eigenen Vorstellung. Man liest eine Verkaufsanzeige oder hört eine mündliche Empfehlung – schon hat man ein Bild vor dem geistigen Auge und eine Erwartungshaltung im Herzen. „Das wird vielleicht mein Lebenspferd/Kann doch nur gelogen sein, so was kostet mehr/Klingt super, den kauf ich!" – solche oder ähnliche Gedanken gehen einem durch den Kopf, während man sich ungeduldig dem Objekt der Begierde nähert. Steht man endlich davor, entscheidet das Auge schnell, ob einem das Tier grundsätzlich sympathisch ist. Dann sollte man jedoch den Kopf wieder leer bekommen und versuchen, möglichst unbefangen an das „Wesen Pferd" heranzutreten. Leitgedanke sollte immer sein, wozu es letztlich verwendet werden soll. Vorgefasste Meinungen oder eingelernte Halbwahrheiten sind einer objektiven Beurteilung abträglich. Möglichst objektiv und vorurteilsfrei, dazu hoffentlich unbeeinflusst von Umgebung und anwesenden Menschen (ausgenommen die eigenen Berater), gelingt die Einschätzung viel besser. Zudem sind gute Kenntnisse in Physik, Anatomie, Physiologie und Genetik vorteilhaft, um das eigene Bauchgefühl auf eine einigermaßen gesicherte Basis stellen zu können.

Man darf nie vergessen, dass es kein perfektes Pferd gibt; sogar die besten Sportcracks entsprechen selten dem theoretischen Ideal!
Der Pferdekenner weiß, dass die Grundsätze der Exterieurkunde nur Leitgedanken sein können, keine Naturgesetze. Als einfache Faustregeln sind sie flexibel – oder sollten es sein – und dienen als Hilfsmittel zur Einschätzung der vermutlichen Qualitäten und Schwachpunkte. Getragen werden Entscheidungen, z. B. für oder wider einen Kauf, letztlich von Erfahrungswerten, Vergleichen, persönlicher Sympathie bzw. Antipathie und der Fähigkeit oder Bereitschaft, sich mit Fehlern abzufinden. Leider allzu oft auch vom Preis oder der Sympathie des Verkäufers/der Verkäuferin, doch das ist wieder eine andere Sache …

Immer wieder werden Pferde quasi „über den Koppelzaun hinweg gekauft“. Keine ratsame Politik, denn man sollte sich schon etwas eingehender vom Zustand der „Ware Pferd“ vergewissern. Eine genaue Betrachtung im Stand, ein Vorführen und ein Probereiten in allen Gangarten sollten immer stattfinden, ehe man selbst aufsteigt und/oder eine Probezeit vereinbart. Viele Mängel in Mechanik und Balance treten überhaupt erst in der forcierten Bewegung deutlich zu Tage. Man muss das Tier daher seitlich in allen Gangarten sehen, um den Raumgriff und die Aktion zu beurteilen, dann auch von genau vorne und hinten, zumindest im Schritt und Trab, um eventuelle Abweichungen erkennen zu können. Das geht nur auf einer ebenen, planen und harten Fläche, also etwa einem asphaltierten Platz oder einer befestigten Straße. Auf rumpeliger Wiese oder abschüssiger Weide lässt sich keine Bewegung korrekt beurteilen. Der Takt wird außerdem auf hartem Untergrund nicht nur visuell, sondern auch akustisch erfassbar, denn man kann mit einiger Übung hören, ob der Bewegungsablauf taktrein und regelmäßig ist oder nicht.

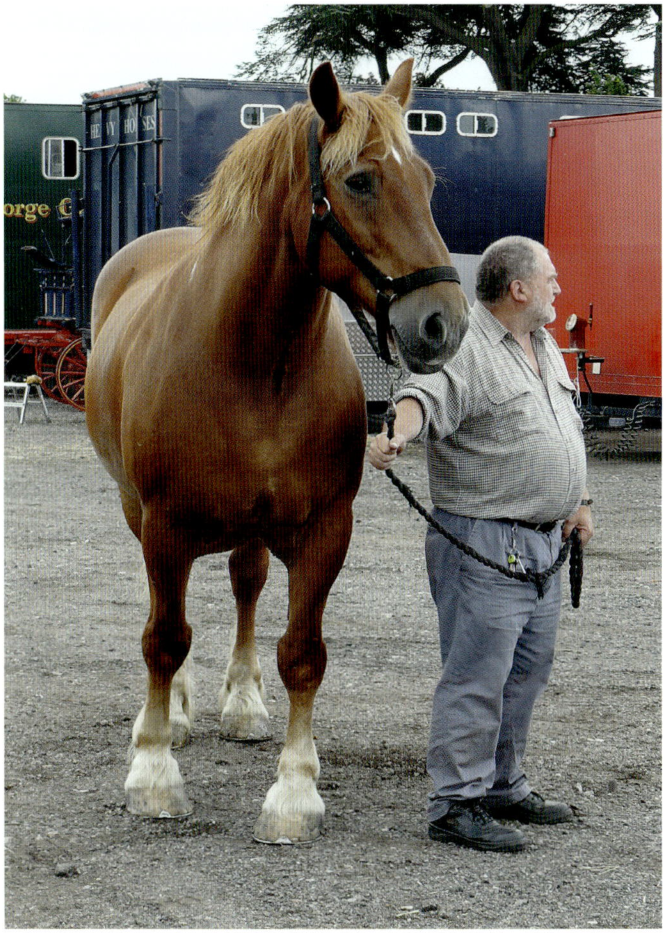

Oben: Auf harter Bahn vorführen lassen, den Tierarzt zur Ankaufsuntersuchung beiziehen und klug verhandeln – dann kann der Kauf glücken.

Links: Schnell gekauft und auch schnell wieder bereut – ein Pferdemarkt erfordert entweder enormes Glück oder wirklich fundiertes Wissen und ein schnelles, sicheres Auge!

Schließlich entscheiden auch Charakter und Temperament ganz wesentlich die Gebrauchseigenschaften. Das Ergebnis einer tierärztlichen Untersuchung ist beim Kauf natürlich auch ein wichtiges Kriterium. Der Schlüssel zum Erfolg liegt darin, ein klares Ziel zu haben, sein Auge zu schulen, die wichtigsten Regeln der Beurteilung zu beherrschen und vor allem die Stärken und Schwächen eines Pferdes abwägen zu können.

Der Schritt zurück

Ein sehr erfahrener Hippologe behauptete: „Ich weiß sofort, wer ein echter Pferdekenner ist und wer nur so tut. Der wahre Kenner schaut ein Pferd immer zuerst aus fünf oder zehn Metern Entfernung an und sagt nichts. Der Laie rennt sofort hin und meckert über irgendein Detail.“ Wie wahr, wie wahr …

Daher zur Begutachtung immer zuerst ein paar Schritte zurücktreten und das Tier in seiner ganzen Wesenheit in Ruhe betrachten, und zwar von allen Seiten. Erst danach geht man näher heran und begutachtet die Details genau und ebenfalls von allen Seiten, eventuell sogar mittels Treppe oder Stuhl von oben. Manchmal muss man auch in die Knie gehen, um ein Gelenk oder einen Huf genau zu

Der Kenner betrachtet ein Pferd immer zuerst und auch abschließend aus einer Distanz von einigen Metern. So kann er die Harmonie des Ganzen erkennen und die großen Linien begutachten. Nur Laien gehen sofort ans Fehlergucken.

Das britische Ausstellungswesen umfasst unvorstellbar viele Klassen und Bewerbe für eine große Vielfalt an Rassen und Typen. Pferde sind Big Business auf den Inseln, darum wird auch viel investiert.

studieren; wer dazu zu bequem ist, sollte es lassen, denn durch Faulheit wird man sicher kein Pferdekenner.

Unsere Vorfahren hatten ausreichend Zeit und Gelegenheit, ihre Tiere zu beobachten und aus deren körperlichen und inneren Merkmalen ihre Schlüsse zu ziehen. Uns ist das heute nur mehr selten vergönnt, deshalb brauchen wir die Hilfe von Experten, Büchern, Filmen oder Internetforen. Erfahrung, Bescheidenheit und ständige Lernbereitschaft, kombiniert mit wohlwollender Ernsthaftigkeit gegenüber dem Wesen Tier, zeichnen den *Horseman* aus, der übrigens heute überwiegend weiblich ist und daher eigentlich *Horselady* heißen sollte.

Das Ausstellungswesen

Der Zuchtfortschritt entsteht nicht nur, aber auch durch den Vergleich von hochwertigen und typischen Exemplaren auf Zuchtschauen und Ausstellungen. Bewertungen und Platzierungen sind ein Hinweis auf die Qualität des Körperbaus (Exterieurs) und geben dem erfahrenen Züchter gewisse Aufschlüsse. Wenn auch in der modernen Sportpferdezucht in der Regel andere oder zusätzliche Parameter als das Aussehen des Tieres in den Vordergrund gerückt sind, so besteht doch in Großbritannien, Nord- und Südamerika und den Ländern des Commonwealth das traditionelle System der Exterieurzucht weiter. Eine Ausnahme ist das erwähnte Englische Vollblut, das einzig und allein nach Leistungskriterien gezüchtet wird. Von den Britischen Inseln und aus den USA kommen neue Rassen, Bewerbe und Impulse zu uns, und mit ihnen auch die Gepflogenheiten dieser Länder; aus Asien gelangen Tiere nach Europa, von denen noch vor wenigen Jahren niemand gehört hat. Wir sind einer hippologischen Internationalisierung ausgesetzt, die Vor- und auch Nachteile mit sich bringt.

Natürlich gibt es auch in Großbritannien zahllose Turniere aller Sparten, aber wertvolle Schaupferde werden kaum im eigentlichen Sport eingesetzt. Günstiger erscheint hier die am Kontinent häufigere Variante der Selektion auf sportliche Eigenleistung im öffentlichen Turniersport, kombiniert mit einer Leistungseinstufung innerhalb der Zucht (Prämiierung, Zuchtschauen der Verbände etc.) und eine Beobachtung der Nachkommenleistung.

Man darf sich nicht der Illusion hingeben, dass Schauerfolge an der Hand oder unter dem Sattel das Alpha und Omega der Pferdezucht sein können; sie sollten nicht zum Selbstzweck geraten. Züchterisch gesehen sind sie ein Hilfsmittel, um die korrektesten und typvollsten Tiere herauszustellen und deren züchterische Verwendung zu propagieren. Erst im Laufe von zwei, drei Generationen erweist sich dann, ob ein prämiiertes Zuchttier seine guten Eigenschaften auch weiterzugeben vermag und ob seine Nachkommen ebenso gut sind.

Ein schottischer Richter begutachtet ein Highland-Pony. Ein weiblicher Steward (deswegen noch keine Stewardess!) ist ihm dabei behilflich, indem sie seine Anweisungen an die Vorführer weitergibt.

Vorführen bei den Briten

Zur Technik und dem Ablauf des Vorstellens eines Zuchtpferdes (Zuchtklasse, *halter class, in-hand-class*) sei gesagt, dass man auf den Britischen Inseln und in den USA neben dem Exterieur besonders das Gesamtbild (Kleidung, Ausrüstung, Sauberkeit, Herausbringung) und in geringerem Maße die Gangkorrektheit herausstellt. Die Schauklassen werden selbst bei hochkarätigen Veranstaltungen vielfach ohne den Formalismus der kontinentalen Systeme abgehalten. Beispielsweise ist das Vorführen auf der Dreiecksbahn fast unbekannt, man findet mit einem mehr oder weniger ebenen Platz oder einer Wiese allemal das Auslangen. Die britischen Richter lassen immer das gesamte Teilnehmerfeld einige Minuten auf der rechten Hand gehen und trennen dabei schon ganz oberflächlich „Spreu von Weizen".

Dann werden die Teilnehmer durch den Ringsteward angehalten, und die Tiere werden der Reihe nach zur Einzelinspektion vor die Richter geholt. Zuerst wird im Stand gemustert, wobei Wert auf eine ruhige Aufstellung und eine lange, entspannte Oberlinie gelegt wird. Dann führt man das Pferd im Schritt von den Richtern weg, nach einer Wendung rechtsum im Trab wieder auf die Richter zu und in aller Regel noch ein gutes Stück an ihnen vorbei. Somit kann das Tier von vorne, von der Seite und hinten betrachtet werden; dann reiht man sich am Ende der Gruppe wieder ein, und das nächste Tier wird vor die Richter geholt. Abschließend gehen alle Teilnehmer nochmals gemeinsam ein paar Runden außen herum. Die Richter, in der Regel zwei, haben nun Gelegenheit, die einzelnen Tiere nochmals zu vergleichen. Schließlich wird der Steward instruiert, welche Paare er zur Preisverleihung aufstellen soll, immer mit dem Sieger beginnend. Alle Vorführer haben deshalb ständig ein Auge auf den Steward, in der Hoffnung, möglichst bald hereingerufen zu werden, also hoch platziert zu sein.

Nur sehr selten sieht man Richter mit schriftlichen Protokollen, Bewertungsbögen oder Punktelisten befasst, man richtet in aller Regel „frei" und verlässt sich auf sein

Auge und Erinnerungsvermögen. Schriftliche Protokolle nach europäischem Vorbild werden aber häufiger, denn eine genaue Niederschrift erleichtert bei nachträglichen Konflikten die Argumentation.

Der Steward erfüllt eine wichtige Funktion, denn er gibt die Anweisungen der Richter an die Aussteller weiter. Es versteht sich von selbst, dass Stewards bestens gekleidet sind und stets schnell und aufmerksam agieren.

Zum Schluss kommt es zur Verteilung der Ehrenpreise und alle Teilnehmer, selbst erfolglose, erhalten ein Lächeln, einen Händedruck oder ein paar aufmunternde Worte … Man scheidet nicht im Bösen, zumindest nicht nach außen hin. Ganz allgemein ist Vorführen und auch Richten auf den Inseln eine elegante, routinierte Sache, wenn auch meist auf die Gangentfaltung der Pferde nicht so großer Wert gelegt wird wie bei uns auf dem Kontinent.

Es wirkt schön, wenn das Pferd gehorsam am lockeren Führzügel geht und man nicht dauernd zerren, ziehen und parieren muss. Auch das ist eine Sache der Übung. Das freie Ende des Führzügels ruht in einer lockeren Schlinge in der linken Hand, die auch die Gerte oder das *showing cane* trägt. Das ist ein Bambusstöckchen von etwa 70 cm Länge, das als „moralische Unterstützung“ dient, notfalls zur Korrektur der Aufstellung oder beim Antraben. Bei *halter classes* für Westernrassen ist eine Gerte dagegen verboten, auch sind die Pferde meistens vorzüglich „eingeshowt“, also auf ihren Job vorbereitet, und benehmen sich dementsprechend.

Im Schritt und Trab ist es vorteilhaft, neben der Schulter und in etwa einem Meter Abstand von dieser zu gehen bzw. zu laufen – keinesfalls darf das Pferd gegen den Führer drängen. Man bewegt sich locker, gleichmäßig und dennoch entschlossen – und mit einem Lächeln auf den Lippen, selbst wenn man gerade als Schlusslicht gereiht ist. Diese allgemeinen Hinweise gelten natürlich für sämtliche Formen der Pferdemusterung, egal wo diese stattfindet. Lediglich im Detail unterscheiden sich die Techniken und Anforderungen etwas.

So ist es bei Westernpferde-Klassen Vorschrift, die Tiere präzise geschlossen aufzustellen, also alle vier Beine genau senkrecht und im Rechteck. Dazu ist es dem Vorführer erlaubt, die Beine des Pferdes zu berühren und sogar anzuheben und genau dort zu platzieren, wo er sie haben möchte. Die Pferde werden am Richter vorbei so weit wie von diesem angeordnet getrabt, dann nach links um ein Hütchen geführt und reihen sich danach wieder ein. Eine Zahnkontrolle bei Hengsten und Stuten ist ebenfalls üblich, dabei muss der *handler* (Vorführer, von *to handle* = umgehen, bedienen, manipulieren) das Maul des Pferdes öffnen und dem Richter so präsentieren. Hengste werden zudem vom Richter auf das Vorhandensein zweier normaler Hoden überprüft. Auch bei Westernrassen wird weltweit ein sehr freies Richten, ohne Benotung oder Punktevergabe, praktiziert.

Das deutsche Dreieck

In Europa wird vor allem auf dem Ponysektor häufig nach britischem Vorbild vorgeführt und gerichtet, während Großpferde – mit Ausnahme der Araber – eher den traditionellen, militärisch geprägten Musterungen unterliegen, die in ähnlicher Weise schon seit dem 19. Jahrhundert ablaufen. Während die Briten zwar gegen den Standard, aber vor allem innerhalb der Klassen richten, bewerten deutsche und österreichische Material- oder Zuchtrichter in der Regel gegen ein theoretisches Ideal bzw. den Standard. Die meisten britischen Richter bewerten frei, das heißt, sie vergeben keine Noten oder Punkte, sondern haben den Rassestandard im Kopf und rangieren die Tiere einer Klasse in der ihnen richtig erscheinenden Reihenfolge; zur Eintragung in die Zuchtbücher ist dort nur selten eine Bewertung erforderlich.

Kontinentale Richter vergeben meist sehr präzise Benotungen, die an einem fast unerreichbaren Ideal ausgerichtet sind und eine „mathematische“ Reihung innerhalb der Klasse ergeben. Dazu verwendet man meistens auch ein anderes System des Vorstellens, und zwar auf der so genannten Dreiecksbahn. Das Vorführen und Mustern auf der Dreiecksbahn mit militärischer Präzision entspricht

Bei einer kontinentaleuropäischen Zuchtveranstaltung läuft alles präzise ab. Diese Systeme sind auf nachvollziehbare Benotungen ausgelegt und damit überprüfbar.

In Europa wird ernsthaft und gewissenhaft benotet und gerichtet. Den Grundgangarten kommt eher mehr Bedeutung zu als in England, vor allem am Warmblutsektor, wo Gang über Typ steht.

unserem kontinentalen Ordnungssinn und Streben nach Einheitlichkeit. Es lässt nur wenig Spielraum für die Entfaltung individueller Vorzüge zu und ist damit eventuell sogar fairer als das freie britische System; in Großbritannien ist Showing quasi ein Sport und eine Kunst, die Zucht ist weniger bürokratisch als bei uns und die Verbände haben weniger persönliches Eingriffsrecht. Der Beurteilung am Kontinent wird ein offizieller Charakter zuteil, der möglichst unanfechtbare und nachvollziehbare Urteile erbringen soll, die im Detail mittels Noten und Beschreibungen dokumentarisch festgehalten werden.

Das Dreieck selbst ist eine vorbereitete Fläche mit ca. 30 bis 40 m Seitenlänge, die durch Ricks, Bodenstangen – sind gefährlich, da sie wegrollen können – oder Blumentröge abgegrenzt wird. Jene Spitze des Dreiecks, wo die Musterung im Halten stattfinden soll, ist etwas abgeflacht und durch eine ca. fünf bis sieben Meter davor liegende Begrenzung markiert, hinter der die Kommission steht oder sitzt. Das Vorführen findet um das Dreieck herum statt, nur der Schritt kann innerhalb gezeigt werden. Routinierte Veranstalter beachten den Stand der Sonne, um Blendung zu vermeiden und stellen Sonnenschirme, Getränke, Schreibzeug und Sessel etc. zur Verfügung.

Das Bewerterteam oder dessen Assistent geben dem Vorführer, wenn nötig, genaue Anweisungen zum Aufstellen und Anführen des Pferdes. Der Vorführer befindet sich dabei etwa neben dem Hals oder der Schulter des Tieres. Die Zügel werden in ihrer Länge halbiert und samt der so entstehenden Schlaufe nur in der rechten Hand geführt; sie werden knapp hinter der Trense durch den Zeigefinger getrennt. Man läuft möglichst im Gleichschritt mit dem Pferd, was im Schritt nicht immer geht, aber schon eine

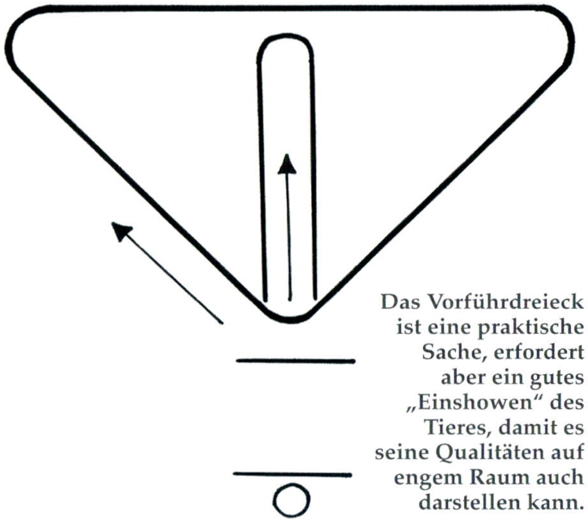

Das Vorführdreieck ist eine praktische Sache, erfordert aber ein gutes „Einshowen" des Tieres, damit es seine Qualitäten auf engem Raum auch darstellen kann.

ungefähre Übereinstimmung wirkt sehr schön; das Pferd dabei anzusehen ist verpönt, weil es dadurch eventuell stehenbleibt. Es versteht sich von selbst, dass alle Wendungen nur rechtsum ausgeführt werden, dabei hebt man die linke Hand mit der Gerte etwas, bei zögerlichen Pferden auch etwas deutlicher in Richtung des Kopfes des Tieres.

Die Bewertung im Stand erfolgt durch Aufstellung vor den Bewertern an der entsprechenden Ecke des Dreiecks. Die Aufstellung wird mit offenen Beinen zur Kommission hin verlangt, wobei man kleine Korrekturen durch Vortreten oder Rückwärtsrichten vornimmt.

Die Kontrolle der Gangqualität erfolgt üblicherweise im Schritt gerade von den Richtern weg und nach einer Wendung wieder auf sie zu, danach im Trab auf der Dreiecksbahn rechtsum. Hierbei werden die Korrektheit in der Bewegung, der Takt und Raumgriff, aber auch Elastizität, Schwung und Antritt überprüft. Hinter dem meist ohnedies hektischen Pferd läuft ein Peitschenführer mit Longepeitsche, der es notfalls antreiben kann/darf/soll/muss – was dann oft zu verspannten Tritten oder zum Angaloppieren führt, das wiederum durch Paraden korrigiert wird, die den Kopf des Tieres hochbringen. Das Durchparieren vor den Ecken des Dreiecks ist obligat – wenn auch nicht immer zum Vorteil der Darbietung.

Insgesamt erfordert diese Art der Musterung, soll sie perfekt gelingen, weit mehr Vorbereitung als das freie, englische Vorstellen, das wiederum mehr künstlerische Improvisation verlangt. Ihre Vorteile sind:

- Fairness durch Dokumentation
- genormter, bekannter Ablauf
- geringerer Platzbedarf
- wenig Gefahrenpotential
- stationäre Kommission

Ergänzend kann man an derartige Musterungen noch eine Hartplatzmusterung, ein Vortraben an der Longe, ein Freilaufen oder Freispringen in der Halle oder eine flotte Trabrunde mit langem Zügel am Dreieck anschließen. All das kommt bei uns bei diversen Zuchtveranstaltungen in verschiedenen Kombinationen zur regelmäßigen Anwendung.

Der Dresscode

Die Kleidung des Vorführers ist ein ständiger Gegenstand von Diskussionen, und man sollte die dafür in Großbritannien geltenden Regeln nicht unbedingt als der Weisheit letzten Schluss ansehen. In Holland und Deutschland hat es sich eingebürgert, in weißen Hosen, dunklem oder buntem Sweatshirt, Hemd und Krawatte und Turnschuhen vorzuführen, ergänzt durch weiße Handschuhe und Dressurgerte, dafür ohne Kopfbedeckung. Auch diese Kleidung wirkt sehr adrett, ist allerdings schmutzanfälliger als gedeckte Farben wie Braun oder Olivgrün. Ein grasgrüner Fleck auf einer strahlend weißen Hose fällt nun einmal auf …

In England bevorzugt man eine Kombination aus Designer-Jeans oder beiger oder olivgrüner Hose mit Tweedsakko, festen Halbschuhen und braunem Filzhut oder Melone. Dazu dunkle Handschuhe, Krawatte und *showing*

In Großbritannien wird bevorzugt in traditioneller Reitkleidung vorgestellt. Dazu gehört ein „tweediger Look". Am Kontinent ist eher lockere Freizeitkleidung angesagt, bei großen Veranstaltungen auch eine Art Sportdress mit weißer Hose und Laufschuhen.

Aussteller von Westernpferden kleiden sich natürlich entsprechend „amerikanisch", also in einer stilisierten Western-Kleidung und mit Cowboy-Hut.

cane … fertig ist das Bild des englischen Landjunkers oder der *horsey lady*. Manchmal tragen Männer auch einen dunklen Stadtanzug und eine Melone, verkleiden sich gewissermaßen als Banker, was mir immer etwas befremdlich vorkommt – was haben Pferde in der Stadt zu suchen, respektive Business-Leute auf dem Land …?

Bei so genannten *halter classes* (Halfterklassen, Zuchtklassen) für Westernpferde-Rassen gilt natürlich ein eigener Dresscode, der eine stilisierte Version der Kleidung der Rinderzüchter Nordamerikas ist. Man trägt ein langärmeliges Hemd und eine Bolerokrawatte oder ein Halstuch, einen hochwertigen Ledergürtel mit großer Silberschnalle, dazu einen Stetson-Hut und je nach Temperatur und Anlass eine Weste, ein Sakko amerikanischer Machart, dunkle Röhrenhosen und Westernstiefel oder robuste Schuhe. Chaps und Sporen werden in Halfterklassen nicht getragen, in Reitklassen sind sie die Regel; Blue Jeans sind erlaubt, aber unpopulär.

Die Bewertungsverfahren

In Europa kommen in aller Regel Punktesysteme zur Anwendung, die auf einem einfachen Schema beruhen. Man legt seitens der Organisationen fest, welche Kriterien langfristig zur Bewertung gelangen sollen. Das sind in der Regel bei Zuchtschauen zehn, manchmal nur sieben oder auch einige mehr, je nach Rasse und Veranstaltung:

- Typ
- Kopf
- Hals
- Vorhand
- Mittelhand
- Hinterhand
- Vorderbeine
- Hinterbeine
- Gangkorrektheit
- Aktion (Antritt, Raumgriff, Schub)

Für jedes Kriterium wird eine Note zwischen 1 und 10 vergeben, daneben sollte im Protokoll zu jedem Punkt eine

Für ein tolles Pferd sollte ein Bewerter auch die entsprechenden Noten aus dem Hut ziehen. Aber nicht vergessen: Punkte haben eine verbale Entsprechung, bedeuten also etwas.

kurze verbale Bemerkung oder Begründung stehen. Falls diese bekannt gegeben werden, macht das die Urteile viel transparenter. Solche so genannten „Schaukritiken" machen die Veranstaltungen für das Publikum wesentlich interessanter und lehrreicher als eine schweigende Verleihung von Preisen oder eine kommentarlose Platzierung. Ein guter Bewerter wird immer ein paar positive Bemerkungen parat haben und nie mit einer negativen Note enden.

In der gelebten Praxis erweist sich das System trotz seiner scheinbaren Vorzüge als trügerisch, denn es führt zu einer Verzerrung der Populationsqualität. Die Gleichrangigkeit der Kriterien führt dazu, dass z. B. ein Pferd mit einem starken Typ (eine populäre Farbe macht viel aus!) und einem tollen Kopf, aber verstellten Beinen etwa gleich viele Punkte erzielen kann wie ein zwar korrektes, aber etwas typschwächeres Tier (Fehlzeichnung!) mit wenig ansprechendem Gesicht, das aber im Fundament viel brauchbarer ist. Der Hauptmangel dieses System ist der, dass man als Bewerter immer danach trachten wird, wenig Porzellan zu zerschlagen. Daher tendiert man punktemäßig zur goldenen Mitte, und die lässt dann nur mehr geringe Differenzierungen zu. Viele Bewerter vergeben überwiegend Gefälligkeitsnoten zwischen 6 (befriedigend) und 9 (sehr gut), wobei der Klassiker die 7 ist (ziemlich gut). Instinktiv fummeln sich die Bewerter dann an die 65 bis 75 Punkte für die schlechteren Pferde heran, und an die 75 bis 85 Punkte für die guten Tiere. Wenn halbe Noten erlaubt sind, wird vielfach noch kleinkarierter agiert und eine erklärbare, nüchterne Beurteilung noch diffiziler. Wo soll denn der nachvollziehbare Unterschied zwischen einem Pferd mit 7,5 für den Kopf und 7,0 für den Typ und seinem Konkurrenten mit genau umgekehrten Punkten liegen?

Was jedoch oft geflissentlich vergessen wird: Die Punkte haben eine verbale Entsprechung, sind also nicht bloß abstrakte Ziffern, sondern bedeuten tatsächlich etwas – oder sollten es zumindest. Was also?

0 = nicht vorhanden	**6** = befriedigend
1 = sehr schlecht	**7** = ziemlich gut
2 = schlecht	**8** = gut
3 = ziemlich schlecht	**9** = sehr gut
4 = mangelhaft	**10** = ausgezeichnet
5 = genügend	

Die Punkte werden addiert, evtl. sogar wieder dividiert und ergeben eine Gesamtpunktezahl oder eine Durchschnittsnote, die wiederum bei Zuchtveranstaltungen je nach Zuchtbuchordnung der Verbände zu einer Qualifizierung (z. B. Eintragung in einen bestimmten Abschnitt des Zuchtbuches) führt. Diese Note ist eine arithmetische Kennziffer, mehr nicht. Sie besagt nicht, ob das Tier in einer oder einigen Partien sehr deutliche Mängel hat, denn diese gehen im Notenbrei unter, sobald einige besonders korrekte Partien den Ausgleich herbeiführen. Deshalb hat man Mindestnoten eingeführt, deren Unterschreitung in auch nur einem Merkmal zum Zuchtausschluss, einer Herabstufung im Zuchtbuch oder einer Zuchtbeschränkung führen. So können z. B. in vielen Verbänden Zuchttiere mit einer einzigen Wertnote von 5 oder 6 nicht mehr gekört werden bzw. nicht in den Hauptabschnitt des Zuchtbuches kommen. Wie auch immer, man kann nur hoffen, dass befugte und berufene Personen endlich das Notenpotential viel weiter ausschöpfen, sofern das dem Zuchtfortschritt dient. An der Wahrheit – selbst einer subjektiven – kann doch nichts falsch sein?

Andere Methoden

Die „Freie Urteilsbildung"

Das älteste Verfahren der Tierbeurteilung, wie es bis heute in den angelsächsischen Ländern vielfach praktiziert wird. Man betrachtet, vergleicht, kritisiert und kommt zu einer Reihung oder Einschätzung. Vom wahren Kenner ausgeführt, ergibt dieses scheinbar nonchalante Verfahren immer noch ein weit treffenderes Urteil als Wertnoten, die nach irgendwelchen vertrackten Punktesystemen durch vorwiegend theoretisch geschulte Experten vergeben werden.

Die „Lineare Beschreibung"

Sie beruht auf einem aus der amerikanischen Rinderzucht stammenden Verfahren. Sie wird auch für andere Tierarten immer häufiger angewendet, wenn auch in der Pferdezucht etwas zögerlich. Dabei wird nicht wie beim Punktesystem eine Wertung gegen ein standardisiertes Idealbild vorgenommen, sondern eine nahezu wertfreie Beschreibung der biologischen Variation der vorher bestimmten Merkmale vorgenommen. Die Zuchtorganisation legt fest, welche und wie viele Merkmale erfasst werden müssen. Fachleute haben sich für die Beurteilung von Pferden auf etwa 13 bis 15 Merkmale mit rund 25 detaillierten Kriterien geeinigt, mit deren Hilfe eine typ- und exterieurbezogene Zuchtwertschätzung vorgenommen werden kann.

Das „Rechteckverfahren"

Dieses ist zu den vorigen völlig unterschiedlich und kommt meines Wissens eher selten zur Anwendung. Es wertet überhaupt nicht, sondern beschreibt mit Hilfe von sehr präzisen Symbolen in einem Rechteckschema die grundlegende Beschaffenheit eines Tieres. Die Resultate sind sehr genau und haben dauernde Gültigkeit, weil sie sich auf die konstruktiven Merkmale beziehen. Sie geben, wenn über mehrere Generationen angewandt, auch Aufschluss über tendenzielle Vererbungstrends in einer Familie oder einem Stamm. Das grafische System ist frei und kann von jedem Beurteiler modifiziert werden, es hat sich jedoch der so genannte Leipziger Schlüssel als sehr brauchbar erwiesen, der auf 85 Positionen beruht; diese muss der Beurteiler natürlich gut zu beherrschen lernen. Eine beschreibende Technik, die in Kombination mit einer beurteilenden sicher zu guten Resultaten führt.

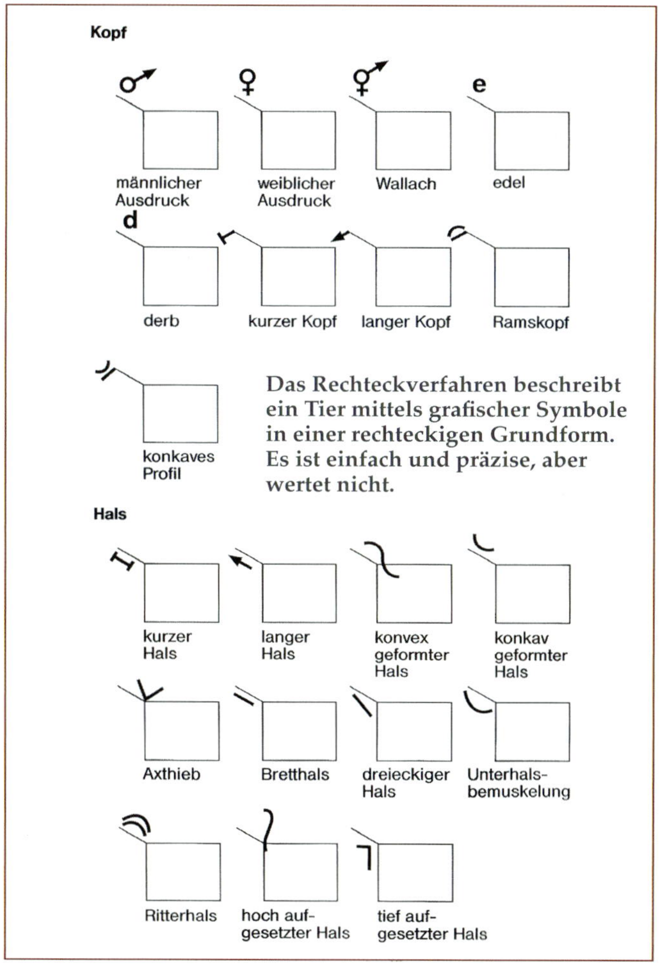

Das Rechteckverfahren beschreibt ein Tier mittels grafischer Symbole in einer rechteckigen Grundform. Es ist einfach und präzise, aber wertet nicht.

Kapitel 3

Ein Pferd – viele Typen?

„Zu unserer jetzigen Zeit haben wir den Brauch, spanische, sardische, friesische, flämische, berberische, türkische, neapolitanische, italienische, darunter abruzzische, römische und mantuanische Pferde zu halten … und haben wir schier kein rechtes Wissen mehr, welcher Landesart ein Pferd sei, weil sie fast alle verbastardisiert sind."

(Markus Fugger, Von der Gestüterei, 1584)

Mysterium „Typ“

Der umfassende Begriff Typ wird in der Fachsprache meistens in zwei oder mehr Teilbegriffe zerlegt. So spricht man vor allem bei der züchterischen Beurteilung vom Rasse- und Geschlechtstyp als von zwei nicht immer kongruenten Kriterien. Derselbe Hengst kann theoretisch eine starke Ausprägung des Rassetyps besitzen, aber nur einen schwachen Geschlechtstyp – oder genau umgekehrt. Hier wollen wir uns kurz mit den verschiedenen Begriffsvarianten von „Typ“ beschäftigen, da sie zum Grundvokabular eines jeden gehören, der Pferde beurteilt.

Genotyp und Phänotyp

Die Wissenschaft spricht vor allem von zwei grundlegenden Typen in der Tierbeurteilung und -zucht, nämlich dem Genotyp und dem Phänotyp; diese Begriffe wurden von Prof. Wilhelm Ludwig Johannsen um 1909 geprägt. Der Genotyp ist die Summe der Erbanlagen (Erbbild); der Phänotyp ist die Summe der sichtbaren Eigenschaften (Erscheinungsbild). Es ist klar, dass nur der Genotyp erblich und daher züchterisch relevant ist, man jedoch über die Analyse des Phänotyps zu Rückschlüssen gelangen kann, denn dieser ist ja die Manifestation so mancher genetisch bedingten Eigenschaft.

Es ist bekannt, dass die individuelle Entwicklung eines Tieres nicht nur von der Vererbung, sondern auch von den Umweltfaktoren geprägt wird. Die ererbten Gene seiner Vorfahren liefern die Grundlage für die mögliche Entwicklung, die Umweltfaktoren prägen aber letztlich den Ablauf derselben. Ein Beispiel: Ein Fohlen erbt die Anlage zur Größe, wird aber schlecht aufgezogen und ungenügend gefüttert, bleibt daher im Vergleich zu gut gehaltenen Gefährten klein. Das Gegenbeispiel: Ein Fohlen hat „kleine“ Anlagen, wird aber gut aufgezogen und erreicht seine genetisch mögliche Maximalgröße.

Genetisch gut programmierte Pferde brauchen die Möglichkeit zur optimalen Entfaltung ihrer Eigenschaften, um ihr ererbtes Potenzial voll ausschöpfen zu können.

Vielfach irren sich Züchter, wenn sie glauben, gutes Zuchtmaterial aus einem anderen Klima, Habitat oder auch nur Haltungsbedingungen müsse zwingend auch unter anderen Bedingungen gute Nachkommen liefern. Gute Importtiere aus idealer Haltung, die zudem optimal an ihre Herkunftsregionen angepasst sind, ermöglichen zwar aufgrund ihrer Anlagen solche Nachzucht. Bietet man dieser aber keine vergleichbaren, guten Bedingungen wie daheim, so fällt sie gegenüber dem Phänotyp der Eltern schon ab der ersten Generation deutlich ab – ohne deshalb aber genetisch an Wert zu verlieren.

Für den Importeur, Käufer oder Züchter von „exotischen“ Pferden aus völlig anderen Lebensräumen ist es daher unbedingt notwendig, sich mit den Umständen dort gut vertraut zu machen. Nur durch die Unterscheidung von Geno- und Phänotyp und durch die Kenntnis der üblichen Aufzucht, Haltung und Fütterung lassen sich züchterische Rückschläge eingrenzen. Kennt man Abstammung, Zuchtleistung, Haltungsbedingungen,

Eigenleistung und Werdegang eines Zuchttieres, dann kann man dessen Genotyp und daher Wert für die eigene Zucht besser einschätzen. Manchmal ist aufgrund dieser Unterscheidung der genotypischen und phänotypischen Merkmale für Zuchtzwecke ein optisch „weniger schönes" Tier einem „besonders schönen" sogar vorzuziehen. Eine Zuchtwahl aufgrund einer rein phänotypischen Betrachtung ist ausschließlich bei Formzuchten mit hoher Vermehrungsrate (z. B. bei Zierfischen, Nagern) auf Dauer ausreichend; Tiere mit Gebrauchswert können nicht über das Auge allein erfolgreich gezüchtet werden.

Der Konstitutionstyp

Zwischen Körperform und Konstitution (konstante Verfassung eines Tieres hinsichtlich der Widerstandskraft, der Lebenskraft und des Reaktionsvermögens des Organismus auf Umwelteinflüsse) bestehen gewisse Zusammenhänge. Die Wissenschaft bemüht sich schon lange, diese zu ergründen und in ein halbwegs verlässliches System zu bringen, wobei es zu vielen mehr oder weniger tauglichen und verständlichen Ansätzen kam.

Allgemein kann man sagen, dass es bei Tieren drei Grundtypen gibt, die auch in der menschlichen Typenlehre so oder ähnlich angewendet werden. Das Erkennen und Interpretieren dieser Typen erleichtert die Auswahl eines Tieres zu einem bestimmten Zweck und lässt Rückschlüsse zu, wofür es sich vermutlich eignet und welche körperlichen Anfälligkeiten es möglicherweise haben könnte.

Der respiratorische oder leptosome Typ – Atmungstyp

Seine Hauptmerkmale sind ein relativ ausgeprägtes Längenwachstum bei geringem Breitenwachstum; der Habitus ist hoch, lang und schmal, dabei stets schlank und relativ feingliedrig. Solche Pferde eignen sich zum Laufen und mitunter Springen und sind auch zu großen Ausdauerleistungen fähig. Sie gehören dem Vollblut oder edlen Halbblut an und haben meist orientalische Wurzeln. Ihre Vorfahren sind unter den Typen III und IV zu sehen.

Rennen und Springen sind die Domäne der stark blutbetonten Leistungspferde, allen voran das Englische Vollblut.

Der muskulöse oder athletische Typ – Krafttyp

Die Hauptmerkmale sind eine stark entwickelte Muskulatur, die meist an kräftigen, eher kurzen Knochen anheftet. Bei mittlerer bis großer Größe und Breite wirkt dieser Habitus gedrungen, starkgliedrig und stabil. Diese Pferde sind in der Regel gute Sprinter und Springer, entwickeln große Momentkraft, aber weniger Ausdauer als der Atmungstyp. Gute Beispiele sind Western-Rassen wie Quarter Horse oder Appaloosa, auch Welsh Cob, Spanier oder kräftiges Warmblut. Ihre Vorfahren sind unter allen Urtypen zu finden, wobei eine Verschmelzung von Typ II und III überwiegen könnte.

Der digestive oder pyknische Typ – Ansatztyp

Sein Hauptmerkmal ist die Beleibtheit. Aufgrund des guten Futterumsatzes neigt er zu viel Hals, Bauch und Breite, kann auch ausgesprochen fett werden, was der Gesundheit schaden kann. Gedrungen, breit und mit enorm viel Substanz, dabei nicht immer ausreichend muskulös, mit eher kurzen, feinen Knochen. Robuste Tiere mit oft fröhlichem Naturell, aber geringer Leistungsfähigkeit. Zu plötzlicher Kraftentwicklung fähig, dabei aber nicht extrem ausdauernd. Nur wenige Pony- und Kaltblutrassen zeigen diesen Typ deutlich ausgeprägt; man denkt hier evtl. an Shetland- und Welsh-Ponys, an manche Koniks oder Schwarzwälder Füchse. Die Urahnen dürften auf Typ I und Typ II zurückgehen.

Interieurtyp

Hier muss zuerst der Unterschied zwischen Charakter und Temperament festgehalten werden: Der Charakter ist die grundlegende Einstellung des Pferdes seiner Umwelt gegenüber. Gutartig oder bösartig, intelligent oder stumpf, faul oder fleißig wären Beispiele dafür. Man wünscht sich ein gutmütiges, intelligentes und leistungsbereites Tier. Der Charakter lässt sich aber durch menschlichen Einfluss nur wenig formen.

Mit Temperament beschreibt man die Ausdrucksmöglichkeiten des Pferdes in Bezug auf seine Umwelt. Gelassen oder hysterisch, verschlafen oder wach, schreckhaft oder verlässlich wären etwa Beispiele. Man wünscht sich natürlich ein gelassenes, dabei aber waches und nicht schreckhaftes Pferd. Das Temperament lässt sich durch Erziehung und Übung beeinflussen.

Wenn Pferde unter sich granteln, dann tut das meist keinem weh. Wenn sich die Aggression gegen den Menschen richtet, dann kann es aufgrund des Kräfteungleichgewichts zu bösen Verletzungen führen.

Ein kräftiges kleines Kaltblut, wie es der Tinker darstellt, ist leichtfuttrig. In seiner leichten Version, etwa als Pony, ist es ein ideales Familienpferd.

Ein gedrungenes, überaus kräftiges Tier mit einem kleinen Manko: seine Neigung zur Leibesfülle. Kaltblüter werden leicht fett!

Die klassischen Temperamentstypen sind:
- Phlegmatiker
- Sanguiniker
- Choleriker

Der **Phlegmatiker** ist ruhig und wenig anteilnehmend an seiner Umwelt. Der **Sanguiniker** nimmt regen Anteil und ist dabei positiv gestimmt. Der **Choleriker** wird sehr schnell zornig und reagiert oft recht heftig. Ähnliche Typen lassen sich auch beim Tier feststellen, man sollte aber keinen allzu großen Wert auf diese Typologie legen, denn vieles im tierischen Verhalten ist instinktgesteuert und daher stark auf den Moment und die Situation bezogen. Auch ein ansonsten phlegmatisches Pferd kann erschrecken und durchgehen, und auch ein sanguinisches Sonnenscheinchen kann reflexartig ausschlagen, wenn man ihm überraschend hinten eins draufklatscht.

Geschlechtstyp

Der Geschlechtstyp umfasst alle Merkmale, die das Pferd eindeutig als Hengst oder Stute ausweisen; Wallache nehmen als Kastraten eine Sonderstellung ein. Dazu gehören die so genannten primären Geschlechtsmerkmale, wie Penis und Hoden beim Hengst oder Vagina und Euter bei der Stute. Sie müssen medizinisch ohne Befund bzw. anatomisch und funktionell einwandfrei sein, wobei Letzteres fast nur im praktischen Einsatz zu beurteilen ist. Bei einer Zuchtschau wird niemand feststellen können, ob ein Hengst gut befruchtet oder eine Stute problemlos säugt. Nach der optischen und evtl. einer haptischen Überprüfung muss ein Tierarzt sein Okay geben, das letzte Wort aber hat die Natur, gegen die sogar der erfahrene Züchter mit allen Tricks mitunter machtlos ist.

Für die Beurteilung sind die sekundären Geschlechtsmerkmale ebenfalls wichtig, denn von ihnen erhofft man sich Rückschlüsse auf die Vererbung. Man wünscht sich einen auch äußerlich und verhaltensmäßig maskulinen Hengst bzw. eine feminine Stute. Vielfach bleibt die Momentaufnahme einer Beurteilung – etwa beim Kauf oder auf einer Zuchtschau – zu oberflächlich, um das wahre Wesen eines Pferdes in dieser Hinsicht erkennen zu können.

Ein Stutenkopf soll keinen aggressiven Ausdruck haben, sondern feminin oder sogar mütterlich wirken. Allzu feine, schöne Köpfchen sind aber auch nicht jedermanns Geschmack.

Den Geschlechtstyp betreffend, soll sich ein Hengst temperamentvoll, aber nicht rüpelhaft gebärden. Das Auge soll wach sein, die Körperhaltung imponierend, der Gang federnd und kadenziert. Wiehern, Schnauben, eventuell Steigen, aber ohne den Menschen zu attackieren, sind Verhaltensweisen, die besonders bei Junghengsten unter den Sammelbegriff „Imponiergehabe“ fallen und toleriert werden, sofern sie im Rahmen bleiben. Aggressive Hengste, die sich in höherem Alter jeglicher menschlicher Einwirkung entziehen oder sogar gefährlich zeigen, sind eigentlich nicht zur Vermehrung geeignet, was aber oft ignoriert wird, wenn es sich um Leistungsträger handelt.

Der typische Hengstkopf ist breit, besitzt große, muskulöse Ganaschen und oft einen sehr maskulinen Gesichtsausdruck.

Ein Hengsthals darf schon was hermachen. Er soll gut bemuskelt sein, dabei schön gewölbt und stolz getragen werden. Ein starker Kamm entwickelt sich oft erst im Alter.

Bei Stuten wünscht man sich ein eher ruhiges Wesen, das mit einer gewissen Sanftheit und Mütterlichkeit einhergeht. Bei ruhigem Auge, gelassener Körperhaltung und guten, aber weniger aufwändigen Gängen sollen Stuten keine maskulinen Merkmale zeigen. Wenn sie ein Fohlen führen, so legt man auf ruhige Fürsorge und mütterliche Ausstrahlung besonderen Wert. Hysterische oder aggressive Mütter kommen zwar immer wieder vor, sind aber bei Züchtern unbeliebt.

Der Kopf

Der Hengstkopf ist kurz, breit und weist eine starke Ganaschenmuskulatur auf. Die Kiefer sind kurz und kräftig, die Ohren meist klein und sehr beweglich. Die Augen sollen feurig und intelligent blicken, ohne aggressiv zu wirken.

Der Stutenkopf ist oft etwas länger, schmäler und hat eine weniger starke Muskulatur. Das Maul ist zarter, die Linien sind weicher, das Auge blickt freundlich und ruhiger. Ich persönlich schätze bei Stuten einen etwas wallachartigen Kopf, im Gegensatz zu einem puppigen Köpfchen mit allzu mädchenhaftem Ausdruck.

Der Hals

Der gute Hengsthals ist hoch aufgesetzt, stark gewölbt und vor allem entlang der Oberlinie kräftig entwickelt, besonders bei älteren und im Deckeinsatz stehenden Tieren. Ein Speckhals ist zwar oft zu finden, aber nicht unbedingt vorteilhaft; ein Kipphals ist abzulehnen, da er auf eine vererbliche Bindegewebsschwäche hinweist. Manche Hengste besitzen eine besonders volle, lange Mähne.

Der Stutenhals ist aufgrund der geringeren Bemuskelung schlanker, oft deutlich gerader und auch tiefer aufgesetzt; Stutenhälse können daher etwas länger wirken. Die Mähne kann etwas dünner und kürzer ausfallen als beim Hengst. Ein Hengsthals auf einer Stute wirkt deplatziert und sollte stutzig machen.

Ein gutes Hengstbein ist stark und stabil. Hengste bewegen sich energisch und kraftvoll, da sollte das Fundament auch passen!

Die Beine

Das oft zitierte Hengstbein wird von erfahrenen Züchtern gefordert, kommt aber nicht immer zu Ehren. Ich halte es für durchaus vernünftig, bei Hengsten eine kräftige Konstitution der Beine zu fordern, nicht zuletzt wegen der Belastungen im Deckeinsatz. Ein gutes Hengstbein ist optimal entwickelt, hat einen großen Schienbein-Umfang und große, offene Hufe.

Stutenbeine sind dagegen in der Regel etwas feiner, haben kleinere Hufe und mitunter schlankere, längere Fesseln. Rudolf Nurejew hatte auch andere Beine als Dame Margot Fonteyn!

Der Rumpf

Beim Hengst wünscht man sich einen tiefen und breiten Rumpf, seicht und schmal konstruierte Hengste wirken wenig maskulin. Allerdings verbringen viele Hengste fast ihr ganzes Leben in Einzelhaft in der Box, daher „laufen sie aus" – „*they run up light*" sagt der Brite. Sie verlieren wegen des Bewegungsmangels an Brustumfang und wirken, wenn sie aufgrund des aufregenden Deckgeschäfts schlecht fressen oder wenig saufen, ausgesprochen „ausgeronnen". Ruhe, Disziplin, genügend Bewegung und angepasste Fütterung, vor allem genug Raufutter während der Ruhephasen, sind Gegenmaßnahmen.

Stuten sollten genügend breit und tief sein, mit etwas Länge in den Flanken und viel Platz für ein Fohlen im Hinterbauch. Ihr Brustkorb erreicht oft nicht die Dimension jenes eines Hengstes, aber ihr Körpervolumen wirkt oft größer, besonders während der Trächtigkeit. Eine gewisse Länge ist weniger negativ zu sehen als beim Hengst, solange sie in Maßen bleibt und der Rücken gut konstruiert ist. Auch das Becken wird bei einer Stute oft etwas ausladender sein.

Rassetyp

Kaum ein Thema verursacht Züchtern, Richtern und Körkommissionen solches Kopfzerbrechen wie der Begriff Rassetyp (Englisch: *breed type*). Der jeweilige Rassetyp ist eigentlich in den einzelnen Rassestandards verbal festgelegt. Die Wirklichkeit sieht allerdings anders aus, und damit beginnt auch schon das Problem. In nahezu allen Standards sind nur die allgemeinen Charakteristika und vor allem die groben Zielsetzungen umrissen. Zudem flossen bei der Formulierung der Standards die Wunschvorstellungen der damaligen Zuchtverantwortlichen mit ein, die mitunter von der Realität ziemlich weit entfernt waren oder noch sind.

Standards sind also bestenfalls Hilfsmittel, um eine Rasse oder einen Rassetyp betreffend Exterieur eingrenzen zu können. In vielen Fällen sind die einzigen verbindlichen Aussagen, die man aus einem Standard herauslesen kann, die erlaubte Maximalgröße, die zugelassenen Farben und Abzeichen sowie – oft in recht vagen Formulierungen – einige Hauptmerkmale, welche jedes Tier einer Rasse besitzen sollte. Alles andere sind vorwiegend plakative Aussagen, die auf jedes brauchbare und korrekte Pferd (Tier) zutreffen sollten. Dennoch ist jeder Züchter oder

Was kann dieses Pferd anders sein als ein Haflinger? Auch wenn die Blesse gegen ihn spricht …

Materialrichter gut beraten, die Standards „seiner“ Rassen genau zu kennen, denn manchmal schlummert der Teufel im Detail.

Für den Richter oder Beurteiler, sogar für den Kaufinteressenten ist es wichtig, sich in eine Rasse und ihre Variationen einzuschauen, also möglichst viele verschiedene Exemplare genau und ausgiebig zu studieren und sie mit dem Standard, alten Fotos, anderen Tieren derselben Rasse und Vertretern anderer Rassen zu vergleichen. Nur auf diese Weise erlangt man ein Gefühl dafür, welche Tiere ihren Rassetyp stärker oder stark repräsentieren. Ich habe immer besonders viel von anderen Richtern oder erfahrenen Züchtern gelernt, wenn man sich im privaten Gespräch am Objekt austauschen konnte. Während einer Veranstaltung ist dies für „Offizielle“ selten möglich, denn da hat man keine Zeit, fühlt sich beobachtet oder belauscht oder ist einfach befangen. Als Zuschauer im Kreise erfahrener Züchter und Aussteller oder bei einem Gestütsbesuch in Begleitung eines Experten lernt man am meisten – und selbstverständlich auch als Hilfsrichter neben einer Koryphäe, sofern man diesen Ausbildungsweg beschreitet.

Was ist nun der Rassetyp? Verallgemeinernd kann man sagen, er ist die Summe aller Merkmale, die ein Tier eindeutig als Vertreter einer bestimmten Rasse ausweisen. Ein Richterkollege sagte einmal, dass beim gut ausgeprägten Rassetyp der Schattenriss des Tieres genügen müsse, um es eindeutig seiner Rasse zuordnen zu können. Dabei hat er Größe, Farbe und Abzeichen zwar vernachlässigt, aber vermutlich hatte er Recht. Ich bezweifle allerdings, dass es selbst im Idealfall immer möglich wäre, ähnliche Rassen wie z. B. Fell-Pony und Dales-Pony, auseinanderzuhalten …

Ein gewissenhafter Zuchtrichter wird sich über alle Details (Abzeichen, Farben, Größenlimits etc.) anhand des Standards informieren und sich auch in die verschiedenen Typausprägungen innerhalb einer jeden Rasse vertiefen, ehe er sie beurteilt. Tut er das nicht, so kommt er spätestens dann in Teufels Küche, wenn ein Aussteller gegen ein Fehlurteil protestiert.
Zusammenfassend kann man sagen, dass ein typvolles Tier jenes ist, das über einen ausgeprägten Geschlechtstyp verfügt, die Anforderungen seines Standards voll erfüllt und altersgemäß entwickelt ist. Ein häufiger Fehler ist der, Typ mit allgemeiner Korrektheit zu verwechseln. Manche Rassen haben aus ihrer Verwendung oder Geschichte heraus ganz typische Schwachstellen, die man kennen muss und die nicht zu pönalisieren sind.

Zuchttyp

Zu allen Zeiten gab es in jeder Rasse unterschiedliche Typen; solche Variationen über ein Thema können verschiedene Ursachen haben. Die Genetik spielt hier eine große Rolle, denn schon die Natur sorgt für eine gewisse Varianz, und das ist auch schön so, denn nichts wäre langweiliger, als wenn alle Tiere einer Rasse völlig gleich wären. Es liegt ein großer Reiz für den Züchter darin, durch geduldige Arbeit einen individuellen Gestütstyp auszuformen, der in allem den Anforderungen entspricht, sich aber trotzdem noch jenes Quäntchen Individualität bewahrt, das die Tiere seiner Zucht von anderen abhebt. Den wahrlich großen Züchtern gelingt dies … manchmal.

Auch die Umwelt kann einen Typ oder Schlag prägen, man hört oft, dass das Pferd ein Produkt der Scholle sei. Die Pferdezüchter sind fast ausnahmslos glühende Verfechter der Schollentheorie – vielfach meinen sie, dass nur im angestammten Habitat der Rassetyp erhalten werden kann, nicht nur im Exterieur, sondern auch im Interieur. Die prägende Umwelt sei notwendig, um die Summe der Eigenschaften zu bilden, also auch, um sie zu erhalten. Ich teile diese Theorie nur bedingt.

Seit langer Zeit hat der Mensch durch Zuchtwahl, Ausmerzung minderwertiger Tiere und Hilfsmaßnahmen ein gewichtiges Wort mitzureden. Vor allem die Hengste werden planmäßig eingesetzt; für menschliche Zwecke unbrauchbare Tiere werden ausgeschieden oder züchterisch kaum genützt; Witterungseinflüsse werden durch Winterfütterung etc. abgemildert; Raubtiere sind längst vom Menschen ausgerottet worden. Die Selektion durch die Umwelt ist vermutlich seit Jahrzehnten eine geringere, als wir es wahrhaben wollen. Solange man an ein bestimmtes Habitat angepasste Pferde nicht in ein völlig unterschiedliches verpflanzt und dort über längere Zeit einer unterschiedlichen Selektion aussetzt, sind nur geringe Veränderungen zu erwarten. Das genetische Gefüge der durchgezüchteten Rassen ist ziemlich fest. Meiner Meinung nach liegen die Ursachen vieler Typschwankungen, vor allem in den Nachzuchtgebieten, zuerst in der unterschiedlichen Auffassung der dortigen Züchter vom Zuchtziel, der Einkreuzung neuer Gene oder in einer Selektion auf einen anderen Zweck oder Typ. Man kann zwar überall auf der Welt gute Pferde kaufen, aber wenn man die Wertvorstellungen und Erfahrungen der Züchter im Heimatgebiet nicht quasi mit importiert und die ursprünglichen Anforderungen aus den Augen verliert, so wird man recht bald einen modifizierten Typ erhalten, der zwar den neuen Bedürfnissen Rechnung trägt, sich aber vom Original entfernt. Manche Züchter tun dies bewusst, um den geänderten Markterfordernissen in ihrem Land gerecht zu werden, andere tun es unbewusst, weil es ihr ästhetisches Empfinden verlangt, und einige haben schlichtweg keine Ahnung und vermehren einfach vor sich hin.

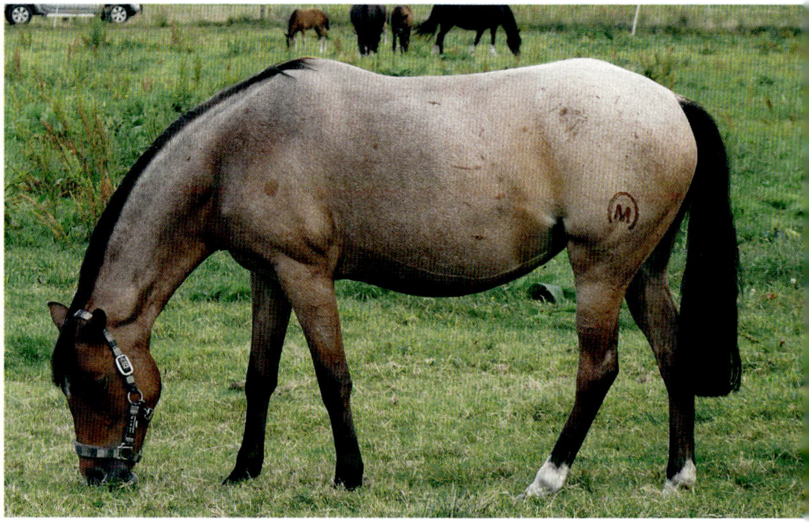

Eine Zuchtstute sollte über einen ausgeprägten Geschlechts- und Rassetyp verfügen. Kann sie ihre guten Eigenschaften überwiegend weitergeben, so ist sie ein wahrer Schatz. Gute Stuten sind das Herz jeder Zucht, ob groß oder klein.

Der gute, alte Typ

Oft wird in Züchterkreisen ein Begriff angestrengt, der hier etwas näher beleuchtet werden soll: Der so genannte „alte Typ“ – etwas, das in der Regel nur schwer erklärbar oder zu definieren ist. Man stößt jedoch immer wieder darauf, sehr oft als Ausdruck der höchsten Wertschätzung, etwa im Sinn von: „Ja, das war halt noch eine tolle Stute, ein echter alter Typ, so was sieht man heute kaum noch. Die lebte immer auf blanken Steinen, zog tonnenschwere Wägen, brachte jedes Jahr ein gutes Fohlen, war nie krank und wurde 35 Jahre alt."

Woran sich der „alte Typ" aber im Gegensatz zum „neuen Typ" festmachte, bleibt häufig unerklärt. Kein Wunder, denn es gab damals wie heute mehr oder weniger stark unterschiedliche Typen, und was der Mensch in verklärter Rückschau als Verdienst des guten, alten Typs ausmachen will, ist häufig nichts anderes als die herausragende Konstitution eines einzelnen Individuums, an das man sich besonders gut erinnern kann.

Ich versuche dennoch, den „alten Typ" rasseübergreifend etwas einzugrenzen: Die Köpfe waren früher allgemein etwas weniger fein. Man tolerierte eine gewisse Größe, denn starke Kiefer und geräumige Nasenhöhlen sind bei kargem Futter und harter Arbeit wichtig. Die Hals-Schulter-Partie war bei Wirtschaftspferden oft wenig reitbetont, denn die Anforderungen des Sports existierten für sie kaum; dafür ist eine etwas steilere Schulter beim Zugpferd kein Nachteil. Der Rumpf war eher auf Verdauung denn auf Atmung ausgelegt, oft breiter und mit ausladender Hinterrippe. Das Fundament der Landrassen war früher oft kurzbeinig und starkknochig, die Mechanik als „Allradantrieb mit Knieaktion" an raues Terrain angepasst. Die Durchschnittsgröße lag oft unter den heutigen Maßen. Zusammenfassend gesagt, kann ein Überwiegen der oben genannten Merkmale auf den alten Typ hinweisen.

Heute sind so genannte Barockpferde wieder sehr modern. Ob und wieweit sie ihren Ahnen aus dem 18. Jahrhundert gleichen, darüber darf diskutiert werden.

Schon immer gab es Schwankungen im Anforderungsprofil, der gute Züchter wird ihnen jedoch nur so weit folgen, wie er es seiner Rasse gegenüber verantworten kann. Er setzt sich gewissermaßen einen Rahmen, innerhalb dessen er ohne Verlust der Integrität der Rasse und des Einzeltieres seine persönlichen Ziele verfolgen kann. Der weise Züchter hütet sich vor Extremen, weil sie meist nur kurzlebigen Erfolg zeitigen. Es ist die Natur des Extrems, dass seine Vorteile oft von ebenso großen Nachteilen begleitet werden. Wo viel Licht ist, ist auch viel Schatten … Die moderne Tierzucht tendiert aber zu Extremen, was sich auch in der Pferdezucht hin und wieder bemerkbar macht. Extremformen waren früher, in der so genannten guten, alten Zeit (sie war es kaum!), weniger häufig und aus verschiedenen Gründen nicht so begehrt. Dies mag ein Grund dafür sein, dass man den „alten Typ" wehmütig vermisst und rückblickend verklärt – er war einfach weniger extrem, kaum anfällig, weniger spezialisiert, anspruchsloser.

Es ist recht lehrreich, alte Fotografien von Spitzenexemplaren früherer Tage mit heutigen Tieren zu vergleichen. In vielen Fällen muss man sagen, dass die Champions von gestern heute keinen Blumentopf mehr gewinnen würden, sie wirken einfach zu „normal". Vielleicht war es gerade dieses Normale, das die damaligen Tiere so sympathisch und brauchbar machte …

Der moderne Typ

Nachdem wir den „alten Typ" näher beleuchtet haben, müssen wir uns fairerweise auch dem „modernen Typ" widmen. Früher waren die Anforderungen an ein Pferd in aller Regel nicht vom Sport geprägt, zu dem ich auch Schauen und Materialprüfungen zähle. Robustheit, Vielseitigkeit und Ausdauer waren wichtiger als Höchstleistungen oder brillante Gänge. Das hat sich geändert und damit ist das Tor zur Ausbildung von Extremen aufgestoßen worden.

Tigerschecken waren früher gesuchte Raritäten. Ob der heutige Knabstrupper nicht eher ein Sportpferd ist, das nur mehr ein barockes Jäckchen trägt? Der Typ wandelt sich ständig …

Wer heute im Sport punkten will, der braucht ein möglichst gutes, das heißt spezialisiertes Pferd. Die Züchter kennen die Anforderungen und müssen aus wirtschaftlichen Gründen versuchen, sie zu erfüllen, daher züchten manche – wenn auch nicht alle – das, was man „modernen Typ" nennt. Dabei vergisst man oft, dass der „alte Typ" vermutlich auch irgendwann einmal modern war. Züchterisch ergibt sich nun das Problem, dass man keine grundlegend neuen Anforderungen an eine Rasse stellen kann, ohne dass sie dadurch an Typ verliert; sie muss sich ändern, um zu entsprechen.

Wie sieht ein „moderner Typ" nun aus? In der Regel ist er größer und weniger kalibrig, denn der rumpfbetonte Verdauungstyp hat im Sport heute keine Chancen mehr. Angemessene Größe – jedoch kein „Riesenwuchs" – bietet gewisse Vorteile in der Mechanik, die überall da zum Tragen kommen, wo große Übersetzung und Tempo gefragt sind. Den Kopf wünscht man sich heute hübscher und wenn möglich kleiner als früher. Die Reitpferdepoints, wie gute Halsung, viel Widerrist, schräge Schultern etc., gewinnen an Bedeutung. Knochenstärke, Hufgröße und Gelenksumfang spielen keine so große Rolle mehr, dafür wünscht man sich ergiebige Bewegungen und ein verbessertes Springvermögen. Mit diesen körperlichen Merkmalen scheint in der Regel auch ein etwas heißeres Temperament einherzugehen.

Bis hierher deckt sich das Gesagte mit den Entwicklungen in vielen Warmblutzuchten; der moderne Hannoveraner oder Oldenburger etc. ist kein Wirtschaftswarmblut mehr, mit Bassgeige und starken, kurzen Beinen, sondern ein eleganter Athlet. Der moderne Haflinger stellt ein relativ edles und leichtes Pony dar, das zwar noch in Farbe und Charakter an das alte Wirtschaftspferd der Berge erinnert, jedoch deutlich reitpointiert und leistungsgeprägter ist. Ähnliches ist beim modernen Freiberger aus den Schweizer Bergen zu beobachten, und sogar das klassische Germanenpony, der Isländer, hat sich grundlegend gewandelt – nicht nur zum Vorteil.

Gerade bei den Ponyrassen kommt die Typfrage im Zusammenhang mit dem Schauwesen zum Tragen. Die heutigen Richter/Beurteiler entstammen meistens einer Generation, die längst den Bezug zum Landpferd oder Bergpony verloren hat. Sie verstehen deshalb nicht weniger von Pferden, aber sie legen andere Maßstäbe an, ob bewusst oder unbewusst bleibt dahingestellt. Schönheit der Formen, sportbetonte Bewegungen, hübsche Köpfe oder übertrieben ausgeprägte Einzelmerkmale stehen heute im Vordergrund. Der Konflikt mit traditionell eingestellten Züchtern der alten Schule ist oft vorprogrammiert!

Alterstyp

Ich wende manchmal auch den Begriff Alterstyp an und möchte damit dokumentieren, ob ein Tier seinem tatsächlichen Alter entsprechend entwickelt ist. Ich beschreibe

Pferde sollten immer ihrem Alter entsprechend entwickelt sein. Jedes Mästen oder Verweichlichen ist abzulehnen, da es später zu Schäden führen kann.

damit, ob es vermutlich einer sehr guten, einer ausreichenden oder einer mangelhaften Aufzucht unterzogen wurde. So kann beispielsweise ein stark getriebenes (gemästetes) Jungpferd sowohl in seiner Größe, aber auch in Muskulatur und Ausdruck leicht ein oder zwei Jahre älter wirken, als es tatsächlich ist. Ebenso kann ein schon erwachsenes Tier aus einer Mangelhaltung verhältnismäßig schwach und unfertig wirken. Auch das Zahnbild der bleibenden Zähne (älter als fünf Jahre) kann vom Normalbild abweichen und bei fütterungsbedingt übermäßigem Abrieb ein etwas höheres Alter vorgeben.

Beschreibend verwende ich unter anderem Worte wie „unfertig", „altersgemäß entwickelt" oder „frühreif", aber die Diktion ist da nicht sehr strikt. Es geht einfach darum festzuhalten, ob bei dem Tier Mangelerscheinungen (z. B. Entmineralisierung) oder Zivilisationskrankheiten (z. B. Fettleibigkeit, Gelenkschips) vermutet werden können.

Über das rein Körperliche hinausgehend spielt auch das Verhalten in den Alterstyp hinein. Ein Pferd sollte auch in seiner mentalen Entwicklung – immer vor dem Hintergrund seiner Lebensumstände betrachtet – etwa dem zu erwartenden Durchschnitt entsprechen. Ein Dreijähriger, der sein ganzes Leben nur auf der Alm verbracht hat und sich weder berühren lässt noch irgendeine Art von Pflegemaßnahme kennt, wird vermutlich eine weit aufwändigere Ausbildung und medizinische Versorgung brauchen als ein ordentlich betreutes, gleichaltriges Tier.

Erblichkeit und Zucht

Die Frage der Erblichkeit der Merkmale unserer Pferde bewegt naturgemäß die Züchter seit Jahrhunderten, wenn nicht schon bedeutend länger. Im Mittelalter schufen die Staufer in Italien Schulen der Pferdemedizin und Hofgestüte, in denen man sich schon mit der Verbesserung der Zucht beschäftigte. In der langen Periode bis zu den Napoleonischen Kriegen um 1800 wurden einige vielbeachtete Werke verfasst, in denen allerdings noch mehrheitlich unwissenschaftliche Methoden und Erkenntnisse verbreitet wurden.

Im 18. Jahrhundert stiegen Bedarf und Verbrauch an Fleisch weiterhin an – man begann, sich Sorgen zu machen, wie die stetig wachsende, städtische Bevölkerung zu ernähren sei. Der Mangel an tierischen Produkten machte klar, dass man bis dahin eine mehr oder weniger zufällige Vermehrung betrieben hatte, ohne von Vererbungslehre oder Selektion etwas zu wissen.

Die Leistungszucht entsteht

Vor diesem Hintergrund ist es verständlich, dass sich die findigen britischen Farmer neuer Methoden in der Tierzucht annahmen und versuchten, die Produktivität ihrer Nutztiere zu steigern. Durch ihre scharfe Beobachtungsgabe, ihre Experimentierfreudigkeit und ihre Entschlossenheit zum Profitmachen bereiteten sie den Weg für die moderne Nutztierzucht vor. Die Zeit der *improvers*, der Zuchtverbesserer, war somit angebrochen …

> Dank ihres Weitblicks wurde die britische Tierzucht bald führend in der ganzen Welt. Sie machten dem Rest der Welt schon im 18. Jahrhundert vor, wie man Tiere erfolgreich in Typ, Form und Leistung verbessert und damit letztlich viel Geld verdienen kann. Ihre Ausgangsposition war allerdings eine gute, denn sie hatten bestens veranlagtes Genmaterial zur Hand und verfügten dank verbessertem Pflanzenbau über geeignete Aufzuchtbedingungen; daraus machten sie mit Umsicht, etwas Glück und sicherem Instinkt das Beste.

Robert Bakewell war ein Visionär der modernen Tierzucht. Er erkannte und entwickelte die heute noch gängigen Methoden.

Geschichtlich betrachtet ist die systematische Verbesserung der Nutztiere eine relativ junge Sache. Zeitweilig hatten schon früher ambitionierte Züchter versucht, ihre Tiere zu verbessern, aber diese vereinzelten Versuche blieben lokal begrenzt und ohne nachhaltigen Erfolg. Zu gering war das Verständnis für die Möglichkeiten der Selektion, der gezielten Anpaarung, der Linienzucht und der Inzucht.

Als man jedoch zu begreifen begann, welche ökonomische Bedeutung eine hochstehende Nutztierzucht haben konnte, schritt die Entwicklung rasch voran. Der erste der großen Züchter war vermutlich ein gewisser Mr. Webster aus Cranley, nahe Coventry, der seine Longhorn-Rinder seit 1730 mit großer Umsicht verbessert hatte, bis er um 1750 über die besten Tiere des Landes verfügte. Etwa zeitgleich hatte sich der Schmiedemeister Welby aus Burton-on-Trent ebenfalls mit züchterischen Experimenten beschäftigt, die den bekanntesten Nutztierzüchter aller Zeiten, Robert Bakewell (1725–1795), inspirieren sollten …

Bakewell hatte schon mit der Verbesserung von Leicester-Schafen großen Erfolg gehabt und begann um 1750, sich der Rinderzucht zuzuwenden. Sein geniales System der Leistungsprüfung bestand darin, seine Bullen, Widder und Hengste zuerst an andere Farmer zu verleihen und so deren Zuchtleistung zu beurteilen, ehe er sie selbst verwendete. Seine Farm in Dishley, Leicestershire, war ein Musterbetrieb und stand Besuchern aus aller Welt ständig offen. Durch die Vermietung von Bullen, Widdern und Hengsten machte Bakewell ein Vermögen und verbesserte die regionale Tierproduktion in kurzer Zeit; seine Veröffentlichungen machten ihn bekannt und animierten

Nachahmer; er bildete Schüler aus und stand in Korrespondenz mit anderen ambitionierten Züchtern.

Somit wurden seine Methoden schon bald auf andere Rassen übertragen und begründeten die moderne britische Leistungszucht. Die viktorianischen Züchter begannen nun mit großer Energie, sämtliche Nutztiere zu perfektionieren und klar erkennbare Schläge und Rassen auszuformen. Was die frühen Verbesserer der Hannoverschen Ära begonnen hatten, wurde nun mit Hingabe und Fachwissen fortgeführt, bis gegen Ende des 19. Jahrhunderts kaum eine Nutztierrasse in der ursprünglichen Form erhalten geblieben war. Mit wenigen Ausnahmen waren sie alle wesentlich schöner, wirtschaftlicher und gleichförmiger geworden.

Die großen Leidenschaften dieser Zeit waren das Organisieren, Katalogisieren und Reglementieren – alles sollte seine Ordnung, seinen festen Platz haben. So entstanden unter der Führung energischer Vorreiter viele Zuchtverbände, die nun für korrekte Pedigrees und präzise Zuchtbuchordnungen sorgten. Damit wurden Verkauf, Export und systematische züchterische Nutzung viel einfacher, und Großbritannien wurde zur *Stock Farm of the World* – zum wichtigsten Lieferanten für hochwertiges Zuchtmaterial weltweit. Man schuf und förderte nun auch die für die britischen Inseln so typischen Zuchtschauen, auf denen Tiere aller Art von honorigen Richtern beurteilt und bewertet wurden. Die Rassen Hackney, Clydesdale, Cleveland Bay und Yorkshire Horse, aber auch diverse Ponyrassen und vor allem natürlich das Englische Vollblut gelangten so in nahezu alle europäischen Zuchtgebiete und wurden zu Katalysatoren einer rasanten Entwicklung, die uns letztlich unsere heutigen heimischen Rassen bescherte. Die autochthonen europäischen Nutztiere sind heute allesamt „anglisiert" und in ihrer originalen, reinen Form vielfach verschwunden. Doch auch Frankreich und Spanien trugen zu diesen revolutionären Verbesserungen bei, man denke an Merino-Schafe oder Charolais-Rinder; bei den Pferden war aber England unangefochten führend. Ob es immer gut und richtig war, die gut angepassten heimischen Rassen zu verkreuzen, bleibe dahingestellt …

Viele alte Rassen wurden durch Selektion oder Einkreuzung modernisiert. So entstand aus dem Welsh Mountain Pony ein modernes Sportpony, indem man ein paar orientalische Hengste einsetzte.

Hengst und Stute

Jeder Züchter wird vor die Wahl gestellt, einen passenden Hengst für seine Stute(n) auszusuchen. Die Zuchtverbände treffen eine gewisse Vorentscheidung, indem sie nur die ihrer Meinung nach tauglichen Hengste kören. Die EU erachtet diesen Vorgang als nicht mehr zeitgemäß und sieht in allen reinrassigen Tieren beinahe automatisch auch Zuchttiere.

Körungen, Lizenzierungen und Stuteneintragungen werden unter verschiedenen Bezeichnungen allerorten noch praktiziert, manchmal mit gewissen Änderungen im Detail oder der Bezeichnung, die den Anschein der Rechtskonformität vermitteln sollen. In der Praxis werden

In Portugal ist der berittene Stierkampf eine Möglichkeit der Hengstleistungsprüfung. Hierzu ist eine gewisse Aggressivität nötig. Auch gute Reaktionen, Wendigkeit und große Kraft sind vorteilhaft.

Tiere, die den Vorstellungen der Verbände nicht entsprechen, noch immer mit Nachteilen belegt, die ihre Verwendung erschweren oder unrentabel machen sollen.

Dazu einige Sätze von Dr. Michael Schäfer:

Da das zukünftige Fohlen etliche seiner Eigenschaften dem Vater verdanken wird, sind an diesen besonders hohe Qualitätsansprüche zu stellen. Die Benutzung guter und erbstarker Beschäler, bei denen die Deckgebühr keine Rolle spielen sollte, ist der einfachste und letztlich billigste Weg, seine Zucht zu verbessern. Das Sprichwort „Der Hengst ist die halbe Herde“ ist deshalb nicht falsch, weil ein Hengst alljährlich bis zu 100 und mehr Fohlen zeugen kann, während eine Stute bestenfalls auf acht Fohlen in zehn Jahren kommen wird. Man kann also über einen guten Stempelhengst (wenige sind das) recht rasch zu einem Zuchtfortschritt gelangen.

Dieser Gedanke leuchtet auch dem züchterischen Neuling auf Anhieb ein, weshalb er häufig seine Stute zum besten verfügbaren Hengst bringt, also zu jenem, der auf der Körung an erster Stelle rangierte oder auf irgendeiner großen Ausstellung als Siegerhengst hervorging. Leider enttäuscht das Fohlen manchmal, wenn Hengst und Stute nicht zusammenpassen. Nicht immer vermag gerade ein Spitzenhengst die bei der Stute vorhandenen Fehler auszugleichen oder zu mildern, weshalb ein im Ganzen etwas weniger populäres Vatertier, das jedoch die verbesserungsbedürftigen Merkmale in optimaler Form aufweist, das oft geeignetere gewesen wäre. In dieser manchmal eher instinktiven als verstandesmäßigen Auswahl liegt das Geheimnis eines großen Züchters – der so genannte Züchterinstinkt.

Es gibt gewisse züchterische Faustregeln, deren Beachtung selten falsch ist. Dazu gehört, dass man bei der Stute Wert auf ein möglichst korrektes und solides Fundament legen soll. Hengste vererben ihre eigenen Fundamentsmängel oft mit geradezu erschreckender Konstanz, weshalb eine in diesem Bereich korrekte Stute kein Nachteil ist. Auch soll ein Zuchthengst dem eigenen Zuchtziel oder dem des Zuchtverbandes möglichst nahekommen.

Die meisten unserer Pferde- und Ponyrassen wurden nach dem Krieg vom früheren Wirtschaftstyp in einen modernen Reitpferde- oder Reitponytyp umgezüchtet. Dazu wurden allerorts Veredlerhengste eingesetzt, bei den Großpferden vielfach Englisches Vollblut und Trakehner, bei den Ponys auch Araber oder mehr oder weniger hochblütige Kleinpferdehengste. Außer bei Reinzuchten, die man durch Selektion aus sich selbst heraus verbessert, sollte man bei der Veredelung keine extrem feinen Hengste verwenden. In der Praxis bedeutet das, für eine Warmblutstute nicht unbedingt einen Englischen Vollbluthengst des elegantesten Typs, sondern lieber ein kräftiges, stärker reitpointiertes Tier zu wählen. Für Kleinpferdestuten, die man mit Arabern veredeln will, sollte man möglichst kompakte, selbst etwas an Ponys erinnernde Hengste verwenden.

Selbst erfahrene Züchter versuchen immer wieder, Fehler mit entgegengesetzten Fehlern auszugleichen, also etwa eine zehenweite Stute durch zehenenge Stellung beim Hengst zu kompensieren. Auch das ist grundfalsch! In der Pferdezucht hebt sich so gut wie niemals ein Fehler durch einen entgegengesetzten auf, da das Fohlen fast immer entweder wieder den einen oder den anderen Mangel mitbekommt – und nicht das angestrebte Mittelding. Grundsätzlich kann man nur auszugleichen versuchen, indem man einen möglichst fehlerlosen Partner wählt.

Neben der Einstufung von Hengsten in Zuchtwertklassen gewinnen heute die Leistungsprüfungen immer mehr an Bedeutung, die auch Reitpferdeväter einer umfassenden Prüfung auf Rittigkeit, Dressur- und Springanlage, Galoppiervermögen und Charakter unterziehen. Wie bei der Zuchtstute ist die Zugehörigkeit eines Vatertieres zu einer besonders guten Blutlinie ein Vorteil, die eine gewisse Vererbungskonstanz erwarten lässt. Bei älteren Hengsten wird der erfahrene Züchter möglichst viele vorhandene Nachkommen besichtigen, um zu einem genaueren Urteil über seinen Zuchtwert zu kommen. Mancher Blender wurde so schon entlarvt, aber auch genauso viele unscheinbare Hengste erst ins richtige Licht gerückt.

Ausgeprägte Männlichkeit und maskulines Exterieur sind eindruckvoller als ein müder Gaul, den man nur mit Mühe zum Deckakt bewegen kann. Mit der Befruchtungsfähigkeit und der Qualität des späteren Fohlens hat das jedoch nichts zu tun; es scheint aber doch so zu sein, dass Stempelhengste eher ausgeprägt maskuline Tiere sind. Mütterlich und feminin wirkende Stuten geben hingegen in der Regel bessere Zuchttiere ab als jene, die einen männlich geprägten Habitus aufweisen. Allerdings ändert sich dies mit fortschreitenden Jahren und der Zahl der Geburten. Manche Stute wirkte im Sport noch eher herb und wallachartig, wurde dann aber zunehmend matronenhafter und entwickelte später ihr volles Zuchtpotential (teilweise frei nach Dr. Michael Schäfer).

Kapitel 4

Die Grundlagen der Beurteilung

„Wer alle zwei Wochen einen neuen Gaul im Stall einstellt, der zieht seinen Wagen alsbald selber durch die Welt!“

(Volksweisheit)

Fehler erkennen und vergeben

Genauso wie alle übrigen Säugetiere kommen auch die Pferde in allen Größen, Formen und Farben ihres genetischen Spektrums vor, und keines ist in letzter Konsequenz perfekt. Manche mögen Gebäude und Eigenschaften haben, um ein gutes Springpferd oder Rennpferd zu sein, andere mögen aufgrund ihrer Muskulatur gute Arbeitspferde oder aufgrund ihrer geringen Größe für kleine Kinder geeignet sein.

Die Brauchbarkeit des Pferdes für uns Menschen hängt, wie schon erwähnt, in aller Regel von dessen Fähigkeit ab, eine Last über Strecken zu tragen oder zu ziehen. Daher unterliegen Reitpferde im Allgemeinen etwas anderen Anforderungen als Fahr- oder Zugpferde, und deshalb unterscheiden sich auch ihre körperlichen Merkmale. Man kann vom Reitpferdetyp, Wagenpferdetyp oder Arbeitspferdetyp und anderen sprechen und man wird bei der Betrachtung und Beurteilung eines individuellen Tieres natürlich von den charakteristischen Anforderungen für die einzelnen Verwendungsarten ausgehen.

Das Hauptziel in der Beurteilung eines Pferdes ist es, seinen gesamten Körper als funktionale Einheit einzuschätzen und darüber hinaus, fast im Sinne des viel geschmähten Fehlerguckens, limitierende Mängel und deren Ausgleiche zu erkennen. Die Mechanik, die Gangmanier und die Ausstrahlung – und andere Merkmale, wie Springleistung, Galoppiervermögen oder Wendigkeit etc. – müssen bewertet werden, denn der Mensch zieht in der Regel seinen Nutzen aus den athletischen Fähigkeiten des Pferdes.

Jedes Pferd sollte daher nicht nur als Standbild, sondern immer auch in der Bewegung betrachtet werden, denn manche Mängel offenbaren sich dann erst deutlicher. Oftmals kann man am stehenden Pferd dessen wahre Qualitäten nicht erkennen oder klammert sich an vermeintlichen Exterieurmängeln fest, die durch ein überdurchschnittliches Bewegungspotential mehr als wettgemacht werden. Solange die Grundvoraussetzungen für den vorgesehenen Gebrauch gegeben sind, z. B. korrektes Fundament, günstige Muskulatur und gesunde Organe, muss man andere Mängel verzeihen können. Die Natur arbeitet mit Ausgleichen, und das perfekte Lebewesen gibt es vermutlich nicht. Viel wichtiger als das Entdecken kleiner Fehler oder Mängel (das berüchtigte Fehlergucken) ist es, die entscheidenden Schwachstellen eines Pferdes zu erkennen und vorhersehen zu können, wie weit sie genau jene Leistung limitieren könnten, die ICH von genau DIESEM Pferd erwarte. Sind es für mich bedeutsame Mängel, so sollte ich auch erkennen können, ob und inwieweit sie durch andere Eigenschaften ausgeglichen werden und daher weniger oder gar nicht ins Gewicht fallen. Im Vergeben liegt die Kunst …

Die Praxis

Jetzt steht man also vor einem oder mehreren Pferden oder Ponys – als Käufer auf einer Weide oder als frisch gebackener Richter im Ring, als junger Profi-Reiter mit dem ersten Sponsor auf Einkaufstour – und soll beweisen, dass man etwas von der Materie versteht. Man bildet sich ein

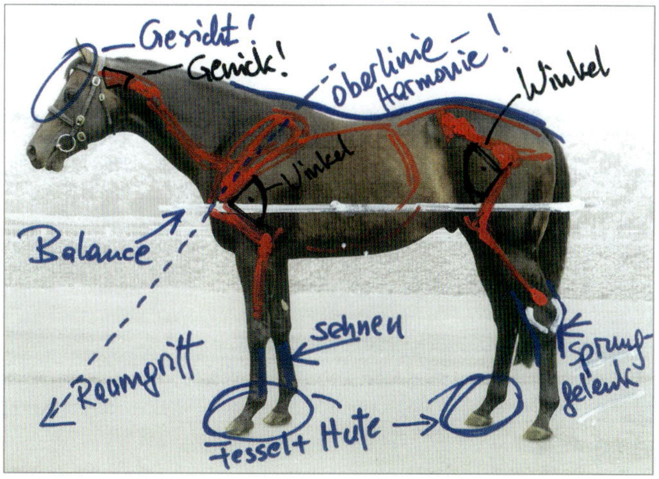

Es gilt, beim Beurteilen einen kühlen Kopf zu bewahren. Mein erster Eindruck von einem Pferd schaut etwa so aus – ein ziemliches Chaos, das sich aber lichtet, wenn ich ein paar Minuten lang methodisch vorgehe.

Urteil, wägt mehrmals ab, und wenn es einmal in aller Höflichkeit ausgesprochen ist, dann sollte man auch dazu stehen – denn jedem Menschen steht seine eigene und ganz persönliche Meinung zu. Hat aber jemand bessere Argumente, dann sollte man diese anhören und höflich akzeptieren. Auch einen Fehler zugeben zu können, ist Größe. Um alles das zu tun, braucht man ein gewisses Fachvokabular, und das ist, ähnlich dem Jägerlatein, fast eine Geheimsprache. Je höher man in der Rangordnung des Reitervölkchens aufsteigt, und sei es „nur" im eigenen Reitverein, desto größer der Fauxpas, wenn man einen Fachbegriff falsch anwendet.

Was ist Stockmaß, was Bandmaß?

Das Werkzeug des professionellen Beurteilers, vor allem der Zuchtbeamten, ist ein so genanntes Stockmaß, eigentlich ein Mess-Stock mit einer entsprechenden, verschiebbaren Querlatte, wie er speziell für das Pferdevermessen im Fachhandel erhältlich ist. Weiters braucht man ein Bandmaß, also ein – heute meist aus Kunststoff – bestehendes Maßband zur Bestimmung jener Maße, die nach einer Konturmessung verlangen.

Stockmaß ist auch ein anderes Wort für die exakte Widerristhöhe; dazu wird das Pferd auf einer völlig ebenen und waagrechten Standfläche geschlossen aufgestellt. Der Mess-Stock wird genau senkrecht neben dem höchsten Punkt des Widerrists aufgestellt und die Querlatte auf den höchsten Punkt desselben niedergelassen. Dieser Punkt ist in der Regel die Spitze des dritten, vierten oder fünften Brustwirbel-Fortsatzes; jedenfalls der erste hinter dem Hals, den man deutlich spüren kann.

Das Bandmaß wird an derselben Stelle, aber mit dem Maßband ermittelt, das von der äußeren Hufkante entlang des Rumpfes anliegend dorthin geführt wird. Es ergibt somit einige Zentimeter mehr als das Stockmaß, z. B. bei einem sehr kalibrigen Pferd „150 cm Stock" zu „165 cm Band"; bei einem wenig kalibrigen, schlecht gefütterten Pony z. B. „122 cm Stock" zu „127 cm Band". Bis etwa 1920

Das ist ein fast ideal proportioniertes Pferd, an dem viele der „goldenen Regeln" der Beurteilungslehre zur Anwendung gebracht werden können. Im Detail mag dieser Vollblüter seine Schwächen haben, aber seine Konstruktion ist bemerkenswert.

wurde überwiegend das Bandmaß ermittelt, heute dominiert das Stockmaß.

Der Brustumfang wird mit dem Maßband ermittelt, er ist der Umfang des Rumpfes hinter den Schulterblättern, also etwa in der Gurtlage. Dieses Maß wird zwar traditionell noch immer in vielen Zuchtverbänden abgenommen und registriert, hat aber in der Beurteilung wegen seiner Veränderlichkeit nur eine geringe Bedeutung.

Viel wichtiger ist der Röhrbeinumfang, der ebenfalls mit dem Maßband abgenommen wird, und zwar an der jeweils dünnsten Stelle des Schienbeins. Die liegt in der Regel ein paar Zentimeter unterhalb des Karpalgelenks. Sofern keine Verdickung oder Verletzung vorliegt, genügt es, am linken Vorderbein zu messen; andernfalls muss man auf das rechte ausweichen. Die hinteren Röhren werden kaum mehr vermessen.

Was sind Format, Rahmen & Kaliber?

Die drei Begriffe Format, Rahmen und Kaliber gehören zum Grundvokabular eines jeden Beurteilers, vor allem der „Offiziellen", die gerne eine standardisierte Sprache verwenden. Hier also Definitionsversuche dieser etwas schwammigen Begriffe, die von verschiedenen Personen oft unterschiedlich angewendet und verstanden werden:

Format

Das ist der Versuch, die Verhältnisse der Längen von Gliedmaßen und Rumpf geometrisch auszudrücken. Man spricht vom Quadrat- und Rechteckformat und weiß dann auch gleich, was damit gemeint ist. Allerdings hapert es oft im Detail, denn wenige wissen genau, wie die geometrische Figur in der Praxis anzuwenden ist. Die obere Linie verläuft durch den höchsten Punkt des Widerrists horizontal nach hinten; ihr Gegenspieler ist der horizontale Erdboden, auf dem das Pferd geschlossen und entspannt steht. Die vordere Begrenzung geht senkrecht genau durch die Bugspitze; sie trifft etwa in der Halsmitte auf die obere Horizontale. Die hintere Begrenzungslinie liegt genau am Ende des Sitzbeinhöckers; sie trifft etwas über der Schweifrübe auf die obere Horizontale. Aus diesen vier Linien entsteht das Quadrat oder Rechteck, je nachdem ob der Rumpf des Pferdes länger als sein Stockmaß ist, oder gleich lang bzw. sogar kürzer. Ist er länger, haben wir ein Rechteck-Pferd, ist er gleich lang, haben wir ein Quadrat-Pferd, ist er sogar kürzer, so finden wir das extrem seltene Hochrechteck-Pferd vor.

Das eher quadratische Barockpferd wurde im 19. Jahrhundert vom mäßig langrechteckigen Halbblut abgelöst, dieses wiederum im 20. Jahrhundert von stark rechteckig betonten Wirtschaftstypen, die sich heute wieder zugunsten eines etwas kürzeren Ideals geändert haben. Die bodennahen, betont rumpfigen Wirtschaftsmodelle aus der Ära vor dem Traktor wurden als Sportpferde unmodern und durch Vollbluteinfluss modifiziert. Das angestrebte, leicht im Rechteck formatierte Pferd soll sein günstiges Format aus einer langen Schulter- und Beckenpartie beziehen, während der Rücken eher kurz sein soll.

Rahmen

Nicht alle Autoren meinen damit immer das Gleiche; der Begriff Rahmen ist etwas schwammig und wird oft mit Format, Größe oder – richtiger – Höhe verwechselt. Dazu hat das Wort noch das ausgesprochene Pech, sowohl in der Exterieurbeurteilung als auch im Sport üblich zu sein.

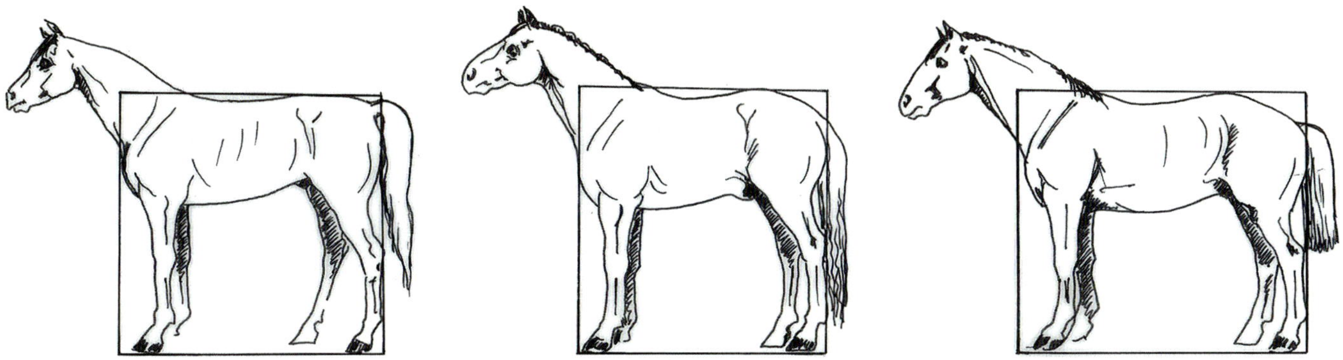

Mit Format bezeichnet man im Allgemeinen das Verhältnis von Rumpflänge zu Körperhöhe; somit stehen Pferde im Quadrat-, Hoch- oder Querformat (von links nach rechts).

Eine häufige Interpretation im Sport (Dressur, Fahren) ist, dass es dem Pferd durch Vorgehen der Reiterhände und Nachtreiben ermöglicht wird, seine Nase vorzunehmen, von hinten mehr Schub zu entwickeln und das Tempo zu steigern. Dabei wird das Pferd etwas flacher und insgesamt länger, nimmt die Nasenlinie deutlich vor die Senkrechte und öffnet somit den Genickwinkel; die Tritte/Sprünge werden deutlich raumgreifender, der Takt soll aber gleich bleiben – soweit die reiterliche Theorie.

Züchterisch sah Oberlandstallmeister Dr. Martin Heling laut Alfred Knopfhart darin ein Werturteil. Für ihn war das rahmige Pferd eines, das über große, harmonische Linien verfügt und infolge eines langen Halses, einer schrägen Schulter und einer gut gehebelten Hinterhand über viel Boden steht. Das alles hat mit absoluter Größe wenig zu tun, denn auch ein im Stockmaß kleines Pferd kann über viel Rahmen verfügen, während große, langbeinige und schlecht proportionierte Pferde das nicht tun; man sagt, sie füllen ihren Rahmen nicht aus.

Man kann folglich Rahmen auch als eine theoretische, optische Begrenzung des Pferdekörpers interpretieren, die vom ebenen Boden, der Senkrechten am Maul und am Sitzbeinhöcker sowie einer variablen oberen Linie auf Höhe des Genicks gebildet wird. Man wünscht sich dieses Rechteck im Rahmen des Rassestandards groß und vom Pferd dennoch optisch „gut ausgefüllt", was bedeutende Partien und lange Linien voraussetzt.

Rahmen ist ein etwas schwammiger Begriff – anatomisch gesehen ist er die äußere Umgrenzung des gesamten Pferdekörpers.

Kaliber

Dieser Begriff ist recht einfach erklärt: Man setzt das Gewicht des Pferdes in ein Verhältnis zu seinem Stockmaß. Je mehr Gewicht bei gleicher Widerristhöhe, desto größer das Kaliber, desto schwerkalibriger das Tier. Als Beispiel seien zwei unterschiedlich kalibrierte Pferde genannt: Ein Vollblüter von 160 cm Stockmaß und 490 kg Gewicht – ein ausgesprochen kleines Kaliber – und ein Alt-Oldenburger mit gleichem Stockmaß, aber 620 kg Masse – ein großes Kaliber. Ähnliche Vergleiche könnte man z. B. zwischen Connemaras und Reitponys anstellen, die bei gleichem Stockmaß von 147 cm gut und gerne 60 kg Gewichtsdifferenz aufweisen können.

Man kann in den Begriff Kaliber auch den Brustumfang und den Röhrbeinumfang mit einfließen lassen, was durchaus vernünftig erscheint, da zum großen Kaliber auch ein starkes Bein und ein tiefer, voluminöser Brustkorb gehören.

Die Harmonie des Ganzen

Die besten Pferde, egal welcher Rasse, zeigen eine Harmonie, die sich dem Ästheten schnell offenbart. Jede Körperpartie steht in Proportion zu den anderen und zum ganzen Körper; eine ausgewogene Balance ist für jegliche Art von Verwendung wichtig; Länge und Form des Rumpfes, besonders aber des Rückens, spielen eine wichtige Rolle im Zusammenwirken mit den Gliedmaßen.

Selbst erfahrene Beurteiler sind versucht, sich immer und zuerst auf die Beine zu stürzen und deren Korrektheit besonders herauszustreichen. Doch man sollte mit der Gesamtkonstruktion beginnen, deren Grundlage das Skelett ist.

Der Rumpf des Idealpferdes – das es natürlich nur in der Theorie gibt – lässt sich in drei etwa gleich großen Dritteln sehen. Er sollte aus je einem Drittel Vorhand ohne Hals und Kopf (Schultern, Brust, Halsaufsatz, Widerrist), Mittelhand (Rücken, Bauch, Brustkorb) und Hinterhand (Kruppe, Beckengegend) bestehen. Zudem soll die Tiefe des Brustkorbs etwa dem Abstand vom Brustbein bis zum Fesselkopf gleichen, andernfalls ist das Tier „seicht“. Ein häufiger Mangel ist der zu lange Rücken bei knapper Schulterpartie und Kruppenlänge. Das Pferd soll großrahmig wirken, weil es eine bedeutende, ausladende Vorder- und Hinterhand hat, nicht weil sein Rücken zu lang ist.

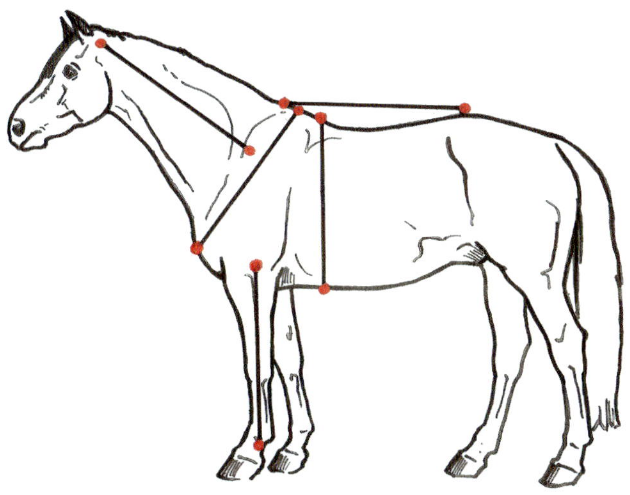

Ein guter Rücken entspricht in seiner Länge ungefähr der Länge des Halses, von der Vorderkante des Schulterblattes gemessen, oder der Rumpftiefe etwa in der Sattellage oder der Länge des Vorderbeins vom Ellbogen bis zum Fesselkopf oder der Länge der Schulter vom Bug bis zum höchsten Punkt des Widerrists.

> Als Regel kann gelten: Die Rückenlinie vom höchsten Punkt des Widerrists bis zum höchsten Punkt der Kruppe soll kurz erscheinen; die Bauchlinie vom Ellbogen bis zum Knie soll dagegen möglichst lang wirken. Die Mittelhand sollte ein Drittel der Gesamtlänge des Rumpfes nicht übersteigen.

Die Oberlinie

Sie ist ein deutlicher Hinweis auf dessen Gesamtharmonie. Man wünscht sie schön muskulös und rhythmisch auf und ab schwingend, ohne abrupte Kerben oder Kanten. Den Anfang macht ein harmonischer Übergang zwischen Kopf (Hinterhauptsbein) und erstem Halswirbel (Atlas). Die Halswirbel entscheiden durch ihre Länge bereits mit, ob die Schulter steil oder schräg ist, und daher auch, ob der Rücken länger oder kürzer ausfällt. Hals, Widerrist und Schulter sind lang, der Rücken ist dagegen kurz und stabil, so hat der Reiter viel Pferd vor sich und kann optimal manövrieren. Der Pferderücken sollte von allen Seiten genau begutachtet werden, auch von hinten-oben.

Die Verbindung von Mittelhand und Hinterhand (Niere, Schluss) wird ebenfalls am besten von oben betrachtet. Es gibt die Regel, dass zwischen letzter Rippe und Hüfthöcker eine Handbreite passen sollte, sie also möglichst nahe beieinander liegen sollten. Die Nierenregion liegt zwischen den letzten Rippen, den Hüfthöckern und der Kruppe. Sie

Die Oberlinie – also Hals, Rücken und Kruppe – soll harmonisch geschwungen verlaufen, dann trägt sie zur Harmonie des ganzen Pferdes bei, wie hier bei einem ideal konformierten Vollblüter.

Ein überbautes, unbalanciertes Pferd hat eine ungünstige Sattellage und gibt seinem Reiter das Gefühl, ständig bergab zu reiten; daher auch die Bezeichnung „Bergabpferd".

soll möglichst kurz, breit und muskulös sein; wenn die Muskulatur eine leichte Aufwölbung bildet, umso besser; ist die „Niere" schwach bemuskelt, so ragt die Wirbelsäule hier dachförmig hervor.

Der Widerrist erreicht seine volle Höhe und ausgeprägte Form erst beim ausgewachsenen Pferd. Bis zum dritten oder vierten Lebensjahr sind die meisten Pferde hinten etwas überbaut, bei Jährlingen und Zweijährigen ist der Widerrist kaum sichtbar, denn ihre Dornfortsätze sind noch kurz. Etwa ab dem vierten Lebensjahr ändert sich das, der Widerrist wächst der Kruppe nach und das Tier erhält ein harmonisches Aussehen. Mit fünf Jahren sollten der Widerrist voll ausgeprägt und der Rücken tragfähig sein und die Oberlinie ihre größtmögliche Harmonie erreichen.

„Bergauf-" oder „Bergabpferd"?

Bis zum Schluss der Wachstumsfugen an den langen Beinknochen und der vollen Ausprägung des Widerrists sind Jungpferde oft überbaut, wobei sie gerne „hin und her wachsen", also manchmal vorne oder hinten höher oder überbaut erscheinen. Bei manchen Tieren ist die hohe Kruppe jedoch erblich und bleibt auch so. Der Sattel rutscht ihnen auf die Schulterblätter und den Widerrist, behindert ihre Bewegungen, vor allem der Vordergliedmaßen, und führt oft zu Satteldruck. Kommen Hirschhals und/oder ein flacher Widerrist dazu, ist so ein Pferd furchtbar unbequem und schwierig in der Sattelung. Kurzfristige Abhilfe können ein Vorgurt, diverse Spezialunterlagen und/oder ein Schweifriemen schaffen – allesamt keine Dauerlösung, sondern höchstens eine kurzfristige Erleichterung. Eine hohe Kruppe und ein flacher Widerrist können der sportlichen Eignung des Pferdes abträglich sein, denn damit wird vermehrt Gewicht (Eigengewicht des Pferdes und Reitergewicht) auf die Vorderbeine gebracht. Solche Pferde eignen sich eher zur geradlinigen, schnellen Fortbewegung (Rennpferd, Jagdpferd) oder dem Gespanndienst, denn zur versammelten Reitweise in abgekürzten Gangarten.

Ist der Widerrist deutlich höher als die Kruppe, rutscht der Sattel meist nach hinten und verlagert das Reitergewicht auf die Nieren, die eine der schwächsten Stellen in der Hängebrückenkonstruktion des Rückens sind. Der Reiter sitzt dann recht instabil, weil schlecht ausbalanciert, auf einem schlecht fixierbaren Sattel und behindert das Pferd in seiner Bewegung und Balance. Die Schulterfreiheit des Tieres leidet darunter allerdings wenig und die Hanken können vermehrt Last aufnehmen. Somit wird klar, warum ein Jockey weit vornüber geneigt über dem Widerrist kauert, während ein Rinderhirte aufrecht und eher weit hinten am Pferderücken zu sitzen versucht. Der eine will die Hinterhand entlasten und damit den Schub maximieren (Schnelligkeit), der andere will die Hinterhand belasten und damit die Hankenbeugung fördern (Wendigkeit). Ein nach hinten rutschender Sattel kann kurzfristig mit einem so genannten Vorderzeug fixiert werden, das bei vielen Reitervölkern gebräuchlich ist. In der europäischen Sportreiterei ist es vor allem im Renn- und Springsport sowie beim Polo und in der Vielseitigkeit verbreitet. Gleich dem Schweifriemen ist es ein Notbehelf und keine pferdegerechte Dauerlösung.

Die Balance macht's

Gute Balance bedeutet nichts anderes, als dass Widerrist und Kruppe so gelagert sind, dass sich das Pferd mit minimalem Aufwand bewegen kann und dabei maximal stabil bleibt. Sie wird durch Betrachten der relativen Höhen von Widerrist und Kruppe und der Lage und des Verlaufs der Wirbelsäule festgestellt.

So mit Klebeband markiert, ist das Abschätzen der Balance eines Pferdes recht einfach. Es wird sichtbar, ob das Pferd bergab, horizontal oder bergauf konstruiert ist.

Wie geht man dabei am besten vor? Man sucht den breitesten Punkt des Halses, ziemlich weit unten, etwas über dem Schultergelenk. Dazu stellt man sich vor das Pferd und lässt beide Hände langsam und sanft von oben nach unten an der Halsmuskulatur heruntergleiten. Man spürt etwa eine Handbreit vor dem Schulterblatt jenen Punkt, wo unter den Muskeln der fünfte in den sechsten Halswirbel übergeht. Diesen Punkt kann man mit Kreide oder Klebeband markieren. Der zweite Messpunkt ist das Lumbosakral-Gelenk, die Verbindung von Lendenwirbeln und Kreuzbein, welches von außen knapp unter und vor dem höchsten Punkt der Kruppe zu erahnen ist. Aufgrund der Länge der Dornfortsätze liegt es etwa 10 cm „unter“ der Haut; auch dieser Punkt sollte optisch markiert werden.

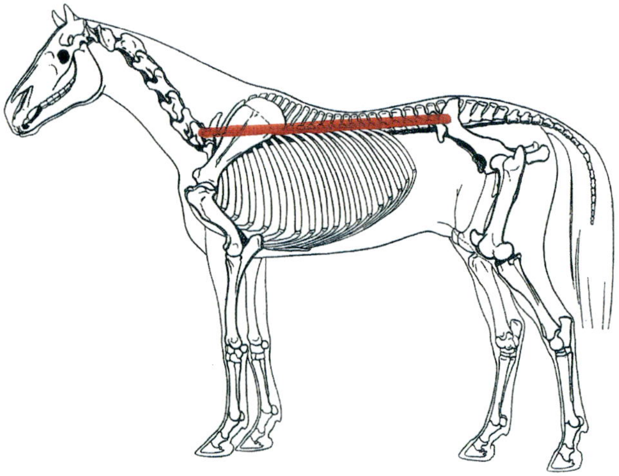

Hier die Balance grafisch dargestellt, quasi als Blick in das Skelett des Pferdes. Die Konstruktion des Skeletts bestimmt bereits, wie gut ausbalanciert der Körper ist.

Jetzt braucht man das Pferd nur mehr auf einer völlig horizontalen, ebenen Fläche geschlossen aufzustellen und ein paar Schritte zurückzutreten. Denkt man sich nun eine Verbindungslinie zwischen den beiden Markierungen und ist diese nahezu horizontal, so ist auch das Pferd gut ausbalanciert. Als Toleranzwert für den Höhenunterschied können einige Zentimeter gelten. Ist die Linie deutlich nach vorne abfallend, so haben wir ein Bergabpferd vor uns; fällt sie markant nach hinten ab, so handelt es sich um ein Bergaufpferd.

Kopf und Kettenglied

Ein hervorragendes Leistungspferd braucht ein gutes Interieur, Robustheit und strukturelle Haltbarkeit. Der innere Wille, sich anzustrengen oder sogar zu verausgaben, ist beim Athleten Pferd ein unverzichtbarer Faktor im Konzert der Leistungsmerkmale. Was nützen die stärksten Muskeln oder die korrektesten Beine, wenn vom Kopf kein Signal kommt, diese maximal und optimal einzusetzen?

Das alte Sprichwort „Das Pferd läuft mit seinen Beinen, hält durch mit Herz und Lunge, aber gewinnt mit dem Kopf" ist ganz zutreffend, denn niemand kann aus einem vierbeinigen Leistungsverweigerer überdurchschnittliche Leistungen herauspressen. Leider ist die mentale Disposition äußerlich kaum erkennbar. Wir müssen akzeptieren, dass selbst die genaueste anatomische Analyse letztlich nur einen Teil des Ganzen erfassen kann und dass unser Auge immer wieder Dinge zu sehen glaubt, die in der Realität eine abweichende Bedeutung oder Auswirkung haben. Kommt ein Pferd mit limitierenden körperlichen Mängeln an seine Leistungsgrenzen oder wird überhaupt falsch eingesetzt, so kommt es meistens zu Abwehrreaktionen von Körper und Geist. Pferde können sauer oder bösartig werden, wenn Druck oder Schmerz unerträglich werden; manche gehen auch in die innere Emigration und sind nur mehr automatisch agierende, leere Hülsen.

Passen aber das Pferd und die Anforderung zusammen und ist das Tier sowohl körperlich als auch mental in der Lage, die gestellten Anforderungen zu erfüllen, so wird es meistens an der Herausforderung wachsen. Auch hierzu gibt es einen alten Spruch, der immerhin schon über 2.000 Jahre auf dem Buckel hat: „Ein Pferd, das sich unter dem Reiter wohlfühlt, wird durch die Arbeit immer schöner." Pferde mit Temperamentsmängeln sind oftmals Opfer menschlichen Unverständnisses; eine ständige Überforderung führt bei ihnen genauso wie bei Menschen zur Frustration und kann aus einem charakterlich einwandfreien Tier ein aggressives Nervenbündel machen.

Manche Pferde sind wahre Kämpfernaturen; sie geben einfach immer ihr Bestes, obwohl ihre Anatomie eigentlich dagegen spricht. Andere Pferde scheinen äußerlich gut für einen Job geeignet zu sein, bleiben aber immer lauwarm und scheinen schwer motivierbar. Es gibt wahre Springmaschinen, die ausschauen wie Ziegenböcke, und es gibt wunderschöne Vollblüter, die auf der Rennbahn niemals den Zielrichter belästigen.

Die Binsenweisheit von „der Kette und dem schwächsten Glied" ist nicht falsch. Üblicherweise ist es besser, in einer Kette ein paar Glieder zu haben, die nur 75 % der maximalen Stärke aufweisen, denn die gesamte Kette hat dann immer noch genau diese 75 % Haltbarkeit. Eine Kette, bei der alle Glieder zu 100 % perfekt sind, aber ein einziges nur zu 25 %, hat eben nur genau 25 % Haltbarkeit.

Genauso ist es beim Lebewesen; es ist günstiger, mit ein paar abschätzbar geringen Fehlern in verschiedenen Bereichen leben zu lernen, als das perfekte Pferd zu suchen und diesem dann großzügig eine einzige, aber limitierende Kardinalsünde zu vergeben.

Manche Züchter oder Richter fokussieren ihre Aufmerksamkeit auf ein oder zwei Merkmale, die in ihrer Vorstellung die größte Bedeutung haben und alle anderen Teilaspekte in den Hintergrund drängen. In der Praxis erweist sich das als wenig zielführend, denn ein wirklich erdrückender Mangel kann nur schwer auf anderen Gebieten kompensiert werden, während das bei zwei oder drei kleineren Mängeln leichter möglich ist. Beim Pferdekauf muss man die Augen und das Herz ohnedies weiter aufmachen als bei einer oberflächlichen Klassifizierung im Schauring oder bei einer Zuchtveranstaltung.

Ein gut konstruiertes, kräftiges Pony oder Kleinpferd kann problemlos rund 18 % seines Körpergewichtes tragen. Der limitierende Faktor ist in unseren Breiten eher die Größe des Reiters – man sitzt gerne am „hohen Ross“.

Zu groß oder zu klein?

Das Stockmaß eines Pferdes sollte immer in Relation zur gesamten Konformation gesehen werden – es ist für sich allein von geringer Aussagekraft. Man stellt im modernen Pferdesport eine gewisse Versessenheit auf Größe fest und wundert sich, warum das praktische Mittelmaß so gering geschätzt wird. In Südamerika, einem Subkontinent mit vielen und extrem haltbaren Pferden, gilt unter den Gauchos das Sprichwort „Bewundere den Großen, aber sattle den Kleinen“.

Das vermutlich am wenigsten nützliche Pferd ist das sehr große, aber seichte und schmale Tier mit schwachem Fundament und schlechter Oberlinie. Sind die Beine im Verhältnis zum Rumpf sehr lang, ist das Pferd wenig wendig, hat Probleme mit der Koordination und Balance und kann streifen, einhauen oder sich die Eisen abziehen. Wenn auch Pferde mit „viel Licht unterm Bauch“ auf gerader Strecke recht schnell sein mögen, so ist langbeinige Größe noch kein Garant für elastische Rittigkeit und dauerhafte Stabilität. Relativ kurze Beine unter einem passend tiefen und breiten Körper sind sicher die günstigste Variante am Freizeitsektor. Geringe Höhe ist bequemer zu erklimmen, man fällt nicht so tief runter und meist sind solche Tiere leichtfuttrig, trittsicher und stabil. Schnelligkeit ist allerdings nur dann zu erwarten, wenn das Tier korrekt ist oder seine Beine extrem rasant bewegen kann und mangelnden Raumgriff durch schnelleres Repetieren wettmachen kann (siehe Quarter Horse). Jedoch: Raumgriff hängt auch sehr stark von Winkelung und Länge der Schultern und des Beckens ab. Damit ist das langbeinige „Kamel“ wiederum auch nur dann schneller, wenn seine Skelettwinkel stimmen (und die Muskulatur passt und die nervalen Reaktionen gut sind, Herz und Lunge mithalten können, der Wille zum Laufen ausgeprägt ist und so weiter und so fort ...).

Das große Stockmaß in direkte Relation zum ertragbaren Reitergewicht zu setzen, ist trügerisch. Ein gut konstruiertes kleines oder mittelgroßes Pferd mit starkem Fundament wird relativ mühelos rund 18 % seines Eigengewichts tragen, solange das Tempo nicht zu forsch wird. Je fragiler das Pferd und je höher das Tempo, desto geringer die zumutbare Belastung. Ein Galopper mit 450 kg Eigengewicht ist bei Tempo 65 km/h mit einem Gewicht von rund 50 kg gerade richtig beladen. Entscheidend ist nicht das Stockmaß, sondern das Kaliber. Alle Armeen, Arbeits- und Gebrauchsreiter bevorzugen im Gegensatz zu vielen Sportreitern eher mittelgroße oder sogar relativ kleine, kompakte Tiere. Sie legen das Augenmerk auf die Breite und Tiefe, die Knochenstärke und günstige Konstruktion, und nicht auf absolute Höhe.

„Zigeunermaße“

Früher gab es allerhand so genannte Zigeunermaße, mit deren Hilfe man die Proportionen eines Pferdes ganz gut einschätzen konnte. Sie sind heute beinahe vergessen, nur ganz wenige alte „Rossleute“ kennen und verwenden sie noch. Hier seien aus der Vielzahl dieser hippologischen Eselsbrücken einige herausgegriffen, die recht einfach anzuwenden sind:

Die Länge des Schädels ist beim erwachsenen, gut konstruierten Pferd ein konstantes und nützliches Maß. Kopf insgesamt und Hals durch ihre Mitte gemessen sind etwa gleich lang. Schädellänge und Rumpftiefe (tiefster Punkt der Sattellage) sind ebenfalls etwa gleich. Selbst die Länge der Schulter entspricht etwa der des Kopfes. Interessanterweise ist der Sprunggelenkshöcker genauso hoch über dem Boden, wie der Schädel lang ist, und von diesem ist die Kniescheibe wieder etwa gleich weit entfernt. Schließlich soll der Abstand vom vorderen Fesselkopf zum Ellbogen gleich groß sein, wie der vom Ellbogen zum höchsten Punkt des Widerrists. Da aber die Beine eines halbjährigen Fohlens kaum mehr in die Länge wachsen, ergibt sich daraus schon eine gute Schätzung der Endgröße eines Absetzers: Man verdoppelt den Abstand Fesselkopf-Ellbogen nach oben; dort wird sich in drei, vier Jahren der höchste Punkt des Widerrists ungefähr befinden.

Das vertrackte Fundament

Noch so ein Zauberwort, das ständig zu hören ist, aber keiner jemals genau erklärt! Trockenes Fundament, starkes oder korrektes Fundament und so weiter – aber was soll das bedeuten? Eigentlich ist es ein Sammelbegriff für alle Eigenschaften der vier Beine, meist bis übers Karpalgelenk (auch Vorderknie genannt) und Sprunggelenk hinaufreichend. Daher kann man nicht einfach nur sagen, ein Pferd habe ein Fundament – jedes hat nämlich eines –, sondern man muss präzisieren, was für eines. Begriffe wie „gut, kräftig, korrekt, stabil, trocken“ zeichnen ein positives Bild, während „mangelhaft, schwach, unkorrekt, fein, schwammig“ wenig Gutes verheißen. Will man über ein Beinpaar oder nur ein einziges Bein etwas sagen, dann reicht der Überbegriff Fundament nicht mehr aus. Das hört sich dann etwa so an: „Ausreichend kräftiges Fundament, insgesamt recht korrekt, mit stabilen Gelenken, aber links vorne leicht zehenweit, mit hellem Huf“, oder „Etwas feines Fundament mit knappen Gelenken, vorne

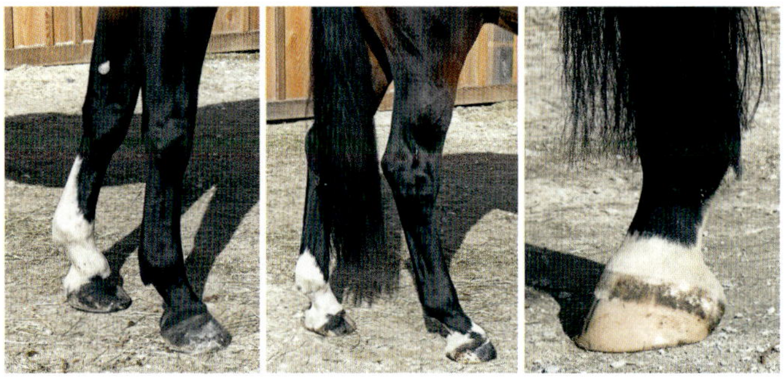

Ein gesundes, stabiles und korrektes Fundament ist beim modernen Sportpferd gefordert. Hier ein trockenes, gut dimensioniertes und korrektes „Fahrgestell“, das in langem Gebrauch (Springen) keinerlei Probleme machte.

beidseitig etwas zeheneng, Sprunggelenke leicht offen; vorne rechts leichter Bockhuf."

Zur Qualität des Fundaments zählen somit grundsätzlich der Umfang der Knochen und Sehnen (Röhr- oder Schienbeinumfang), die Korrektheit und Ausprägung der Gelenke sowie die Stellung, Form und Qualität der Hufe – kurzum der ganze tragende Unterbau. Besonders wichtig ist der Umfang des vorderen Schienbeins, an dem man erkennen möchte, ob das Fundament (Röhrbein, Griffelbeine, Sehnen und Bänder) ausreichend stark und damit stabil ist. Das Röhrbein/der Röhrbeinumfang wird ein paar Zentimeter unterhalb des Karpalgelenks gemessen; das Maß entspricht interessanterweise etwa dem Abstand der Augen des jeweiligen Pferdes. Nach dem englischen Sprichwort *„No leg, no horse"* (Kein Bein, kein Pferd) kommt der Beurteilung der Beine große Bedeutung zu.

Zu dick oder zu dünn?

Einige strukturelle Mängel lassen sich durch gute Muskelentwicklung oder eine Fettschicht verdecken, ein Kenner wird jedoch recht schnell „durch das Fett hindurchschauen" und die Schwächen der Konstruktion aufdecken. Seit Langem gilt der Grundsatz, dass man die Rippen eines Pferdes zwar noch spüren können muss, aber nicht sehen darf. Spürt man sie nicht mehr deutlich, dann ist das Tier zu fett, sieht man sie schon von Weitem, dann ist es zu dünn. Aber bei allen Faustregeln gibt es Ausnahmen, denn z. B. Rennpferde sind besonders nach einem Rennen oft etwas rippenscheinig, und bei Ponys im Winterfell muss man oft ganz schön drücken, um ihre Rippen zu spüren. Seit einiger Zeit kann man sich an einer international gebräuchlichen Bewertungstabelle orientieren.

Ernährungszustand 0: Sehr mager

Kein spürbares Fettgewebe zwischen Haut und Knochen. Hirschhals (konkave Halslinie), sehr schmal und ohne Fettgewebe; Skelett an Hals und Schulter sichtbar. Wirbelfortsätze klar zu sehen und zu tasten, die Haut über den Rippen straff anliegend. Tiefe Gruben unter dem Schweif und an den Seiten der Kruppe, das Becken eckig vorstehend.

Sieht man die Rippen, dann ist ein Pferd zu mager. Bei wild lebenden Tieren ist das im Frühjahr fast immer der Fall, sie nehmen mit dem jungen Gras rasch wieder zu.

Ernährungszustand 1: Mager

Schmaler Hirschhals mit flacher Muskulatur, er und Schultern scharf modelliert und nur mit minimalen Fettauflagerungen. Rippen und Wirbel klar konturiert, die Haut aber

Starkes Übergewicht ist bei Ponys und kaltblütigen Typen oft unvermeidlich, da sie schon von frischer Luft dick werden. Bei Zuchtstuten kann Fettleibigkeit allerdings zu Unfruchtbarkeit und Schwergeburten führen. Die Hufrehe ist ein Damoklesschwert.

schon locker verschiebbar. An der Hinterhand schon locker verschiebbare Haut, aber die Konturen von Becken und Kruppe noch hervortretend. Hungerlinien und -gruben als Furchen und Vertiefungen neben und unter dem Schweif.

Ernährungszustand 2: Schlank

Schmaler, aber fester Hals, Schultern wirken nicht muskelarm; Rippen knapp sichtbar, die Wirbelfortsätze zwar tastbar, aber nicht sichtbar, Wirbelsäule von dünnem Fettpolster bedeckt. Leichte Hungergruben unter dem Schweif, aber etwas Fettgewebe unter der Haut. Kruppe noch deutlich konturiert, das Becken auch gut tastbar, aber ausreichend bemuskelt und nicht wirklich dünn wirkend.

Ernährungszustand 3: Gut

Dünne Fettpolster auf der Schulter, wohlgeformter Hals, aber ohne Fettkamm (Speckhals), höchstens ein kleiner bei alten Hengsten. Wirbelsäule und Rippen zwar leicht zu ertasten, aber nicht sichtbar und gleichmäßig bedeckt. Becken und Kruppe rundlich, ohne Hungergruben oder -rinnen, geschmeidige und lockere Haut; Beckenstruktur noch tastbar.

Ernährungszustand 4: Übergewichtig

Breiter und fester Hals, eventuell mit Faltenbildung, leichter Kamm auch bei Stuten und Wallachen, Fettdepots hinter den Schultern. Wirbelsäule und Rippen nur durch festen Druck spürbar. Leichte Rinne entlang der Rückenmitte und über die Kruppe (Spaltkruppe). Beckenpartie rundlich und völlig von Fettschicht bedeckt, Konturen eingesunken.

Ernährungszustand 5: Adipös (Stark fettleibig)

Sehr breiter und fester Hals mit Fettkamm bei allen Geschlechtern, Schultern von quellenden Fettpolstern bedeckt. Rücken und Kruppe mit starker Mittelrinne, Oberlinie wirkt flach, keine Knochen mehr zu tasten. Becken von fester Fettschicht rundum bedeckt und nicht mehr zu tasten.

Es besteht ein Zusammenhang zwischen Umfang des Brustkorbs und Körpergewicht des Pferdes. Ebenso gibt es eine Richtschnur, wie viel Reitergewicht ein Pony oder Pferd im Durchschnitt und in Relation zu seinem Eigengewicht zu tragen imstande sein sollte. Ein guter Ausgangswert ist also der Brustumfang, gemessen hinter dem Widerrist in der Gurtlage während des Ausatmens; daraus ergibt sich das ungefähre Eigengewicht wie folgt:

120 cm = ca. 135 kg	170 cm = ca. 420 kg
125 cm = ca. 160 kg	180 cm = ca. 460 kg
135 cm = ca. 195 kg	185 cm = ca. 500 kg
140 cm = ca. 235-245 kg	190 cm = ca. 550 kg
145 cm = ca. 250-270 kg	200 cm = ca. 610 kg
150 cm = ca. 300 kg	210 cm = ca. 700 kg
160 cm = ca. 350 kg	

Etwa ein Sechstel seines Eigengewichts sollte ein gesundes Pferd bei mittlerer Belastung zu tragen imstande sein, vorausgesetzt seine Ausrüstung ist in Ordnung. Schlecht passendes Sattelzeug oder Geschirr und zu hohes Tempo vermindern diese Leistung bzw. machen sie unmöglich und führen zur Unbrauchbarkeit. Daraus ergibt sich, dass z. B. ein Pferd von etwa 185 cm Brustumfang einen Reiter von ca. 80 kg Gewicht plus Sattel bei durchschnittlichem Tempo problemlos tragen sollte.

Kapitel 5

Die Eckpfeiler der Beurteilung

„Soll der Gaul was taugen,
kauf nie mit den Ohren,
kauf mit den Augen!“
(Volksweisheit)

Beurteilen – aber wie?

Viele Bewerter von Nutztieren beginnen damit, das Tier im Stand auf ebener Fläche zu betrachten und sämtliche Körperteile auf kleinste Mängel zu untersuchen. Beim Pferd ist es allerdings wichtiger, das Tier in seiner Bewegungsmanier zu beurteilen und einen Eindruck von seiner Leistungsbereitschaft und seinem Nervenkostüm zu gewinnen.

Um das Auge für eine Beurteilung zu schärfen, muss man viele Pferde betrachten und in ganz unterschiedlichen Situationen und unter unterschiedlichen Bedingungen beurteilen. Es macht einen großen Unterschied, ob ein Pferd von einer erfahrenen oder ungeschickten Person vorgeführt wird; auf perfektem Hallenboden wird sich das Tier ganz anders bewegen als etwa auf einer matschigen und steilen Wiese; völlig entspannt präsentiert sich ein Pferd natürlich anders als unter großer nervlicher Anspannung. Es ist vermutlich am zweckmäßigsten, die Bewegung im Freilaufen auf einer großen, ebenen Fläche und auf gutem Geläuf zu beobachten, ohne den störenden Einfluss eines Vorführers oder Reiters. Die Balance stellt sich allerdings am deutlichsten dar, wenn das Pferd auf und ab laufen muss, z. B. auf einer hügeligen Weide. Zuerst wollen wir das Pferd in entspannter und langsamer Bewegung sehen, dann auch in flotterer Gangart und wenn möglich unter Stress.

Vorführen an der Hand sowie ausgiebiges Longieren und Vorreiten oder eine Testfahrt vor dem Wagen sind notwendig, wobei man die Kompetenz der vorführenden Person mit in die Gleichung einfließen lassen muss. Ein unsportlicher Vorführer oder schlechter Reiter wird keinem Pferd gerecht und ist nicht nur unfähig, dessen Stärken zu betonen, sondern wird zu allem Übel noch dessen Schwachpunkte umso deutlicher machen bzw. durch seine eigene Ungeschicklichkeit gar nicht vorhandene Nachteile hervorzaubern!

Die meisten qualitätvollen Pferde, egal auf welchem Gebiet des Sports, besitzen eine natürliche Balance und Harmonie, sowohl im Körperbau als auch im Bewegungsablauf. Man könnte auch sagen, dass sie funktionell proportioniert sind und Qualität ausstrahlen. Ihre positive Ausstrahlung führt meistens dazu, dass selbst ein Laie sie sofort als „elegant“ oder „beeindruckend“ empfindet. Die Größe, die Rasse oder der Verwendungstyp spielen hier offenbar keine große Rolle; so ist ein gutes Shetland-Pony auf den ersten Blick genauso ansprechend wie ein Rennpferd der Sonderklasse oder ein qualitätvolles Kaltblut. Ihr Gesamtbild entspricht vermutlich einem instinktiv erkennbaren guten Bauplan, den der geübte Betrachter

Ein hübscher Kopf oder eine attraktive Farbe ziehen alle Blicke auf sich. Man darf sich aber davon nicht blenden lassen – geritten wird darauf nicht.

sofort erkennt. Auch der Laie empfindet solch ein Tier als „schön", er kann jedoch die limitierenden Detailmängel nicht ausmachen. Genau darin liegt der Grund, warum ein echter Pferdekenner immer bestrebt ist, sich weiterzubilden und sein Auge ständig zu schärfen.

Obwohl man sich allgemein darüber einig ist, dass das Fundament des Pferdes der qualitative Hauptfaktor ist, sind viele Experten der Meinung, dass die Skelettwinkel, die Balance und die gesamte Harmonie des Körpers fast genauso wichtig sind. Rein äußerliche Kriterien, wie feine Öhrchen oder ein zartes Köpfchen mit großen Augen, sind keine Leistungskriterien und führen unweigerlich in eine „Exterieurzucht", sofern nicht zusätzlich die Funktionalität beachtet wird.

Ein guter Beurteiler muss fähig sein, gewissermaßen durch Haut, Fett und Muskulatur des Pferdes bis auf das Skelett zu schauen. Er kann die Skelettwinkel abschätzen und daraus Rückschlüsse über Balance und Mechanik ziehen. Das Skelett und seine Mechanik sowie die Funktionsweise der wichtigsten Muskeln und Sehnen erschließen sich durch ein Grundverständnis für Winkel und Hebel – also für physikalische Grundregeln.

Obwohl jeder Richter, Reiter oder Züchter in seinem Kopf ein ganz persönliches Idealbild des perfekten Pferdes hat und wir alle ein herausragendes Individuum relativ leicht erkennen können, unterscheiden sich doch die Ideale von Person zu Person und auch von Zweck zu Zweck. Viele Menschen können sehr schnell einen groben Fehler erkennen, doch wenigen ist es vergönnt, dessen Auswirkungen abschätzen zu können. Doch darauf kommt es an, denn wie bereits festgestellt, gibt es kein perfektes Pferd, weshalb die Quantifizierung und Qualifizierung eines Mangels so bedeutsam ist. Hätte man während seiner ungefähr 4.000-jährigen Zuchtgeschichte alle Pferde mit einem Gebäudefehler rigoros ausgeschieden, so wären unzählige wertvolle Tiere verloren gegangen. Viele Spitzenpferde hatten und haben ihre Mängel und Macken, doch die Natur gibt ihnen zum Ausgleich ganz besondere Stärken woanders mit, welche sie dann zu Spitzenleistungen befähigen.

Erste gesundheitliche Beurteilung

Hier eine kurze Anleitung zur Einschätzung des Gesundheitszustandes eines Pferdes, z. B. zwecks Ankaufs, soweit der Laie (hier: Nicht-Tierarzt) dies überhaupt kann. Es ist günstig, sich eines Systems oder Schemas zu bedienen, nach dem man immer vorgeht, dann vergisst man nicht so leicht auf einen Aspekt.

Obwohl manche Mängel und die meisten gesundheitlichen Schäden die Leistung eines Pferdes mindern können, sind sie unter Umständen einem Zuchttier nicht oder nur wenig abträglich. Man sollte jedoch immer darauf achten, nur mit genetisch einwandfreien Tieren zu züchten, also ausschließlich mit solchen, die keine offensichtlichen genetischen Schäden besitzen oder einen Verdacht erwecken. In vielen Fällen wird ohnedies eine tierärztliche Untersuchung erfolgen, und wenn dies nicht der Fall ist, sollte man selber einen kleinen Gesundheitscheck durchführen.

Die Zustandskontrolle

Aus einigen Schritten Entfernung stellt man fest, ob sich das Tier in einem guten Gesamtzustand befindet. Dazu zählen der Pflegezustand, der Futterzustand und der Zustand der Hufe. Bei vernachlässigt wirkenden Pferden lohnt sich der Versuch, den Grund herauszufinden (Verwurmung, Zahn- oder Hufprobleme, Temperamentsprobleme ...).

Zähne, Maul, Ohren und Augen

Man öffnet die Lippen des Pferdes und kontrolliert, ob die Schneidezähne einigermaßen korrekt aufeinandertreffen und vollzählig vorhanden sind. Man stellt fest, ob auffälliger Maulgeruch, alte oder frische Verletzungen (Blutergüsse) an den Laden oder abnorme Hakenzähne und Wolfszähne vorhanden sind. Die Schleimhäute sollen rosa sein; es ist kein Ausfluss aus den Nüstern zu finden. Im Stall sind keine Heuwickel/Heubällchen am Boden zu finden, im Kot sind nur wenige ganze Haferkörner. Ein Blick

Man stellt fest, ob sich das Tier in gutem Zustand befindet, ob es sich korrekt bewegt und ob sein Interieur dem Zweck entgegenkommt. Erst dann geht man ins Detail.

auf die Zunge schadet auch nicht, denn hin und wieder gibt es dort Narben oder Einrisse zu finden.

Die Lippen sollten glatt und fein sein, nicht derb oder zu fleischig. Eine ausreichend lange Maulspalte ist günstig. Maul und Kiefer dürfen keine Verletzungen aufweisen.

Man sollte die Ohren problemlos angreifen können und jedem Hinweis auf Juckreiz oder Empfindlichkeit nachgehen. Ein weißlicher Plaquebelag im Inneren ist häufig und wird selten Beschwerden verursachen.

Um die Augen zu kontrollieren, muss das Pferd in einen völlig dunklen Raum. Dann leuchtet man mit einer kleinen Taschenlampe von vorne und seitlich in das Auge, um Verletzungen der Hornhaut zu finden. Dann hält man eine brennende Kerze ca. 20 cm vor das Auge; man sollte ihre Spiegelung drei Mal im Auge sehen, auf der Hornhaut, vorne auf der Linse und hinten auf der Linse. Alle drei Reflexionen sollen klar sein, die hintere steht allerdings immer kopfüber – Augenkammer und Linse sollten dann ungetrübt sein. Blindheit kann man durch plötzliches „Drohen" vor dem jeweiligen Auge entdecken (schnelles Öffnen einer geballten Faust bei Tageslicht). Die Augen sind klar, ohne Ausfluss und besitzen eine makellose Farbe ohne Trübung oder helle Flecken.

Die Kieferränder und die Ohrspeicheldrüse werden abgetastet; letztere soll weder zu groß noch druckempfindlich sein.

Oben: Ohren und Augen sollen gesund sein und ihre volle Funktionstüchtigkeit besitzen. Es gibt verschiedene Methoden, dies zu überprüfen, die man routinemäßig anwenden sollte, wenn man ein Pferd kaufen möchte.

Rechts oben: Beim leisesten Verdacht auf ein Ekzem sollte man einen Tierarzt zu Rate ziehen und genau abklären, ob man das Tier so halten kann, dass es möglichst wenig Stress erleidet.

Rechts unten: Gesundes Langhaar ist heute wichtig geworden: viele Rassen weisen das so genannte Sommerekzem auf, welches ein Pferd unbrauchbar machen kann.

Haare und Haut

Man hebt die Mähne und den Schweif an, teilt die Langhaare und schaut, ob auf der Haut Schrunden, Wunden oder Parasiten zu sehen sind. Schütteres, brüchiges Haar, schrundige Haut an der Schweifwurzel oder kahle Stellen mahnen zur Vorsicht. Wulstige oder sogar blutige Schwellungen am Mähnenkamm und/oder an der Schweifrübe sind evtl. Hinweise auf Sommerekzem. Bei Schimmeln lassen schwarze Knoten um den After, die Augen oder an der Unterseite der Schweifrübe sofort an Melanome denken.

Die Haut soll elastisch sein und ist nach dem Aufziehen einer Hautfalte mit zwei Fingern binnen ca. drei Sekunden wieder völlig glatt. Das Fell ist glänzend und straff anliegend, nicht gesträubt oder stumpf. Beulen oder Fisteln (nicht heilende Wunden) am Genick oder Widerrist sind Resultate chronischer Schleimbeutelentzündungen durch Sattel-, Halfter- oder Geschirrdruck (selten Infektion). Sie erfordern lange und gewissenhafte Behandlungen und machen das Tier über Monate unbrauchbar.

Die Rumpfkontrolle

Rücken

Der Rücken soll gut bemuskelt sein und darf keine Knoten aufweisen. Die Wirbel sind gleichmäßig gut tastbar und nicht in Fett eingebettet. Die gesamte Rumpfmuskulatur ist nicht druckempfindlich und frei von Verhärtungen, Dellen oder Spasmen. Jede Art von Druckstelle, Wunde oder auch nur weißen Haaren sind zu notieren, denn wenn sie auch vielleicht keine permanenten Schäden darstellen, so sind sie doch Hinweise auf mögliche Probleme im täglichen Gebrauch.

Durch Abstreifen entlang der Wirbelsäule mit den Fingernägeln, einer Kugelschreiberkappe oder dem stumpfen Ende eines Schlüssels oder Ähnlichem stellt man fest, ob das Pferd einen empfindlichen Rücken hat oder sogar punktuelle Schmerzen zeigt, indem es „in die Knie geht". Zweck der Übung ist es, etwaige Empfindlichkeiten der Muskelstränge beiderseits der Wirbelfortsätze zu entdecken. Zuckt oder duckt sich das Pferd merklich, so liegt der Verdacht auf eine Entzündung bzw. Mängel in der Sattelung oder Reitweise nahe.

Bauch

Die Schultern wird man auf atrophierte oder deutlich unsymmetrische Muskulatur beobachten. Prellungen oder Schlagverletzungen können leicht die Nerven in dieser Region schädigen und zu Muskelschwund führen. Man sollte auch den Bauch und die Geschlechtsteile betrachten und abtasten; ein stark vergrößerter Nabel oder ein deutlich vergrößerter Hodensack können auf einen Nabel- oder Leistenbruch hindeuten. Der Bauch soll prall und gerundet, aber nicht aufgetrieben sein, die Rippen tast-, aber nicht sichtbar.

Ein stabiler Rücken, ein tiefer Brustkorb, üppige Bemuskelung und ein glänzendes Fell lassen ein gesundes, leistungsbereites Pferd erwarten, das vielseitig einsetzbar ist.

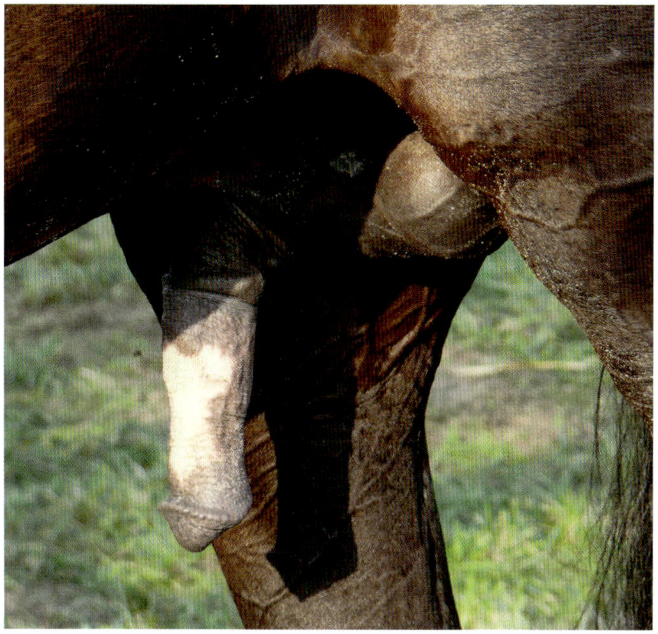

Man sollte auch die Geschlechtsteile auf Veränderungen oder Erkrankungen überprüfen; im Zweifel lieber einmal zu oft den Tierarzt konsultieren.

Pferde mit chronischen Lungenerkrankungen zeigen oftmals die so genannte Dampfrinne, eine längliche Delle am Bauch, etwa zwischen dem Rippenbogen und den Knien. Verliert die Lunge ihre volle Leistungsfähigkeit, so muss das Ausatmen durch aktive Muskeltätigkeit in der Bauchgegend unterstützt werden. Dadurch werden die Muskeln quasi trainiert, treten daher plastischer hervor und werden als Dampfrinne deutlich sichtbar (nicht zu verwechseln mit einer gut trainierten Bauchmuskulatur). Eine höhere Atemfrequenz, Nasenausfluss, jede Art von Husten und auffällige Atemgeräusche sind weitere Hinweise in diese Richtung und müssen vom Tierarzt abgeklärt werden.

Hüfte und Becken

Besonders von hinten betrachtet, müssen beide Hüften auf gleicher Höhe liegen. Jede Art von Schiefe oder von unsymmetrischer Ausbildung kann auf einen Sturz oder eine ähnliche traumatische Verletzung hinweisen. Besonders wenn das Kreuzbein-Darmbein-Gelenk betroffen ist, kommt es mitunter zu permanenten Schäden, die oft schwierig zu behandeln sind. Solche Verletzungen entstehen meistens durch Überbelastung oder durch Stürze, manchmal durch Ausgleiten oder zu schnelles Bergaufreiten. Beckenfrakturen sind eher selten zu finden, können jedoch vorkommen, wenn das Tier sich an einem Torpfosten oder einem Baum oder Ähnlichem sehr stark anstößt oder von einem anderen Pferd getreten wird. In der Folge entwickeln sich die Muskeln meistens ungleich und können mittelfristig Schmerzen verursachen oder auch zu ständig ungleichen Bewegungen führen.

Die Organkontrolle

Man zählt die Atembewegungen und kontrolliert die Form und Aktivität der Nüstern. Schweres Atmen mit oder ohne Begleitgeräusch sowie erweiterte Nüstern, Husten und eine Dampfrinne sollten unbedingt misstrauisch machen und zum Beiziehen des Tierarztes führen. Ergänzend sollte man die Temperatur des Tieres und die Farbe seiner Schleimhäute prüfen und Puls und Atemzüge kontrollieren. Etwa 38 °C Körpertemperatur, ca. 30–35 Herzschläge und 12–16 Atemzüge pro Minute sind die Richtwerte!

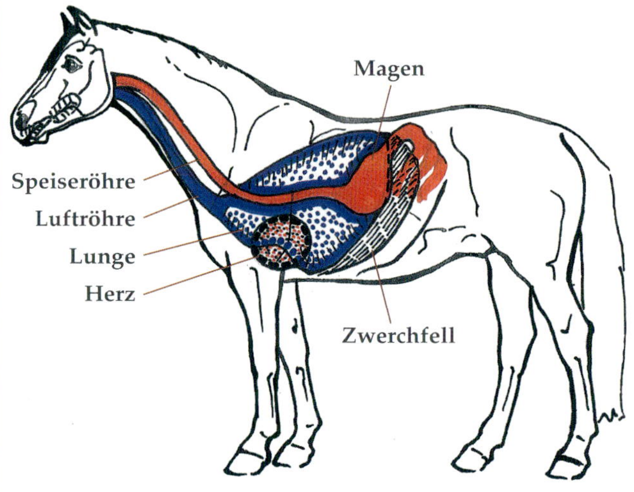

Die Lage einiger wichtiger Organe im Rumpf des Pferdes, hier nur schematisch dargestellt. Man sollte wissen, wo sich ungefähr Herz, Lunge und Verdauungsorgane befinden.

Die Lymphknoten zwischen den Kieferästen und die Ohrspeicheldrüsen hinter dem Kieferrand sind nicht geschwollen und/oder druckempfindlich.

Die Verdauung ist nur schwer zu beurteilen, daher muss man sich mit einem Blick auf den Kot des Pferdes begnügen: Ist er normal in Form, Geruch und Konsistenz und sind keine Würmer oder auffällig viele unverdaute Getreidekörner darin? Wenn doch – sofort und unbedingt einen Tierarzt beiziehen!

Die Beinkontrolle

Man streicht jedes einzelne Bein langsam und genau von oben nach unten mit den Fingerkuppen ab. Ich mache das immer am stehenden und am aufgehobenen Bein und drücke die Sehnen Zentimeter für Zentimeter ab. An den Vorderseiten und Hinterseiten der Röhren kann man so mit etwas Übung Schwellungen, Wärme oder Druckempfindlichkeit entdecken, die auf einen Sehnen- oder Bänderschaden, die so genannte „Wade“, hinweisen. An den Gelenken tastet man nach Schwellungen oder knöchernen Auftreibungen.

Ellbogen

Hier kommt es hin und wieder zu Frakturen, die meistens schmerzhaft sind und starke Lahmheiten verursachen. Durch einen Schlag oder sogar eine unabsichtliche Verletzung mit dem eigenen Hinterbein kann ein Pferd eine Ellbogenbeule (auch Stollbeule) entwickeln. Diese ist eine große Schwellung über dem Ellbogen und umfasst meistens als entzündlicher Prozess die Schleimbeutel und die Gelenkskapsel. In seltenen Fällen entwickelt sich daraus eine eitrige Fistel, die extrem therapieresistent sein kann.

Karpalgelenke/Vorderknie

Gut konstruierte Karpalgelenke verursachen eher selten Probleme, jedoch findet man manchmal Hinweise auf Verletzungen. Tritt eine starke Entzündung auf, so umfasst sie hier meistens die gesamte Struktur aus Knochen, Bändern und Gelenkskapsel. In der Regel ist ein Sturz oder ein Schlag die Ursache, aber auch mangelhafte Konformation kann bei Überbeanspruchung hier Probleme machen. Durch die Entzündung kommt es zu Auftreibungen. Diese können mit der Zeit zu Zysten oder Verknöcherungen werden, welche dann die Knieaktion behindern. Das dicke Knie kann als chronischer Mangel dauernd sichtbar bleiben, muss dabei aber zu keiner Behinderung führen. Vorsicht bei Narben oder weißen Haaren an der Vorderseite: Warum stürzte das Pferd?

Große, korrekte Karpalgelenke, ein starkes Schienbein mit klaren Sehnen, keine Gallen oder knöcherne Auftreibungen – nach solchen Beinen wird gefahndet.

Griffelbeine

Griffelbeinschäden sind entweder nur ein optischer Makel oder ein tatsächlicher Mangel. Die je zwei Griffelbeine liegen an den hinteren Seiten jedes Röhrbeins und sind beim jungen Pferd noch nicht fest mit diesem verbunden. Durch besonders starke gegenseitige Bewegung zwischen den Knochen kommt es zu Beinhautirritationen, die neues Knochenwachstum verursachen. Eine akute Entzündung geht mit Schwellung, Wärme und Schmerz einher, nach ihrem Abklingen formt sich dann neues Knochenmaterial, welches die gegenseitige Bewegung verhindert. Meistens geschieht dies an der Innenseite der Vorderröhre, während an der Hinterröhre dies meistens an der Außenseite vorkommt. Gerade bei jungen Pferden führt in der Regel eine Überanstrengung auf schlechtem Boden dazu. Zu Griffelbeinfrakturen kommt es, wenn sich Pferde mit einem Huf an das gegenüberliegende Griffelbein schlagen, das bricht und in der Heilung neues Knochenmaterial bildet. Solange diese Auflagerungen nicht auf Sehnen oder Bänder drücken, können sie als bloßer Makel angesehen werden; drücken sie jedoch auf bewegliche Strukturen, so können sie zu permanenter Lahmheit führen.

„Schienbeine“

Diese Form der Entzündung der Beinhaut an den vorderen Röhrbeinen tritt sehr oft bei jungen Rennpferden auf, selten bei älteren Pferden. Überanstrengung durch unsachgemäßes Training ist der Hauptgrund. Pferde mit so genannten „Schienbeinen“ zeigen Wärme, Schwellung und hohe Empfindlichkeit an der Vorderseite der Röhrbeine. Oftmals vergeht dieser Zustand bei sachgemäßer Behandlung wieder ohne bleibende Schäden; manchmal bleiben Schwellungen zurück. Wesentlich schlechter sind die Heilungschancen, wenn ein wirklich starkes Trauma die Ursache ist. Dann sind meist auffällige, harte Schwellungen als bleibende Resultate zu sehen.

Sehnen

Vor allem die Beugesehnen der Vorderbeine sind von gesundheitlichen Problemen bis hin zur völligen Zerreißung

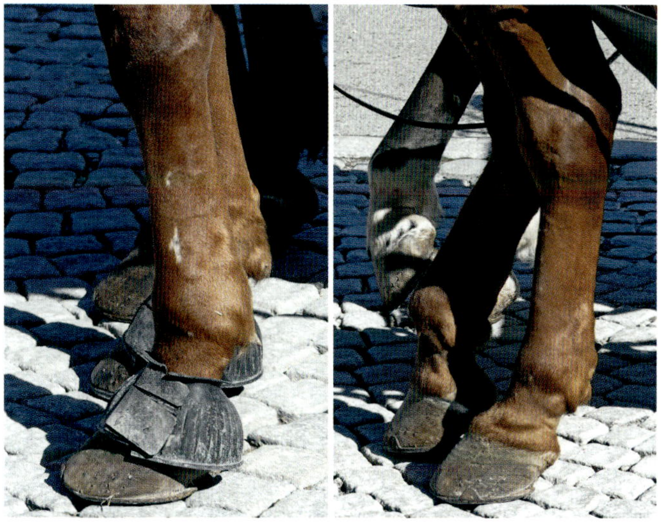

Stark beanspruchte Beine zeigen im Laufe der Jahre Abnützungen. Gallen sind Aufweitungen der Gelenkskapseln oder Sehnenscheiden, vor allem an Fesseln und Sprunggelenken. Schutz davor gibt es keinen.

bedroht. Sie verlaufen in den Sehnenscheiden, welche Gleitflüssigkeit produzieren. Wenn die Sehnen oder Unterstützungsbänder verletzt oder entzündet sind, ist der betroffene Bereich warm und empfindlich, das Pferd ist meistens deutlich lahm bis hin zur völligen Unbeweglichkeit oder Stehen auf drei Beinen. Während der Heilung bildet sich eine Schwellung und später Narbengewebe, welches der „Sehne" (dem hinteren Teil des Mittelfußes) die Form eines Bogens verleiht, manchmal in ganzer Länge.

Die Ursache ist meistens eine Überanstrengung, eine abrupte Bewegung unter großer Belastung oder zu hohe Geschwindigkeit. Die medizinische Behandlung wurde und wird mit verschiedensten Methoden durchgeführt, von denen einige sichtbare Spuren hinterlassen. So waren früher Feuern und Blistern üblich, die deutliche Narben erzeugten. Sobald Narbengewebe an den Sehnen vorhanden ist, spricht man von einem chronischen Sehnenschaden, der selbst bei bester Ausheilung das Pferd für den Rest seines Lebens für Folgeschäden anfällig macht.

Gallen

Gallen nennt man Auftreibungen an Sehnenscheiden, Schleimbeuteln oder Gelenkskapseln. Zumeist sind das Sprunggelenk und die Fesselgelenke betroffen. Oft reagieren junge Pferde auf Überanstrengungen mit derartigen Schwellungen, die jedoch nur selten mit Lahmheiten oder Entzündungen einhergehen.

In der Regel bleiben diese Ansammlungen von Gelenksflüssigkeit lediglich relativ harmlose Schönheitsfehler. Sie deuten jedoch auf eine konstitutionelle Anfälligkeit hin und sollten daher nicht übersehen werden. In der Regel sind sie frustrierend behandlungsresistent.

Fesseln

In der Fesselbeuge wird die Haut begutachtet, vor allem bei Rassen mit starkem Behang (Tinker, Noriker, Shire oder Ähnliche). Hier können schon kleine Infektionspforten zu Mauke führen. Am Skelett tastet man nach auffälligen Ringbildungen knapp über der Hufkrone. Dann wären Fesselbein oder Kronbein von Knochenauflagerungen betroffen, die einer genauen ärztlichen Diagnose bedürfen. An der Hinterseite stark geschnürte, geschwollene Fesseln lassen eine Entzündung des Fesselringbandes vermuten, die unbedingt vom Tierarzt abgeklärt werden sollte.

Knie

Gerade diese Gelenke sind für den Laien recht schwierig einzuschätzen. Jede Art von Lahmheit, Schwellung oder ungewöhnlicher Bewegung in dieser Region sollte unbedingt vom Tierarzt untersucht werden.

Allgemein gilt, dass Kniegelenke mit offenem Winkel anfälliger sind als jene mit einer perfekten Winkelung. Ein Problem, das selbst der Laie leicht erkennen kann, ist die Patella-Fixation, bei der das betroffene Hinterbein plötzlich in gestreckter Position fixiert ist und das Pferd kurzfristig bewegungsunfähig bleibt. Eine Anlage hierzu lässt sich manchmal schon in der normalen Bewegung erkennen, wenn das Kniegelenk ständig eine seitliche Knickbewegung zu vollführen scheint. Schon beim leisesten Verdacht auf dieses Problem sollte man auf eine ärztliche Diagnose bestehen.

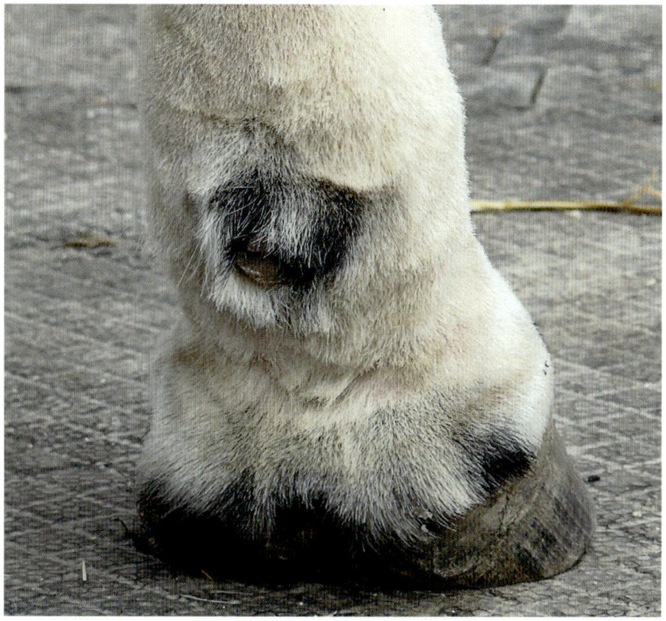

Vor allem kaltblütige Typen neigen zu derber, dicker, manchmal sogar faltiger Haut an den Beinen. Dort können Bakterien ihr Unwesen treiben, was zu allerhand Entzündungen führt.

Alle Hufe sind am Boden stehend und aufgehoben von unten zu betrachten. Das ist nur sinnvoll, wenn sie auch völlig sauber sind.

Hufe

Man betrachtet jeden einzelnen Huf, sowohl am Boden als auch aufgehoben, und beurteilt seine Form. Man sucht nach Ringbildungen, die auf Rehe hinweisen, nach Strahlfäule (typischer Gestank), Rissen und Hornspalten in der Hufwand oder abnormen Formen und Verletzungen. Ein vorhandener Beschlag wird auf Besonderheiten kontrolliert, etwa Rehe-Eisen, Keileisen etc.

Der Symmetriecheck

Man schaut das völlig plan, horizontal und regelmäßig stehende Pferd von allen Seiten an und schätzt ab oder misst nach, ob sich die Schultergelenke und Hüften auf gleicher Höhe befinden. Man stellt sich auf einen Sessel oder Strohballen, der ca. drei Meter genau hinter dem Pferd steht, und kontrolliert, ob dessen Rücken symmetrisch und gerade ist und in einen ebensolchen Hals verläuft.

Die Gangüberprüfung

Schließlich lässt man sich das Pferd am losen Strick im Schritt und im Trab auf harter Fläche vorführen, und zwar auf großen und kleinen Kreisen und auf gerader Linie von einem weg und auf einen zu, in der Hoffnung, eventuell vorhandene Gangunregelmäßigkeiten optisch oder akustisch erkennen zu können.

Auf einer Kreislinie werden Drehschmerzen deutlicher, während man auf der Geraden Taktprobleme hören und sehen kann, die man auf gebogener Linie weniger gut wahrnehmen würde.

Von hinten kann man wiederum die Symmetrie der Hüftbewegungen am besten erkennen. Die Qualität der Grundgangarten wird in der Regel unter dem Reiter begutachtet, wenn möglich auch beim Freilaufen in einer Halle oder einem sicher eingezäunten Platz mit gutem Boden.

Tipps zur ersten Beurteilung

Der erste Blick

Oft entscheidet der erste Blick über Sympathie oder Antipathie; das ist beim Pferd nicht viel anders als beim Menschen. Damit aber neben dem Bauchgefühl ein bisschen Objektivität mit einfließen kann, soll sich der ungeübte Beurteiler einen Plan zurechtlegen, wie er vorgehen möchte. Eines sei noch mal deutlich gesagt: Das perfekte Pferd gibt es ebenso wenig wie den perfekten Menschen – *„handsome is as handsome does"*, sagt der Engländer, schön ist, was gut funktioniert. Beim Pferd kommen zum rein körperlichen „Funktionieren" immer auch die inneren Werte hinzu, die seine Verwendungsmöglichkeiten ganz wesentlich mitbestimmen. Jeder, der ein Pferd beurteilt, sollte sich immer bewusst sein, dass es sich um ein Lebewesen mit Verstand, Seele und Charakter handelt – nicht nur um eine Sattellage mit Beinen drunter!

Schon der erste Blick kann entscheiden, ob man ein Pferd oder Pony sympathisch findet oder nicht. Es gibt die „Liebe auf den ersten Blick" – auch zu Pferden.

Was ist Konformation?

Dieses Wort wird in der deutschen Sprache bezüglich der Beurteilung von Pferden eigentlich kaum verwendet; im Englischen ist es dagegen als *conformation* der wohl häufigste Begriff und wird allgemein verstanden. Konformation ist die Struktur des gesamten Körpers eines Pferdes (oder Menschen oder irgendeines anderen Tieres). Darüber hinaus bezeichnet sie auch das Zusammenspiel von Skelett, Muskulatur und Proportionen der einzelnen Körperteile. Weiters schließt der Begriff auch Kriterien wie Balance, Leistungsfähigkeit und Eleganz ein. Mangelhafte Konformation weist immer auf körperliche Probleme hin, kann Anfälligkeit für Verletzungen oder Krankheiten bedeuten oder das Pferd einfach unbequem zu reiten machen. Als Konsequenz daraus ergibt sich, dass ein Pferd mit überwiegend schlechter Konformation nur selten sein volles Leistungspotential entfalten kann.

Einige anatomische Eckpfeiler

Mangelhafte Konformation irgendeines Körperteils wirkt sich, wie gesagt, auf den gesamten Körper, die Bewegungen und die Leistungsfähigkeit des Pferdes aus. Daher versuche ich im Folgenden, einige der wichtigsten anatomischen Eckpfeiler in Form einer Kurz-Beurteilung festzuhalten. Dies soll keinesfalls ein „Kochrezept der Pferdebeurteilung" werden, sondern nur eine Hilfestellung zu einer ersten Einschätzung.

Der Hals

Der Hals hat großen Einfluss auf die sportliche Verwendung und die Fähigkeiten eines Pferdes. Lange Halsmuskeln helfen, die Vorderbeine nach vorne zu bringen, daraus ergibt sich, dass ein langer Hals meistens auch lange Tritte ergibt. Ein tief aufgesetzter Hals lässt in der Regel das Pferd vermehrt auf der Vorhand laufen, ein hoch aufgesetzter Hals hingegen macht das Pferd meistens leichter zu versammeln. In jedem Fall sollte der Hals lange und flexibel genug sein, um Stellung und Biegung leicht zu ermöglichen.

Solche offensichtlichen Fehler springen selbst dem Laien ins Auge; kniffliger wird es, wenn man sich mit den Details eines Pferdes auseinandersetzen muss. Bilder von „Fehlerpferden“ gibt es übrigens schon seit Jahrhunderten.

Ein Hirschhals mit einem stark bemuskelten Unterhals resultiert fast immer in einer hohen, waagrechten Kopfhaltung, mangelnder Flexion im Genick, einem festgehaltenen, hohlen Rücken und daher mangelhafter Elastizität des gesamten Bewegungsablaufes – das Pferd geht nicht über den Rücken und nicht durchs Genick. Ein schwerer und kurzer Hals ist wenig elastisch, oft mit einer steilen Schulter verbunden und lässt das Pferd unweigerlich schwer auf das Gebiss gehen.

Der Widerrist

Der Widerrist sollte gut bemuskelt und klar definiert sein und weit in den Rücken reichen. Dann ist er ein starker Hebel für das Nackenband und die Rückenbänder, welche zum Heben und Senken des Kopfes, Halses und Rückens beitragen.

Der Rücken

Der Rücken trägt nicht nur das Gewicht der Eingeweide, an ihn heften sich auch die vier Gliedmaßen an und er

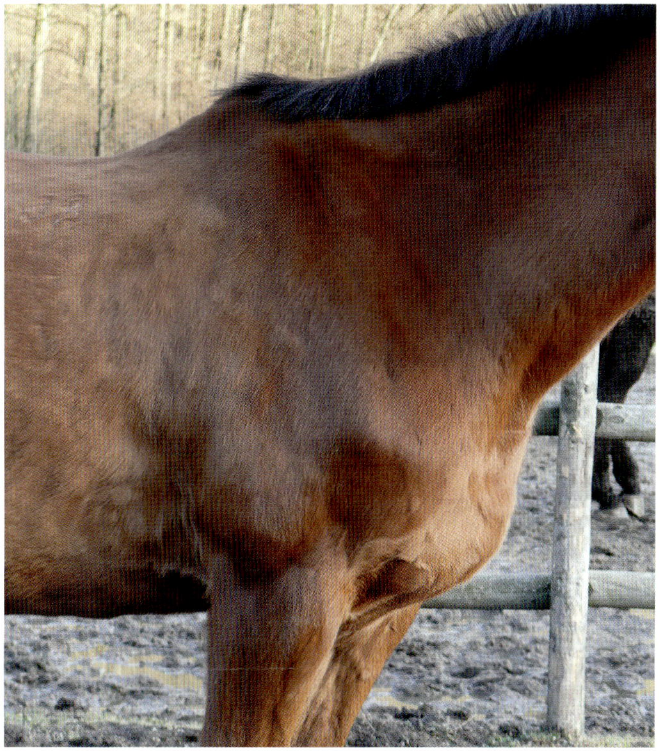

Wenn es um Sportpferde geht, dann hat der Widerrist eine große Bedeutung. Er soll deutlich ausgeprägt sein und harmonisch im Rücken verlaufen.

Ein langer Rumpf bzw. Rücken ist bei Zuchtstuten weniger streng zu bewerten als bei Sportpferden. Sie brauchen ja Platz für das heranwachsende Fohlen in ihrem Bauch.

muss das Reitergewicht tragen. Er ist die Zentrale des gesamten Pferdekörpers und einer enormen Belastung ausgesetzt. Daher muss er gut bemuskelt, korrekt ausgebildet, möglichst gerade und völlig funktionstüchtig sein. Er wird in seiner Tätigkeit von kräftigen hoch elastischen Bauchmuskeln unterstützt.

Ein langer Rücken macht es für das Pferd schwierig, sich zu versammeln, seinen Schwerpunkt zu verlagern, seine Hanken zu beugen und maximale Hinterhandaktivität zu entwickeln. Ein Rücken ist lang, wenn der Abstand vom Scheitelpunkt des Widerrists zum Scheitelpunkt des Beckens (tuber sacrale) länger ist als ein Drittel der Gesamtlänge des Rumpfes. Er verlangt stärkere Bauchmuskeln, um sich heben und aufwölben zu können. Daher ist die Verbindung zur Hinterhand oft problematisch und wirkt sich negativ im Sport aus. Er begünstigt allerdings einen langen Galoppsprung und macht das Pferd bequemer zu sitzen, kann aber die Bascule vermindern.

Ein kurzer Rücken ist gegeben, wenn die genannte Distanz kürzer als ein Drittel ist. Er macht das Pferd wendig und ist besser zum Tragen von viel Gewicht geeignet. Er kann aber auch steifer sein und die ohnehin geringe Beweglichkeit des Rückens noch weiter einschränken.

Die Vordergliedmaßen

Ein schräges Schulterblatt mit einem Winkel von 45 Grad zur Horizontalen (kleiner Winkel zwischen Schulterblatt und Oberarm) hat eine bessere Stoßdämpfung als eine steile Schulter, ermöglicht lange Tritte und eine sitzbequeme Aktion. Gerade und korrekte Vorderbeine lassen die Abnützung geringer bleiben. Je länger die Schulter, desto größer der muskuläre Ansatz an der Wirbelsäule. Die Tiefe der Muskelschlinge, in welcher der Brustkorb hängt, trägt wesentlich zur Stoßminderung und damit zur Bequemlichkeit des Reiters bei.

Ein zu kurzer Oberarm macht die Bewegung kurz, stoßend und unbequem. Das Pferd kann daher früher verschleißen und ist für jede Art von seitlicher Bewegung wenig geeignet. Ein langer Unterarm und eine kurze Röhre ergeben meist einen guten Raumgriff mit weniger Be-

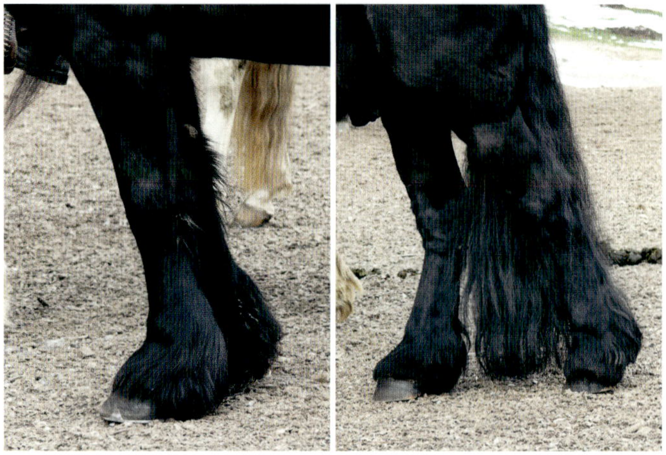

Kein Pferd ist perfekt – daher arbeitet die Natur mit Ausgleichen. Leicht unterständig und etwas hinten hinaus, aber tolle Knochen und gesunde Hufe.

lastung für die Sehnen und Gelenke. Die Fesseln sollten von mittlerer Länge und guter Winkelung sein (gleich der Schulter), dabei kräftig und symmetrisch. Steile Fesseln absorbieren den Stoß des Auffußens schlechter; zu lange Fesseln erhöhen die Belastung für Sehnen und Bänder und nützen sich früher ab.

Alle Gelenke in den Vorderbeinen, vom Schultergelenk bis in die Hufe, sollten sowohl von der Seite als auch von vorne gesehen möglichst korrekt eingeschient sein. Die Hufe sollten zu Bein und Körper passen und ihr Winkel derselbe sein wie in der Fessel. Man wünscht sich symmetrische, harte und relativ große Hufe.

Die Hinterbeine

Ihre Konformation spielt vermutlich die entscheidenste Rolle, denn sie sind gewissermaßen der Motor. Die Muskulatur der Hinterhand wünscht man sich besonders gut entwickelt, da sie dann maximale Kraft, Ausdauer und Elastizität des Bewegungsablaufes bietet.

Der Oberschenkel sollte lang sein; ein langer, gut bemuskelter Unterschenkel in Verbindung mit einem tiefen Sprunggelenk und kurzen Röhren ergibt eine effiziente

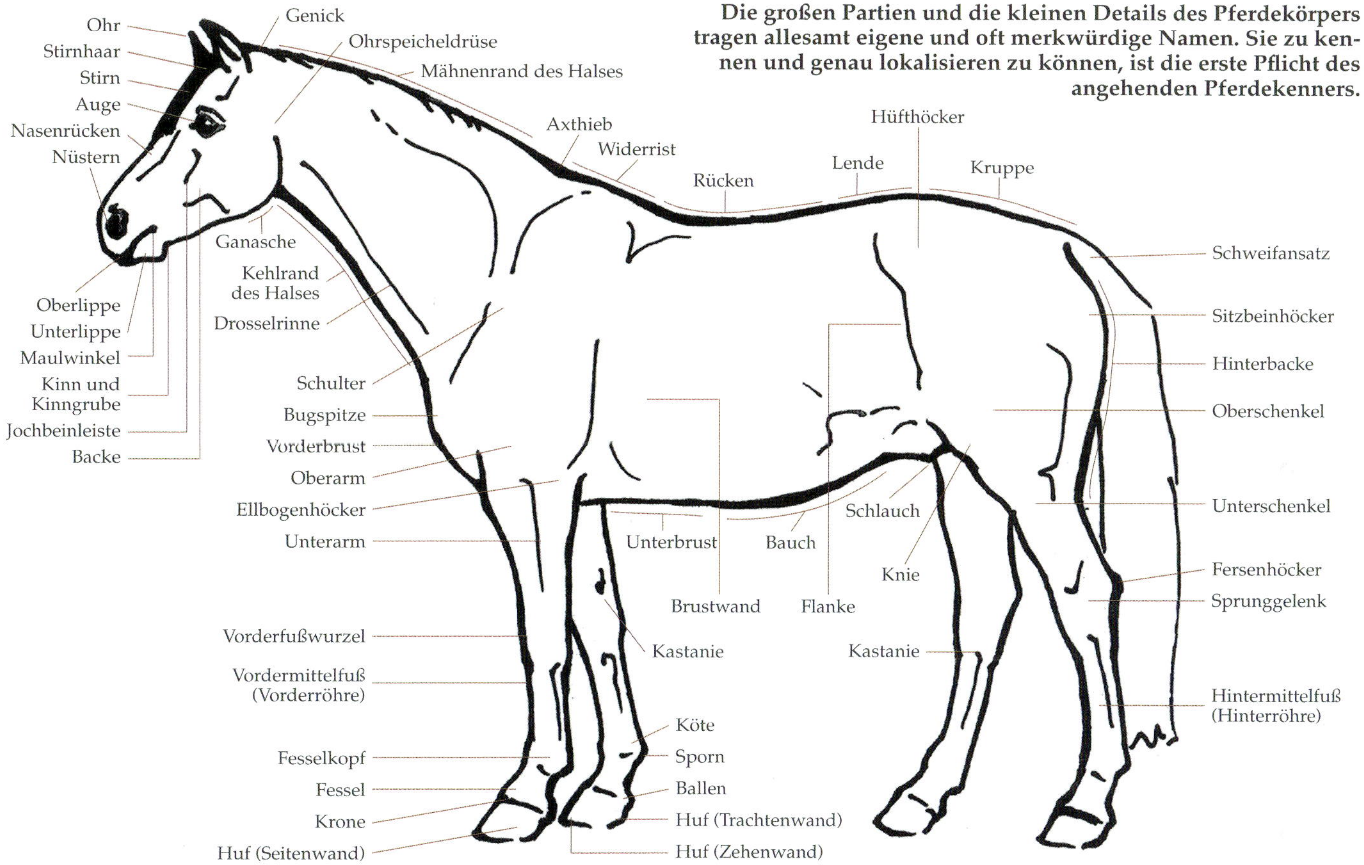

Die großen Partien und die kleinen Details des Pferdekörpers tragen allesamt eigene und oft merkwürdige Namen. Sie zu kennen und genau lokalisieren zu können, ist die erste Pflicht des angehenden Pferdekenners.

und kraftvolle Aktion. Auch hier gilt, dass alle Gelenke von der Hüfte abwärts möglichst korrekt gewinkelt und eingeschient sein sollen, um einen korrekten Bewegungsablauf zu ermöglichen.

Ein stark gewinkeltes oder sehr gerades Sprunggelenk mag zwar für manche Spezialaufgaben günstig sein, führt aber oft zu falscher Belastung und zu frühem Verschleiß. Das Sprunggelenk sollte etwas höher als das Karpalgelenk liegen, und die Hinterfesseln sollten etwas länger und steiler als die Vorderfesseln sein. Auch beim Hinterbein gilt, was zu Fessel und Huf des Vorderbeins gesagt wurde. Die hinteren Hufe sind in der Form etwas enger und längsoval, während die vorderen Hufe runder sind.

Bei der Beurteilung der Konformation sollte das Pferd in einem körperlichen und mentalen Zustand sein, der eine objektive Betrachtung ermöglicht; ein gestresstes, erschöpftes oder mattes Pferd wird sich um Klassen schlechter präsentieren. Auch die Umgebung sollte so beschaffen sein, dass sich das Pferd möglichst entspannt und willig vorstellen lässt. Man sollte immer versuchen, das Tier unter verschiedenen Bedingungen zu sehen, also z. B. in der Reithalle, auf der Koppel und bei einem Ausritt.

Kapitel 6

Von Microchips und Pferdepässen

„Ein Ross mit vier weißen Köthen
lässt seinen Reiter in Nöten.
Ist aber eine Bless' dabei, kannst
du's reiten frank und frei!"
(Spruchweisheit)

Who is who?

Die europäische Kommission hat am 6. Juni 2008 eine Verordnung zur Umsetzung von Richtlinien in Bezug auf Methoden zur Identifizierung von Equiden verabschiedet. Diese Verordnung ist am 1. Juli 2009 in Kraft getreten. Demnach benötigen alle Equiden als passive Kennzeichnung einen Pass, auch solche, die nicht verbracht werden. Seit Juli 2009 müssen Equiden auch eine aktive Kennzeichnung in Form eines Mikrochips erhalten. Jene, die bereits einen gültigen Pass besitzen, müssen nur dann nachträglich gechippt werden, wenn sie als Turnierpferde (LPO) eingetragen werden sollen.

In der EU gelten Pferde, wie Kühe oder Schweine, als Lebensmittel liefernde Tiere. Um dem Verbraucherschutz gerecht zu werden, gelten gewisse Bestimmungen für Lebensmittel liefernde Tiere, die mit Arzneimitteln behandelt werden. Der Abschnitt „Arzneimittelanhang" im Pass dient dazu, allein für Pferde Ausnahmen von diesen Bestimmungen zu ermöglichen. In dem Kapitel „Arzneimittelbehandlung" erklärt der Besitzer, ob er für sein Pferd den Status „Zur Schlachtung bestimmt" oder „Nicht zur Schlachtung bestimmt" wählt. Der Status „Nicht zur Schlachtung bestimmt" ist unwiderruflich und muss von den nachfolgenden Eigentümern/Besitzern übernommen werden.

Die Kennzeichnung wird vorgenommen von:

- einem Tierarzt
- einer unter der Aufsicht eines Tierarztes stehenden Person
- von einer sachkundigen Person, die von einer tierzuchtrechtlich anerkannten Züchtervereinigung/einer internationalen Wettkampforganisation beauftragt ist

Arzneimittelbehandlungen mit Wirkstoffen, die nicht für Lebensmittel liefernde Tiere zugelassen sind, müssen im Equidenpass zusammen mit der Angabe der entsprechenden Wartezeit vom behandelnden Tierarzt dokumentiert werden. Daher muss der Equidenpass bei jeder Behandlung zur Hand sein.

Die EU-konforme Kennzeichnung

Die Kennzeichnungs- und Registrierungspflichten für Equiden wurden durch die EU mit der Verordnung 504/2008 neu geregelt. Als Equiden gelten alle als Haustiere gehaltene oder freilebende Einhufer, die zur Gattung *Equus* der Säugetierfamilie *Equidae* gehören sowie ihre Kreuzungen (z. B. Pferde, Esel, Zebras, Maultiere). Die Verordnung galt für alle Tiere, die ab dem 1. Juli 2009 geboren wurden, sofort. Für die übrigen Equiden galten Übergangsbestimmungen bis zum 31. Dezember 2009.

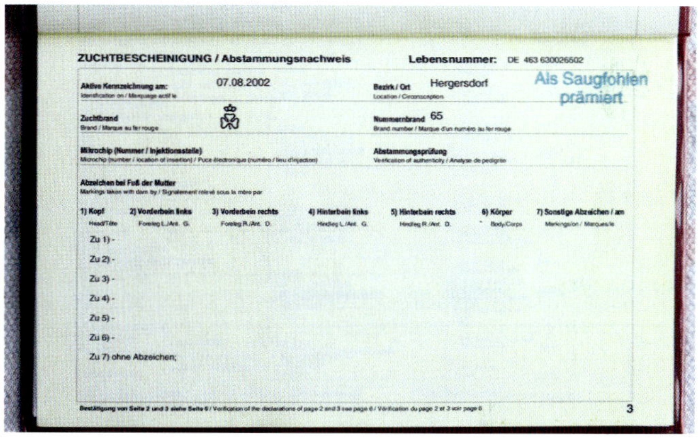

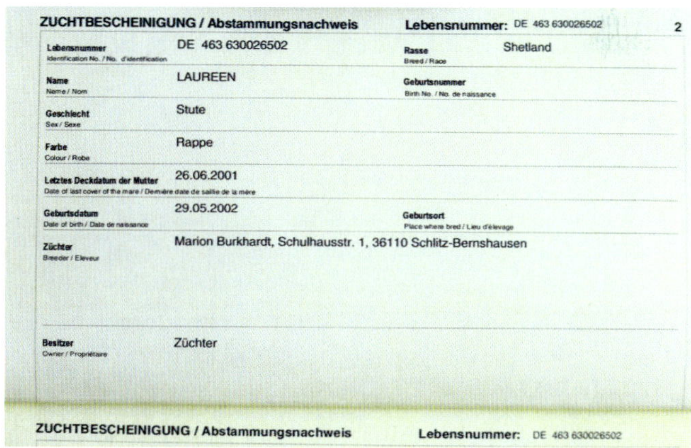

Die wichtigsten Seiten eines Equidenpasses. Er hat das Pferd prinzipiell immer zu begleiten, braucht aber auf Ausritten unter drei Stunden Dauer nicht mitgeführt zu werden.

Die Verordnung sieht ein einheitliches Formular vor, mit dem ausgeschlossen werden soll, dass Equiden in die Lebensmittelkette gelangen, wenn sie einer bestimmten medizinischen Behandlung unterzogen wurden, bzw. mit dem die Schlachtung für menschlichen Verzehr sechs Monate aufgeschoben wird, wenn einem Tier bestimmte Arzneimittel verabreicht wurden.

Wesentliche Punkte der Verordnung: Für alle Equiden wird nach der Geburt unabhängig von ihrem Verbringungsstatus ein lebenslang gültiger Pass ausgestellt. Die Ausstellung des Passes wird in einer Datenbank unter einer individuellen 15-stelligen Kennnummer registriert, die lebenslang bestehen bleibt, auch wenn der Name des Tieres geändert wird. Gleichzeitig mit der Ausstellung des Passes wird dem Fohlen in der Regel ein Transponder/Mikrochip implantiert, um sicherzustellen, dass nur ein einziges Identifizierungsdokument ausgestellt wird. Die Mitgliedsstaaten können die Identifizierung von Equiden durch geeignete alternative Methoden, einschließlich Kennzeichnungen, genehmigen, welche gleichwertige wissenschaftliche Garantien bieten und sicherstellen, dass die Identität des Tieres überprüft und die doppelte Ausstellung von Identifizierungsdokumenten wirksam verhindert werden kann.

Der Pass muss bei jedem Verbringen (z. B. beim Transport zum Tierarzt oder zum Turnier; nicht beim Ausritt unter drei Stunden) mitgeführt werden. Der Pass soll außerdem dazu dienen, die notwendige tierärztliche Behandlung der Pferde, Ponys und Esel auch in Zukunft zu gewährleisten. Der ausreichende Impfschutz ist bei einer Turnier- oder Schauteilnahme ebenfalls durch dieses Dokument nachzuweisen. Sollte ein Tier noch keinen Pass haben, sollte der Halter diesen schnellstmöglich beantragen, da sonst Strafen drohen.

Zur Schlachtung bestimmte Equiden müssen mit dem Pass zum Schlachthof verbracht werden, da dieser mit den Informationen über die verabreichten Tierarzneimittel ein wesentlicher Teil der vorgeschriebenen Informationen zur Lebensmittelkette ist. Der Pass hat sich beim Halter zu befinden, also bei jener Person, die das Pferd hält und betreut; das muss nicht der Eigentümer sein!

Die Mitgliedsstaaten können für innerstaatliche Verbringungen Smartcards (Chipkarten) anstelle von Pässen auf Papier zulassen. Importe von Equiden aus Drittstaaten sind von der Verordnung nicht betroffen, sie enthält aber Bestimmungen über die Identifizierung von Equiden, die endgültig in die EU eingeführt werden.

Der Equidenpass begleitet das Tier wie bisher lebenslang und muss zukünftig bei Tod oder Schlachtung an die ausstellende Behörde zurückgegeben werden. Der Pass wird einmalig ausgestellt, bei einem Verlust gelten strenge Regeln bzgl. eines Ersatzpasses (Identität durch aktive Kennzeichnung + schriftliche Erklärung des Halters nachweisbar). In diesen Fällen wird ein neuer Pass eindeutig als Ersatzpass gekennzeichnet und das Pferd in der Regel von der Lebensmittelkette ausgeschlossen. Außerdem erfolgt ein Vermerk in der Datenbank.

Der Pass enthält folgende Eintragungen:

- Identifizierung (Art/Rasse, Geschlecht, Geburtsdatum, Beschreibung mit Zeichnung bzw. Foto, Chipnummer oder sonstige aktive Kennzeichen; Ursprungsnachweis: Abstammung, bei Zuchttieren volles Pedigree und Zuchtbuchabschnitt)
- Angaben zum Halter des Tieres
- Eintragung der Identitätskontrollen
- Eintrag der Impfungen (Influenza etc.)
- Eintragung der Gesundheitskontrollen
- Gültigkeit für Verbringungszwecke
- Verabreichung von Arzneimitteln bzw. Ausschluss aus der Lebensmittelkette
- gegebenenfalls besondere Gesundheitsanforderungen

Grundsätzlich begleitet der Pass das Pferd immer, mit nur wenigen, genau beschriebenen Ausnahmen: Pferde im Stall bzw. auf der Weide, sofern der Halter den Pass unverzüglich vorzeigen kann (d. h. in Pensionsbetrieben muss der Pass dort liegen); bei Ausritten, wenn der Pass innerhalb von drei Stunden verfügbar ist; auf dem Weg zur Weide; bei nicht abgesetzten Fohlen bei Fuß ihrer Mutter; bei Verlassen eines Turniers oder Trainingsplatzes während des Wettbewerbs; bei Transporten in Notfällen.

Von der FN ausgestellte Pässe haben einen grünen, vom Zuchtverband ausgestellte haben einen roten Rücken oder Einband. Ob grün oder rot ist für den Gebrauch des Passes in der Praxis egal.

Parallel zur Kennzeichnung des Tieres erfolgt jetzt ein Eintrag in die Datenbank der für die Registrierung zuständigen Stelle mit folgenden Angaben:

Internationale Lebensnummer, Tierart, Geschlecht, Farbe, Geburtsdatum (Tag, Monat, Jahr), ggf. zumindest die letzten 15 Ziffern des vom Transponder übertragenen Codes oder des Radiofrequenz-Identifikationsgerät-Codes sowie Informationen über das erforderliche Lesesystem oder die alternative Methode, Geburtsland, Zeitpunkt der

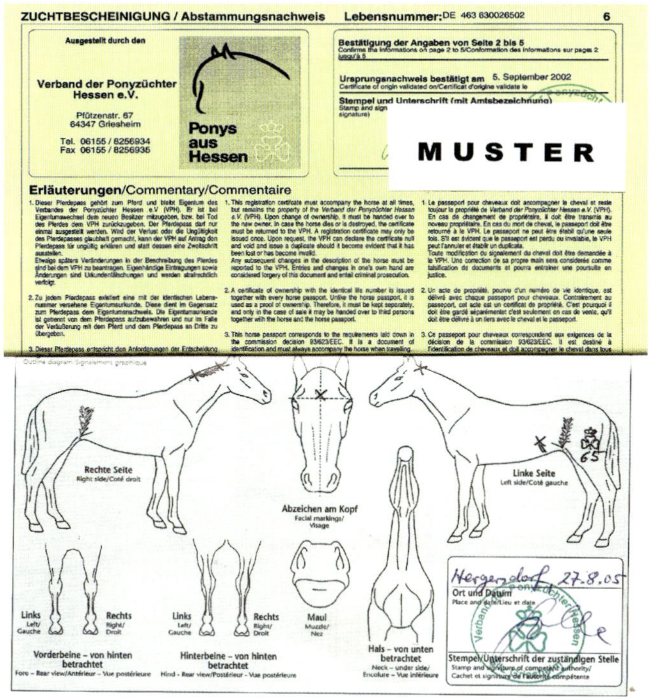
ZUCHTBESCHEINIGUNG / Abstammungsnachweis Lebensnummer: DE 463 630026502 6

Ausgestellt durch den
Verband der Ponyzüchter Hessen e.V.
Pfützenstr. 67
64347 Griesheim
Tel. 06155 / 8256934
Fax 06155 / 8256935

Ponys aus Hessen

Bestätigung der Angaben von Seite 2 bis 5
Confirms the informations on page 2 to 5/Conformation des informations sur pages 2 jusqu'à 5

Ursprungsnachweis bestätigt am 5. September 2002
Certificate of origin validated on/Certificat d'origine validate le

Stempel und Unterschrift (mit Amtsbezeichnung)
Stamp and sign… signature)

MUSTER

Erläuterungen/Commentary/Commentaire

Oben: Jedes Pferd wird beschrieben, gezeichnet oder fotografiert und erhält eine Lebensnummer. Sein Lebensweg sollte lückenlos nachvollziehbar sein.

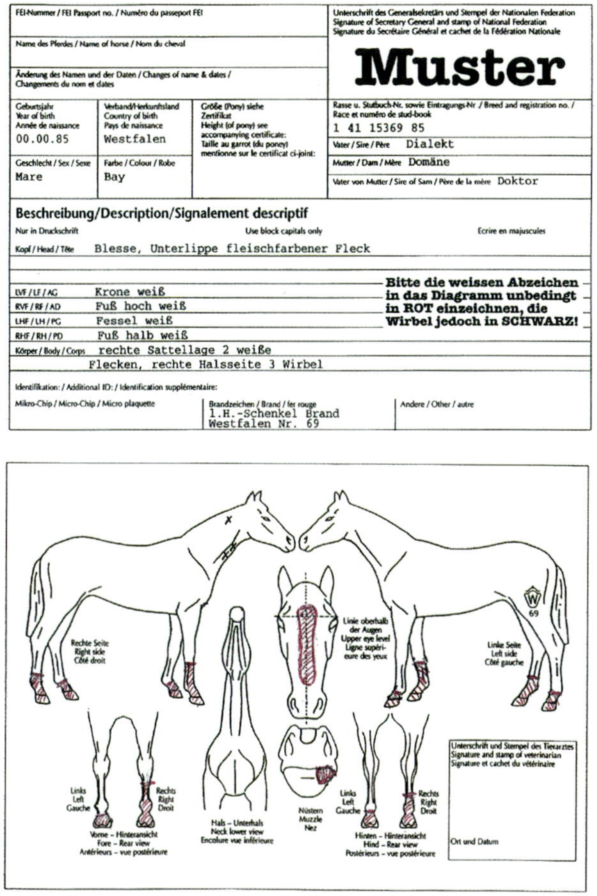
FEI-Nummer / FEI Passport no. / Numéro du passeport FEI

Unterschrift des Generalsekretärs und Stempel der Nationalen Federation
Signature of Secretary General and stamp of National Federation
Signature du Secrétaire Général et cachet de la Fédération Nationale

Muster

Name des Pferdes / Name of horse / Nom du cheval

Änderung des Namen und der Daten / Changes of name & dates / Changements du nom et dates

Geburtsjahr / Year of birth / Année de naissance: 00.00.85
Verband/Herkunftsland / Country of birth / Pays de naissance: Westfalen
Größe (Pony) siehe Zertifikat / Height (of pony) see accompanying certificate: / Taille au garrot (du poney) mentionne sur le certificat ci-joint:
Geschlecht / Sex / Sexe: Mare
Farbe / Colour / Robe: Bay
Rasse u. Stutbuch-Nr. sowie Eintragungs-Nr / Breed and registration no. / Race et numéro de stud-book: 1 41 15369 85
Vater / Sire / Père: Dialekt
Mutter / Dam / Mère: Domäne
Vater von Mutter / Sire of Sam / Père de la mère: Doktor

Beschreibung/Description/Signalement descriptif
Nur in Druckschrift — Use block capitals only — Ecrire en majuscules

Kopf / Head / Tête: Blesse, Unterlippe fleischfarbener Fleck
LVF / LF / AG: Krone weiß
RVF / RF / AD: Fuß hoch weiß
LHF / LH / PG: Fessel weiß
RHF / RH / PD: Fuß halb weiß
Körper / Body / Corps: rechte Sattellage 2 weiße Flecken, rechte Halsseite 3 Wirbel

Bitte die weissen Abzeichen in das Diagramm unbedingt in ROT einzeichnen, die Wirbel jedoch in SCHWARZ!

Identifikation: / Additional ID: / Identification supplémentaire:
Mikro-Chip / Micro-Chip / Micro plaquette
Brandzeichen / Brand / fer rouge: l.H.-Schenkel Brand Westfalen Nr. 69
Andere / Other / autre

Rechts: Ein Beispiel eines ausgefüllten Equidenpasses, in dem das Diagramm des Pferdes vorschriftsmäßig vervollständigt wurde. Alle weißen Abzeichen werden Rot eingezeichnet, alle anderen Schwarz.

Ausstellung und etwaiger Änderungen des Identifizierungsdokuments, Name und Anschrift der Person, für die das Dokument ausgestellt wurde, Status als registrierter Equide (Zucht- oder Nutzpferd), Name des Tieres (Geburtsname und gegebenenfalls Handelsname), Status als nicht zur Schlachtung für den menschlichen Verzehr bestimmt, Informationen über etwaige Duplikate oder Ersatzdokumente und mitgeteilter Todestag des Tieres.

Zusätzlich können die Mitgliedsstaaten eine zentrale Datenbank einrichten und verlangen, dass einige der oben genannten Informationen über Equiden, die auf ihrem Hoheitsgebiet geboren oder identifiziert wurden, in diese Datenbank von der ausstellenden Stelle eingespeist werden oder dass die Datenbanken vernetzt werden.

Mikrochip/Transponder

Die neue Verordnung bedeutet nicht, dass alle Pferde mit einem Transponder versehen werden müssen oder dass vorhandene Mikrochips durch neue ersetzt werden müssen. Es sind nämlich Ausnahmen von dieser Regel möglich, wenn die Mitgliedsstaaten diese zulassen und in der Datenbank dokumentieren.

Der Halter (er ist nicht unbedingt auch der Eigentümer!) eines Einhufers ist jedoch dafür verantwortlich, dass das Tier gegebenenfalls mit einem Mikrochip/Transponder gekennzeichnet ist. Die Transponder werden dem Tierhalter zugeteilt; es ist verboten, einen für die Kennzeichnung erforderlichen Transponder ohne Genehmigung der zuständigen Behörde in den Verkehr zu bringen.

Grundsätzlich sieht die EU als aktive Kennzeichnung einen passiven Lese-Transponder vor. Dieser ist im Abstand von mindestens 12 Zentimetern mit Standard-Lesegeräten ablesbar. Der Mikrochip wird subkutan in der Halsmitte, in der Nähe des Widerristes, mittels Nadel injiziert und der Ort im Pass dokumentiert. Außerdem enthält der Pass die 15-stellige Identifikationsnummer und den Barcode des Transponders sowie den Namen der Person, die den Chip gesetzt hat.

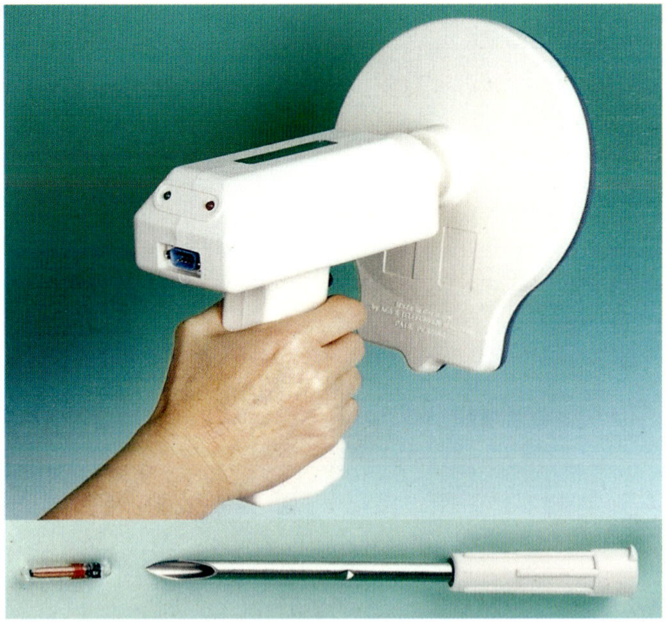

Ein mit implantiertem Mikrochip gekennzeichnetes Tier kann mittels Lesegerät (Scanner) eindeutig identifiziert werden. Die Daten werden von anerkannten Firmen gespeichert.

Bei Schlachtung oder Tod vernichtet der Schlachthof bzw. die Tierkörperbeseitigung den Transponder unter Aufsicht des amtlichen Veterinärs. Das Fleisch des Tieres geht nur in die Lebensmittelkette, wenn ein entsprechender Vermerk im Pass vorliegt und der Transponder eindeutig am Schlachthof identifiziert und entfernt wurde.

Der implantierte Transponder kennzeichnet das Pferd weitgehend fälschungssicher und individuell. Er gestattet die schnelle und eindeutige Identifikation, auch durch unqualifizierte Personen. Lesbar ist die Chip-Nummer allerdings nur mit Hilfe eines speziellen Lesegerätes, hilft also nicht oder wenig bei der Identifizierung eines anonymen Pferdes. Das Lesegerät aktiviert – in der Weise einer Funkanlage – den passiven Chip, der von einer Glashülle ummantelt ist, die bei Pferden in der Regel 12 x 2 mm groß ist.

Bei den üblicherweise verwendeten Transpondern ist der Chip per Laser unveränderbar vorprogrammiert, und zwar mit einer aus 16 Ziffern bestehenden Zahl. Diese entspricht bei den Produkten verschiedener Hersteller dem ISO-Standard und enthält einen Ländercode. Die Entsorgung des Transponders ist bisher nicht geklärt, er gelangt jedoch nicht in die Lebensmittelkette, wenn man ihn präzise implantiert. Um die Risiken für Muskeln, Bänder und Nerven durch den Mikrochip möglichst zu reduzieren, wird die Einlagerung in das Nackenband gefordert und ist auch bei Fohlen möglich, jedoch erst nach Vollendung des zweiten Lebensmonats angeraten.

Anzeige und Registrierung

Wer Rinder, Schweine, Schafe, Ziegen, Einhufer oder Geflügel halten will, hat dies der zuständigen Behörde oder einer von dieser beauftragten Stelle vor Beginn der Tätigkeit unter Angabe seines Namens, seiner Anschrift und der Anzahl der im Jahresdurchschnitt voraussichtlich gehaltenen Tiere, ihrer Nutzungsart und ihres Standortes, bezogen auf die jeweilige Tierart, anzuzeigen. Änderungen sind unverzüglich zu melden. Die zuständige Behörde erfasst die angezeigten Betriebe und Zirkusse unter Erteilung einer Registriernummer in einem Register. Der Tierhalter hat der zuständigen Behörde bis zum 15. Januar eines jeden Jahres die Anzahl der jeweils am 1. Januar im Bestand vorhandenen Tiere anzugeben. Er ist weiters zum Führen eines Bestandsbuches verpflichtet. Die Aufzeichnungen müssen über einen Zeitraum von fünf Jahren sicher aufbewahrt werden. Die Viehverkehrsverordnung, die Ende April 2000 in Kraft getreten ist und im Jahr 2010 novelliert wurde, schreibt vor, dass alle Halter von Einhufern bei der zuständigen Behörde registriert sein müssen.

Verbot der Übernahme

Ein Tierhalter darf einen Einhufer in seinen Bestand nur übernehmen, wenn dieser von einem Equidenpass begleitet wird, die Begleitung vorgeschrieben ist und der Einhufer, soweit er nach dem 1. Juli 2009 geboren wurde, mittels Transponder gekennzeichnet ist. Dies gilt auch für die Übernahme eines Einhufers durch Transportunternehmen.

Das Beschreiben des Pferdes

Tierärzte und Zuchtbeamte müssen imstande sein, ein Pferd laut EU-Richtlinien ausreichend genau zu beschreiben und zu zeichnen. Es empfiehlt sich, die Regeln dafür genau zu lernen und das korrekte Eintragen der Abzeichen zu üben. Käufer und Züchter sollten ihrerseits so weit mit den bürokratischen Anforderungen vertraut sein, dass sie einen Equidenpass „lesen", die Richtigkeit und Bedeutung der Eintragungen nachvollziehen und die Identität des fraglichen Tieres feststellen können. Hier ein gekürzter Überblick der wichtigsten Dinge, die jede damit konfrontierte Person beherrschen sollte.

Das Zeichnen

Es ist nicht jedermanns Sache, ein Pferd mit diversen Merkmalen zu skizzieren, selbst wenn dafür neben dem lebenden Modell eine Schablone vorliegt. Hier einige Hinweise zur richtigen Handhabung. Üben muss man selbst!

Das benötigte Material ist: stabile Schreibunterlage (z. B. Clipboard), Formular-Vordrucke sowie je ein rot und schwarz schreibender Kugelschreiber. Eine kleine Fotokamera ist praktisch, um evtl. Probleme dokumentieren zu können.

Das Pferd sollte bei hellem Tageslicht an der Hand und auf hartem Boden vorgeführt werden. Es muss gut geputzt sein, vor allem unterhalb der Vorderknie und Sprunggelenke; auch die Hufe müssen ganz sauber sein.

Man beschreibt verbal die Farbe und die Abzeichen in Block- oder Druckschrift und stellt die beschriebenen Merkmale analog grafisch dar. Alle Stellen, die am Pferd weiß sind, werden rot gezeichnet, auch erworbene Druckstellen oder Ähnliches. Sie werden umrissgenau rot umrandet dargestellt und mit einer leichten Schraffur

Alle vorkommenden Abzeichen sind recht genau definiert. Dazu bedient man sich in den Zuchtverbänden solcher Vorlagen, um größtmögliche Einheitlichkeit zu erzielen.

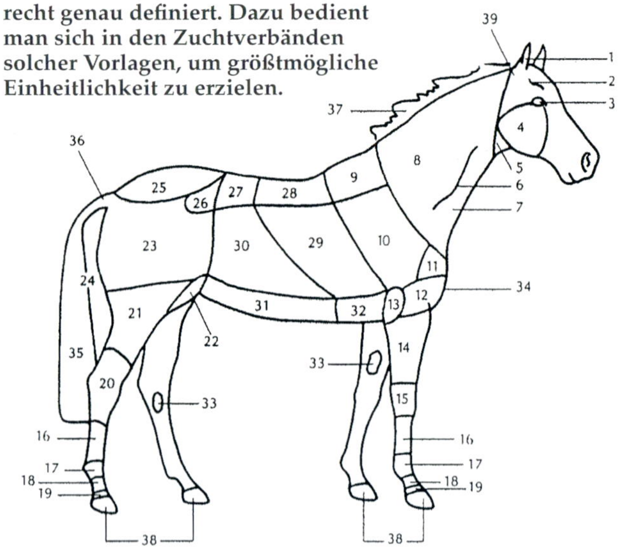

1. Ohren
2. Augengrube
3. Auge
4. Backe
5. Kehlgang
6. Drosselrinne
7. Unterhals
8. Halsseite
9. Widerrist
10. Schulter
11. Bugspitze, Schultergelenk
12. Oberarm
13. Ellenbogen
14. Unterarm
15. Vorderfußwurzel
16. Mittelfuß, Röhrbein
17. Fesselkopf
18. Fessel
19. Hufkrone
20. Sprunggelenk
21. Unterschenkel
22. Kniegelenk
23. Oberschenkel
24. Hinterbacke
25. Kruppe
26. Hüfthöcker
27. Lende
28. Rücken
29. Brustwand
30. Flanke und Bauchwand
31. Unterbauch
32. Unterbrust
33. Kastanie
34. Vorderbrust
35. Schweif
36. Schweifansatz
37. Mähne
38. Huf
39. Genick

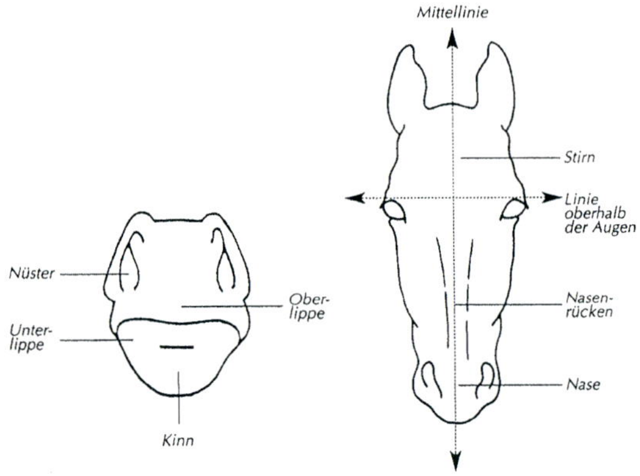

ausgefüllt. Pigmentlose Bereiche, auch helle Hufe und Glasaugen, werden ganz rot ausgefüllt. Stichelhaare oder einzelne weiße Strähnen im Langhaar werden durch entsprechende Striche dargestellt. Schattierte Abzeichen sind mit einer doppelten Linie zu umranden.

Alle Kennzeichen, die am Pferd nicht weiß/hell sind, werden immer schwarz gezeichnet. Am wichtigsten sind die Wirbel, die mit einem kleinen Kreuz lokalisiert werden. Lange Wirbel werden durch zwei Endkreuze und eine Verbindungslinie markiert. Dunkle Flecken werden schwarz umrandet, aber nicht schraffiert. Brandzeichen und Narben werden, wenn möglich, eingezeichnet oder bei Platzmangel am Rand dargestellt und mit einem Pfeil lokalisiert. Bei Pferden, die keine Abzeichen haben oder nur bis zu drei Wirbel, müssen ersatzweise die Kastanien an den Beinen genau gezeichnet oder fotografiert werden.

Nebenstehend eine Hilfszeichnung zum korrekten Ausfüllen eines Diagramms.

Das fragwürdige Foto

Es ist oft sehr schwer, ein Pferd anhand eines Fotos richtig einzuschätzen – von einer Beurteilung kann ohnedies keine Rede sein, denn die muss mehr umfassen als einen „Blick auf die Oberfläche". Dennoch werden viele erste Einschätzungen anhand eines oder einiger weniger Fotos getroffen, einfach deshalb, weil Fachmagazine und Internet-Präsenzen von Verbänden, Züchtern und Händlern viele Verkaufspferde auf diese Art präsentieren. Als Käufer schaut man sich dann das meistens kleine und oft amateurhaft geschossene Bild an und fragt sich, was man darauf erkennen bzw. beachten sollte. Die Antwort ist einfach: einen ersten Eindruck von Farbe und Typ. Das ist schon eine Menge, denn wenn man sehen kann, dass ein fotografiertes Pferd absolut nicht dem entspricht, was man sucht, dann erspart man sich einen Anruf oder sogar Lokalaugenschein und damit eine Menge Zeit und Geld.

Fotos lügen oft, und ein geschickter Fotograf (heute meistens Damen, daher sollte es Fotografin heißen) ist nicht umsonst ein(e) Künstler(in), der (die) es meisterhaft versteht, ein Tier ins rechte Licht zu setzen und seine Schwachstellen zu verbergen. Der reine Freizeitfotograf ist in der Regel nicht imstande, ein optimales Bild eines Pferdes, schon gar in der Bewegung, zu machen. Oft sind die Fotos in Verkaufsanzeigen wenig aufschlussreich oder dem angebotenen Pferd sogar eher abträglich. Begleitend zum Text wird die Information in der Anzeige aber doch deutlich verbessert, weil man sich mit einem Foto „etwas vorstellen kann".

Entschlüsseln der „Geheimsprache"

Wichtig ist es auch, die „Geheimsprache" der Pferdebranche zu verstehen, um ein Inserat richtig deuten zu können. Hier ein Beispiel: „Wunderschöner, beeindruckender Wallach in dunkler Jacke, XX Jahre alt. Echte Sportskanone mit viel Ausdruck, gutmütig und kinderlieb, viele Erfolge in Springen von E bis L. Im Gelände kein Anfängerpferd. Aus Studiengründen nur an guten Platz. Preis VB XXXX, Anfragen unter XXXX." Das kann ein etwas ungeschickter Versuch sein, ein durchaus brauchbares Pferd zu verkaufen, aber die Anzeige enthält viele Ungenauigkeiten. Wunderschön und beeindruckend sagen nichts aus, denn was des einen Nachtigall, ist des anderen Eule, zudem sind das keine guten Ausdrücke zur näheren Beschreibung eines Pferdes. Hier wäre besser „Harmonisches, rahmiges Pferd". Dunkle Jacke sagt wenig zur Farbe, es könnte Braun, Dunkelbraun oder Schwarz sein und sollte definiert werden. Sportskanone ist ein dehnbarer Begriff, für einen Profireiter ist ein L-Pferd das wohl kaum, daher kann man sich solche Aussagen sparen. Gutmütig und kinderlieb sagt uns etwas, zumindest ist er wahrscheinlich kein Beißer oder Schläger. Aber wie steht es um Schmied, Verladen und Stalluntugenden? Hier wäre der Satz „Schmiede- und verladefromm, keine Untugenden" viel aussagekräftiger. Wie viele sind viele Erfolge? Fünf oder fünfzig, und waren es 30 in Klasse E, 18 in Klasse A und 2 in Klasse L? Oder doch eher 10 in Klasse E, 15 in Klasse A und 25 in Klasse L? Der Rest kann das heißen, was da zu lesen steht, oder auch „scheut vor jeder Kleinigkeit, ist im Straßenverkehr absolut lebensgefährlich und kann nur mit Brachialgewalt und scharfem Gebiss vom ständigen Durchgehen abgehalten werden". Die „Studiengründe" sind eher ein Lockwort eines Amateurhändlers, der damit signalisieren will: „Ich bin eine Privatperson und kein Händler, daher unbedingt ehrlich und vertrauenswürdig." Diese Anzeige könnte sinnvoller etwa so lauten: „Harmonischer, großrahmiger Wallach, dunkelbraun mit wenig Weiß, Stock ca. 170 cm, Amateurpferd mit ca. 15 Siegen im Springen bis L; im Gelände oft heiß und etwas verkehrsscheu. Schmiede- und verladefromm, daheim von Jugendlichem zu reiten. Preis VB XXXX, Standort XXXX, Proberitt nach Vereinbarung jederzeit (Händler). Tel. XXXX."

Ein gutes Foto zeigt das ganze Tier und vermittelt einen Eindruck davon, wie es sich bewegt. Ein talentierter Fotograf und ein guter Vorführer können es ins rechte Licht setzen.

Man erkennt, dass richtiges Anzeigenlesen geübt sein will, und auch das Einschätzen eines Fotos ist nicht immer ganz einfach. Ein gutes Vergrößerungsglas ist jedenfalls eine nützliche Investition!

Beim Besichtigen eines Pferdes sollte man sich das Tier immer in allen Gangarten zeigen lassen. Das ersetzt jedoch nicht ein persönliches Ausprobieren, z. B. ein ausgiebiges Probereiten.

Der Kauf

Endlich, endlich ist es soweit! Man hat das Traumpferd gefunden, oder eines, das zumindest dem Traum nahe zu kommen scheint. Das Tier hat auch alle grundlegenden Eigenschaften, die man vorausgesetzt hat, es scheint gesund zu sein (zumindest wird das glaubhaft vom Verkäufer und allen Umstehenden versichert), es wird von einem korrekten Equidenpass begleitet und hat nachweisliche Erfolge in jenen Disziplinen, die man selbst auszuüben anstrebt. Der Preis ist der Qualität entsprechend, der Verkäufer/die Verkäuferin sympathisch und in der Branche gut beleumundet, zeigt sich sogar im Detail verhandlungsbereit, was Transport, Zahlungsmodalität usw. betrifft – kurzum, es könnte gar nicht besser laufen.

In der Praxis ist es sinnvoll, zumindest zur ersten Besichtigung eine neutrale Person mitzunehmen. Fragen Sie eine(n) Bekannte(n) mit Pferdeerfahrung, ob sie/er Sie begleitet. Auch ein Reitlehrer oder Bereiter Ihres Vertrauens ist eine gute Wahl, sofern kein persönliches Interesse einer objektiven Beurteilung im Wege steht. Ihrer Begleitung schildern Sie im Vorfeld, was für ein Pferd Sie suchen, welcher Typ es sein soll, wie groß, wie alt und welche körperlichen und charakterlichen Eigenschaften es haben soll. Sind Sie dann am Standort des Pferdes bzw. im Stall des Verkäufers, soll Ihr Berater offen und ehrlich seine Meinung sagen. So bekommen Sie weitere Argumente für oder gegen eine Kaufentscheidung. Außerdem haben Sie so einen Zeugen für vom Verkäufer gemachte Aussagen zum Pferd.

Danach folgt das Ausprobieren, vermutlich der wichtigste, weil meist kaufentscheidende Teil der Besichtigung. Stimmt die Chemie zwischen Käufer und Tier, sollte man jetzt trotzdem nicht sofort zuschlagen bzw. einschlagen und auch keine mündliche Kaufzusicherung machen, um nicht schon vorzeitig das Zustandekommen eines mündlichen Vertrags zu riskieren.

Vereinbaren Sie lieber noch einen zweiten Termin (und kommen dann unangemeldet), bei dem Sie das Pferd dann von Anfang an selber reiten. So können Sie feststellen, ob Ihnen das Pferd wirklich liegt oder ob man es Ihnen beim ersten Mal „unter den Hintern geritten hat". Das Pferd sollte dieses Mal nicht schon abgeritten sein, sondern direkt aus dem Stall oder von der Koppel kommen. Gerade schwächere Reiter erleben beim zweiten Probereiten oft Überraschungen. Das unter seinem ständigen Bereiter und beim ersten Test noch brave, rittige Pferd ist eventuell nun ganz anders zu „bedienen". Verlassen Sie sich also eher auf den Eindruck des zweiten Probereitens, er wird der täglichen Wahrheit näher kommen.

Früher war es üblich, Pferde ohne weitere Formalitäten per Handschlag zu kaufen, deshalb gab es eine recht klare gesetzliche Regelung zum Schutz der Vertragspartner, die sich vor allem in den so genannten „Gewährsmängeln" niederschlug. Obwohl noch heute ein mündlicher Vertrag rechtlich gültig ist, empfiehlt es sich doch, einen detaillierten Kaufvertrag zu verfassen, der für beide Seiten rechtliche Sicherheit bietet. In einem solchen Vertrag muss das Pferd eindeutig identifiziert sein, daher sollten Aussehen, Alter, Abstammung und Lebensnummer genau aufgeführt sein. Darüber hinaus sollte der genaue Gesundheitszustand des Pferdes festgestellt sein, am besten mit dem Befund einer erfolgten Ankaufsuntersuchung. Weitere zugesicherte Eigenschaften, wie Turniererfolge und Charaktereigenschaften, sollten ebenfalls genauestens im Vertrag festgeschrieben werden. Entspricht das Pferd den Angaben seines Anbieters, so hat dieser in der Regel damit kein Problem, denn die rechtliche Absicherung gilt ja auch für ihn. Stellt sich im Laufe der zutreffenden gesetzlichen Gewährleistungsfrist heraus, dass das Pferd eine der zugesicherten Eigenschaften nicht hat, hat der Käufer zumindest etwas Schriftliches in der Hand. So kann er im Streitfall eher nachweisen, dass das Pferd unter falschen Voraussetzungen gekauft wurde.

Weitere wichtige Punkte im Vertrag sind die Zahlungsmodalität, die Adressen von Käufer und Verkäufer und was an Zubehör mitgeliefert wird, etwa Pferdepass, Urkunden und Ausrüstungsgegenstände. Einen solchen Vertrag können Sie selber schreiben, einen Vordruck verwenden oder – sehr ratsam – einen juristischen Beistand zu Rate ziehen.

Mängel eines gekauften Pferdes – juristisch gesehen Sachmängel – begründen Gewährleistungsansprüche des Käufers gegenüber dem Verkäufer. Der Käufer kann wie bei jeder anderen Sache auch eine Nachbesserung verlangen, was beim Pferd meistens nicht gut möglich ist, oder die Minderung des Kaufpreises bzw. eine Wandlung (Rückzahlung des Kaufpreises und Rückgabe des Pferdes) verlangen. Bei der berechtigten Rückgabe des Pferdes kann er vom Verkäufer zugleich verlangen, die bisher angefallenen Kosten für Futter, Tierarzt, Hufschmied etc. ersetzt zu bekommen. Mängel beim Pferd, die Gewährleistungsansprüche auslösen, sind gesundheitliche Defekte, Verhaltensstörungen oder Rittigkeitsprobleme, welche die Brauchbarkeit eines Pferdes stark einschränken.

Hurra, alles ist gut gegangen und Sie haben das Pferd gekauft! Nun stellt sich die Frage, wie das Tier von einem Stall in den anderen kommt. Dabei gilt, sofern nicht ausdrücklich anderes vereinbart wurde, dass ab Übergabe der Besitzer wechselt und damit Gefahr und Risiko auf diesen übergehen. Gerade bei weiten Transportwegen ist es für den Käufer günstig, wenn das Pferd in seinen Bestand geliefert wird. Bezahlt wird es sinnvollerweise erst dann, wenn es heil im neuen Stall angekommen ist, denn so liegt das Transportrisiko beim Verkäufer oder Übersteller. Wird das Pferd mittels Spedition geliefert (wurde vorweg festgehalten, wer diese zu bezahlen hat?), so sollte man es nach dem Abladen genau anschauen und den Empfang erst dann quittieren oder den Transport bezahlen, wenn das richtige Pferd gesund und wohlbehalten abgeladen worden ist. Hat es Verletzungen oder wirkt verstört etc., sollte das schriftlich festgehalten und vom Fahrer oder Zeugen bestätigt werden. Beweisfotos sind in diesem Fall sinnvoll, denn so hat man etwas in der Hand, wenn sich das Problem als schwerwiegend herausstellen sollte. Holt man das Pferd selbst ab, so geht das Risiko in der Regel dann auf den Käufer oder Abholer über, wenn er das Pferd übernimmt, also den Führstrick ergreift und das Tier zu seinem Gefährt führt. Lassen Sie das Pferd vom Verkäufer verladen, so trägt dieser bis zur Abfahrt die Gefahr und das Risiko.

Das Risiko geht bei der Übernahme des Pferdes auf den Käufer über. Wird das Pferd geliefert, so bleibt das Transportrisiko beim Verkäufer, bis es der Käufer übernimmt.

Kapitel 7

Von Haut und Haaren

„Wenn man ein Paradepferd von erhabener Haltung haben will, so sei gesagt, dass man dieses nicht aus einem jeden Tier machen kann. Ein stolzer Geist und ein starker Körper sind die erste Vorbedingung!“

(Xenophon, Über die Reitkunst, ca. 360 v. Chr.)

Das Haar

Das Haarkleid des Pferdes bildet einen Schutz, welcher in erster Linie dazu dient, die Eigenwärme des Tieres zu erhalten, es somit vor Kälte und Nässe zu schützen. Die ganze äußere Haut ist daher mit Haaren verschiedener Stärke dicht besetzt. Sie sind schlechte Wärmeleiter, da sie winzige Hohlröhrchen darstellen und zwischen ihnen ein Luftpolster entsteht.

Die Haare des Pferdes werden in verschiedene Gruppen eingeteilt, und zwar nicht aus akademischem Interesse, sondern weil das zur Beschreibung nötig ist. Man unterscheidet Deckhaare, Schutz- oder Langhaare und Tasthaare; dies ist aber nur eine mögliche Klassifizierung, es gibt auch andere.

Deckhaar

Das Deckhaar ist an den Gliedmaßen und an der Oberseite des Rumpfes stärker und dichter ausgebildet, während es an den Lippen, um die Augen, um den After und die Geschlechtsorgane zarter und weniger dicht ist. Bei hoch im Blut stehenden Pferden zeigt sich das Deckhaar dünner und kürzer als bei schweren Schlägen.

Im Allgemeinen nimmt die Stärke, Dichte und Länge des Deckhaares mit kalten klimatischen Verhältnissen zu. Im Herbst erfolgt mit dem Eintreten der Nachtkälte das Nachwachsen des Deckhaares, so dass der Körper im Winter mit dem Winterfell versehen ist, das oft einen etwas dunkleren Farbton als das Sommerfell besitzt.

Im Frühjahr fallen die längeren Haare wieder aus und werden durch kürzere und feinere ersetzt, man spricht dann vom Fellwechsel. In der Regel ist dem Sommerhaar größerer Glanz eigen als dem eher stumpfen Winterhaar. Der Glanz nimmt mit der Feinheit des Haares gewöhnlich zu und zeigt sich deutlich bei edlen Rassen und bei guter Fütterung und Pflege. Ursache dafür ist das Haarfett, welches das Produkt der neben den Haarwurzeln in der Haut liegenden Talgdrüsen ist. Glänzendes, glatt anliegendes Deckhaar spricht für gute Gesundheit, während das Haar kranker Pferde oft eine trockene, stumpfe Beschaffenheit hat, weil die Leistung der Talgdrüsen nachlässt. Der Zustand des Deckhaars gilt als Spiegel der Gesundheit und ist daher bei der Beurteilung des Pferdes zu bewerten; es soll glänzend und glatt anliegend sein. Während eines Fieberanfalles dagegen sträubt sich das Haar mitunter.

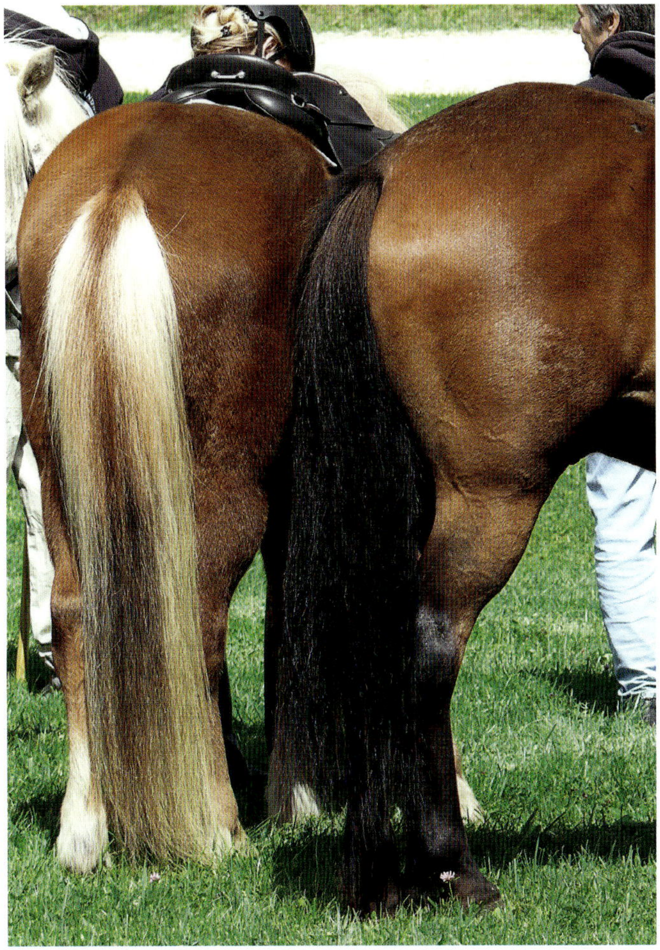

Das Langhaar hat eine Schutzfunktion und sollte, wenn möglich, voll erhalten bleiben. Ein dicker Schweif ist für ein Robustpferd unerlässlich!

Langhaar und Schutzhaar

Schopf, Mähne, Schweif und Kötenbehang werden als Schutz- und Langhaar bezeichnet. Bei edlen Pferderassen sind Schopf, Mähne und Schweif in der Regel aus dünnem, glattem Haar und oft etwas schütter, während sie bei kaltblütigen Rassen und vor allem bei Ponys nicht nur dichter, sondern auch gröber und manchmal gekräuselt erscheinen. Kötenzopf oder Behang fehlen hoch im Blut stehenden, warmblütigen Pferden fast ganz, sind aber bei kaltblütigen Pferden immer vorhanden. Diese recht zuverlässigen Merkmale der Abstammung von den Urtypen I und II (Kötenzopf oder Behang) bzw. von den Urtypen III und IV (wenig bis kein Behang) sind recht verlässlich. Nicht selten wird versucht, durch Beschneiden, Rasieren, Scheren oder Trimmen/Verziehen dieser Haare einem Pferd ein edleres Aussehen zu geben. Vor allem im britischen Schauwesen wird dies praktiziert, und jeder professionelle Groom beherrscht die Kunst des „Behübschens" perfekt. Es ist erstaunlich, was eine geübte Person mit einer Bürste, einer Schere und etwas Geduld aus einem struppigen Koppelpferd binnen weniger Stunden zaubern kann. Es sei jedoch ausdrücklich davor gewarnt, Schutz- und Tasthaare zu entfernen!

Mähne und Schweif sind ein wichtiger Schutz der empfindlichen Halsregion mit der Luftröhre und dem Schlund und von After, Hoden und Scheide vor Wind, Nässe und Insekten. Der Behang dient den unteren Gliedmaßen als Schutz gegen Nässe und Kälte. Pferde in reiner Stallhaltung benötigen ihn daher kaum, solche mit Weidegang brauchen ihn dringend, da er die Fesselbeugen schützt.

Die Schutzhaare in den Ohren verhindern das Eindringen von Insekten, Wasser und Fremdkörpern; die Wimpern leiten Wasser von den Augen ab und spenden ihnen Schatten. Daraus wird klar, dass ein Entfernen dieser so wichtigen Haare quälerisch und zudem ein strafbarer

Aufgrund seiner Schutzfunktion wird das Langhaar auch manchmal als Schutzhaar bezeichnet. Der Schopf leitet das Regenwasser von den empfindlichen Augen weg.

Ein professionell herausgebrachtes Pony in England. Glatt wie ein Baby-Popo, aber für ein Leben auf der Weide vorläufig nicht geeignet.

Verstoß gegen das Tierschutzrecht der EU ist – rein theoretisch, denn in der Praxis kümmert sich im Sport und Schauwesen niemand darum. Derzeit werden die Regeln und Kontrollen verschärft; man darf also hoffen, dass dieser Wahnsinn bald ein Ende findet.

Tasthaar

Um die Nüstern und Augen finden sich lange, etwas steifere Haare, deren Wurzeln mit Nervenfasern in Verbindung stehen, so dass die leiseste Berührung vom Pferd sofort empfunden wird. Sie werden Tasthaare genannt und sind dazu da, das Tier vor der Annäherung fremder Körper oder Gegenstände zu warnen, besonders im Dunkeln. Ohne sie laufen die Tiere Gefahr, sich im Dunkeln ständig die Köpfe anzustoßen und ihr Futter weniger präzise suchen zu können. Ein Trimmen dieser Tasthaare ist ebenfalls in der EU verboten und ein strafrechtlicher Tatbestand, wird aber leider immer noch vor Turnieren oder Schauen praktiziert, weil niemand es der Mühe wert findet, dieses Vergehen zur Anzeige zu bringen.

Die Haarfarben

Ein altes Sprichwort sagt: „Ein gutes Pferd hat keine Farbe!“ Damit soll die Bedeutungslosigkeit der Haarfarbe für den Wert des Pferdes etwas ironisch dargestellt werden. Doch auch Pferdefarben sind der Mode unterworfen und nicht selten Gegenstand von züchterischen Spekulationen. Heutzutage sind beispielsweise bunte Füchse und Schimmel nicht sehr beliebt, während Braune und Rappen mit wenig Weiß recht gerne gesehen sind; manche Zuchtbücher schließen gewisse Farben oder Farbabweichungen kategorisch aus, darum sollte man die Rassestandards auch dahingehend genau kennen, ehe man ein Zuchttier beurteilt.

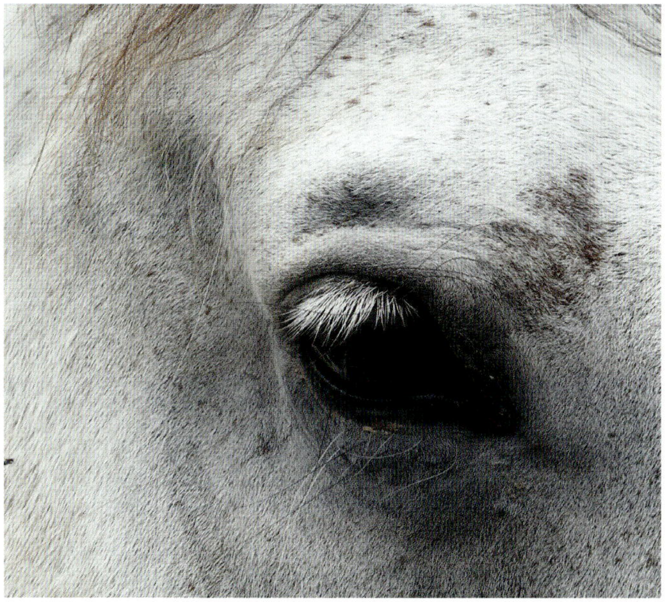

Rund um die Augen stehen Tasthaare, die das Pferd unbedingt braucht, um sich im Finstern beim Fressen nicht den Kopf zu stoßen.

Auch um das Maul und die Nüstern herum finden sich empfindliche Tasthaare, die beim Fressen und Schnüffeln wichtig sind. Sie zu entfernen ist mittlerweile verboten.

Bei der Haarfarbe kommt zunächst das Deckhaar in Betracht, und wir unterscheiden zwei Arten davon: einfarbiges und gemischtes Haar. Bei Ersterem ist das Deckhaar im Allgemeinen von ein und derselben Farbe: Braun, Rot (Fuchs), Gelb (Falbe), Schwarz (Rappe) oder Weiß (Schimmel). Zum gemischten Haar zählen: Stichelhaar, Tiger und Schecken.

Das braune Haar

Das Deckhaar ist braun, von hell bis sehr dunkel; Mähne und Schweif sind schwarz, die unteren Teile der Beine sind meist deutlich dunkler als der Körper. Die Haut ist dunkel.

Hellbraun: Das Deckhaar ist von hellbraunem Ton, fast gelbbraun, die Beine gelblich grau.

Goldbraun: Das hellbraune Deckhaar besitzt einen starken Metallglanz, die Beine sind dunkel.

Rehbraun: Das Deckhaar ist dunkler, besonders in der Mittellinie des Rückens. Die dünnbehaarten Partien erscheinen graugelblich.

Rotbraun: Das Deckhaar besitzt eine rotbraune Farbe, die dünnbehaarten Teile sind etwas heller.

Kastanienbraun: Die Farbe entspricht der einer reifen Kastanie.

Dunkelbraun (früher auch **Weichselbraun**): Das Deckhaar besitzt eine dunkelbraune Farbe und erscheint an den dünn behaarten Stellen etwas rötlich.

Schwarzbraun: Das Deckhaar ist fast schwarz und meist glänzend; die Farbe unterscheidet sich vom Sommerrappen, weil sich an Nase, Lippen, Flanken und oft den unteren Augenlidern eine hellere, rotbraune Färbung (Kupfermaul) findet. Schwarzbraune Fohlen werden mausgrau oder fahlbraun geboren, während bei den übrigen die braune Farbe bereits bei der Geburt deutlich zu sehen ist.

Das Fuchshaar

Das Deckhaar trägt eine deutlich rote Farbe, die manchmal fast braun oder gelb erscheint. Vom Braunen unterscheidet sich der Fuchs durch helle oder dunkelrote Mähne und Schweif, welche beim Braunen stets schwarz sind, und die unteren Teile der Beine sind gleich dem restlichen Körper.

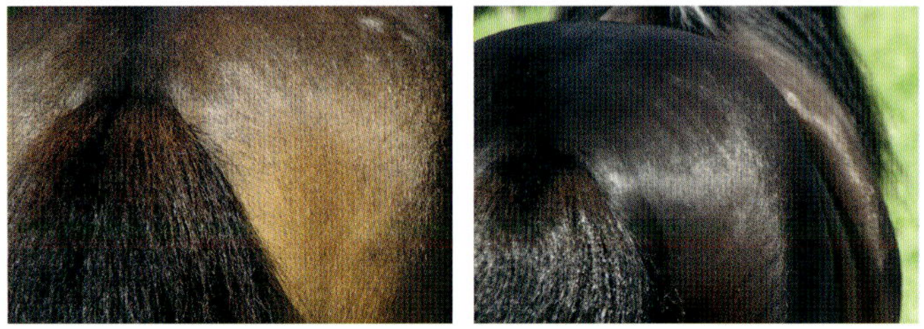

Braunes und schwarzbraunes Deckhaar

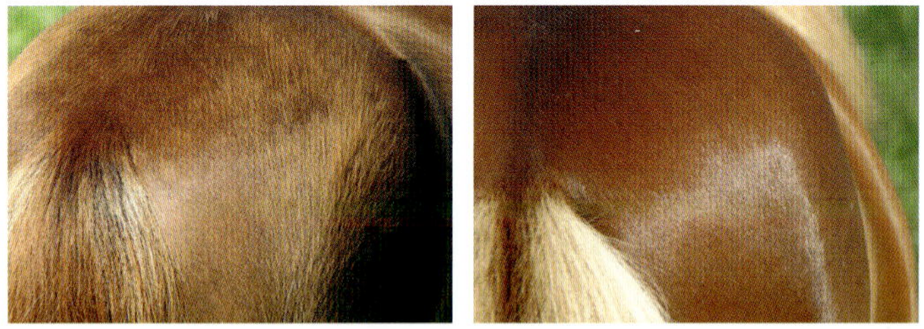

Rotes Deckhaar (Fuchs)

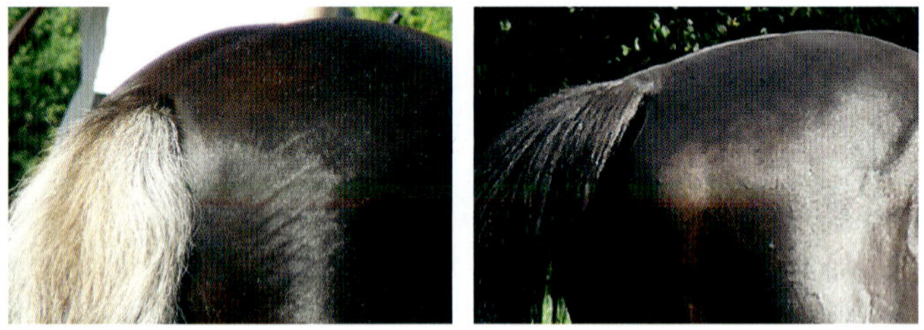

Schweißfuchs und Rapphaar

Hellfuchs: Das Deckhaar ist mehr gelb oder rot, Mähne und Schweif entweder ebenso oder heller.

Lehmfuchs: Das Deckhaar ist lehmfarben, Mähne und Schweif ebenso, oder etwas heller oder dunkler.

Goldfuchs: Das Deckhaar ist gelbrot mit starkem Metallglanz, Mähne und Schweif sind meist etwas dunkler.

Kupferfuchs: Das Deckhaar wirkt kupferfarbig und metallisch glänzend, Mähne und Schweif sind gleich oder etwas dunkler. Eine etwas hellere Metallfarbe des Deckhaares besitzt der Rotfuchs.

Dunkelfuchs: Das Deckhaar ist dunkel rotbraun oder wirkt grauschwarz, Mähne und Schweif wirken schmutzig graubraun.

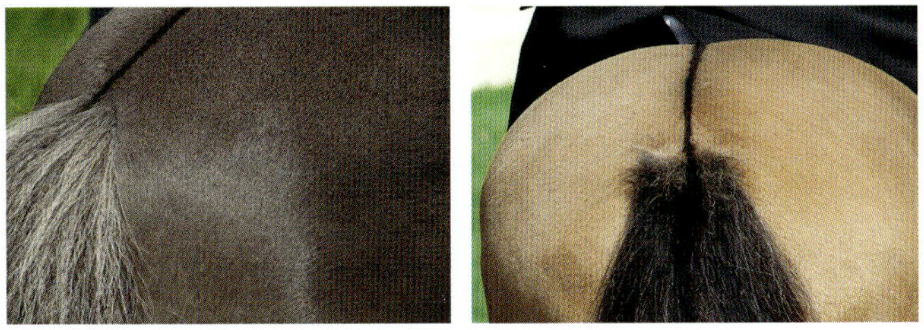

Graufalbes Deckhaar (Mausfalb) und Gelbfalb mit deutlichem Aalstrich

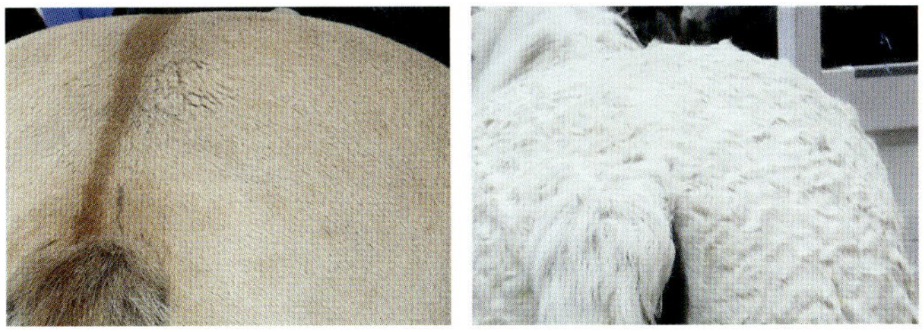

Hellisabelle mit Aalstrich sowie ein seltenes genetisch bedingtes Lockenfell

Brandfuchs: Das dem vorigen ähnliche Deckhaar ist an den Spitzen etwas heller und erscheint wie versengt, Mähne und Schweif sind dunkel, graubraun oder grau.
Braunfuchs: Das mehr gelbbraune Deckhaar erscheint der Bronze ähnlich, Mähne und Schweif sind schwarzgrau oder schwarzbraun.
Kohlfuchs: Deckhaar schwärzlich braunrot, Mähne und Schweif sind dunkel, oft schwarz mit rötlichem Schimmer.
Schweißfuchs: Das Deckhaar ist dunkel braunrot und oft geapfelt, Mähne und Schweif sind grauweiß oder graugelb.
Schwarzfuchs: Das Deckhaar ist dunkel braunrot, Mähne und Schweif sind weißgrau oder weiß.

Fuchsfohlen werden gelbrot, mit hellem oder dunkelgrauem Farbton geboren. Bei Füchsen finden sich häufig Abzeichen, welche mitunter recht groß sein können.

Das Falbhaar

Gelbliches oder graues Fell ist bei unseren Kulturrassen eher selten, umso häufiger sieht man es bei wilden und halbwilden Pferden und bei manchen Ponyrassen. Man sollte wie in den USA zwischen wildfarbenem Falben (Amerikanisch: *dun*) und verdünntem Falben (Amerikanisch: *buckskin*) unterscheiden, da sie genetisch verschieden sind. Auf dem Rücken des wildfarbenen Falben findet sich ein dunkler Streifen entlang der Wirbelsäule, der so genannte Aalstrich, an den Unterarmen und Unterschenkeln sieht man die so genannte Zebrierung, ein weiteres primitives Merkmal. Anhand des Grundtons unterscheidet man:
Mausfalb: Das Deckhaar ist mausgrau, Mähne, Schweif, Kopf und Beine sind dunkler, oft schwarz und ein Aalstrich ist regelmäßig vorhanden.
Gelbfalb: Das Deckhaar ist gelbgrau oder gelbbraun, Mähne, Schweif und Beine sind schwarzbraun oder schwarz.

Isabelle oder Palomino

So nennt man ein Pferd, dessen Deckhaar gelblich ist und dessen Mähne, Schweif und Beine gelb oder weiß sind. Die Haut ist fleischfarben, die Hufe sind hell, meist findet man die so genannten Glas- oder Birkenaugen. Nach dem Ton des Deckhaares könnte man noch unterscheiden:
Gelb- oder **Perlisabelle:** Mit hellgelbem Deckhaar und grauer Mähne und Schweif.
Goldisabelle: Deckhaar goldgelb glänzend, Mähne, Schweif und Hufe meist dunkel, Glasaugen selten.
Dunkel- oder **Rotisabell:** Deckhaar noch dunkler, meist geapfelt, Mähne und Schweif deutlicher grau.
Weißisabell: Deckhaar gelblich weiß und beinahe glänzend, Mähne und Schweif weiß. Die schmutzig-gelb geborenen Fohlen nehmen später ein helleres, die gelb oder graubraun geborenen ein dunkleres Falbhaar an. Die Augen sind immer bläulich.

Das Rapphaar

Das schwarze oder Rapphaar ist stets mit dunkler Hautfarbe verbunden, welche an den dünn behaarten Stellen deutlich zu sehen ist. Die Hufe sind ebenfalls dunkel. Das Rapphaar ist gewöhnlich kurz und zart, empfindlich gegen Sonnenlicht und verfärbt sich leicht bei mangelhafter

Echte Rappen sind selten, sie werden oft mit Schwarzbraunen verwechselt.

Eine ungewöhnliche Aufhellung an der Schulter eines Vollblüters.

Hautpflege. Diese ist schwer, weil die kleinsten Stäubchen auf dem dunklen Haar deutlich zu erkennen sind.

Kohlrappe: Das Deckhaar ist dunkel schwarz, ohne besonderen Glanz und oft geapfelt.

Glanzrappe: Das tiefschwarze Deckhaar trägt einen starken Glanz.

Sommer- oder **Lichtrappe:** Deckhaar mattschwarz, mit rötlichem oder graugelbem Farbton, im Winter erscheint es mehr rötlich oder braun, im Sommer intensiver schwarz. Die deutliche Schwarzfärbung der dünn behaarten Stellen, besonders am Maul und an den Flanken, unterscheidet den Sommerrappen vom Schwarzbraunen. Die Fohlen werden mausgrau oder graublau geboren.

Das weiße Haar

Deckhaar, Mähne, Schweif und Beine sind weiß, die Hufe hell, an dünn behaarten Stellen scheint die ungefärbte Haut rötlich durch. Die Pupille ist bald dunkel, zuweilen sind die Augen hellblau bis rötlich-blau und gegen grelles Sonnenlicht empfindlich. Die Fohlen kommen bereits mit gelblich-weißen Haaren zur Welt, daher werden Pferde dieser Hautfarbe auch „weiß geborene Schimmel" genannt. Seine Erhaltung verdankt dieses Haar der Liebhaberei, denn abgesehen davon, dass die Hautpflege schwierig ist, kommt noch die zarte und empfindliche Konstitution dieser Tiere dazu, weshalb ihre Aufzucht besondere Sorgfalt erfordert.

Das gemischte Haar

Damit bezeichnet man dunkel gefärbtes Deckhaar, welches mit hellerem vermischt ist. Nach den verschiedenen Mischungsverhältnissen unterscheidet man folgende Farben:

Stichelhaar: Die dem dunklen Deckhaar beigemischten weißen Haare stehen meist vereinzelt, so dass ersteres im Vordergrund steht, dichter ist die Beimischung in Mähne, Schweif und an den Flanken. Mit dem Alter nimmt die Zahl der weißen Haare zu. Nach der Farbe des Grundhaares unterscheidet man **Stichelrappen**, **Stichelbraune**, **Stichelfüchse** und **Stichelfalben**. Die Fohlen werden mit der Farbe des Grundhaares geboren.

Das Schimmelhaar

Beim Schimmelhaar ist der Anteil des weißen Haares noch weit stärker. Die Haut ist dunkel und ebenso in der Regel Mähne und Schweif, die Schweifspitze ist stets dunkel. Je nachdem, ob sich diese Haarfarbe bis auf eine geringere

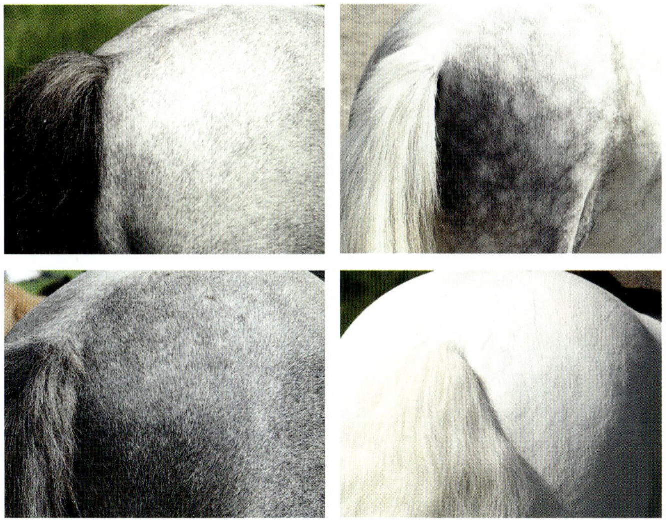

Ein Blauschimmel, Apfelschimmel, Grauschimmel und fertiger Schimmel

Graufärbung das ganze Leben erhält oder Veränderungen erfährt, unterscheidet man:
Den **unveränderlichen Schimmel:** Daran erkennbar, dass der Kopf und die Beine einfarbiges Haar tragen. Dazu gehören die folgenden Arten.
Mohrenschimmel: Grundhaar, Kopf, Beine, Mähne und Schweif schwarz (auch: **Mohrenkopf**).
Braunschimmel: Grundhaar und Kopf braun, Beine, Mähne und Schweif schwarz.
Rotschimmel: Grundhaar rot, Kopf, Beine, Mähne und Schweif wie bei den Füchsen.
Falbschimmel: Grundhaar gelb, Mähne, Schweif, Kopf und Beine entweder dunkel oder hell. Die Fohlen tragen die dunkle Grundfarbe bei der Geburt.
Den **veränderlichen Schimmel:** Erkennbar an der Beimischung weißer Haare, welche sich über alle Körperteile, auch Kopf, Beine und Schweif erstrecken. Die Fohlen werden dunkel geboren und allmählich weiß, und zwar zuerst an den Augenbögen und hinter den Ohren, in den mittleren Lebensjahren sind diese Pferde meist geapfelt, in höherem Alter, ab ca. zehn Jahren, meist ganz weiß. Die weißen Abzeichen treten als hellere Partien auf rosa Haut und hellem Huf zutage. Durch ihre dunkle Hautfarbe unterscheiden sie sich von den seltenen weiß geborenen Schimmeln. Je nachdem, ob das Haar glänzend (selten) oder eher stumpf (häufig) ist, unterscheidet man auch Glanz- oder Atlas- und Samt- oder Milchschimmel.
Grau- oder **Blauschimmel:** Schwarzes Haar mit weißem vermengt, Schweifspitze heller.
Schwarzschimmel: Er unterscheidet sich nur durch die helle Schweifspitze und das spätere Weißwerden vom Stichelrappen.
Eisenschimmel: Diese Farbe ist etwas heller als die vorige. Aus diesen Farben gehen in den späteren Jahren der Blauschimmel, Apfelschimmel, Grauschimmel und endlich der fertige Schimmel hervor.
Fliegenschimmel: Auf weißer oder grauer Grundfarbe erscheinen an der Vorhand kleine, rotbraune oder graue Flecken von etwa Fliegengröße.
Forellenschimmel: Wie beim vorigen, nur dass die Flecken deutlicher rot sind, dichter stehen und über den ganzen Körper verbreitet sind.

Das Tigerhaar

Der Name Tigerschecke ist eigentlich falsch, denn Tiger sind bekanntlich gestreifte Großkatzen; richtiger wäre Leopard, und so nennt man das Pferd dieser Farbe in den USA. Dabei treten dunkle Flecken auf hellem (weißem) Fell am ganzen Körper auf. Es kann jedoch auch genau umgekehrt sein, dann spricht man von einem Schneeflocken-Schecken.

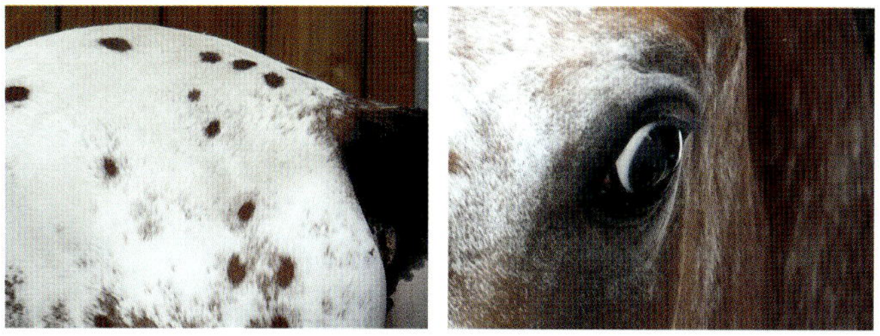

Die Tigerung und das dazugehörige so genannte Menschenauge mit hell umrandeter Iris.

Nach der Farbe der dunklen Flecken trennt man: **Gelbtiger**, **Rottiger**, **Brauntiger** und **Schwarztiger**; vom **Schabrackentiger** spricht man, wenn die dunklen Flecken ungefähr auf die für die Schabracke bestimmte Stelle des Rückens beschränkt sind. Bei den amerikanischen Appaloosas unterscheidet man weiters **„weiße Schabracke“** und **„gefleckte Kruppe“**, dann auch **Marmor-** und **Einzelfleck-Tiger**. Typisch sind helle Ringe um die Iris (so genannte Menschenaugen), Krötenmaul, rosa Genitalien und helle oder gestreifte Hufe.

Das Scheckhaar

Es ist dem vorigen ähnlich, nur dass die Flecken viel größer und regelmäßiger sind, darum spricht man vom Plattenschecken. Nach der Farbe der dunklen Stellen unterscheidet man auch hier **Falb-**, **Fuchs-**, **Braun-** und **Schwarzschecken**. Sind die dunklen Flecken etwas heller rötlich, bläulich oder gelblich, so heißen die Tiere **Porzellanschecken**, sind die Flecken bräunlich oder rötlichgrau schattiert, so spricht man vom **Achatschecken**. Genetisch unterschiedlich und äußerlich erkennbar sind drei Grundmuster:

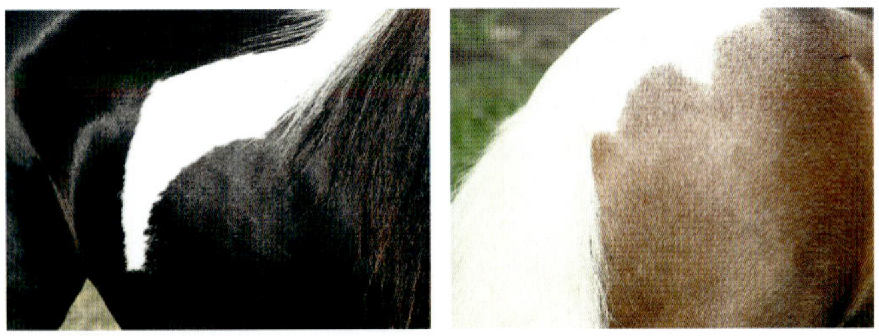

Ein Schwarzscheck und ein Fuchsscheck

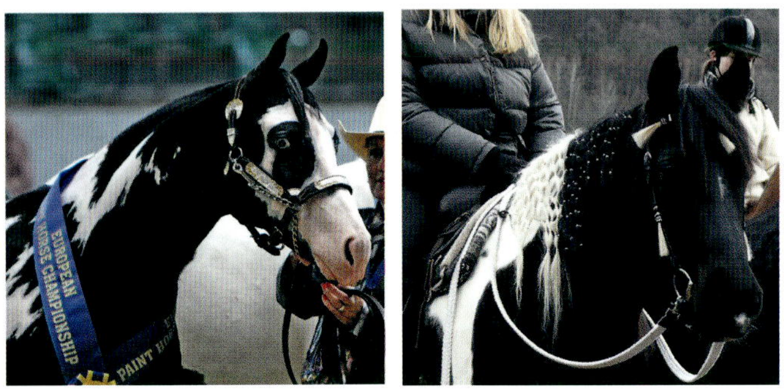

Die Scheckmuster Overo und Tobiano

Tobiano-Schecken (dominanter Erbgang) mit relativ ruhigem Muster und meist über den Rücken reichenden, weißen Platten; der Kopf ist meist dunkel, die Beine sind hoch weiß. Der Schweif ist oft zweifarbig.

Overo-Schecken (unvollständig dominanter Erbgang) haben lebhafte, gezackte Flecken, welche die Rückenlinie meist nicht kreuzen. Am Kopf findet man regelmäßig große Abzeichen bis zu Laternen und hellen Augen, oft sogar völlig weiße Köpfe; die Beine sind oft dunkel, der Schweif normalerweise einfarbig.

Die Mischform dieser beiden Muster nennt man **Tovero**. Eine weitere Variante wäre der **Sabino-Schecke**, der als stichelhaariger Overo zu bezeichnen ist.

Die Abzeichen

Die meist nur an bestimmten Körperstellen, besonders oft am Kopf und an den Beinen vorkommenden weißen Haarstellen werden Abzeichen genannt. Sie sind entweder angeboren oder erworben. Oft heben sich die Flecken durch ausschließlich weißes Haar und durch weiße Haut deutlich von der Umgebung ab, bald zeigt sich das weiße Haar mit dem Grundhaar vermischt; oft ist dies nur an den Rändern der Flecken der Fall (schattiert). Am wichtigsten sind die angeborenen Abzeichen, die nicht wieder verschwinden, denn sie dienen der eindeutigen Identifizierung eines jeden Pferdes. Auch erworbene Abzeichen sind in der Regel dauerhaft, wie z. B. Narben, alte Druckstellen mit weißem Haar oder Brände. Am weitaus häufigsten sind weiße Abzeichen am Kopf und an den Beinen, seltener am Bauch. Es gibt auch vereinzelte dunkle Flecken, die als Edelflecken, beim Haflinger als Mandl-Flecken oder bei Voll- und Halbblut als Bend Or-Flecken bezeichnet werden.

Zwar sind alle diese Abzeichen in den meisten Hauspferdepopulationen weit verbreitet, aber einige Zuchtbücher lehnen sie ab. Farbverdünnte Varianten, etwa die *Blue Eyed Creams* (Hellisabellen), sind im Connemara und

Lusitano unpopulär; weiße Abzeichen sind bei Cleveland Bays, Friesen, Exmoors und Suffolk Punches streng verpönt. Da die Erbgänge noch unklar sind, beschränken sich die oft nur schlecht informierten Zuchtorganisationen auf völlig unwirksame und halbherzige „Diskriminierungen" der phänotypisch auffälligen Tiere, während die unerkannt bleibenden genotypischen Träger weiterhin züchterisch genützt werden.

Hier werden die Abzeichen am Kopf der Größe nach ansteigend beschrieben:
Eingestreute weiße Haare, z. B. auf der Stirn; keine solide Fläche bildend.
Blümchen (Blümel) oder **Flocke:** Ein kleiner, weißer Fleck, der unterschiedlich geformt sein kann, aber meist rundlich ist.
Stern: Ein größerer, weißer Fleck, rein weiß, gemischt oder schattiert und stark variabel in der Form; etwa als Ringstern, Spitzstern oder Keilstern.
Blesse: Ein von der Stirn in verschiedener Breite bis auf die Nase herablaufender, weißer Streifen. Man nennt sie schmal, wenn sie bis etwa fingerbreit ist, mäßig breit, wenn sie etwa doppelt so breit ist, und breit, wenn die Blesse ca. die Breite einer Hand erreicht. Ist dieselbe noch größer und umfasst eines oder beide Augen, so heißt sie **Laterne**. Erstreckt sie sich bis über die Seitenteile des Gesichtes, so spricht man von einem weißen Kopf. Durchgehend nennt man eine Blesse, die sich bis zur Oberlippe erstreckt; die halbe Blesse endet auf der Nase; unterbrochen ist sie, wenn dunkle Stellen in ihr auftreten. Je nach ihrem Verlauf spricht man von gerader, schiefer, linksseitiger oder rechtsseitiger Blesse.
Die **Schnippe**, in Österreich das **Schnäuzel** genannt, ist ein weißer Fleck an der Oberlippe oder Nase.
Weißes Untermaul nennt man die weiße Färbung der Unterlippe, die meist eine Fortsetzung der Blesse oder Schnippe bildet.
Krötenmaul oder **Krötenaugen** heißen graue oder rosa Flecken am Maul oder an den Augen, welche meist bei Tigern, Schimmeln und Schecken vorkommen.

An den Beinen treten die Abzeichen rein weiß, gemischt weiß, schattiert weiß oder punktiert weiß auf. Der weiße Ballen tritt am inneren, äußeren, linken, rechten und am Vorder- oder Hinterfuß auf.
Weiße Krone: Wenn sich über dem Huf ein Strich weißer Haare befindet. Ist dieser Strich schmal und unmittelbar über dem Hufe, so sagt man dazu auch weißer Saum. Je nach dem Sitz beschreibt man das Abzeichen auch näher: Köte oder Kötenzopf weiß, wenn die hintere Fläche unter dem Kötenzopf bzw. dieser selbst weiß gefärbt ist.
Weiße Fessel (weiß gefesselt): Wenn die Fessel weiß gefärbt ist; man unterscheidet noch halb oder ganz weiß gefesselt.
Weißer Fuß: Die weiße Färbung, wenn sie über das Knie bzw. Sprunggelenk hinauf reicht; **weiß gestiefelt**, wenn sie bis unter diese Gelenke reicht.

Geht sie nur bis zur Mitte des Schienbeins, nennt man das **halb gestiefelt**.

Ist das ganze Schienbein weiß, nennt man das **(hoch) gestiefelt**.

Meliert nennt man Flecken, an welchen das dunkle Grundhaar ähnlich wie beim Stichelhaar mit einzelnen weißen Haaren durchsetzt ist. Bei der Beschreibung von Pferden sind auch die sonst vorkommenden weißen oder überhaupt von der Grundfarbe abweichenden Flecken anzugeben, auch die in der Mähne oder im Schweif vorhandenen weißen Haare, sobald sie in größerer Zahl vertreten sind.

Zu den erworbenen Abzeichen gehören die auf den Augenbogen als Zeichen höheren Alters auftretenden grauen Haare, ferner die infolge von Sattel- oder Geschirrdruck entstandenen Flecken, welche kurzweg als „Druckflecken" in der Sattel-, Gurt- oder Geschirrlage bezeichnet werden. Bei dunkler Hautfarbe sind diese Flecken fast immer weiß, bei Schimmeln nehmen solche Stellen eine dunklere Farbe an.

Die Farbe des Hufes richtet sich in der Regel nach der Farbe der Haare an der Krone desselben. Es gibt völlig helle, gestreifte und teilweise gestreifte Hufe.

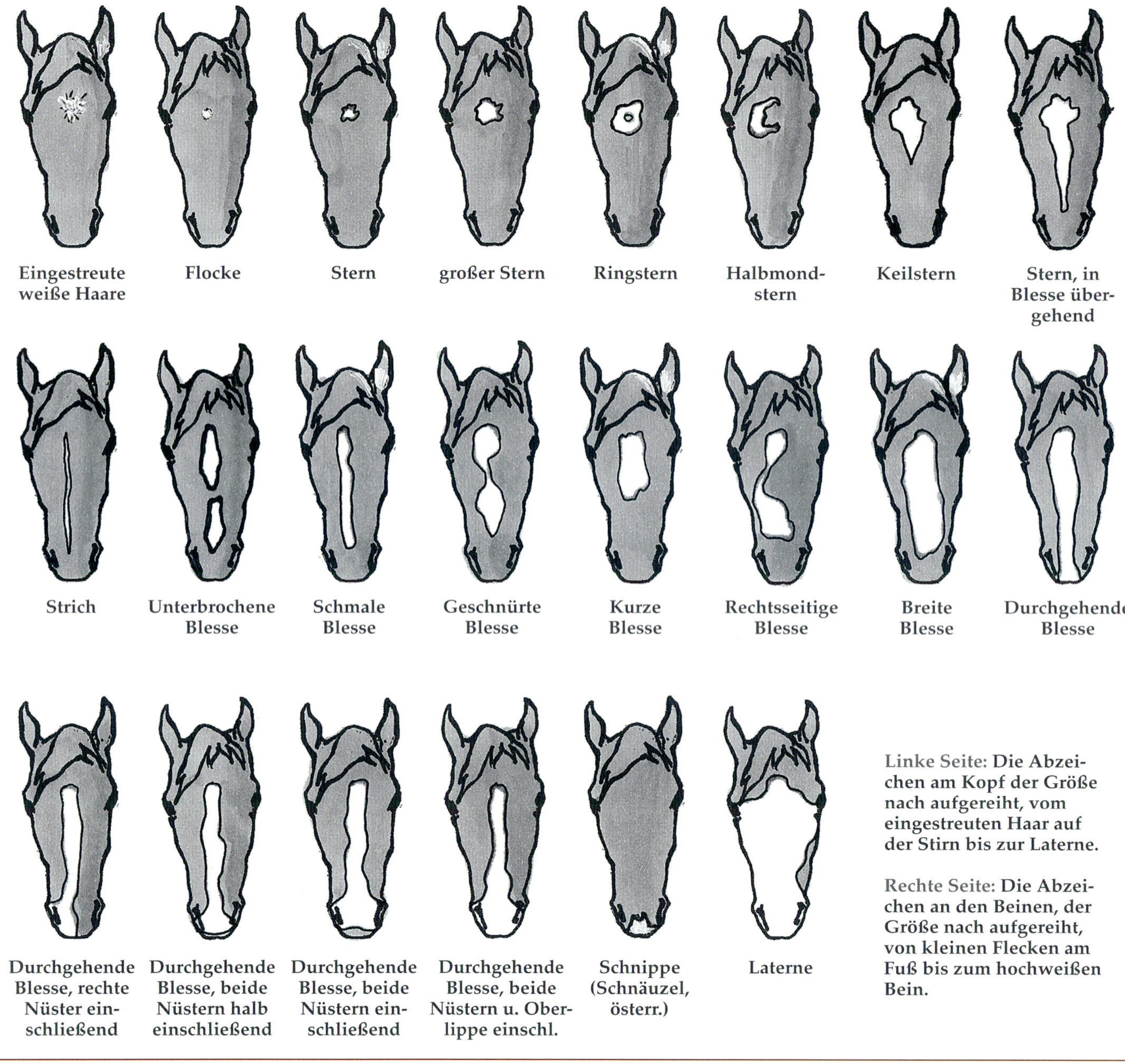

Linke Seite: Die Abzeichen am Kopf der Größe nach aufgereiht, vom eingestreuten Haar auf der Stirn bis zur Laterne.

Rechte Seite: Die Abzeichen an den Beinen, der Größe nach aufgereiht, von kleinen Flecken am Fuß bis zum hochweißen Bein.

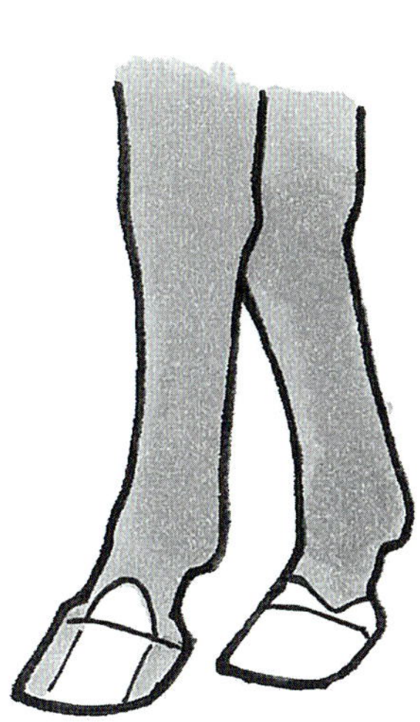

Links: weißer Fleck am Kronrand, gestreifer Huf
Rechts: Vorderkrone und Ballen weiß, heller Huf

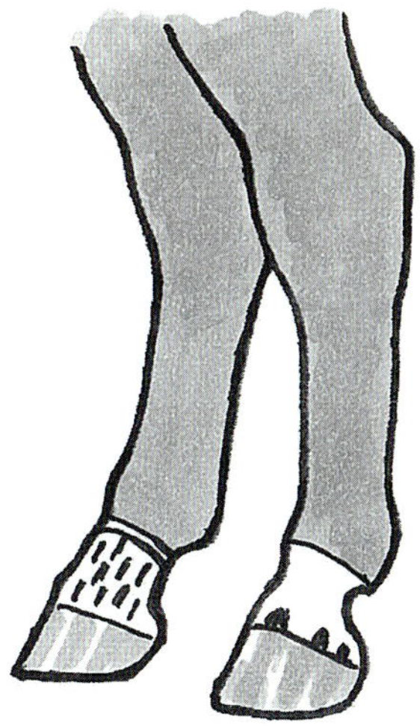

Links: Fessel weiß, dunkle Kronenflecken, gestreifter Huf
Rechts: Hinterfessel schattiert, mit Flecken

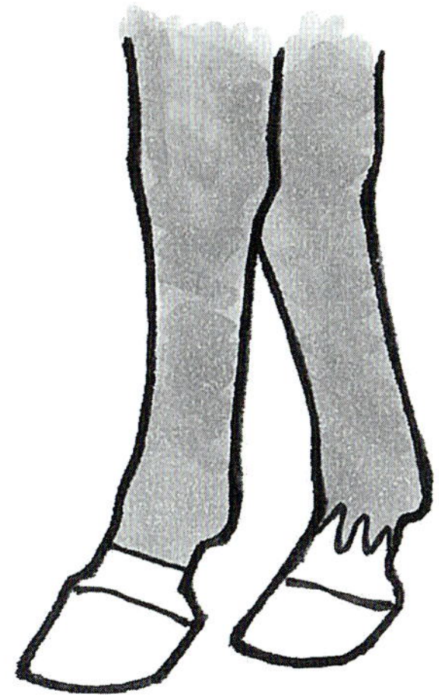

Links: Vorderfessel halb weiß, heller Huf
Rechts: Vorderfessel unregelmäßig weiß, heller Huf

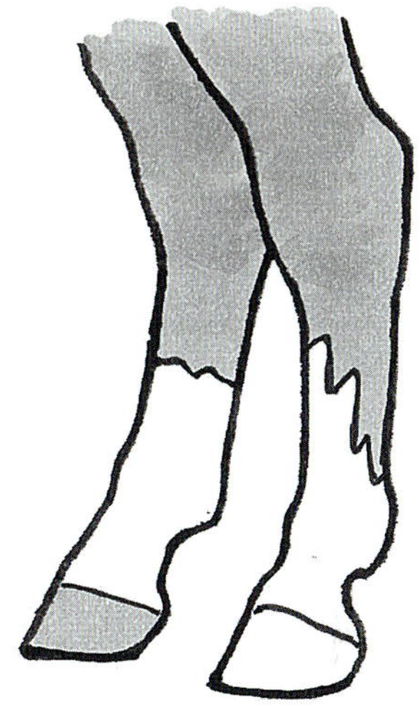

Links: Hinterfuß halb hoch weiß
Rechts: Hinterfuß unregelmäßig hoch weiß, heller Huf

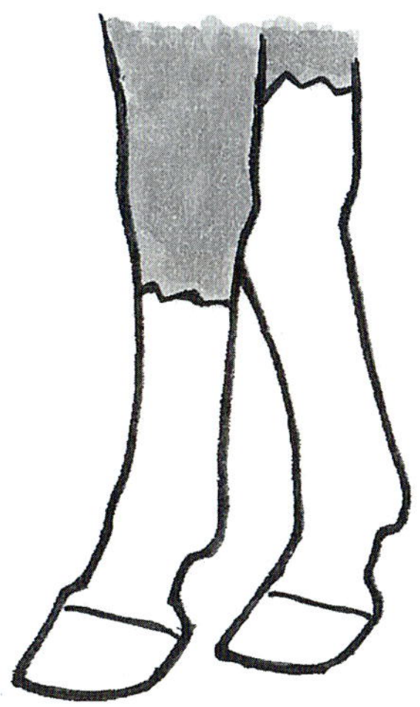

Links: Vorderfuß hoch weiß, heller Huf
Rechts: Vorderbein hoch weiß, heller Huf

Links: Fessel schattiert
Rechts: Kötenfleck, Kronenfleck, gestreifter Huf

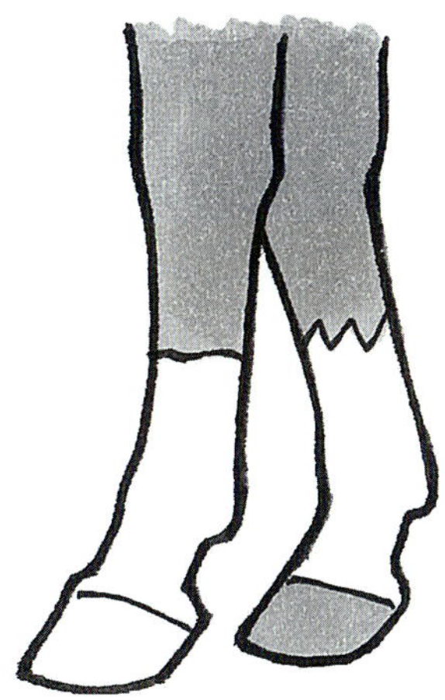

Links: Vorderfuß außen regelmäßig weiß, heller Huf
Rechts: Vorderfuß innen unregelmäßig weiß

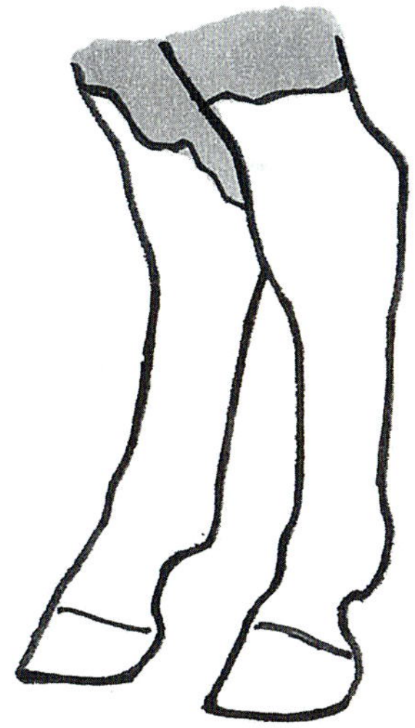

Links: Hinterbein weiß, vorne spitz auslaufend
Rechts: Hinterfuß hoch weiß

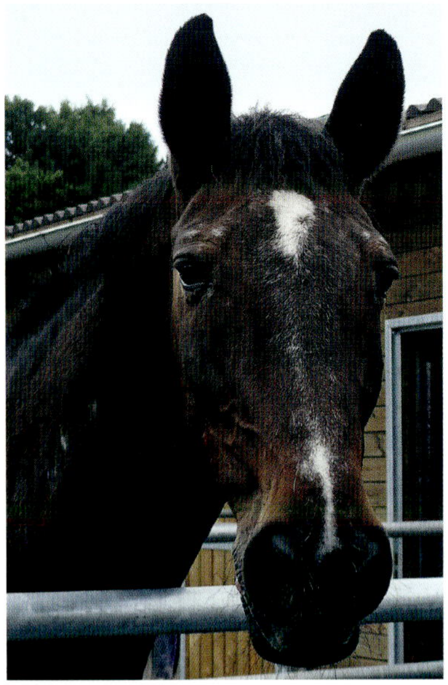

Blümel und weißer Nasenfleck

Blümel oder Blümchen

Rautenförmiger Stern

Schnurblesse

Schmale Blesse

Lange, mittelbreite Blesse

Schiefe, breite Blesse m. Schnäuzel

Laterne m. eingestreuten Flecken

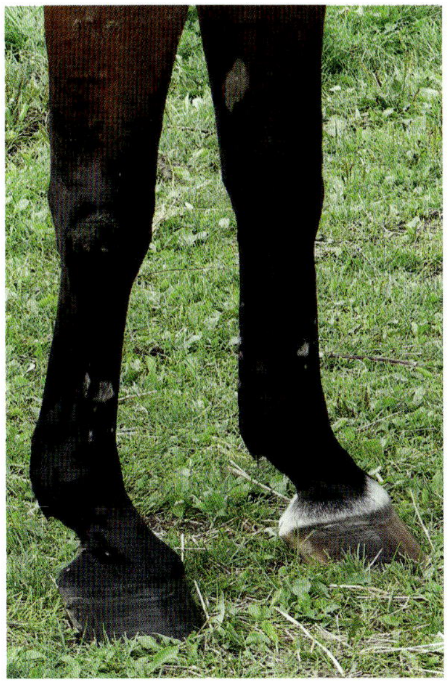

Weißer Kronsaum links vorne

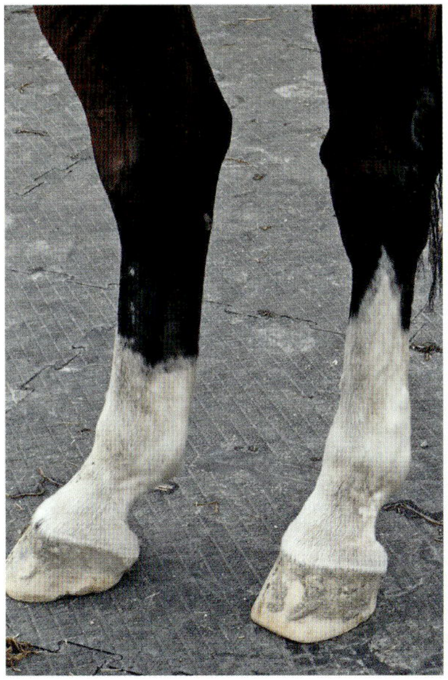

Hinten rechts regelmäßig halbhoch weiß; hinten links unregelmäßig halbhoch weiß

Hinten beidseitig hoch weiß

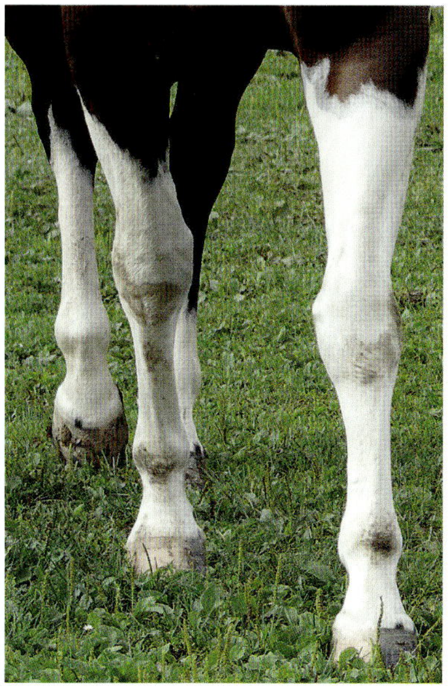

Vorne beidseitig weiße Beine, links bis zum Ellbogen, rechts unregelmäßig

Vorne links halbhoch weiß; vorne rechts weißes Bein; hinten beidseitig hoch weiß

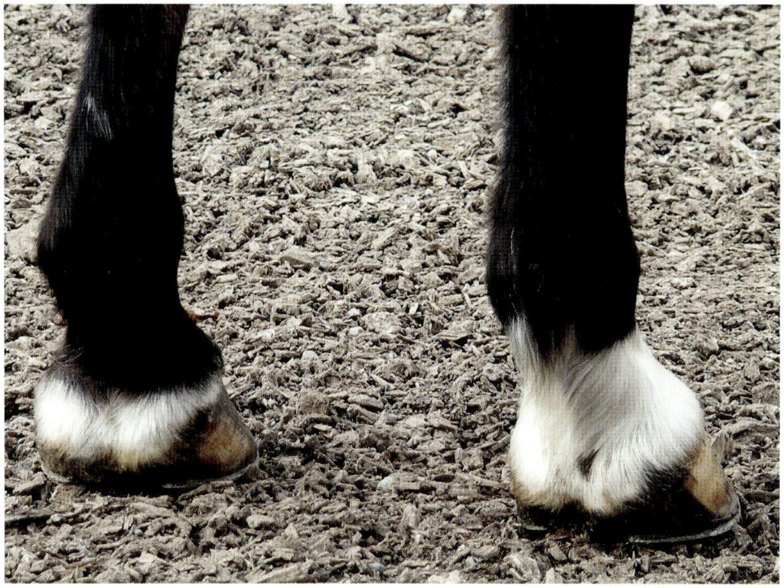

Weißer Ballen links vorne, weiß gefesselt rechts vorne

Die Grundregeln der Farbvererbung

Es gibt zwei genetisch bedingte Grundfarben:

Rot (Fuchs)
Dabei ist das Deck- und das Langhaar braun oder rot in allen Schattierungen, das heißt, es geht von hell eierschalenfarbig über gelblich, lehmfarben, ocker, blassbraun, rötlich-braun bis tiefrot oder sogar bis rötlich-schwarz. Es gibt kein schwarzes Langhaar, höchstens vereinzelte Haare, jedoch können Mähne und Schweif sehr wohl auch viel heller als das Fell sein, bis hin zu reinem Weiß. Die Erbanlage von Fuchs, also dem Fehlen jeden schwarzen Pigments, ist rezessiv und muss daher bei Füchsen stets doppelt, also reinerbig vorhanden sein. Daher ergibt die Paarung von zwei Füchsen immer wieder ein fuchsfarbiges Fohlen.

Schwarz (Rappe)
Dabei sind Deck- und Langhaar schwarz oder je nach Jahreszeit auch schwarzbraun (Sommer- oder Winterrappe). Tritt eine bräunliche Aufhellung um Maul, Bauch, Innenschenkel oder Kniefalte auf, so spricht man von einem Schwarzbraunen. Die Erbanlage für Rappe kann einfach oder doppelt vorhanden sein und führt zur gleichmäßigen Verteilung von schwarzem Pigment. Am selben Ort am Gen-Gerüst verankert wie die Fuchsfarbe, ist das Rapp-Gen ihm gegenüber dominant. Paart man mischerbige Rappen, so treten zu 25 % Füchse als Fohlen auf.

Alle anderen Farben kommen durch das Auftreten verschiedener Erbfaktoren zustande. Diese Faktoren ändern die Farbe, mitunter sogar drastisch. Hier seien einige der häufigsten dieser Farbfaktoren genannt:

Der Braun-Faktor: Das Fell ist braun in allen Schattierungen, von einem hellen Rotbraun bis zu einem schwärzlichen Dunkelbraun. Immer sind beim Braunen das Langhaar und die Extremitäten schwarz. Der Faktor tritt zusammen mit der Grundfarbe Rot oder Schwarz auf, dominiert über Schwarz und bewirkt beim Rappen als

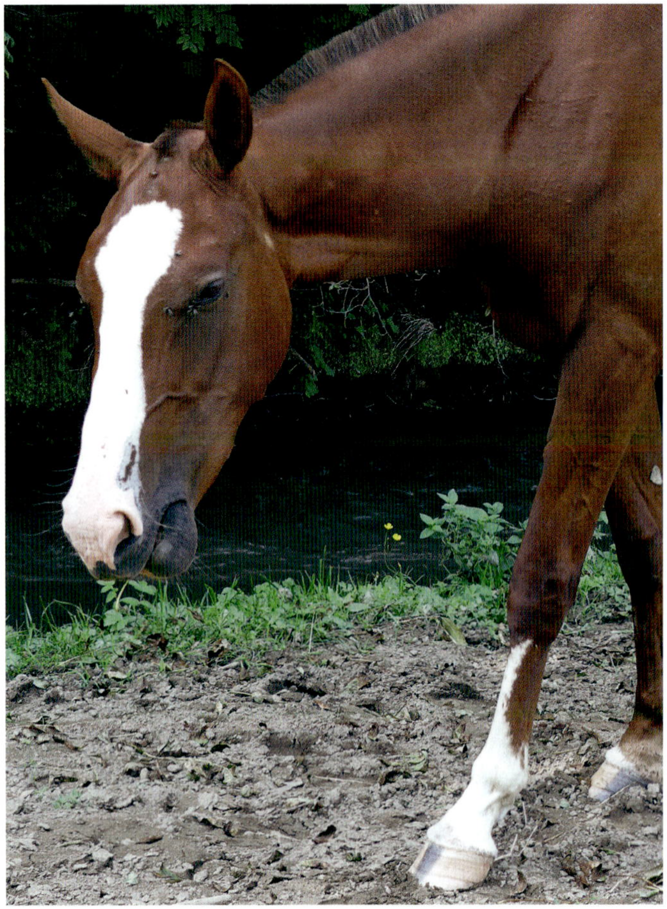

Ein Fuchs mit regelmäßiger breiter Blesse und Schnäuzel oder Schnippe

sichtbare Veränderung ein Zurückdrängen des schwarzen Pigments am Körper; Beine und Langhaar bleiben schwarz, am Körper tritt Rot hervor. Paart man gemischterbige Braune miteinander, kommen Braune, Rappen und Füchse hervor.

Der Schimmel-Faktor: Er bewirkt über eine unnatürlich starke, frühzeitige Pigmentauslagerung aus dem Haarschaft, dass das Tier beginnend mit der Geburt farblich

Ein Rappe mit üppigem Langhaar und schönem Fesselbehang. Schwarze Pferde überwiegen bei Friesen, Kladrubern, Fell-Ponys und einigen anderen Rassen; sonst sind sie eher selten.

frühzeitig „vergreist", also heller und letztlich weiß wird. Die Angabe der Geburtsfarbe ist wichtig (z. B. Rappe, wird Schimmel), dagegen ist „Grauschimmel" oder „Apfelschimmel" irreführend, weil das nur Zwischenstadien sind, die sich noch stark ändern. Man sollte bei der Beschreibung von Schimmeln immer unveränderliche Abzeichen (helle Hufe, rosa Flecken, Wirbel etc.) genau aufzeichnen, da sie später zur Identifizierung wichtig sein könnten.

Schimmel-Gene überlagern alle anderen, und reinerbige Schimmel zeugen immer nur Schimmel. Gemischterbige Schimmel können auch Fohlen jeder anderen Farbe bringen. Bei einem Schimmel muss aber immer mindestens ein Elternteil selbst ein Schimmel sein.

Bei vielen Schimmeln treten in der zweiten Lebenshälfte Melanome auf, knotige Pigmentansammlungen, die als tumorartige Wucherungen vor allem an den Ganaschen, um die Augen, am After oder unter der Schweifrübe sitzen und unter Umständen zum Tode führen, wenn sie innere Organe zu stark befallen.

Der Farbverdünnungs-Faktor: Er tritt einfach oder doppelt auf und ist immer sichtbar. Einfach ausgeprägt bewirkt er, dass sich Fuchs zu Palomino/Isabelle verändert, Braun zu gelblichem Falb oder Rappe zu Graufalb. Doppelt ausgeprägt (homozygot) bewirkt er, dass aus einem Fuchs ein Cremello (blauäugiger Weißisabell) wird, aus einem Rappen ein Silver Smoky (silbergrauweißes Pferd) und aus einem Braunen ein Perlino (gleichmäßig sahnefarbenes Pferd).

Der Roan-Faktor: Dieser bewirkt, dass der Körper gestichelt ist, also mit weißen Haaren durchsetzt, was an Kopf, Beinen und im Langhaar nur schwach oder gar nicht sichtbar wird. So kommt ein so genannter „Mohrenkopf" zustande oder ein Rotschimmel.

Der Plattenscheck-Faktor: Er bewirkt die Ausbreitung mehr oder weniger großer, unregelmäßiger weißer Abzeichen am ganzen Körper, die sich in die Hufe und in das Langhaar fortsetzen können, und es meist auch tun. Die Schecken sind beim Shetland-Pony sehr beliebt und gelten als typisch. Der Faktor kann in Kombination mit allen Grundfarben auftreten und macht beispielsweise aus einem Fuchs einen Fuchsschecken. Es gibt auch Rapp-, Braun- und Falbschecken sowie in Verbindung mit dem Schimmel-Gen auch so genannte Porzellanschecken, bei denen die meist dunkelgrauen, bläulich wirkenden Platten langsam ausschimmeln und später beinahe unsichtbar

Farbverdünnende Erbfaktoren machen aus einem Fuchs einen Isabellen und in doppelter Anlage einen Weißisabellen oder Blue Eyed Cream.

werden. Zum Auftreten der Scheckfärbung beim Fohlen muss mindestens ein Elterntier selbst gescheckt sein.

Weiße Abzeichen: Sie treten in Verbindung mit allen Farben auf, sogar bei Schimmeln, dann ist die Haut unter dem Abzeichen rosa. Der Erbgang der Abzeichen ist nicht ganz klar, es steht aber fest, dass stark gezeichnete Pferde tendenziell wieder stark markierte Fohlen hervorbringen.

Der Tiger-Faktor: Dafür gibt es eine bis heute noch nicht ganz geklärte genetische Ursache; es kommt auf allen Grundfarben, vor allem aber Weiß, zu dunklen Flecken verschiedener Größe und Dichte, oft mit gestreiften Hufen und rosa Flecken in Gesicht und Genitalbereich kombiniert. Keine erlaubte Shetland-Farbe; ein getigertes Pony KANN kein reinrassiges Shetland sein, obwohl dies oft so dargestellt wird!

Zusammenfassung der Farbvererbung

Die Grundfarben Rappe oder Fuchs können durch eine Reihe von Erbfaktoren abgeändert werden. Diese kommen einfach oder doppelt vor und sind schon in einfacher Form äußerlich sichtbar. Der Braun-Faktor beschränkt das schwarze Pigment auf Langhaar und Beine und kann nur auftreten, wenn ein schwarzes Pigment vorhanden ist, also wenn der dominante Rapp-Faktor auftritt, der sich gegenüber dem Fuchs-Faktor immer durchsetzt. Der Braun-Faktor kann aber auch bei Füchsen unsichtbar verankert sein.

Schimmel von unbekannter Geburtsfarbe können alle Farbanlagen in sich tragen und diese bei ihren Fohlen wieder auftreten lassen. Bei allen Abweichungen von den Grundfarben Schwarz oder Rot, also z. B. bei Braun, bei Farbverdünnung, Schimmelung, Scheckung oder Roan-Faktor, muss immer mindestens ein Elterntier ein Träger dieser Abweichung sein. Zwei Füchse ergeben allerdings immer einen Fuchs, denn die Fuchsfarbe ist rezessiv.

Sowohl der Rapp-Faktor als auch fast alle Veränderungsfaktoren wirken sich beim Auftreten in homozygoter Form (doppelter Dosis) nicht viel stärker aus als in heterozygoter Form (einfacher Dosis). Nur der Farbverdünnungs-Faktor ist homozygot viel stärker sichtbar. Daher wird aus einem einfach verdünnten Fuchs ein Palomino oder Isabelle, aus einem doppelt verdünnten Fuchs hingegen ein Weißisabell.

Die Hufe

Das Hufbein, das Strahlbein und der untere Teil des Kronbeins bilden das Zehenskelett, welches von einer Hufkapsel umgeben ist. Eine Unterhaut ist nur teilweise ausgebildet bzw. ist sie hier mit der Knochenhaut identisch. Nur an einigen Stellen ist sie zu Polstern oder Kissen verdickt, die aus weichem, derbfaserigem Bindegewebe bestehen.

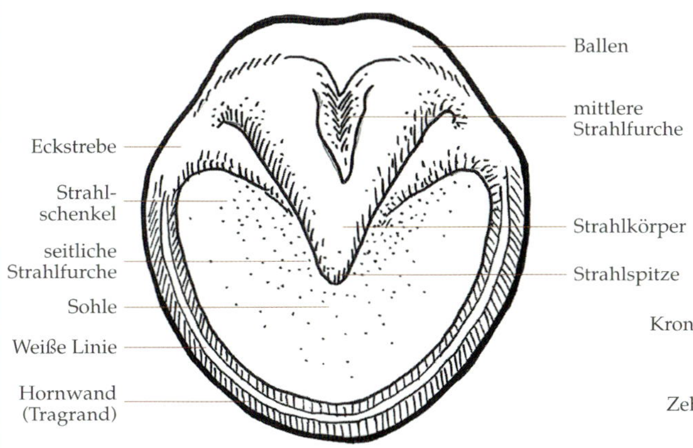

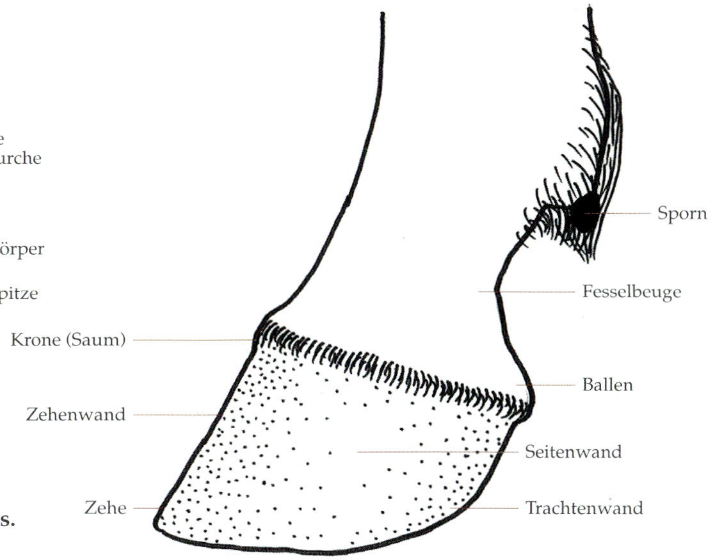

Der äußere Aufbau des Hufes und der Sohle des Hufes. Im Schmiedehandwerk und in der Tiermedizin wird großer Wert auf die korrekten Bezeichnungen gelegt.

Der Strahlpolster liegt zwischen den beiden Hufknorpeln und ist mit ihnen durch seitliche Verwachsungen verbunden. Der Strahl füllt die Ballengrube aus und bewirkt beim Auffußen des Pferdes, dass sich die Hufknorpel nach oben bewegen und dadurch den Hufmechanismus in Gang halten. Der Kronpolster befindet sich unter der Lederhaut im Bereich des Kronrands. Der Ballenpolster schließt hinten-oben am Strahlpolster an und federt den Ballen ab.

Die Huflederhaut sorgt einerseits für die Verbindung zum Hufbein und damit für eine feste Verbindung der Hufkapsel mit dem Skelett und andererseits für das Wachstum des Hufhorns. Da das Hufhorn an verschiedenen Stellen des Hufes unterschiedliche Funktionen ausübt und daher auch unterschiedliche Strukturen aufweist, unterscheidet man die folgenden Arten der Lederhaut:

Saumlederhaut: Der Übergang der normalen Haut des Pferdebeins in die Kronlederhaut. Sie ist lediglich etwa fünf Millimeter breit, und die dazugehörige Epidermis bildet das relativ weiche Horn des Saumbandes – das ist der obere, schmale Rand der Hufkapsel und ist etwas enger als die daran anschließende Hufwand.

Kronlederhaut: Liegt als ringförmiger Wulst unterhalb des Saumbandes und trägt einige Millimeter lange Zotten. Die zugehörige Epidermis bildet das Horn der Hufwand. Das Hufhorn wird, vergleichbar mit dem menschlichen Fingernagel, kontinuierlich gebildet und nach unten geschoben, um abgeriebenes Horn zu ersetzen. Die Wachstumsrate beträgt etwa fünf bis zehn Millimeter pro Monat.

Wandlederhaut: Setzt die Kronlederhaut nach unten hin fort und stellt den größten Teil der gesamten Lederhaut dar. Sie hat pro Huf eine Fläche von etwa einem Quadratmeter und stellt durch ihre Blättchenstruktur die elastische Verbindung der Hufwand mit dem inneren Huf sicher, ähnlich einem Klettverschluss.

Sohlenlederhaut: Trägt kurze Zotten und bedeckt den unteren Teil des Hufbeins. Sie sorgt für das Wachstum des harten Teils des Sohlenhorns.

Strahllederhaut: Ist für die Produktion des elastischen Strahlhorns zuständig und umschließt auch den Strahlpolster.
Ballenlederhaut: Bildet die Grundlage des Ballens, dessen Horn weich und elastisch ist.

Die Hufkapsel besteht aus der Hufwand, die den Huf umfasst, der harten Hufsohle, die ihn zum Boden hin abschließt, und dem Strahl, einem keilförmigen, weichen Teil der Sohle. Der bodenseitige Rand der Hufwand, der so genannte Tragrand, und die Hufsohle werden durch die weiße Linie getrennt, die dem Hufschmied anzeigt, wo er die Hufnägel einschlagen kann, ohne die empfindliche Lederhaut zu verletzen. Der obere Rand der Hufkapsel ist der Kronrand, der über das schmale Saumband in die behaarte Haut des Beins übergeht. Die Hufwand umfasst drei Bereiche: Der vordere Bereich heißt Zehe(-nwand), der seitliche heißt Seitenwand und der hintere heißt Trachtenwand.

Als Hufrolle werden das Strahlbein bzw. dessen untere Gelenksfläche, die Strahlbeinbänder, die tiefe Beugesehne und der Hufrollenschleimbeutel bezeichnet. Beim Auffußen und Abrollen des Hufes treten hier starke Belastungen auf. Erkrankungen des Hufrollenapparates (Podotrochlose) sind häufig, besonders an den Vordergliedmaßen, und sind quasi eine Berufskrankheit von Springpferden und Westernpferden, mit einer starken genetischen Komponente und einer Risikoerhöhung durch falsche Haltung und Ausbildung.

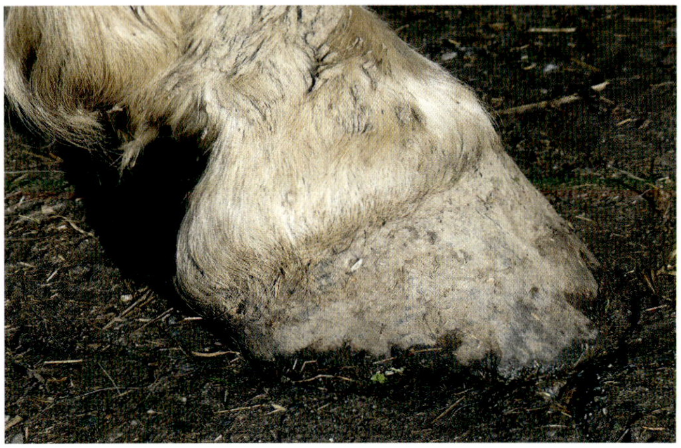

Ein vernachlässigter und auch stark ausgebrochener Huf – mangelnde Pflege und evtl. schlechtes Material.

Unter Hufmechanismus versteht man die elastische Verformung des Hufes, der ja keineswegs ein starres Gebilde ist, unter Belastung. Beim Aufsetzen des Hufes wird der vordere Kronbeinrand nach hinten-unten gezogen und die Ballen werden auseinandergedrückt, so dass der Strahl Bodenkontakt erhält. Durch Kontraktion der Ballen während der Entlastung wird ein Pumpeffekt bewirkt, der die Durchblutung des Hufes gewährleistet. Daher der Spruch „Der Strahl ist das zweite Herz des Pferdes“. Jede Art von Beschlag wird zwangsläufig den natürlichen Hufmechanismus etwas einschränken – je weniger, desto besser.

Der anatomische Aufbau des Fußes mit sämtlichen knöchernen und sehnigen Strukturen sowie den Bändern, die im Huf verlaufen.

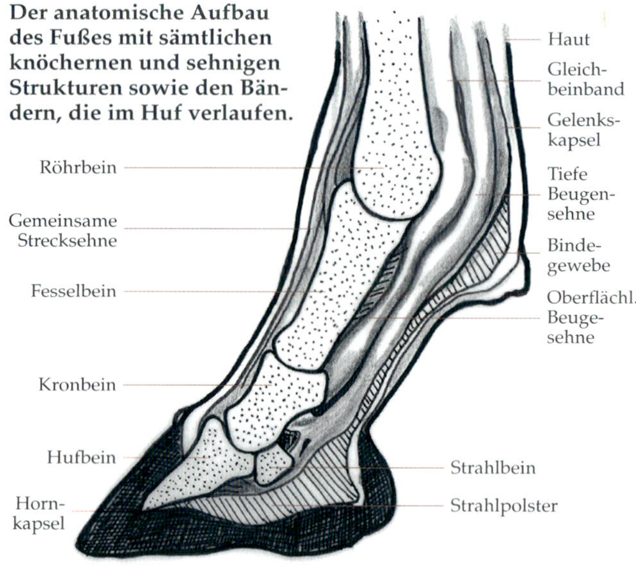

Eine flache Sohle, die einen Teil der Tragefunktion übernimmt und eine stark abgenützte Zehenwand – kein toller Huf!

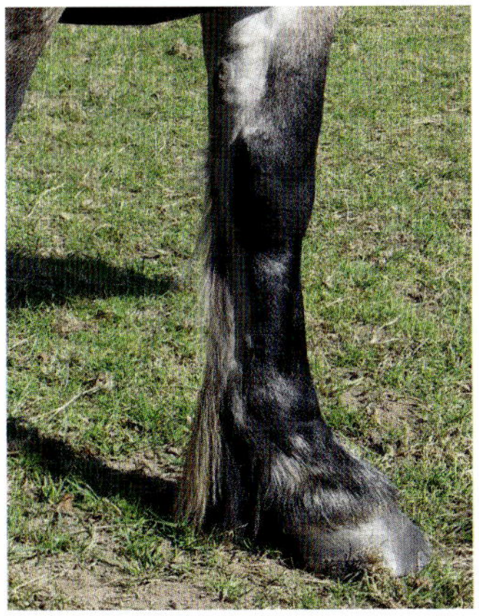

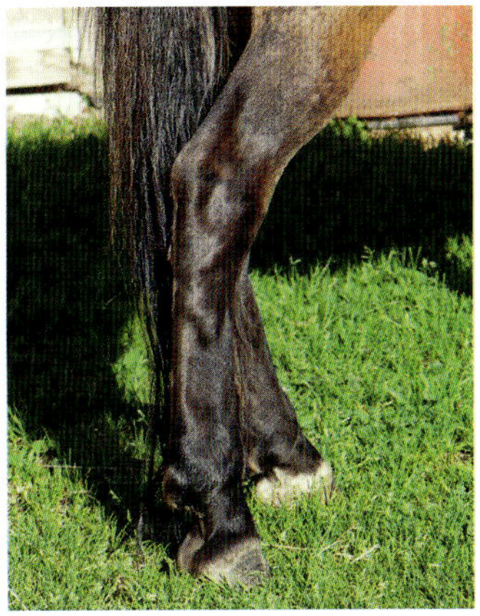

Ein sehr flacher Huf, der mit einer weichen Fessel einhergeht (links). Ein extrem steiler Huf, der mit einer kurzen, steilen Fessel einhergeht (rechts).

Die Hufstellung hat entscheidenden Anteil an der Belastung der Beugesehne in der Bewegung, weshalb ihr in jedem Fall eine hohe Bedeutung zukommt. Als Maß wird der Winkel zwischen dem Fesselbein und der Horizontalen verwendet, statt von Hufstellung kann auch von Fesselstellung gesprochen werden. Normalerweise sollte der Winkel vorne etwa 45–50 und hinten etwa 50–55 Grad betragen. Ist er flacher, spricht man von einer weichen, ist er größer, von einer steilen Fessel. Da das Fesselgelenk für das Pferd eine Art Stoßdämpfer ist, wird das Pferd entsprechend der Fesselung für den Reiter mehr oder weniger bequem zu sitzen sein. Eine bärentatzige Hufstellung bzw. eine zu weiche Fesselung macht ein Pferd für Belastungsschäden empfindlich, weil dadurch die Beugesehnen stärker beansprucht werden.

Beim Kauf/Verkauf eines Pferdes ist die röntgenologische Untersuchung mittlerweile beinahe üblich; auch Auktionspferde werden in der Regel vor der Versteigerung geröntgt. Seit 1993 existiert ein Leitfaden, welcher der Beurteilung und Klassifizierung durch den Tierarzt dient; Käufer/Verkäufer können damit einschätzen, in welchem Zustand sich der Bewegungsapparat des Tieres befindet und damit ein eventuelles Risiko besser abwägen. Der Leitfaden wurde mehrmals angepasst, zuletzt 2007. Hier die derzeit übliche Klassifizierung:

Klasse I: Ohne besonderen Befund; auch ohne Befunde, die man als anatomische Formvarianten einstufen könnte. (Beispiel Sprunggelenke: Klar durchgehende Gelenksspalten.)

Klasse I–II: Grenzfälle, bei denen verschiedene Gutachter zu unterschiedlichen Einschätzungen kommen könnten.

Klasse II: Geringgradig von der Norm abweichende Befunde; klinische Erscheinungen sind jedoch unwahrscheinlich. (Beispiel Sprunggelenke: Verschwommene oder schmale Gelenksspalten.)

Klasse II–III: Siehe Klasse I–II.

Klasse III: Röntgenologische Befunde, die deutlich von der Norm abweichen. Klinische Erscheinungen sind aber wenig wahrscheinlich. (Beispiel Sprunggelenke: Randwülste und/oder Zacken von mehr als 2 mm.)

Klasse IV: Röntgenologische Befunde, die erheblich von der Norm abweichen. Klinische Erscheinungen sind zu erwarten. (Beispiel Sprunggelenke: Durchbaute Gelenksspalten, Spat.)

Das Gebiss

Gute Zähne sind für jedes Pferd von großer Bedeutung, sowohl was die Gesundheit, seinen Gebrauch als auch seine Lebensdauer betrifft. Ein Pferd mit fehlerhaften oder kranken Zähnen ist nur mit Einschränkungen gebrauchsfähig oder zu guten Leistungen fähig und wird vermutlich auch gesundheitliche Folgeprobleme aufweisen.

Die Zähne der Pferde werden in drei Arten eingeteilt: Schneidezähne, Hakenzähne und Backenzähne.

Die Schneidezähne

Sie sind leicht zu sehen, wenn das Pferdemaul geöffnet wird, und werden zum Abbeißen oder Abrupfen seiner pflanzlichen Nahrung eingesetzt. Das Pferd besitzt davon je sechs im Ober- und Unterkiefer, daher insgesamt zwölf. Es sind einwurzelige Zähne mit je einer Schmelzeinstülpung in der Kaufläche, genannt Kunde, Bohne oder Marke.

Deutlich zu sehen die Größe der Zähne und die Kauflächen.

Die Backenzähne

Backenzähne oder Mahlzähne befinden sich weiter hinten im Kiefer und werden zum Zermahlen der Nahrung eingesetzt. Das Pferd hat deren je sechs in jeder Kieferreihe, daher insgesamt vierundzwanzig Stück. Sie sind ihrerseits wieder in die je drei so genannten Prämolaren und Molaren unterteilt und besitzen starke, verästelte Wurzeln sowie scharfe Schmelzleisten, welche Kämme und Joche bilden.

Ein relativ langer zahnloser Kieferabschnitt, genannt Laden oder griechisch: *Diastema*, trennt die Schneidezähne und Backenzähne – in ihm kommt beim Gebrauchspferd das Gebiss zu liegen. Fast alle männlichen Pferde und rund 30 % der weiblichen Pferde haben dort so genannte Hakenzähne; bei Stuten, so vorhanden, sind sie kleiner. Meist sind es insgesamt vier Stück mit kleinen, kegelförmigen Kronen, und sie liegen näher an den Schneidezähnen als an den Backenzähnen.

Die Wolfszähne

Als Wolfszähne werden die kleinen Zähne vor dem ersten Backenzahn im Oberkiefer oder Unterkiefer bezeichnet. Es handelt sich dabei phylogenetisch um den ersten Prämolaren, der im Laufe der Entwicklung des Pferdes kleiner geworden und zum Teil schon vollständig verschwunden ist. Aufgrund der Lokalisation hinten im Diastema können die Wolfszähne stören, wenn die Pferde aufgezäumt werden. Der Zug an der Trense kann dann für das Pferd schmerzhaft werden, weshalb das Pferd mit verschiedenen Abwehrreaktionen reagiert. Eine davon ist das bekannte Kopfschütteln oder Headshaking. Auch die so genannten blinden Wolfszähne (noch von Schleimhaut bedeckt) können unerkannte Schmerzen verursachen. Wolfszähne sollten daher schon beim jungen Pferd entfernt werden.

Da das Pferd grundsätzlich viel Raufutter benötigt und täglich große Mengen Heu, Gras und eventuell Stroh, Laub oder Dürrgras zu sich nimmt, sind gute Zähne für seine Ernährung und Verdauung unerlässlich. Mit seitlichen Kieferschlägen wird das Futter zermahlen. Für jeden Bissen braucht das Pferd 30 bis 60 Kieferschläge. In der Minute können 70 bis 80 Kieferschläge ausgeführt werden. Der Kauvorgang dient der mechanischen Zerkleinerung der Futterbestandteile und ihrer Durchmischung mit Speichel. Auf diese Weise wird das Futter in einen leicht abschluckbaren Zustand gebracht. Während einer Stunde Kauens produzieren die Speicheldrüsen bis zu acht Liter Speichel, insgesamt 40–60 Liter pro Tag.

Im Rachenraum kreuzen sich der Weg der Nahrung und der Atemweg, daher ist hier eine sensible Stelle, an der es zu Reizungen oder Infektionen kommen kann. Durch scharfe Kanten, Zahnhaken, überlange Zähne oder Ähnliches kann der Kauapparat unbrauchbar werden. Abmagerung, Koliken, Blähungen, Stoffwechselerkrankungen, ja sogar Gangunreinheiten bis hin zu Lahmheiten sind fast zwingende Folgen, werden aber oft nicht ursächlich erkannt und daher falsch, weil nur symptomatisch behandelt.

Das Zahnalter

Die Zähne des Pferdes sind aus Dentin, einer knochenähnlichen Substanz, dem Zahnzement und dem Zahnemail aufgebaut. Alle diese Substanzen besitzen eine unterschiedliche Härte und nützen sich daher während eines Pferdelebens durch die Kautätigkeit unterschiedlich schnell ab. Wenn die oberen und unteren Zähne gegeneinander mahlen, wird das weichere Dentin im Inneren abgenützt und führt zu seichten Vertiefungen, während das härtere Email außen als vorspringende Kante stehen bleibt. Dadurch wird die raue Mahlfläche der Zähne einem Mühlstein vergleichbar, der mit seitlichen Kaubewegungen das Mahlgut (die Nahrung) zerreibt.

Unterschiedliche Teile des Zahnes nützen sich in den verschiedenen Lebensabschnitten des Pferdes unterschiedlich ab und hinterlassen ein Abnützungsmuster, das der Pferdekenner beinahe „lesen" kann. Man spricht dann vom so genannten Zahnalter und der Zahnaltersbestimmung. Bei jungen Pferden, deren Gebiss noch nicht alle bleibenden Zähne aufweist, wird die Altersbestim-

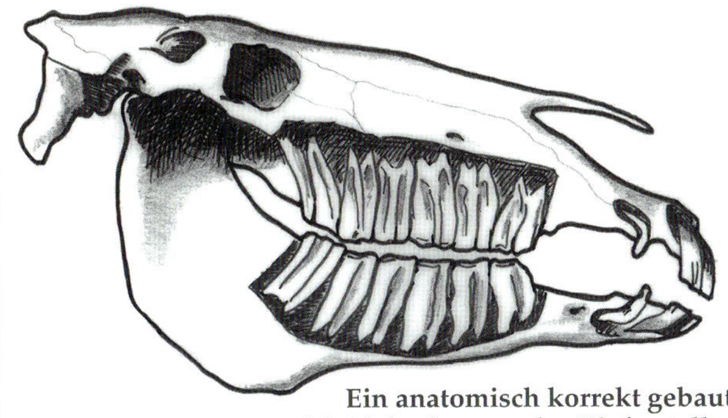

Ein anatomisch korrekt gebauter Schädel mit normaler Kieferstellung und daher perfekt schließenden Zähnen.

Eine interessante Ansicht eines Pferdeschädels von unten auf den Oberkiefer und den Gaumen. Man sieht die großen Backenzähne und die relativ dünnen Kieferäste in Bereich der Nase.

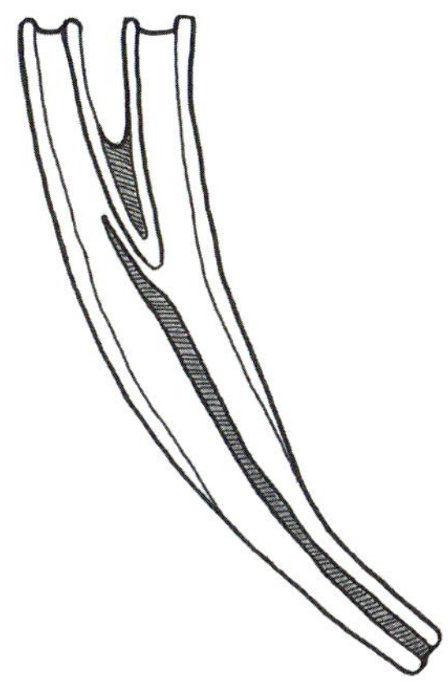

Der Aufbau eines Schneidezahns und die Abnützung der bleibenden Schneidezähne mit fortschreitendem Alter.

mung durch das Vorhandensein oder Fehlen bestimmter Zähne erleichtert.

Ab der Zeit, wenn das Pferd fünf Jahre alt ist und alle bleibenden Zähne besitzt, kann man sein Alter durch die fortschreitende Abnützung, den daraus resultierenden Querschnitt der Kauflächen und die Schrägstellung der Schneidezähne bestimmen. Beim älteren Pferd gibt es zusätzlich einen Altershinweis durch die Galvaynsche Grube, eine Rille, die in den oberen Eckzähnen zutage tritt. Am einfachsten ist die Alterbestimmung jedoch an den Zangen (mittlere Schneidezähne) im Unterkiefer.

Beim jungen Pferd finden wir Vertiefungen in der Kaufläche der Schneidezähne, die Kunden. Sie sind dunkler als der restliche Zahn und von einem Ring aus Email umgeben. Wenn das Pferd älter wird und sich die Zähne abnützen, verschwinden diese Kunden allmählich. Diese dunklen Stellen in der Mitte der Kaufläche geben somit einen recht brauchbaren Hinweis auf das Alter eines Tieres zwischen etwa drei und neun Jahren. In den unteren Schneidezähnen verschwinden die Kunden in den Zangen mit etwa sechs Jahren, in den Mittelzähnen etwa mit sieben und in den Eckzähnen etwa mit acht Jahren. Die Kunden in den oberen Schneidezähnen verschwinden etwas später, nämlich in den Zangen etwa mit neun Jahren, in den Mittelzähnen mit zehn und in den Eckzähnen mit elf Jahren.

Deutlich an diesem Schneidezahn erkennbar die Kunden oder Vertiefungen in der Kaufläche, die von einem Emailring umgeben sind.

Diese Veränderungen sind jedoch variabel und nicht bei jedem Pferd exakt gleich, denn die Zähne nützen sich abhängig von Gesundheit, Ernährung und Haltung unterschiedlich schnell ab. Die Schneidezähne entwickeln zusätzlich etwa ab zehn Jahren scharfe Außenkanten, die mit 14 bis 16 Jahren an allen sechs Schneidezähnen zu finden sind.

Die Milchzähne erscheinen in der Reihenfolge Zangen, Mittelzähne und Eckzähne; in der gleichen Reihenfolge fallen sie aus und werden durch die bleibenden Zähne ersetzt. Mit fünf Jahren ist der Zahnwechsel abgeschlossen, das Pferd hat ausgezahnt oder besitzt, wie man auf Englisch treffend sagt, *a full mouth,* ein volles Maul. Die Abnützung eines jeden Zahnes beginnt in dem Moment, wo er mit dem ihm gegenüberliegenden Zahn in Kontakt tritt. Dadurch beginnt sich sein Querschnitt zu verändern. Beim jungen Pferd haben die Schneidezähne zuerst eine elliptisch-ovale Kaufläche; mit zehn Jahren ist die Kaufläche der Zangen mittlerweile queroval und geht ins Runde über. Mit 15 Jahren haben die Schneidezähne dann meist eine runde Kaufläche und mit 20 werden die Zangen langsam dreieckig. Mit etwa 25 Jahren sind alle Zangen längst dreieckig geworden und ab nun werden die Kauflächen langsam längsoval.

Etwa ab dem achten Lebensjahr beginnt sich die Stellung der Zähne zueinander merklich zu verändern. Während sie beim jungen Pferd beinahe senkrecht übereinander stehen, werden sie nun durch den Abrieb langsam flacher und strecken sich immer mehr, bis sie schließlich einen spitzen Winkel zueinander bilden. Das lässt die Zähne des alten Pferdes weniger effizient beim Grasen werden und sie zugleich länger erscheinen. Durch den schwächer werdenden Kauapparat wird der Kopf eines älteren Pferdes schlanker und wirkt daher oft besonders trocken und ausdrucksvoll.

Die oberen Eckzähne entwickeln nun die Galvaynsche Grube, die man etwa ab zehn Jahren deutlich sehen kann. Mit vorschreitendem Alter wird sie immer deutlicher, wird langsam bräunlich und reicht immer weiter am Zahn nach unten. Mit 20 Jahren reicht sie vom Gaumen bis hinunter zur Kaufläche, dann verschwindet sie von oben beginnend und ist beim 30-jährigen Pferd wieder verschwunden.

Ebenfalls in den oberen Eckzähnen findet sich ab acht oder neun Jahren ein Haken am hinteren Zahnrand. Mit zwölf Jahren ist er meistens recht deutlich ausgeprägt; wenn man so einen Haken bemerkt, kann man ziemlich sicher sein, dass das Pferd älter als sieben Jahre ist. Aufgrund des sich nun abflachenden Winkels zwischen den Zähnen beginnt sich dieser Hacken im zweiten Lebensjahrzehnt zurückzubilden und ist mit 16 Jahren normalerweise wieder verschwunden.

Länge und Abnützung der Schneidezähne variieren von einem Pferd zum anderen, abhängig davon, wie es gehalten wird und welche Nahrung es frisst. Ein Pferd, das sein ganzes Leben mit konzentriertem, aber weichem Kraftfutter (z. B. Müsli) und relativ weichem Heu gefüttert wurde, wird viel weniger Abnützung und daher „jüngere" Zähne aufweisen als ein Pferd, das sein Leben in halbwilder Haltung auf natürlicher Futterbasis zugebracht hat, z. B. harte Steppengräser fressen musste. So wird ein sechsjähriger Mustang, der kurze, harte Gräser auf sandigem Boden frisst, ein ähnliches Zahnalter aufweisen, wie ein sieben- oder achtjähriges, stallgefüttertes Pferd. Ebenso wird ein Krippenbeißer oder ein Pferd mit Über- oder Unterbiss altersmäßig schwer zu beurteilen sein.

Die Milchzähne haben kurze Zahnwurzeln und fallen normalerweise sehr leicht aus, ohne dass man dies immer bemerkt. Die bleibenden Zähne wachsen dann sofort nach und ersetzen sie, wobei der Milchzahn oft als so genanntes Käppchen auf dem noch nicht völlig durchgebrochenen zweiten Zahn sitzt. Dadurch kann er das Durchbrechen seines Nachfolgers behindern und verzögern; zudem kann auch ein langsames Kieferwachstum die Zähne beengen. In dem Fall entwickeln junge Pferde oft mehr oder weniger große, harte Ausbuchtungen am unteren Kieferrand. Diese sind die unteren Enden der im Kieferknochen eingebetteten Zahnwurzeln und in der Regel nicht empfindlich. Entfernt man den hartnäckigen Milchzahn, was relativ leicht zu bewerkstelligen ist, oder fällt er von selber aus, dann bricht der eingeschlossene Backenzahn rasch durch und die Ausbuchtung geht mit dem vorschreitenden Längenwachstum des Unterkiefers von selbst zurück. Solche Ausbuchtungen sind ganz typisch für Pferde im Alter von zwei bis vier Jahren.

Fehlstellungen des Gebisses

Viele Zahnprobleme sind das Ergebnis von Fehlstellungen, bei denen die oberen und unteren Zahnreihen nicht optimal aufeinandertreffen. Die häufigsten sind das so genannte Hechtgebiss oder der Unterbiss und das Karpfengebiss oder der Überbiss.

Pferde mit solchen Fehlstellungen bedürfen unbedingt der tierärztlichen Behandlung, damit sie nicht völlig unbrauchbar werden und ernste Folgekrankheiten (wie z. B. Verdauungsprobleme) entwickeln. Bei Hecht- oder Karpfengebiss können die Tiere demzufolge auch nicht normal grasen, weil die Kauflächen ihrer Schneidezähne ja nicht oder nur teilweise aufeinandertreffen. Viele Zuchtverbände schließen Tiere mit Gebissfehlstellung von ihren Zuchtprogrammen überhaupt aus; in der Regel toleriert man Kauflächen, die zu mindestens zwei Dritteln aufeinandertreffen.

Wenn die Zähne nicht oder nur unvollständig aufeinandertreffen, so haben sie keinen Gegenspieler und so entstehen viel zu lange und in unnatürlichem Winkel aufeinandertreffende Zähne. Da das Pferd im Laufe seines Lebens etwa zehn bis zwölf Zentimeter Zahn schiebt, können falsch stehende Zähne oder Zähne mit Veränderungen (Zahnhaken, scharfe Grate etc.) sehr lang werden. Im Extremfall führt dies zu großen Wunden im gegenüberliegenden Gaumen oder zu dauernden Abszessen, ja sogar zu Löchern im Kieferknochen. Somit ist klar, dass nur ein sachgemäßes Abschleifen oder Absägen durch einen Fachmann unter Verwendung entsprechender Werkzeuge solche Pferde vor dauernder Unbrauchbarkeit retten kann.

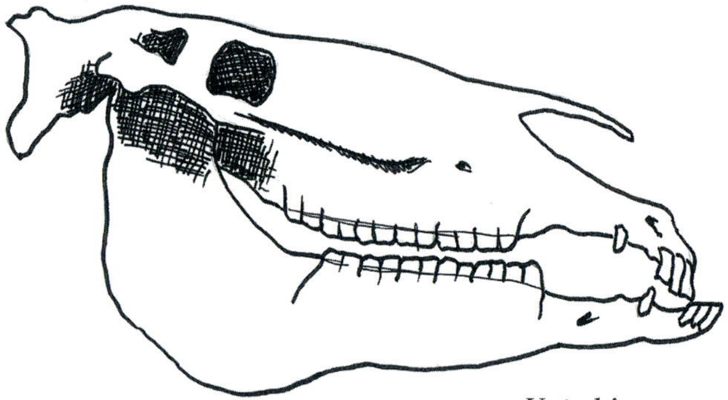

Unterbiss

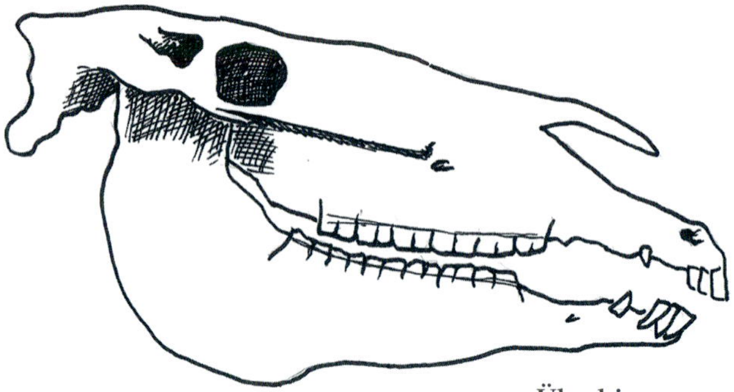

Überbiss

Zwei fehlerhafte Kieferformen: oben der so genannte Unterbiss (Hechtbiss) mit genetisch verkürztem Oberkiefer; unten der so genannte Überbiss (Karpfengebiss) mit genetisch verkürztem Unterkiefer.

Die Zähne haben eine große Auswirkung auf die Leistungsfähigkeit des Pferdes. Scharfe Kanten an den Zähnen können die Zunge und die Schleimhäute der Maulhöhle permanent schädigen. Ein Pferd mit Schmerzen oder auch nur dauerndem Unbehagen wird wahrscheinlich das Gebiss nicht gerne akzeptieren, in der Leistung und im Futterzustand abfallen oder Probleme in Fressverhalten und Verdauung entwickeln oder auch „nur" seine Zunge herausstrecken, den Kopf schief halten, sich im Genick versteifen oder Gangunregelmäßigkeiten entwickeln.

Die Zahnpflege

Hier kann nur kurz auf die Notwendigkeit und auf einige Grundsätze der Zahnpflege beim Pferd eingegangen werden. Allgemein gilt, dass eine früh einsetzende und regelmäßige Kontrolle spätere Schäden verhindern kann und als geringe Investition im Vergleich zu einer späteren Behandlung anzusehen ist. Hat man ein Pferd erworben, das nicht nachweislich von einem Zahnspezialisten regelmäßig versorgt wurde, so sollte man unbedingt umgehend einen solchen beiziehen. Hier einige Tipps zur Gesunderhaltung der Pferdezähne.

Fohlen

Angeborene Abnormitäten wie „Karpfengebiss" (Überbiss) und „Hechtgebiss" (Unterbiss) können nur bis zum Alter von sechs Monaten in gut ausgestatteten Kliniken durch chirurgische Maßnahmen behandelt werden, müssen also entsprechend früh diagnostiziert werden. Später können sie nicht mehr verändert werden, aber gerade solche Pferde brauchen dringend eine regelmäßige Zahnpflege. Überraschenderweise finden sich auch schon bei Fohlen, die sonst keine Anomalien aufweisen, scharfe Kanten an den Milchbackenzähnen, die abgeraspelt werden müssen. Frühe Zahnpflege gewöhnt das Fohlen an Untersuchungen seiner Maulhöhle.

Junge Pferde

Schlechte Erfahrungen in dieser Phase prägen das Pferd, deshalb sollte man dafür sorgen, dass das junge Pferd keine negativen Assoziationen diesbezüglich entwickelt. Schon vor dem ersten Einlegen des Gebisses sollte man sicherstellen, dass die Zähne des Pferdes in optimalem Zustand sind, damit die Ausbildung nicht leidet.

Wolfszähne haben keine Funktion, genau wie unsere Weisheitszähne, verursachen aber Irritationen, wenn sie vom Gebiss berührt werden, sogar dann, wenn sie nicht durch das Zahnfleisch durchgebrochen sind. Sie sollten gezogen werden, bevor das Pferd das Gebiss eingelegt bekommt. Milchzähne sitzen oft so fest, dass sie die dar-

Pferd zeigt Zähne – hier gähnt ein freundlicher Friese, doch viel erkennt man in dieser Sekunde nicht. Die gründliche jährliche Kontrolle durch einen Tierarzt ist unerlässlich.

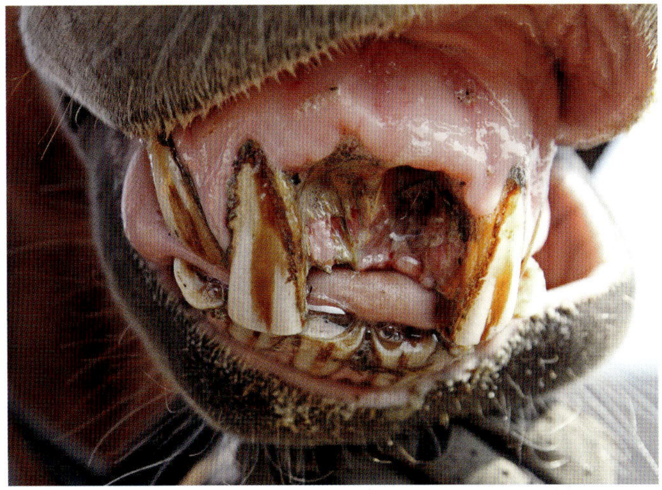

Diesem alten Pferd mussten zwei durch Karies zerstörte Schneidezähne gezogen werden. Nach einer Umstellung auf geeignete Futtermittel geht es ihm wieder gut.

unterliegenden bleibenden Zähne in ihrem Wachstum behindern. Das kann zu unangenehmen Folgen führen, von Kaustörungen bis hin zu durchbrechenden Zahnwurzelentzündungen. Da das Pferd vom dritten bis zum fünften Lebensjahr 12 Schneidezähne und 12 Backenzähne wechseln muss, kommt es vor, dass man beim selben Pferd mehrere dieser so genannten „Kappen" entfernen muss. Bis zur Vollendung seines fünften Lebensjahres sollte das Maul des Pferdes zweimal jährlich untersucht und gepflegt werden. In diesem Alter ist es noch weitgehend Prophylaxe und kann das Tier später vor schweren Problemen bewahren. Pferde mit starker Kieferfehlstellung müssen allerdings unbedingt aus der Zucht ausgeschlossen werden.

Erwachsene Pferde

Zu den häufigsten zahnmedizinischen Eingriffen bei dieser Altersklasse zählen das Entfernen von so genannten Haken und Rampen auf den vordersten und hintersten Backenzähnen, das Raspeln der Kanten der Backenzähne, das Abrunden der vordersten Backenzähne und das Richten der Schneidezähne. Bei Pferden, die nicht hinreichend betreut worden sind, muss später mit Problemen und Behandlungen gerechnet werden. Nicht zu vergessen ist, dass Pferde oft beträchtliche Mengen von Zahnstein entwickeln, der entfernt werden muss. Im Normalfall reicht für erwachsene Pferde eine jährliche Kontrolle aus.

Alte Pferde

Bei älteren Pferden findet sich häufig – zumal, wenn nicht entsprechend versorgt – eine Palette von Abnormitäten, wie Haken, Rampen, Entzündungen des Zahnfleisches und des Zahnhalteapparats (Parodontose), gebrochene, faulige oder lockere Zähne sowie das Fehlen von einzelnen oder mehreren Zähnen. Ein oft auch für den Laien deutlich sichtbares Problem besteht bei alten Pferden in überlangen Schneidezähnen, die aufgrund jahrelanger Vernachlässigung meistens auch mehr oder weniger schlecht schließen. In England sagt man zu einem älteren Pferd (und nicht nur diesem) scherzhaft „he is getting long in the tooth" – er wird schon lang im Zahn. Alle diese Probleme können den Kauvorgang und damit die Verdauung erheblich beeinträchtigen; Kolik, Abmagerung und sogar ein verfrühter Tod können die Folge sein.

Einige Zahnprobleme

Überbiss (Karpfengebiss)

Diese Gebissfehlstellung kommt bei Pferden relativ häufig vor. Es handelt sich dabei meistens um eine Verkürzung des Unterkiefers, und nur selten um eine Verlängerung des Oberkiefers. Fehlerhafte Abnützung der Schneide- wie auch der Backenzähne kann die Folge sein, daher sind Hakenbildungen fast die Regel. Weiters kann es so zu Schleimhautschäden kommen. Überlange Zähne müssen regelmäßig gekürzt werden; damit muss schon im Fohlenalter begonnen werden, damit es nicht noch zu einer weiteren Verschlechterung der Fehlstellung kommt. Schneide- und Backenzähne sollten im Abstand von sechs Monaten korrigiert werden.

Unterbiss (Hechtgebiss)

Diese Gebissfehlstellung kommt bei Pferden relativ selten vor. Bei gewissen Ponyrassen bzw. Blutlinien kann eine Häufung der Fälle beobachtet werden. Es handelt sich um eine Unterentwicklung des Oberkiefers, die wahrscheinlich rezessiv vererbt wird. Daher liegen die unteren Schneidezähne vor den oberen, was oft sogar von außen erkannt werden kann.

Zahnüberzahl

Neben dem dritten Schneidezahn kann noch ein vierter Schneidezahn vorkommen. Wenn diesem sein Gegenspieler fehlt, muss er regelmäßig korrigiert oder sogar entfernt werden. Selten kann ein zusätzlicher Backenzahn auftreten. Wenn dieser Ursache für Fehlschlüsse und Verletzungen ist, muss er gezogen werden.

Eruption Cysts

Darunter versteht man eine Knochenauftreibung über den Wurzeln der Prämolaren. Dies kommt vor allem bei frühreifen Rassen mit kleinem Schädel im Alter zwischen zwei und vier Jahren vor. Die bleibenden Prämolaren können nicht in die Maulhöhle geschoben werden und üben mit ihren Wurzeln einen starken Druck nach unten aus, so dass es zu einer entzündlichen Reaktion der Beinhaut kommt, im schlimmsten Fall zur Fistelbildung. In der Regel zeigen die Pferde aber nur Kaustörungen oder Kopfschütteln. Die Milchzähne sollten, wenn nötig, so früh wie möglich entfernt werden; der gegenüberliegende Zahn kann etwas gekürzt werden, damit das Vorschieben nicht gestört wird. Falls sich eine Fistel gebildet hat, muss der Zahn in der Regel entfernt werden.

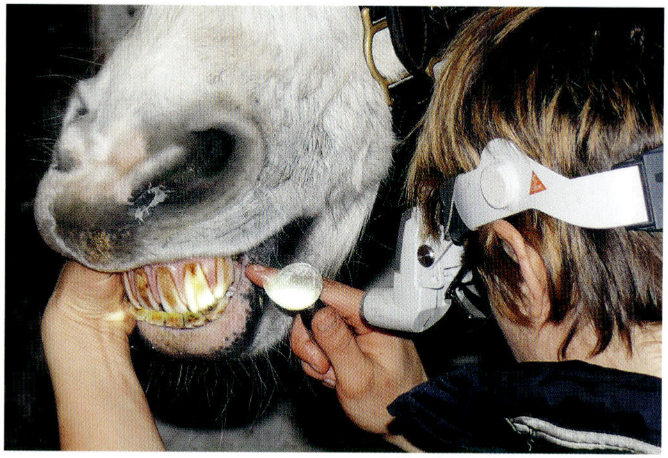

Regelmäßige Kontrollen stellen sicher, dass Zähne und Kiefer keine bleibenden Schäden erleiden bzw. ehebaldigst behoben werden.

Falsche Abnützung der Zähne

Zahnspitzen: Mit die häufigsten Zahnprobleme bei Pferden; kommen an den Oberkieferbackenzähnen auf der äußeren und an den Unterkieferbackenzähnen an der inneren Seite vor. Die Umstellung der Ernährung von viel Raufutter auf Kraftfutter hat eine reduzierte Kautätigkeit zur Folge und führt zur reduzierten Abnützung der Zähne, was sich beim breiteren Oberkiefer auf der Außenseite und beim schmalen Unterkiefer auf der Innenseite auswirkt. Die Spitzen führen zu Schleimhautverletzungen an der Backen- und Zungenschleimhaut. Entzündungen, Infektionen und Zungenabszesse können die Folge sein. Dadurch nimmt die Kautätigkeit noch weiter ab, wodurch das Futter ungenügend zerkleinert wird, was wiederum zu

Koliken und Abmagerung führen kann. Schlechtes Fressen, Abmagerung, Koliken, stumpfes Haarkleid und Probleme mit der Trense können daraus resultieren. Abhilfe bietet das Abraspeln der Zahnspitzen.

Zahnhaken: Unter Zahnhaken versteht man eine ungenügende Abnützung der ersten oder letzten Backenzähne. Bei Fehlstellungen wie Überbiss werden diese ungenügend abgenützt, wodurch Zahnhaken entstehen, die rasch größer und auch spitzer werden können. Mangelhafte Zahnpflege, bei der die letzten Zähne mit der Raspel nicht erreicht werden, kann zu Zahnhaken an den letzten Molaren führen. Abhilfe schafft das Abraspeln der Zahnhaken.

Wellen- und Treppengebiss: Höhenunterschiede der Zähne, mit Erhöhungen und Vertiefungen und entsprechenden Veränderungen gegenüber. Unregelmäßige Abnützung einzelner Zähne, gestörte Kautätigkeit und Abmagerung sind die Folgen. Die Therapie des Wellengebisses ist schwierig und zeitaufwändig; manchmal ist die Wiederherstellung des normalen Gebisses unmöglich. Auf keinen Fall dürfen alle Wellen sofort korrigiert werden; zuerst werden jene Zahnspitzen, die Verletzungen verursacht haben, korrigiert. Anschließend können die weiteren Wellen nach und nach korrigiert werden.

Scherengebiss: Kommt vor allem bei älteren Pferden vor. Unter dem Scherengebiss versteht man eine übermäßige Winkelung zwischen den beiden Kauflächen der Ober- und Unterkiefer. Dadurch kommt es zu einer unregelmäßigen Abnützung und Bildung von sehr langen und extrem scharfen Kanten. Gestörte Kautätigkeit und Abmagerung sind die Folgen. Alle scharfen Kanten müssen entfernt werden und außerdem nach Möglichkeit der Winkel korrigiert.

Glattes Gebiss: Der unterste Abschnitt des Zahnkörpers hat infolge der fehlenden Schmelzeinstülpungen keine raue Oberfläche und erscheint daher sehr glatt. Grund ist zu starkes Abschleifen, das Futter kann nicht mehr zerkleinert werden. Es gibt keine Therapie; Hilfe schafft ein Umstellen auf Weichfutter.

Koppergebiss: Ständiges Aufsetzen an harten Gegenständen kann zu einer übermäßigen Abnützung der Schneidezähne an der Vorderkante führen.

Wetzergebiss: Die vorderen Schneidezähne werden an der Vorderfläche durch Krippen- oder Barrenwetzen übermäßig abgenützt.

Zahnfrakturen

Man kann zwischen Frakturen an gesunden oder an kranken Zähnen unterscheiden. Frakturen gesunder Zähne sind stets die Folge traumatischer Einwirkungen (z. B. ein Schlag). Sehr häufig findet man bei der sorgfältigen Mauluntersuchung kleine Absprengfrakturen an den Zahnkronen. Zahnfrakturen entstehen auch häufig zusammen mit Kieferfrakturen. Kiefer- und Maulbereich des Pferdes sollten daher stets mit Vorsicht behandelt und regelmäßig auf äußere Einwirkungen untersucht werden.

Zahnkaries (*Caries dentium*, Zahnfäule)

Darunter versteht man eine nicht entzündliche, von außen nach innen gehende und in der Regel chronische Zerstörung der harten Zahnsubstanzen (Zement, Schmelz, Dentin). Karies beginnt mit Fermentationsprozessen von Futter und der Zerstörung des Zahnes durch Säuren und bakterielle Gärung und führt zur Entkalkung mit Zerfall des entkalkten Gewebes. Karies allein kommt beim normalen Gebiss des Pferdes relativ selten vor, sobald aber andere Probleme vorliegen, nimmt ihre Häufigkeit zu.

Oberfläche Haut

Das größte Organ des Pferdes ist seine Haut *(Integumentum commune; Cutis)*, die in mehreren Schichten den gesamten Körper bedeckt. Die Haut bildet die sichtbare Oberfläche des Pferdes, ist ca. fünf Millimeter dick und ca. 30 kg schwer. Sie ist das größte Organ eines Säugetierkörpers und erfüllt verschiedenste Aufgaben; so schützt sie z. B. gegen äußere Einflüsse (Hitze, Kälte, Verdunstung, Verwundung etc.) und Verluste an Körpersubstanzen (Wasser, Minerale), ist Sitz vieler Sinnesorgane (Tastkörperchen etc.), dient der Absonderung von Pigmenten und Drüsensekreten (Schweiß) und ist ein enorm wichtiges

Eine gesunde Haut und ein glänzendes Fell geben einen ersten Anhaltspunkt für einen guten Ernährungs- und Gesundheitszustand.

Speicherorgan (Fett, Blut, Flüssigkeit etc.). Sie bildet auch die so genannten Hautanhangsgebilde, das sind Haare, Drüsen und Horngebilde, also beim Pferd Hufe, beim Rind Hörner etc.

Ihr Aufbau ist recht kompliziert, daher hier eine vereinfachte Darstellung: Die Oberhaut (Epidermis) besteht aus fünf differenzierten Unterschichten und ist nicht durchblutet. Die dreischichtige Unterhaut (Dermis; Corium) enthält Drüsen, Gefäße und Haarbälge, ist somit für viele wichtige Funktionen zuständig. Die beiden Hauptschichten ergeben das Leder eines Tieres.

Die äußere Haut geht an den Körperöffnungen in die so genannten Schleimhäute über. Unter der Haut liegt eine Bindegewebsschicht, in der Fettdepots eingelagert sind und die der Haut die nötige Verschieblichkeit verleiht. Die Haut wird von Blutgefäßen und Nerven durchzogen und ist empfindlich gegen Berührungen und stumpfe bzw. spitze Verletzungen, etwa Satteldruck oder Spornstich. Ein Pferd kann das Landen einer einzelnen Fliege auf seiner Kruppe spüren – daher ist die abfällige Bemerkung eines groben Reiters „Das tut ihm nichts, Pferde haben eine dicke Haut" ziemlich einfältig.

Die Haut des Pferdes ist im Allgemeinen pigmentiert, und zwar überall dort, wo auch die auf ihr liegenden Haare das sind; auf unpigmentierter Haut liegen in der Regel ebensolche Haare. Das heißt, es befinden sich in ihr Pigmentzellen mit einem Farbstoff, dem Melanin. Bei alten Tieren lagert sich weniger Melanin im Haar ab, stattdessen treten Luftbläschen zwischen Rinde und Mark, welche das Haar bzw. Fell farblos, also Weiß, erscheinen lassen (siehe Schimmel, S. 102 f.).

Ein Haflingerbeschäler im Land- und Hauptgestüt Moritzburg

Kapitel 8

Von Muskeln, Sehnen und Bändern

„Wenn man das Pferd in jene Haltung bringt, die es von selbst einnimmt, wenn es sich das schönste Ansehen geben will, so erreicht man, dass das Pferd aufgrund des Reitens froh und prächtig, stolz und ansehnlich erscheint."

(Xenophon, Über die Reitkunst, ca. 360 v. Chr.)

Die Muskeln

Das Pferd hat mehr als siebenhundert Skelettmuskeln, welche über ein Drittel seines Körpergewichtes ausmachen. Die meisten Muskeln sind mit den Knochen sehnig verbunden, einige jedoch mit anderen Muskeln oder der Haut. Außer Bewegung zu bewirken, können die Muskeln auch Bewegungen in eine andere Richtung einschränken oder verhindern. Zum Beispiel verhindern die Muskeln, die den Oberarm (oberer Teil des Vorderbeines) zum Körper ziehen, ganz logisch auch, dass er zu weit vom Körper weggezogen werden kann.

Die Bewegungsmuskeln sind in der Regel paarweise vorhanden; während sich der eine zusammenzieht, entspannt sich der andere, was man wechselseitige Muskelaktion nennt. Diese paarweise Anordnung bewegt den oder die Knochen in entgegengesetzte Richtungen, wie etwa beim Pferdebein, das dadurch sowohl vorwärts als auch rückwärts geführt wird. Im Allgemeinen führen die Muskeln an der Vorderseite einer Gliedmaße diese nach vorne, während jene an der Hinterseite der Gliedmaße diese nach hinten ziehen. Damit wird klar, dass die vorführenden Muskeln für den Raumgriff sorgen, die zurückziehenden hingegen für den Schub oder Antritt.

> Die wechselseitige Wirkung der Muskelgruppen bewirkt auch, dass die Bewegungen geschmeidig und nicht ruckartig oder unregelmäßig verlaufen. Die Muskeln an jeder Seite des Knochens bewirken und regeln die Spannung oder Entspannung für eine präzise Bewegung und begrenzen die Bewegungen der Gelenke. Die Streckmuskeln heißen in der Fachsprache der Anatomie *Extensoren* und bewirken die Streckung eines Gelenks; die Beuger heißen *Flexoren* und bewirken sinngemäß die Beugung eines Gelenks.

Neben der so genannten quergestreiften Skelettmuskulatur gibt es noch die so genannte glatte Eingeweidemuskulatur. Diese unterliegt klarerweise nicht der willkürlichen Steuerung, sondern funktioniert unwillkürlich. Die beiden Arten von Muskeln unterscheiden sich sowohl in der Form (Länge und Querschnitt) ihrer Zellen als auch in ihrer Wirkungsweise. Glatte Muskeln sind in der Regel unermüdlich, was für die dauernde und automatische Funktion der Organe notwendig ist. Das Herz nimmt als wichtigster Muskel eine gewisse Sonderstellung ein: es ist zwar ein gestreifter Muskel, arbeitet aber wie ein glatter.

Schon am Kopf des Pferdes, vor allem in seinem Gesicht, besorgen unzählige Muskeln unterschiedlicher Größe und Stärke die verschiedensten Aufgaben. Man denke an die Mimik, die für den Kontakt zur Umwelt unerlässlich ist; man denke auch an so wichtige Funktionen wie das Ohrenspiel, den Lidschlag, die Maultätigkeit beim Fressen und die kraftvollen Kaubewegungen.

Der Hals des Pferdes hat nicht weniger als vierundzwanzig Muskelpaare, die für seine Aufrichtung, Biegung und Streckung verantwortlich sind, sowie auch für das Heben, Senken und die Drehung des Kopfes. Am Widerrist sind Muskeln verankert, die als Hebel für Hals, Schulter und Rücken dienen. Die Muskeln an der Vorderseite der Brust helfen, die Vorderbeine zu bewegen.

Beim Pferd ist das Schulterblatt nicht durch ein Schlüsselbein mit dem Körper verbunden, so dass dort starke Muskeln das Schulterblatt in Position halten. Sie helfen, die Erschütterung durch das Aufsetzen des Beins zu absorbieren und damit Belastung und Aufprall für die Wirbelsäule zu vermindern. Dieser muskuläre Schultergürtel erlaubt dem Schulterblatt die optimale Bewegungsfreiheit und befähigt das Pferd, seine Vorderbeine weiter vorzusetzen als dies je möglich wäre, wenn sie gelenkig mit dem Rumpf verbunden wären. Der viel flexiblere Muskelgürtel erlaubt es dem Rumpf, sich auf und nieder zu bewegen, was den Schwerpunkt des Pferdes positiv beeinflusst. Weiters kann ein Pferd seine Vorderbeine zum oder vom Körper bewegen, um plötzliche Richtungsänderungen oder enge Wendungen auszuführen; im schnellen Galopp kann es sich z. B. mit seinen Beinen stark in eine Kurve legen, während es Körper und Rückgrat viel aufrechter hält.

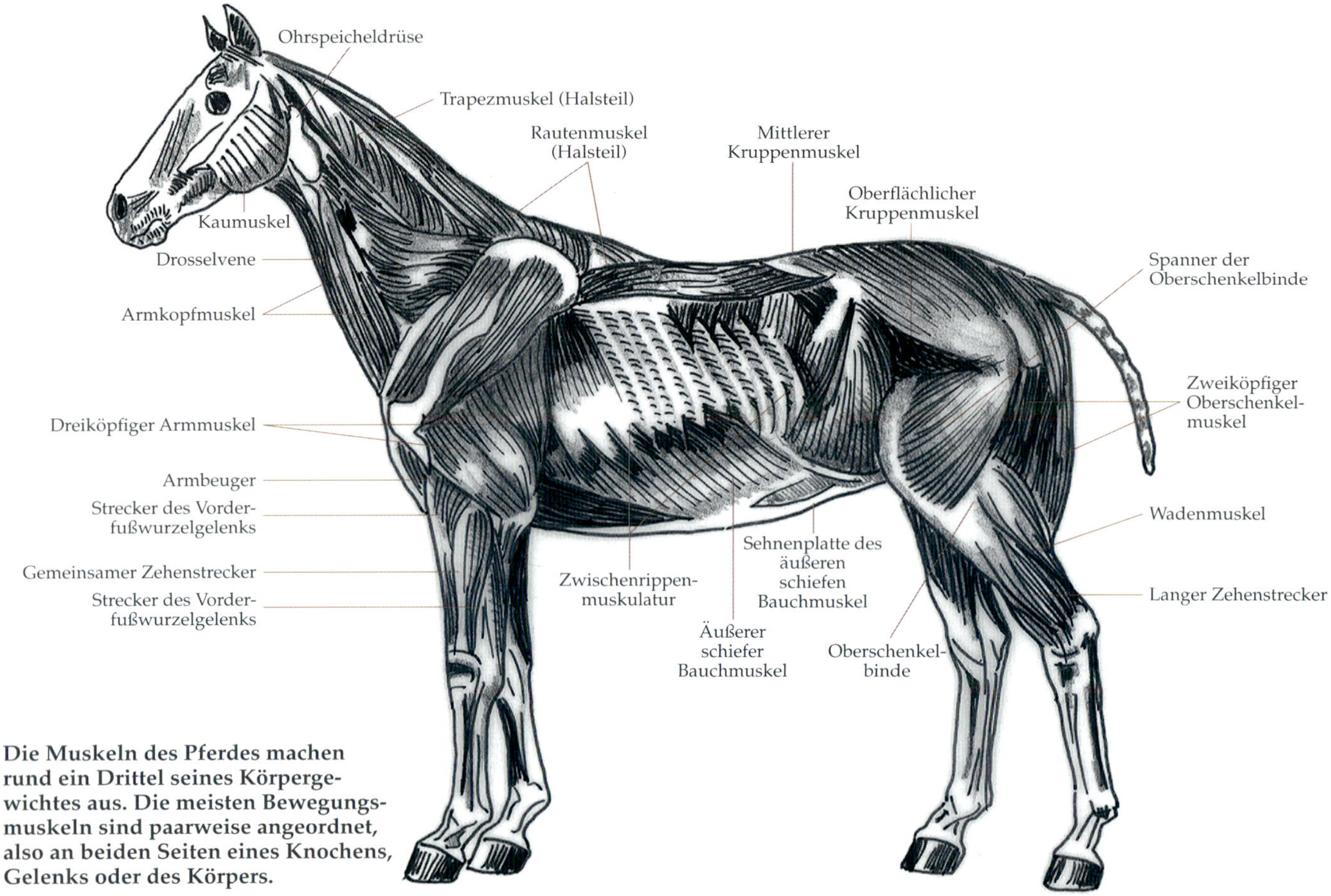

Die Muskeln des Pferdes machen rund ein Drittel seines Körpergewichtes aus. Die meisten Bewegungsmuskeln sind paarweise angeordnet, also an beiden Seiten eines Knochens, Gelenks oder des Körpers.

Die Streckmuskeln an der Vorderseite des Oberarms bewegen das Vorderbein vorwärts, während die Beugemuskeln an der Rückseite des Vorderarms die Gelenke des unteren Beines biegen (Karpalgelenk, Fesselgelenk und Krongelenk). Das Karpalgelenk wird von Muskeln bewegt, die es strecken und beugen. Unterhalb des Gelenks setzen sie sich als lange Sehnen fort – es gibt nämlich keine Muskeln unterhalb des Karpalgelenks. Da sich in den unteren Gliedmaßen keine Muskeln befinden, herrscht dort eine geringere Blutversorgung, weshalb die Tiere in kaltem Wetter und im Schnee stehen können, ohne das Risiko von Erfrierungen in den unteren Gliedmaßen einzugehen.

Die Hinterhand enthält die größten Muskeln des Körpers, welche die Kraft und Hebelung liefern, um das Pferd nach vorne zu stemmen oder nach hinten auszuschlagen. Einige dieser Muskeln strecken die Gelenke des Hinterbeines, während andere sie beugen. Wie im Vorderbein enden die Muskeln oberhalb des Sprunggelenks in Sehnen, die sich das Bein hinunter erstrecken, um die Gelenke dort zu aktivieren.

Die Beinmuskeln bestehen aus Streckern und Beugern. Das gilt für alle Huftiere: ihre Beine arbeiten mittels eines Hebel- oder Kabelsystems (Sehnen).

Die Muskeln sind an wichtigen Punkten an den Knochen befestigt und bewegen diese durch koordiniertes Spannen und Entspannen. Dazu müssen sie mit ihnen verbunden sein, wie die Schnüre an einer Marionette.

Muskeln bewegen Knochen

Das Skelett nennt man auch den passiven Bewegungsapparat, denn es stützt und schützt den Körper und verleiht ihm seine Grundstruktur. Die Muskeln nennt man den aktiven Bewegungsapparat, denn sie bewegen durch Zug und Gegenzug bzw. durch Spannung und Entspannung die Knochen.

Um die Konformation eines Pferdes zu bewerten, müssen wir die verschiedenen Teile auch einzeln betrachten und verstehen, wie diese zusammenarbeiten bzw. das Pferd befähigen, seine Aufgaben zu bewerkstelligen. Abgesehen von der Körperhöhle, die die inneren Organe beherbergt, besteht der übrige Körper aus Knochen, Muskeln, Gelenken und Sehnen, welche die Muskeln an die Knochen binden, sowie Bändern, welche die Knochen an den verschiedenen Gelenken zusammenhalten. Die langen Knochen sind durch Gelenke verbunden, welche sich mit der Bewegung der Muskeln öffnen oder schließen. Die Muskeln bedecken die Knochen; zusammen mit dem Fett geben sie dem Pferd seine äußere Kontur. Sie können seine allgemeine Erscheinung verbessern oder verschlechtern und sind ihrerseits trainierbar, das heißt, sie können ihren Umfang und ihre Form mit guter Ernährung und viel Bewegung verbessern. Die unter den Muskeln liegenden Knochen müssen trotzdem möglichst korrekt strukturiert sein, damit sich das Pferd optimal bewegen kann. Muskeln, Fett und Fitness alleine können keine mangelhafte Struktur, wie eine zu steile Schulter, einen zu kurzen Hals, eine zu kurze Kruppe oder einen zu langen Rücken wettmachen – aber sie können helfen, deren Nachteile zu minimieren!

Alle Skelettmuskeln müssen in perfektem Zusammenspiel stehen, sonst würden die Gelenke nicht geschmeidig arbeiten bzw. unter ständiger Überbelastung stehen. Die Bänder unterstützen sie dabei und stärken die Gelenke.

Bänder fixieren Gelenke

Bänder sind starke Stränge aus miteinander verbundenen Fasern, die die Knochen an den Gelenken zusammenhalten. Viele Gelenke haben seitliche Bänder außen, um die Knochen zusammenzuhalten. Einige wenige Gelenke, wie die Hüfte und das Knie, haben interartikuläre Bänder, das heißt im Inneren des Gelenks selbst. Einige Bänder sind lang, z. B. jene entlang des Nackens und Rückens, und einige sind kurz, z. B. jene zwischen den Wirbeln. Einige sind Schnüre, wie an den unteren Gliedmaßen, und einige sind komplexe Strukturen, wie jene, die den Hals hinunterlaufen und in Sektionen ausfächern, um sich an den Halswirbeln anzuheften. Andere Bänder bestehen aus Faserschichten, die sich um Gelenke wickeln.

In den Vorderbeinen des Pferdes befinden sich kurze Bänder, die helfen, eine Sehne an den Knochen anzubinden. Sie können die Beugung des Knies verhindern und damit Ermüdung oder Sturz, wenn das Pferd im Stehen schläft. Ein ringförmiges Band führt quer um ein Gelenk, um die umliegenden Sehnen nah am Gelenk zu halten; die Hinterseite des Fesselgelenks besitzt z. B. ein solches Band.

Sehnen übertragen Kräfte

Sehnen sind weiße, glatte Stränge am Ende eines Muskels, die ihn mit einem Knochen verbinden. Sie bewerkstelligen die Bewegung durch Umwandlung der Muskelkontraktionen in einen Zug am Knochen – es entsteht eine Hebelwirkung. Einige hängen an mehr als einem Knochen und können so gleichzeitig auf mehrere Gelenke durch nur eine Muskelkontraktion einwirken. Sehnen bestehen aus langen Kollagenfasern und sind stärker als Muskelfasern, aber weniger elastisch. Je dicker und kürzer die Sehne, umso stärker ist sie. Lange Sehnen sind durch den verstärkten Effekt der Hebelung stärker belastet. Ein langer Röhrenknochen und seine langen Sehnen sind bei gleicher Dicke weniger stark als ein kürzerer, da die längeren Sehnen ein größeres Gewicht zu bewegen haben bzw. einer größeren Kraft standhalten müssen.

Sehnen übertragen also die Muskelkraft auf die Knochen, daher ist eine Sehne in der Regel mit einem Ende am Muskel und mit dem anderen am Knochen befestigt. Die großen Gelenke der Gliedmaßen öffnen oder schließen sich, sie vergrößern also den Gelenkswinkel oder verkleinern ihn. Somit haben auch die Sehnen zwei grundlegende Aufgaben, sie beugen oder strecken die Gelenke, also nennt man sie Beuge- oder Strecksehnen.

Das Bein des Pferdes – besonders das Schienbein – ist buchstäblich sein „Pferdefuß", denn es gehört wohl zu den anfälligsten Strukturen im Körper. Während wilde oder sehr naturnahe Pferde eher selten von Beinproblemen betroffen sind, leiden unsere stark domestizierten Sportpferde an einer Fülle von Erkrankungen, die oft den Sehnenapparat betreffen.

Sehnenscheiden schützen

Wo eine Sehne über einen Knochen verläuft, wird sie von einer Sehnenscheide vor Abnützung durch Reibung geschützt. Die Sehnenscheiden produzieren eine schmierende Flüssigkeit und haben somit eine ganz ähnliche Funktion wie eine Gelenkskapsel. Auch die Bänder liegen in einer solchen Schutzhülle; wo sie nur einen Beutel zwischen Sehne und Knochen bildet, heißt sie Schleimbeutel und vermindert dort eventuelle Reibung. Man kennt Schleimbeutel unter Knochen, Sehnen und Bändern. Auch sie können sich entzünden und sind dann recht schmerzhaft.

Steuerzentrum Nerven

Die Muskeln werden vom Nervensystem gesteuert, dessen Zentrum das Gehirn bildet. Es ist mit dem großen Nervenstrang in der Wirbelsäule verbunden, von dem aus die Nervenbahnen in alle Körperregionen verlaufen. Vom Gehirn ausgehend steuern die Nervenfasern mittels winziger elektrischer Impulse die Muskulatur und über das vegetative Nervensystem die Funktionen der Organe. Die Rezeptoren der Nerven in den Augen, Ohren und der Nase empfangen die dort ankommenden Reize und leiten sie an die Schaltzentrale Gehirn zurück.

Die Nervenenden dienen mittels Sensoren auch dazu, Eindrücke wie Schmerz, Druck, Kälte, Hitze oder Stress zu empfangen und die entsprechenden Reaktionen und Schutzmaßnahmen hervorzurufen. Veränderungen im und am Körper werden schnell und präzise von diesem weitverzweigten und sensiblen System geortet, das daher zu den absolut lebenswichtigen zählt.

Störungen der Nerven sind durchaus häufiger, als man vermuten möchte, und in aller Regel mit langwierigen und aufwändigen Therapien verbunden, sofern sie überhaupt einer Verbesserung oder Heilung zugeführt werden können.

Kapitel 9

Das Skelett des Pferdes

„Knochenstrukturen wollen uns etwas sagen. Meinen Studenten rate ich, einen Knochen so lange in der Hand zu halten, bis sie hören können, was er zu ihnen spricht!“

(Prof. Dr. Martin Fischer, Evolutionsbiologe, Universität Jena, in einem Fernsehinterview 2010)

Ein Knochengerüst

Das Pferd hat um die 54 Wirbel (plus oder minus ein paar, abhängig von der individuellen Anzahl der Brust-, Lenden- und Schwanzwirbel), 36 einzelne Rippen in 18 Paaren, 40 Knochen in den Vorderbeinen, 40 in den Hinterbeinen, 34 Schädelknochen und ein Brustbein; es besitzt jedoch keine Schlüsselbeine.

Die grobe Einteilung erfolgt in das Achsenskelett (Schädelknochen, Rippen, Wirbelsäule und Brustbein) und in das Gliedmaßenskelett (Becken, Vorder- und Hintergliedmaßen). Einige der langen Knochen unterstützen und schützen den Brustkorb (Brustbein, Rippen), und andere unterstützen und bewegen das ganze Pferd (die Beine oder das Becken), während die Wirbelsäule die zentrale Aufhängungs- und Kraftübertragungseinheit darstellt. Die blockförmigen Knochen der Vorderfußwurzelgelenke (Vorderknie; Karpalgelenke) und Sprunggelenke helfen, die Erschütterungen beim Laufen zu absorbieren.

Knochen bestehen, vereinfacht gesagt, aus widerstandsfähiger Rindensubstanz außen und aus lockerer Schwammsubstanz innen. Die harte, dichte Rindensubstanz dient der Stabilität, dem Tragen oder der Fortbewegung, während die weichere, weniger dichte Schwammsubstanz der Blutproduktion, der Elastizität und/oder der Formgebung dient.

Die Arten der Knochen

Längliche Knochen: Enthalten Knochenmark im Zentrum, sind hart und stabil und dienen in der Regel als Hebel. Sie weisen meist einen rundlichen Querschnitt auf. Als lange Gliedmaßenknochen sind sie an der Bewegung und Unterstützung des Körpers wesentlich beteiligt.
Flache Knochen: Haben oft eine Schutzfunktion und sind meist eher dünn. Als Schädelknochen schützen sie z. B. das Gehirn, als Schulterblätter dienen sie jedoch der Anheftung einiger Muskeln und der Rumpf-Vorderbein-Verbindung.
Kurze Knochen: Oft wegen ihres hohen Anteils an Schwammsubstanz recht elastisch; typisch in den zusammengesetzten Gelenken der Beine (Vorderfußwurzel-, Sprunggelenk).
Hohle Knochen: Finden sich im Schädelskelett, wo sie Gewicht zu sparen helfen und diverse wichtige Höhlen umschließen bzw. bilden.
Unregelmäßige Knochen: Finden sich in der Wirbelsäule. In deren Abschnitten und sogar innerhalb dieser sind die Wirbel von stark unterschiedlicher Form und Größe.
Sesambeine: Sind kleine Umlenkrollen oder Hebel, die mit Muskeln und Sehnen zusammenarbeiten. Kniescheibe, Erbsenbein, Gleichbein oder Hufrolle sind Beispiele dafür.

Das Knochenmark ist die Bildungsstätte der Blutkörperchen, der so genannten Erythrozyten und Leukozyten, und wird daher von Adern durchzogen, welche durch kleinste Öffnungen eintreten. Alle Knochen sind von Beinhaut überzogen, in der die Nerven und Blutgefäße zur Versorgung der Knochen verlaufen und ein Teil der Knochenbildung erfolgt. Beim toten Pferd liegt der Anteil der Knochen und anhängenden Bänderteile bei über 20 Prozent des Schlachtkörpers.

Rund ein Drittel der Knochenmasse besteht aus organischem, kollagenem Bindegewebe, die übrigen zwei Drittel aus anorganischen Kalksalzen (phosphor- und kohlensaurer Kalk, Magnesium und Fluor). Obwohl Mangelernährung beim jungen, noch im Wachstum begriffenen Pferd ein genetisch gutes Skelett schädigen kann, vermag hingegen auch optimale Ernährung keine Struktur zu verbessern, die genetisch minderwertig ist. Ein Tier, das genetisch auf schwaches Fundament und knappe Gelenke „programmiert" ist, kann durch keine Zusatzmittel der Welt vor diesen Schwächen bewahrt werden. Alles, was der Mensch dagegen unternehmen kann, ist, optimale Bedingungen zu bieten und dafür zu sorgen, dass die Mängel so wenig wie möglich zur Ausprägung kommen. Andererseits kann ein genetisch perfekt „programmiertes" Fohlen diesen Vorteil nur dann ausspielen, wenn seine Lebens-

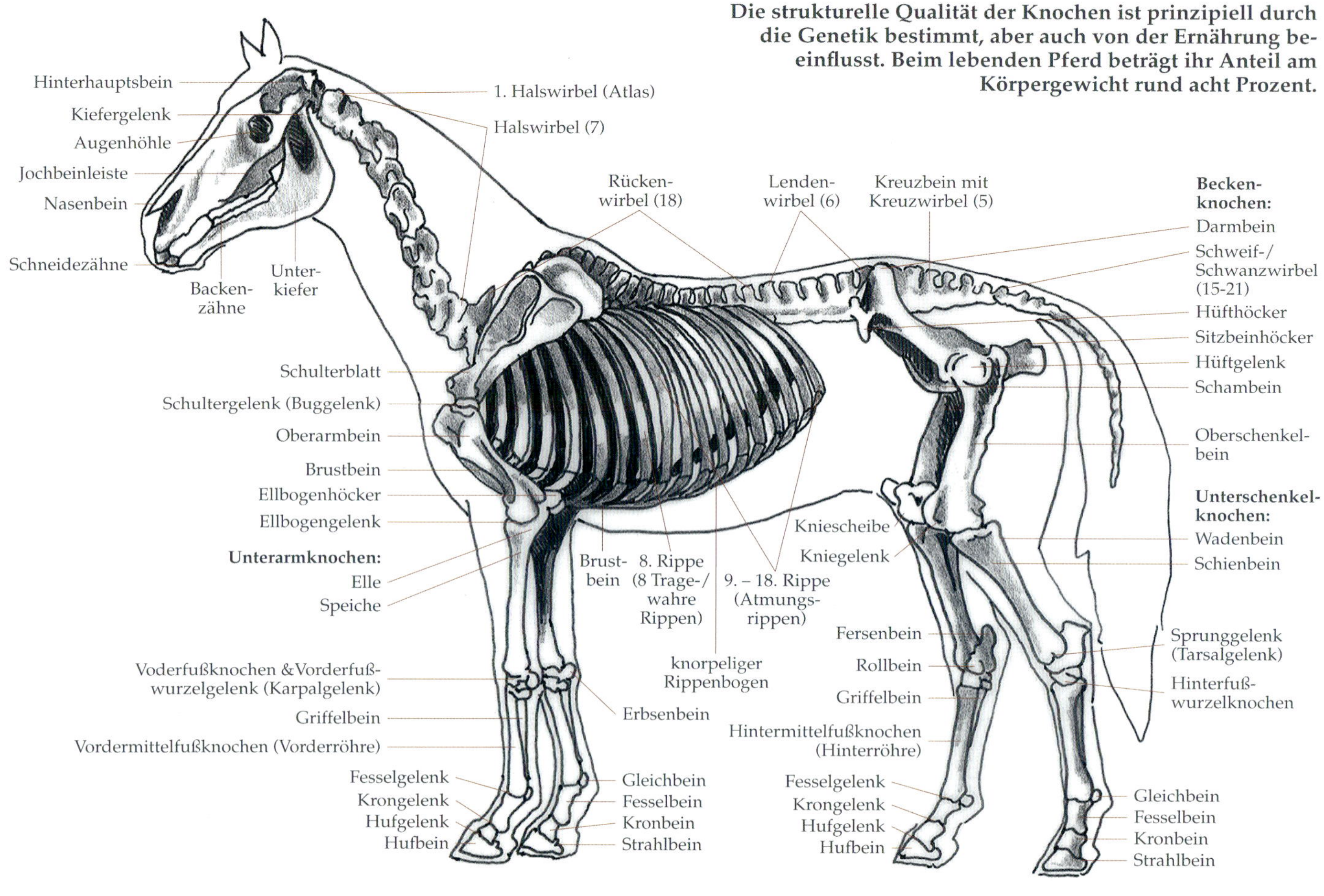

Die strukturelle Qualität der Knochen ist prinzipiell durch die Genetik bestimmt, aber auch von der Ernährung beeinflusst. Beim lebenden Pferd beträgt ihr Anteil am Körpergewicht rund acht Prozent.

bedingungen (z. B. Platzangebot, Fütterung, Ausbildung) ein Ausschöpfen seiner guten genetischen Möglichkeiten ermöglichen. Die Bedeutung der guten Aufzucht wird damit hervorgehoben.

Manche Fehlstellungen der Beine bei ganz jungen Fohlen können durch Bewegung, chirurgische bzw. orthopädische Eingriffe oder Hufkorrektur dauerhaft verbessert werden, jedoch nur etwa bis zum beendeten ersten Lebensjahr, also während die Knochen noch stark wachsen und gewissermaßen formbar sind. Die Zucht, Aufzucht und Haltung sind somit untrennbar verbundene Faktoren, deren optimales Zusammenspiel das gute Ergebnis garantiert.

Der Bauplan eines jeden Pferdes ist zum Großteil ein „Geschenk der Natur" und kann – anders als die Muskeln – durch menschliches Zutun nicht wesentlich zum Guten verändert werden. Bei der Wahl oder der Beurteilung eines Pferdes muss dessen Skelett daher möglichst genau betrachtet und umsichtig bewertet werden.

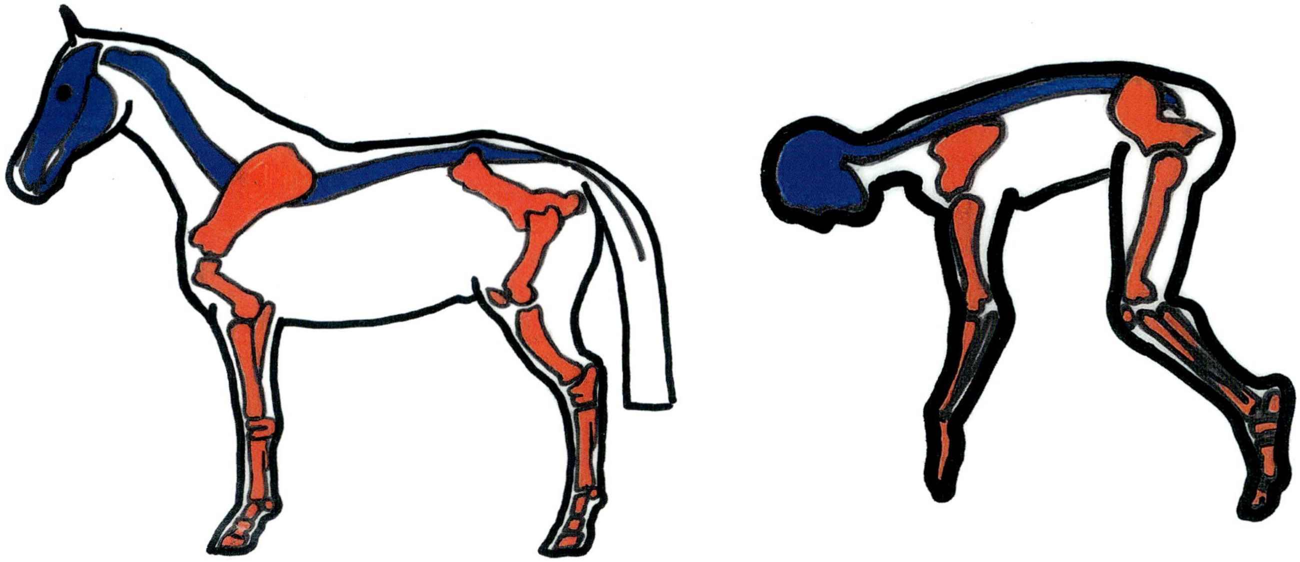

Hier werden die Skelette von Pferd und Mensch verglichen. Deutlich zu sehen, wie die Gelenke der Gliedmaßen beim Pferd aufwärts verlagert sind, um einen schnelleren Lauf zu ermöglichen.

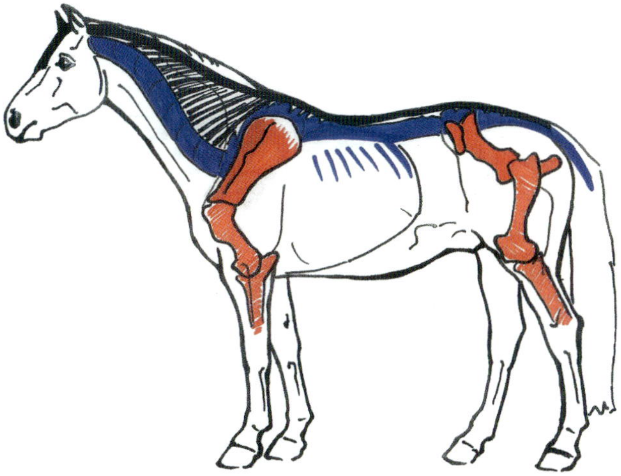

Die Knochen haben unterschiedliche Formen. Lange Knochen tragen den Körper und besitzen Gelenke an den Enden, flache Knochen schützen oder stützen und haben eine harte Außenschicht.

Fehlstellungen bei Fohlenbeinen können oft dauerhaft verbessert oder sogar geheilt werden, allerdings nur während der ersten Lebensmonate, solange die Knochen noch formbar sind.

Der Schädel

Schädel ist der Fachausdruck für die knöcherne Grundlage des Kopfes. Beim Pferd ist dieser ein gewaltiger Apparat, der wie bei allen Säugern aus einer Unzahl komplizierter Knochen zusammengesetzt ist. Schon eine simple Einzelbeschreibung würde den Rahmen dieses Buches sprengen.

Der Schädel enthält und beschützt einige der wichtigsten Organe überhaupt: die Sinnesorgane des Gesichts, die oberen Luftwege, die Fress- bzw. Kauwerkzeuge und das Gehirn. Somit sollte er völlig unverletzt und gesund sein, ohne sicht- oder tastbare Schwellungen, Fisteln, Wunden oder Frakturen etc.

Die Kiefer sollen klarerweise kräftig und gesund sein, damit in ihnen ebensolche Zähne sitzen können; aber auch ihre Form ist interessant. Sind sie allzu eng beieinander, so findet im Diastema der Zahnreihen, wo das Mundstück des Gebisses liegt, eine Konzentration der Gebisswirkung statt. Zwar liegen Trense und Kandare auf der Zunge und kommen nur ausnahmsweise in direkten Kontakt mit dem Knochen, aber Abstand und Form der Kieferäste beeinflussen die Lage und Balance des Gebisses, das ja nicht symmetrisch und gerade im Maul liegt, sondern fast immer schief. Zudem kann eine allzu brutale Einwirkung mit der Kandare hier zu Kieferfrakturen führen – umso eher, je zarter die Knochen hier angelegt sind.

Die längliche, paarige Ohrspeicheldrüse zwischen dem Hinterrand der Unterkiefer, den Flügeln der ersten Halswirbel und der hier verlaufenden Halsmuskulatur produziert bei reiner Heufütterung eines Großpferdes rund 60 Liter Speichel, der absolut lebenswichtig ist. Je weiter auseinander nun die beiden Kieferäste stehen, je breiter der

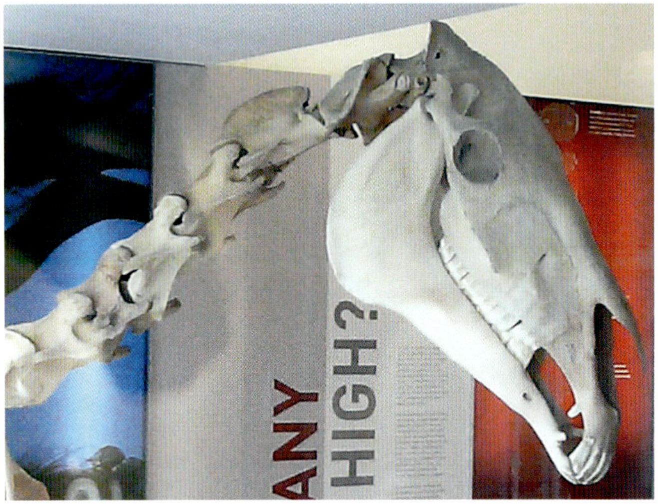

Das Schädelskelett ist interessant, denn mindestens zwei seiner Merkmale beeinflussen die sportliche Brauchbarkeit des Pferdes: die Form der Kieferäste und des Hinterhauptbeins.

Hinter dem Ganaschenbogen liegt die meist wenig beachtete Ohrspeicheldrüse, welche aber ein wichtiges Organ ist.

untere Schädel konstruiert ist, desto weniger Druck kommt beim beigezäumten Pferd auf die Ohrspeicheldrüse.

Ist der Kieferabstand zu klein, das Genick zu kurz und/oder die Drüse selbst zu groß oder hart (und meistens geht alles drei Hand in Hand), dann hat man ein fast unkorrigierbares Problem. So ein Pferd kann nur unter Schmerzen und daher unter Zwang dressurmäßig am Zügel gehen. Auch die Zunge und das Zungenbein, die Atemwege inklusive Kehlkopf und der Gaumen profitieren ungemein von einem geräumigen Schädel.

Ein großes und gut gelagertes Hinterhauptsbein mit günstigem Anschluss an den Atlas ist ebenfalls für die leichte Beizäumung unerlässlich und hängt mit der bereits erwähnten Kieferformation zusammen. Liegt es in Relation zum Atlas zu hoch, so wird das daraus resultierende steife, steile Genick in seiner allzu häufigen Kombination mit einem Hirschhals zum Problem. Solche Formen finden sich in vielen züchterisch unverbesserten Rassen, den nahen Verwandten Esel und Zebra und den primitiven Przewalski-Pferden. Für Wildequiden scheinen sie keine Rolle zu spielen oder biologisch sogar günstig zu sein. Zum reiterlichen Gebrauch in unseren Breiten sind sie wenig geeignet.

Ändern lässt sich leider an dieser Konformation selbst durch geniales Reiten oder brutalen Einsatz von Hilfszügeln nur der oberflächliche Eindruck. Lediglich durch korrekte und einfühlsame Ausbildung über lange Zeiträume kann man die negativen Auswirkungen mildern, die Muskeln umbauen und dem Pferd angenehme Alternativen zeigen. Bei Trabern oder manchen Gangpferden und sogar beim Galopprennpferd spielen diese Eigenschaften keine negative Rolle oder sind sogar erwünscht, daher sind sie bei diesen recht häufig anzutreffen.

Die Wirbelsäule

Die gesamte Konformation eines Tieres hängt ganz wesentlich von der Gestalt und den Eigenschaften seiner Wirbelsäule ab. Das Rückgrat des Pferdes hält das gesamte Skelett zusammen und alle anderen Strukturen, wie die inneren Organe oder die Beine, hängen quasi an ihm. Zugleich dient der Wirbelkanal als Schutz für das sensible Rückenmark. Ein englischer Pferdefachmann sagte vor Langem in einer Diskussion über die Pferdezucht: „Wenn jemand die perfekte Wirbelsäule züchten könnte, so dürfte er sicher sein, auch das perfekte Pferd gezüchtet zu haben.“ Das ist zwar nicht vorbehaltlos richtig, aber er hatte erkannt, dass die zentrale Struktur des Pferdekörpers der Rücken ist, und hier besonders dessen knöcherner Anteil.

Die Wirbelsäule wird in fünf Abschnitte unterteilt:
- Halswirbelsäule
- Brustwirbelsäule
- Lendenwirbelsäule
- Kreuzbein
- Schwanzwirbelsäule

Sie ist von allen Strukturen am spätesten ausgewachsen, erst mit etwa fünf bis sieben Jahren, und vor allem statisch anfällig, doch der Mensch nimmt darauf eher wenig Rücksicht. Ihre vielen Belastungsschäden, mit oft unauffälligen Äußerungen und vielen Spätfolgen, bleiben meist unbeachtet und führen zu einer Vielzahl von reiterlichen Problemen (z. B. dauernde Schiefe, unreiner Gang, kalter Rücken, mangelnde Rittigkeit, früher Verschleiß der Beine, Kissing Spines).

Die Wirbelknochen

Ihr Grundplan umfasst den Wirbelkörper, den Wirbelbogen, zwei Querfortsätze an den Seiten und einen Dornfortsatz oben. Jeder Wirbel ist durch Gelenksfortsätze, Muskeln und Bänder mit seinen Nachbarn verbunden und dazwischen durch Bandscheiben abgepolstert. Zwischen den Wirbeln befinden sich auch Lücken, durch die Nerven und Blutgefäße laufen.

Es gibt beim Pferd, wie bei jedem Säugetier, immer sieben Halswirbel, egal wie lang der äußerlich sichtbare Hals sein mag. Weiters 18 Brustwirbel (die ersten ca. neun davon bilden den Widerrist), fünf oder sechs Lendenwirbel, fünf miteinander verbundene Wirbel im Kreuzbein (zwischen dem höchsten Punkt der Kruppe und dem Schweifansatz) und 15 bis 20 kleine Schwanzknochen. Die verschiedenen Teile des Pferderückgrats können individuell in der Länge variieren, abhängig von Länge und Gestalt der Wirbelknochen.

Die Wirbelsäule schützt als knöcherner Kanal das Rückenmark, jenen Nervenstrang, welcher das Gehirn mit allen Körperteilen verbindet, und die Hauptnerven treten zwischen den einzelnen Wirbeln durch Öffnungen aus. Die Bandscheiben zwischen den Wirbelknochen polstern nicht nur dieselben gegeneinander ab, sondern verhindern auch, dass sie auf die Nerven drücken, die vom Rückenmark ausfächern. Die Wirbel beinhalten auch Knochenmark, das bei der Bildung von roten Blutkörperchen eine wichtige Rolle spielt.

Zwischen Vordergliedmaßen und Wirbelsäule gibt es keine knöcherne Verbindung, da die Schlüsselbeine fehlen. Die Rippen sind mit der Brustwirbelsäule gelenkig verbunden, somit hängt der Brustkorb samt Inhalt quasi an ihr. Das Becken bildet mit der Wirbelsäule im Bereich von Lendenwirbelsäule und Kreuzbein eine Verbindung zu den hinteren Gliedmaßen über das Iliosacral-Gelenk. Die Muskelentwicklung von Lenden und Gesäßbacken hängt stark von der Konformation der Wirbelsäule ab.

Die Rippen

Die flexiblen, geschwungenen Rippenknochen sind oben gelenkig mit der Wirbelsäule verbunden. Die vorderen acht der insgesamt ungefähr 18 Rippenpaare sind an ihrem unteren Ende durch Knorpeln mit dem Brustbein (Sternum) verbunden. Die hinteren Rippenpaare sind nur durch einen knorpeligen Bogen verbunden und daher wesentlich mobiler. Sie erlauben die maximale Ausdehnung des Brustkorbes während der Atmung. Die letzten beiden Paare sind manchmal überhaupt nicht verbunden und werden daher fliegende Rippen genannt.

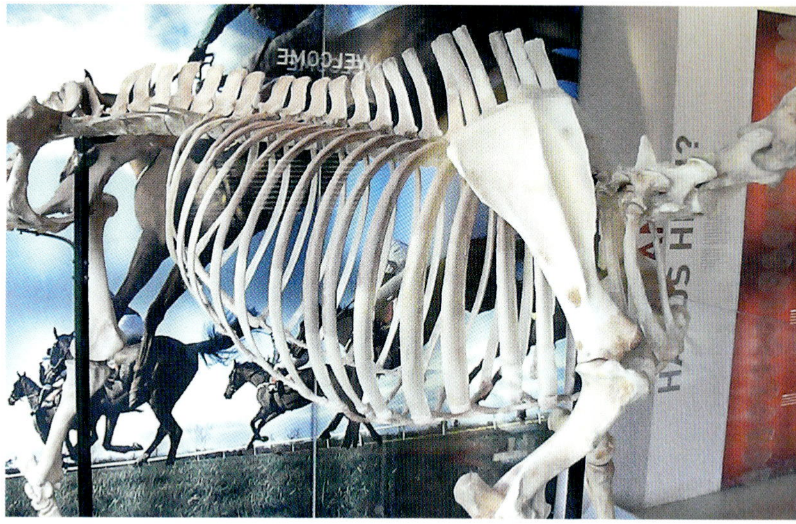

Die Wirbelsäule des Pferdes ist relativ starr und bietet damit der Hinterhand einen stabilen Ansatz. Diese überträgt ihre Schubkräfte auf den restlichen Körper und bewirkt damit die Vorwärtsbewegung des Pferdes.

Das Brustbein

Dieser wenig beachtete Knochen liegt zwischen den Vorderbeinen und besteht aus sechs bis acht knöchernen Segmenten, die durch einen Knorpelstab miteinander verbunden sind. Er bildet gewissermaßen den Boden des Brustkorbs. Seine Breite ist mitbestimmend für die Breite der Vorderbrust, also den Abstand zwischen den Vorderbeinen.

Die Biegsamkeit der Wirbelsäule

Die Beweglichkeit der Wirbel entlang des Rückens ist beim Pferd ziemlich gering, mit Ausnahme des Halses. In der Region der Brustwirbel ist etwas seitliche Bewegung möglich, und es besteht eine geringe Biegsamkeit im Lendenbereich, und zwar auf-, ab- und seitwärts. Die angeboren geringe Beweglichkeit der Wirbelsäule eines Pferdes geht mit fortschreitendem Alter noch weiter verloren, da die Lendenwirbel dazu neigen, zusammenzuwachsen.

Die traditionelle reiterliche Forderung, dass das Pferd in seiner gesamten Körperlänge ein Segment jenes Kreises sein solle, auf dem es bis zu einem kleinsten Radius von ca. sechs Metern (Volte; Kleine Tour) läuft, ist daher unerfüllbar.

Drei Gelenke erlauben dem Pferd eine Auf- und Abwärtsbewegung: Das Gelenk zwischen Kopf und Hals (Hinterhauptbein und Atlas) ermöglicht es dem Pferd, das Genick zu öffnen und somit die Nase weiter vorne oder näher zur Brust zu tragen. Das Gelenk zwischen letztem Hals- und erstem Brustwirbel erlaubt dem Pferd, Kopf und Hals zu senken oder hoch zu halten. Das Lumbosacral-Gelenk verbindet den letzten Lendenwirbel mit dem Kreuzbein und gestattet es dem Kreuzbein und Becken des Pferdes, sich nach hinten zu senken, damit die Hinterbeine weit unter den Bauch greifen können. Es stellt einen Drehpunkt dar, der es dem Pferd erlaubt, beim Bergabgehen die Balance zu halten oder um sich zu „versammeln" und somit mehr Gewicht auf der Hinterhand aufzunehmen oder einen kraftvollen Schub beim Absprung oder Galoppieren zu entwickeln.

Die Halswirbel

Die Halswirbelsäule ist s-förmig gebogen, ihre erste Krümmung oben liegt im Kopf-Hals-Übergang und umfasst Hinterhauptbein, Atlas und Axis. Dann folgt der fast gerade Mittelteil, bestehend aus den Halswirbeln Nummer 3 bis 6. Die zweite Krümmung liegt am Übergang von Hals zu Brustkorb und ist nach unten gebogen; sie wird von den Halswirbeln Nummer 6 und 7 und den ersten Brustwirbeln gebildet. Eine weitere Krümmung der Wirbelsäule liegt am Übergang von Brust- und Lendenwirbelsäule. Die Halswirbel richten sich gerade, wenn das Pferd den Kopf senkt oder wenn es den Hals streckt. Der erste Wirbel heißt Atlas (Träger des Kopfes) und besitzt deutlich ertastbare seitliche Flügel. Der zweite Wirbel heißt Axis (Dreher des Kopfes) und ist mit dem Atlas durch ein Zapfengelenk verbunden, das die seitliche Drehung des Kopfes ermöglicht. Diese beiden Wirbel unterscheiden sich in Form und

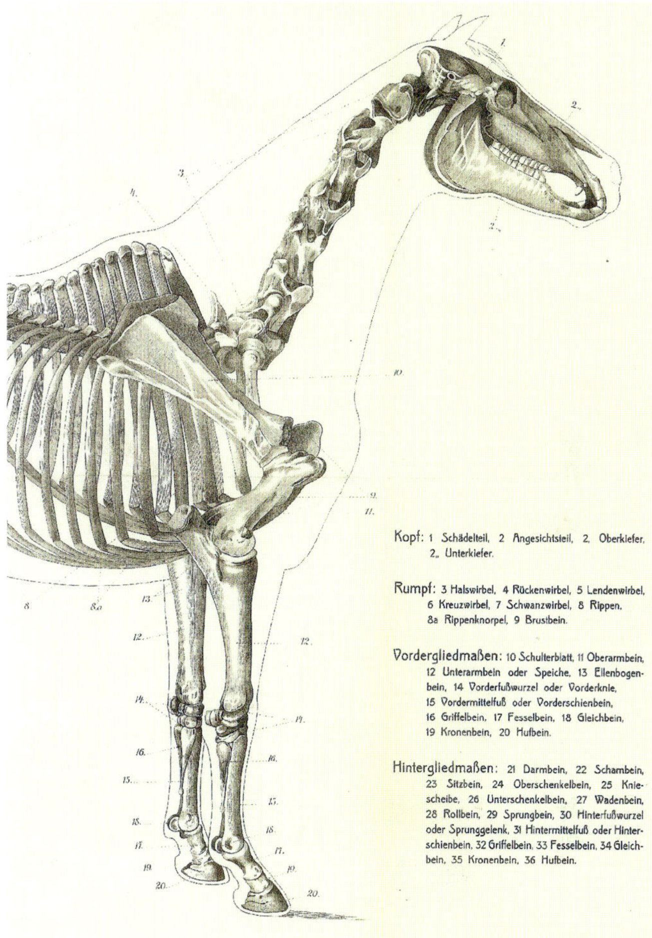

Von der Seite gesehen erkennt man die zwei Kurven und den relativ geraden Mittelteil der Halswirbelsäule, welche die Halsform auch äußerlich bestimmen.

Funktion ganz wesentlich von den übrigen.

Das Pferd trägt seinen schweren Kopf mit Hilfe des Nackenbandes *(Ligamentum nuchae)*, einem sehr starken, doppelten Sehnenstrang, der vom Genick bis zum Widerrist läuft. Von diesem Strang laufen flächige Bänder zu den hinteren fünf Halswirbeln, die den Halsmuskeln beim Tragen des Kopfes helfen. Ohne diese Stütze müssten die Muskeln viel dicker und stärker sein und das Pferd wäre viel ermüdungsanfälliger, schlechter ausbalanciert und weniger beweglich. Das Nackenband setzt sich im Rückenband fort, das auf den Dornfortsätzen der Wirbel verläuft.

Die Form der Wirbel

Jeder Wirbel der Wirbelsäule hat – vereinfacht gesagt – zwei seitliche Querfortsätze (knöcherne Vorsprünge, die wie Flügel zur Seite stehen) und einen rückenfinnenartigen Dornfortsatz (ein Vorsprung, der in die Höhe steht). An den Halswirbeln und entlang des Rückens, wo der Reiter sitzt, sind diese Dornfortsätze kurz, aber die ca. neun Wirbel, die den Widerrist bilden, haben lange Dornfortsätze. Ihre Länge nimmt rasch bis zu ca. 25 cm zu und dann allmählich verlaufend wieder ab. Das formt die charakteristische Kurve des Widerrists und ist auch die Stelle, an der Muskeln ansetzen, die das Schulterblatt halten. Die Querfortsätze sind breit, um einen Ansatz für die großen Muskeln des Rückens und der Gesäßbacken zu bilden; letztere sind bekanntlich der Motor des Pferdes. An den Brustwirbeln sind außerdem noch Gelenksflächen für die Verbindung mit den Rippen ausgebildet.

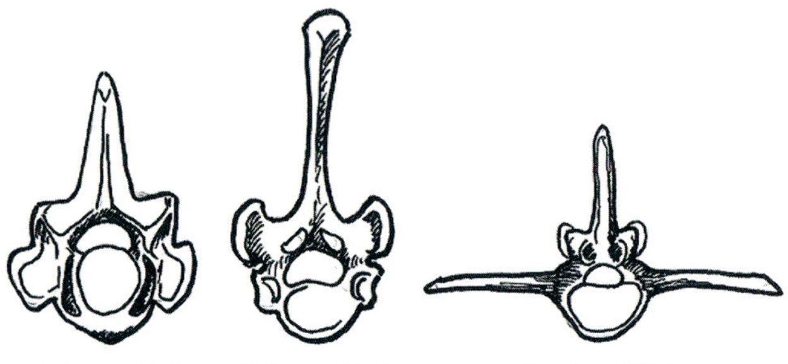

Die Wirbel sind im Verlauf der Wirbelsäule unterschiedlich in Form und Größe. Manche Pferde haben daher einen kurzen Hals oder Rücken, andere einen langen; sogar die Zahl der Wirbel kann variieren.

Die Anheftung der Gliedmaßen

Das Skelett des Pferdes ist ein Beispiel für mechanische Perfektion, die nur dem einen Zweck dient, nämlich als grasendes Lauftier bzw. Fluchttier zu überleben. Die stoßdämpfenden Eigenschaften und die Bemuskelung der Vordergliedmaßen sind ein höchst effizientes Design für einen ausdauernden Läufer.

> Der Brustkorb des Pferdes ist nicht knöchern mit den Vorderbeinen verbunden, sondern zwischen ihnen in einer Muskelschlinge aufgehängt, welche vom einen Oberarm über das Brustbein zum anderen reicht. Diese muskuläre Verbindung ist elastisch und damit ein idealer Stoßdämpfer. Somit ist der Brustkorb auch bei schnellen und heftigen Bewegungen nur geringen Stößen ausgesetzt, welche innere Organe beeinträchtigen könnten.

Die hinteren Gliedmaßen sind fest über das Becken mit der Wirbelsäule verbunden. Damit hat das Pferd die perfekte Voraussetzung zur maximalen Kraftübertragung nach vorne. Hebelung und Schub der Hinterhand sind während der Fortbewegung durch diese starre Verbindung maximiert. Die Hinterhand soll gut gebaut sein und die richtige Winkelung der Hüft-, Knie- und Sprunggelenke aufweisen, um die Erschütterung und Belastung zu minimieren. Weil das Becken am Kreuzbein mit dem Rückgrat verbunden ist, wird jeder Stoß, der nicht vom Hinterbein selbst absorbiert wird, direkt an die Bandscheiben weitergeleitet. Wenn diese schon durch Reibung, Stress und Druck gelitten haben und durch Entzündungen und Verkalkungen verschmolzen sind, wird die Dämpfung verringert oder aufgehoben. Daher kann eine schlechte Hinterhand durch die vermehrte Erschütterung zu einem schmerzhaften Rückgrat bzw. Rücken führen. Schäden in der Verbindung (Hüftgelenk, Kreuz-Darmbeingelenk) wirken sich negativ auf die Rückentätigkeit und die Gangqualität aus.

Das Becken

Die Hinterbeine sind über das Becken mit der Wirbelsäule verbunden, welches eigentlich ein Gürtel aus verschiedenen, miteinander verbundenen Knochen ist. Jede Seite des Beckens ist ein flacher Halbkreis, geformt aus dem Darmbein *(Ilium)*, das mit seiner Spitze durch das Iliosacral-Gelenk mit der Wirbelsäule verbunden ist, dem Sitzbein *(Ischium)*, das den „Spitz" der Gesäßbacken bildet, und dem Schambein *(Os pubis)*, dem kleinem Knochen am Boden des Beckengürtels. Diese Knochen – drei auf jeder Seite, also sechs insgesamt – sind ab dem frühen Erwachsenenstadium so fest miteinander verbunden, dass sie wie je ein einziger großer Knochen erscheinen, der Hüftbein *(Os coxae)* genannt wird und mit dem gegenseitigen Hüftbein den Beckenring bildet.

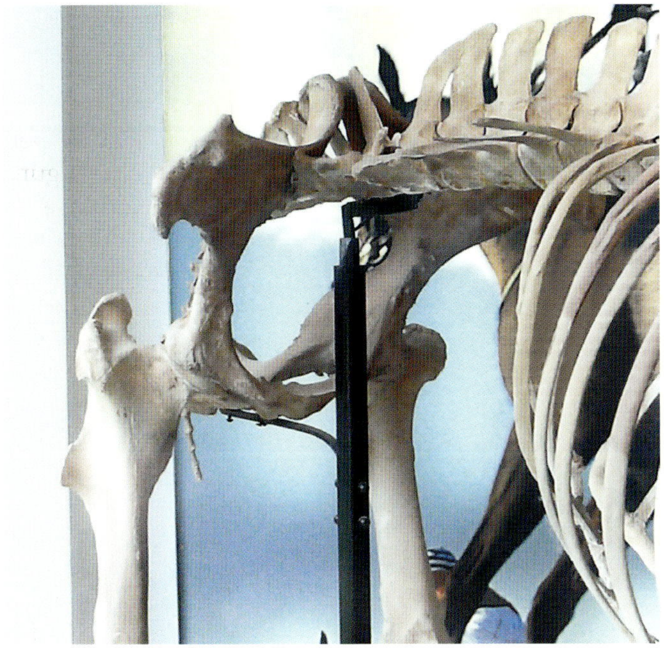

Eine stabile, gesunde Hinterhand ist für jede Art der Verwendung wichtig. Die großen Muskeln der Hinterhand, welche das Pferd vorwärtsbewegen, heften sich am Becken an.

Das Becken hat mehrere Vorsprünge, an denen verschiedene große Muskeln ansetzen, die den Gesäßbacken ihre Form geben; auch die Lendenmuskulatur setzt hier an. Der Knochengürtel des Beckens liegt nicht völlig waagrecht, sondern schräg, und sein Winkel ist je nach Rasse und Individuum verschieden. Der Grad des Winkels beeinflusst die Form des Rumpfes und die allgemeine Form der Hinterhand ganz wesentlich.

Die Gelenke und ihre Winkelung

Gelenke sind die Verbindungen zwischen den Knochen und ermöglichen die Bewegung eines Knochens in Beziehung zu einem anderen. Es gibt drei Arten von Gelenken im Körper:

Bewegliche Gelenke, in denen die Knochen mit Bändern verbunden sind und die beweglichen Teile mittels Gelenksflüssigkeit, die in den Gelenkskapseln enthalten ist, geschmiert werden.

Teilweise bewegliche Gelenke, in denen die Knochen mittels Knorpeln und Bändern verbunden sind und somit begrenzte Beweglichkeit haben, wie z. B. zwischen den Wirbeln.

Unbewegliche Gelenke, z. B. an Stellen, wo Schädelknochen aufeinandertreffen und miteinander verschmelzen, um eine solide Struktur zu bilden, die allerdings lebenslang etwas flexibel bleibt. Die starren Gelenke zwischen den Knochenreihen in Karpal- und Sprunggelenk sind durch straffe Bänder nahezu unbeweglich.

Gelenke werden von den Knochenenden gebildet, die mit einer glatten, widerstandsfähigen Knorpelschicht bedeckt sind, um eine gleitfähige Oberfläche zu schaffen. Diese wird durch die Gelenksflüssigkeit *(Synovia)* aus der Innenschicht der Gelenkskapsel noch glatter und reibungsfreier. Diese Flüssigkeit sorgt für eine perfekte Schmierung des Gelenkes und bewahrt damit die Gelenksflächen vor Abnützung.

Ein Gelenk wird durch Bänder, welche die beiden beteiligten Knochen verbinden, gesichert und durch die faser-

Ohne Gelenke keine Bewegung! Karpal- und Sprunggelenk ermöglichen das Beugen und Strecken der Beine und absorbieren Stöße. Im wichtigen Lumbosacral-Gelenk senkt das Pferd die Hinterhand, und im Genick kann es den Kopf bewegen. Schultergelenk, Ellbogen und Kniegelenk sind die großen Drehpunkte der Gliedmaßen.

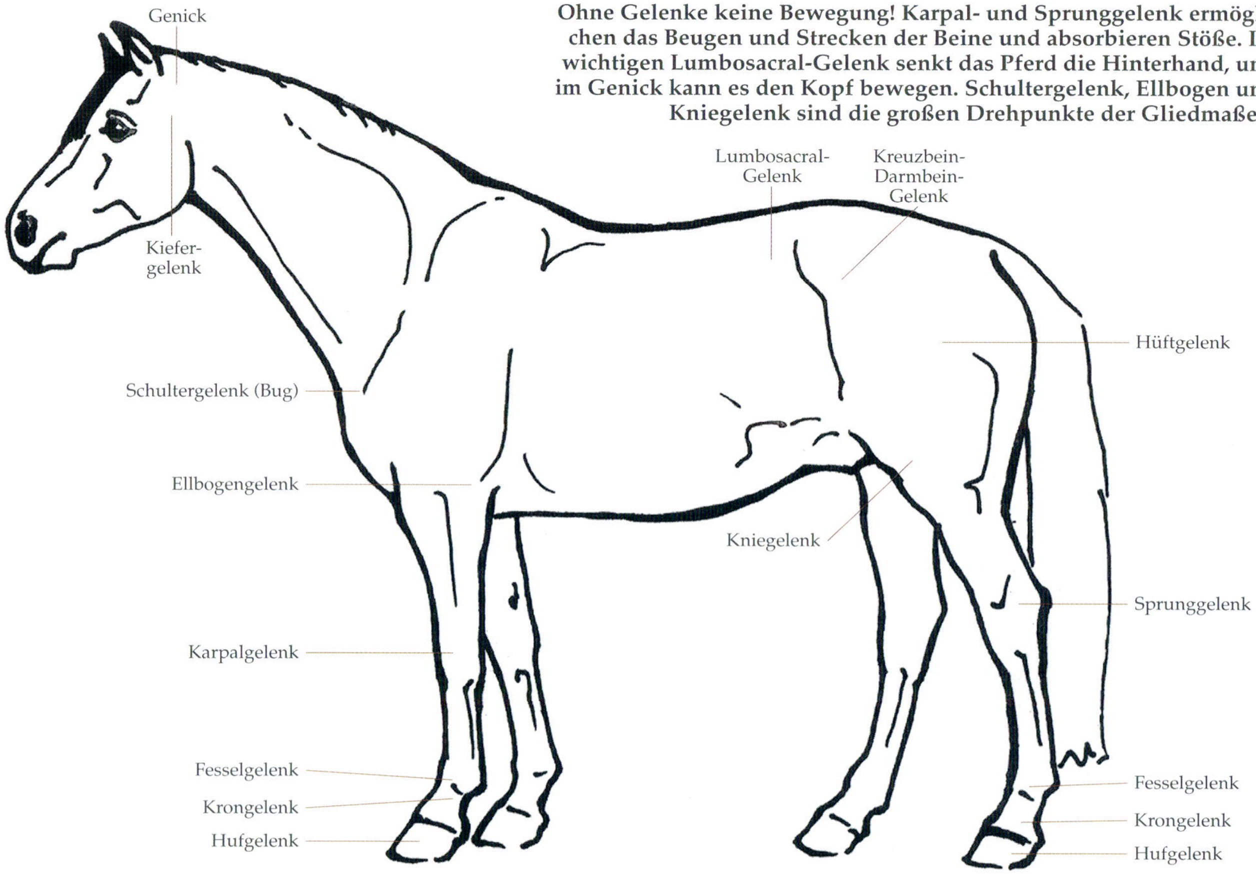

reiche Gelenkskapsel, die es umgibt, geschützt. Die Bänder verbinden die Knochen sehr fest und derart, dass sie sich nur in bestimmte Richtungen bewegen können. Die grundlegende Konformation der Beine bestimmt die Lebensdauer und Belastbarkeit der Gelenke (Kniescheibengelenk, Sprunggelenke, Ellbogen, Knie, Fesselgelenke); im Idealfall erlaubt sie den Knochen, sich fortwährend zu bewegen, ohne die Gelenke übermäßig zu beanspruchen. Die Winkel, in denen sich bestimmte Knochen im Körper verbinden, können von einem zum anderen Pferd sehr unterschiedlich sein und beeinflussen die Konformation des Pferdes, seine Kraft, Stabilität, Geschwindigkeit und Beweglichkeit. Mangelhafte Gelenke sind durch ungleiche Belastungen aufgrund ungünstiger Winkelung und durch Verletzungen oder Überlastungen gefährdet.

Der Winkel des Kniegelenks zwischen Ober- und Unterschenkel des Hinterbeines kann z. B. zwischen ungefähr 100 und 140 Grad liegen, abhängig vom Pferd. Liegt der Winkel zwischen 120–140 Grad, wird das Pferd ein gestreckt wirkendes Knie und Sprunggelenk haben, was das Hinterbein seitlich gesehen „zu gerade" erscheinen lässt – für Renn-, Spring- und Zugpferde nicht unbedingt ein

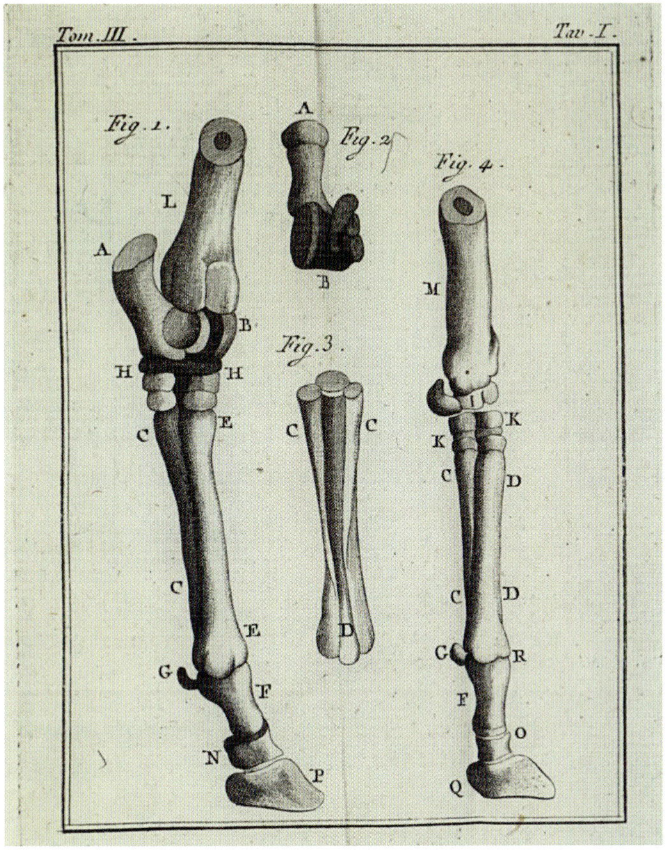

Die Gesundheit des Pferdes war immer wichtig, daher das alte englische Sprichwort „Ohne Bein kein Pferd."

Nachteil. Das Sprunggelenk ist dann fast unter dem Knie, anstatt direkt unter dem Sitzbeinhöcker, was nach einer Kompensation durch weiche Fesseln schreit. Wenn der Winkel zwischen 100–120 Grad liegt, sind das Knie und das Sprunggelenk stärker gebeugt, was für Dressur- und Fahrpferde günstiger ist. Im Extremfall entstehen dann so genannte Säbelbeine, bei denen die Hinterröhren stark nach vorne weisen und die bei Gebirgspferderassen und Tragtieren nicht nachteilig sind.

Ein gemäßigter Winkel, also keines der Extreme, macht das Pferd zu einem guten Allround-Athleten und belastet die Gelenke weniger, was das Risiko von Verletzung und Lahmheit verringert. Ein Pferd mit geraden Knien hat gewöhnlich auch gerade Sprunggelenke, und ein Pferd mit stark gewinkelten Sprunggelenken besitzt im Allgemeinen auch ähnlich stark oder schwach gewinkelte Knie.

Etwas über Mechanik

Beobachtet man, wie ein Pferd seinen Kopf benutzt, um ein krankes Bein oder einen kranken Fuß zu schonen, erkennt man die Bedeutung eines guten Fundaments. Wenn ein Pferd ein verletztes Vorderbein hat, entlastet es dieses, indem es den Kopf hebt, wenn das betroffene Bein auffußt. In ähnlicher Weise senkt es den Kopf, wenn es ein schmerzendes Hinterbein hat, um das Gewicht weiter nach vorne zu legen, damit das kranke Hinterbein entlastet wird. Bei schneller Bewegung und auf unebenem Geläuf wird der Kopf mitsamt dem ihn tragenden Hals zu einer wichtigen Balancierstange. Je mehr man ihn fixiert, also durch Reiterhand, Hilfszügel oder Zäumung festzuhalten oder zu stützen versucht, desto weniger kann er seine Funktion als Pendel erfüllen. Mangelnde Balance und Stolpern, Stürzen und Überlastung der Beine können direkte Folgen davon sein; daher ist dem Kopf-Hals-Pendel des Pferdes umso mehr Freiheit zu gewähren, je anspruchsvoller Tempo und Geläuf sind. Allerdings: Ein völliges und vor allem plötzliches „Wegwerfen" der Zügel kann ein Pferd zum Straucheln oder Fallen bringen, weil ihm überraschend das „fünfte Bein" entzogen wird.

Die Mechanik des Vorderbeins

Das Schulterblatt *(Scapula)* ist ein flacher Knochen, der unten mit dem Oberarmknochen *(Humerus)* verbunden ist. Das obere Ende des Schulterblatts ist durch Muskeln entlang des Widerristes mit dem Rückgrat verbunden. Der Winkel der Schulter hängt auch von der Lage und Form der Wirbel ab. Wenn die Wirbelkörper durchgehend lang sind und einen langen Widerrist schaffen, liegt die Spitze

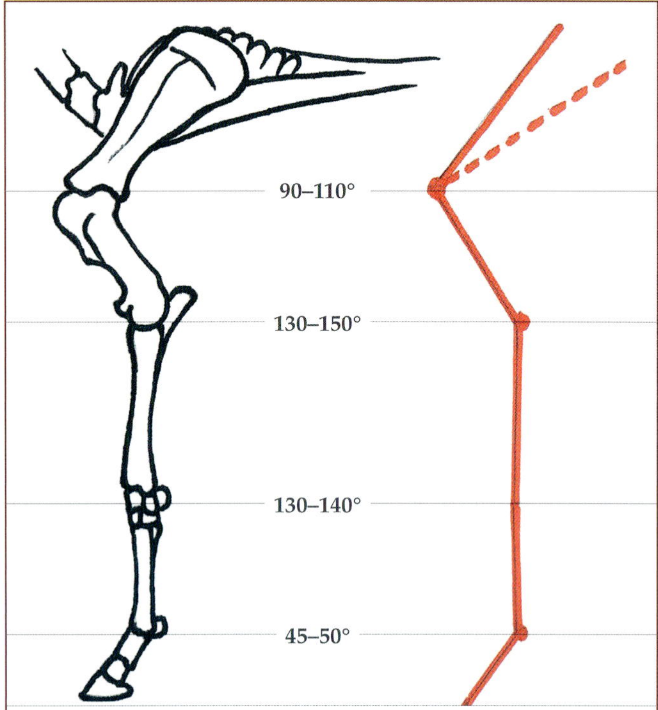

Man wünscht sich eine lange, schräge Schulter, weiters einen relativ langen Oberarm und eine kurze Röhre, die Fesseln sollen ausreichend lang sein. Gut konstruierte Beine können Dauer- und Spitzenbelastungen ohne Schäden überstehen.

des Schulterblattes weiter hinten, als wenn die Wirbelkörper, und damit auch der Widerrist, kurz sind. Wenn dies der Fall ist, liegt die Spitze des Schulterblatts näher beim Ende des Halses und die Schultern sind steiler, was zu vermehrter Erschütterung und eingeschränktem Raumgriff führt.

Das Schulterblatt ist der Länge nach durch einen knöchernen Grat geteilt, genannt Schulterblattgräte. An jeder Seite dieses Grats befindet sich eine Ausbuchtung, in der die Schultermuskeln anheften. Die Masse und Entwicklung dieser Muskeln bestimmt, ob das Pferd eine leichte, flache Schulter oder eine schwere, gewölbte Schulter hat.

Das untere Ende des Oberarmknochens bildet mit dem oberen Ende des aus Elle und Speiche *(Radius* und *Ulna)* verschmolzenen Unterarmknochens ein Gelenk: den Ellbogen. Wenn auf das Vorderbein Gewicht gelegt wird, blockiert das ganze Gelenk, wodurch größte Stabilität des Beines gegeben ist. Das Ellbogengelenk und der Rest des Vorderbeins können sich nur in gerader Linie vor und zurück bewegen. Wenn das Bein nun Gewicht aufnimmt, werden Karpal- und Ellbogengelenk starr, um dem Pferd sichere Unterstützung zu geben. Wenn sich das Bein mit gebogenem Karpalgelenk vom Boden hebt, wird das Ellbogengelenk wieder frei beweglich und erhält dann vor- und rückwärts einen großen Bewegungsbereich. Der Ellbogen kann sich also nur bewegen, wenn das Karpalgelenk gebeugt ist! Wie der Ellbogen kann sich auch das Karpalgelenk nur in einer Ebene bewegen. Die Bänder, Sehnen und Muskeln des Vorderbeines bewahren es davor, sich außerhalb einer senkrechten Ebene zu bewegen – ein entscheidender Stabilitätsfaktor beim „Steppenläufer Pferd".

Das Vorderbein beginnt seine Vorwärtsbewegung durch eine Kontraktion des Kopf-Arm-Muskels und eine Relaxion seines Gegenspielers, des Breiten Rückenmuskels; dadurch wird der Oberarm nach vorne gezogen. Zugleich zieht die Schultermuskulatur das Schulterblatt nach hinten. Dann beugen sich Ellbogen und Vorderknie und das Bein gelangt in die Hang- oder Schwebephase, an deren Ende es sich streckt und letztlich auffußt. Die Schulter bewegt sich vor, der Huf steht am Boden, das Bein übernimmt das Gewicht und befindet sich daher in der Stützbeinphase. Nun entspannt sich der Kopf-Arm-Muskel und die Rückenmuskulatur kontrahiert sich, wodurch das Bein nach hinten gezogen wird. Am Abrollpunkt zieht sich die Beugemuskulatur zusammen und hebt das Bein; der Kreislauf der Bewegung beginnt erneut.

Die Mechanik des Hinterbeins

Das Hinterbein ist über das Becken mit dem Kreuzbein und damit mit dem Rückgrat verbunden. Das Becken besteht aus zwei knöchernen Halbkreisen, je einer an jeder

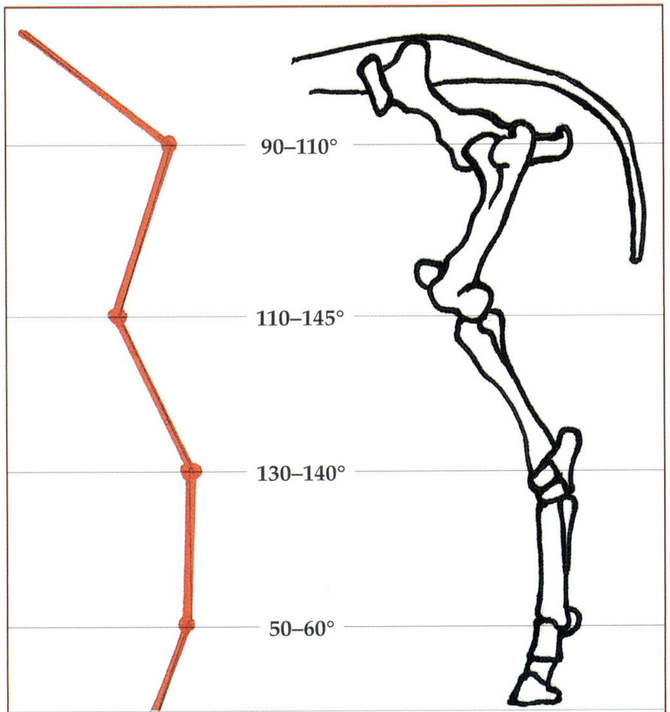

Man wünscht sich eine starke Hinterhand, weil sie für den Schub und das Tragen verantwortlich ist, also für Schnelligkeit und Versammlungsfähigkeit. Ober- und Unterschenkel sollen etwa gleich lang sein, was bodennahe Gelenke ergibt.

Seite des Rückgrats, die miteinander verschmelzen, um einen fast kompletten Knochenkreis zu bilden. An jeder Seite des Beckens findet sich im Darmbein eine tiefe Gelenkspfanne für den Kopf des Oberschenkelknochens *(Femur)*. Dieser unregelmäßig geformte Knochen – übrigens der größte im ganzen Pferdeskelett – ist enorm wichtig, sowohl was seine Lage als auch Länge anlangt. Er kann sich nur beugen und strecken und bildet in Normalstellung mit dem Becken einen Winkel von etwa 100 Grad.

Das Knie ist das größte Gelenk im Körper des Pferdes. Wie das menschliche Knie besteht es aus dem unteren Ende des Oberschenkelknochens, dem oberen Ende des Unterschenkelknochens *(Crus)* und der Kniescheibe oder Patella. Wegen der Anordnung der Muskeln und Sehnen kann das Sprunggelenk nicht gebeugt werden, wenn das Knie gestreckt ist, noch kann das Knie gebeugt werden, wenn das Sprunggelenk gestreckt ist. Die beiden Gelenke müssen vereint arbeiten, man spricht von einer „Spannsägenkonstruktion" der über sie laufenden Sehnen. Diese Kombination aus dem blockierten Ellbogengelenk und der Unterstützung des Kopfes durch das Nackenband ermöglicht es dem Pferd, ohne Anstrengung längere Zeit zu stehen.

Die Bewegung des Hinterbeins beruht auf den gleichen Abläufen wie beim Vorderbein, ist aber im Detail etwas anders. Der Oberschenkel wird gebeugt und das Hinterbein schwingt in der Hangbeinphase nach vorne, verursacht durch die Kontraktion der Beugemuskulatur im Lenden- und Hüftbereich. Durch den Spannsägenapparat der Gelenke und Sehnen beugen sich Knie-, Sprung- und Fesselgelenk. Beim Auffußen übernimmt das Hinterbein viel Last und beugt sich vermehrt, wodurch Energie in den elastischen Sehnen gespeichert wird. Sobald der Huf aufgefußt hat und damit das Bein in die Stützbeinphase gelangt ist, ziehen die großen Streckmuskeln der Hinterhand es nach hinten. Das Kniegelenk wird gestreckt und daher auch zugleich das Sprunggelenk. Die Sehnen geben die gespeicherte Energie frei, die Hinterbeine entwickeln ihre enorme Schubkraft.

Die Mechanik der Fesseln

Die gesamte Fessel wird von Fesselbein, Kronbein und Hufbein gebildet, dazu kommen hinten die beiden kleinen Gleichbeine, welche den so genannten Fesselkopf markieren. An dessen Hinterseite verlaufen die Beugesehnen an der Fessel entlang bis zum Kron- und Hufbein; vorne liegt der Zehenstrecker, welcher vor der Landung den Huf wieder in Position bringen muss.

Die Beugesehnen verlaufen zwischen den Gleichbeinen und werden von diversen Unterstützungsbändern und dem unelastischen Fesselringband ergänzt und gestützt.

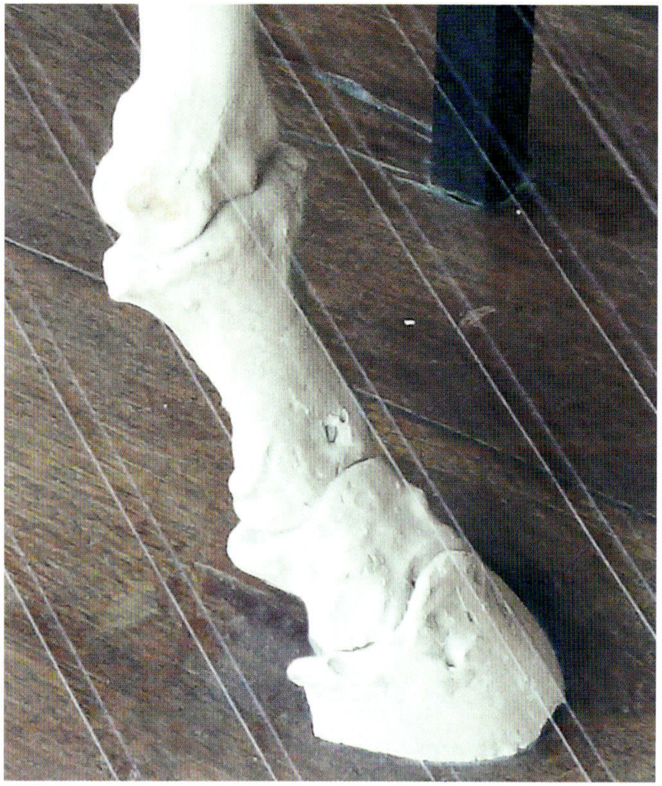

Die Fesseln sind eine elastische, aber dennoch anfällige Region zwischen Schienbein und Huf.

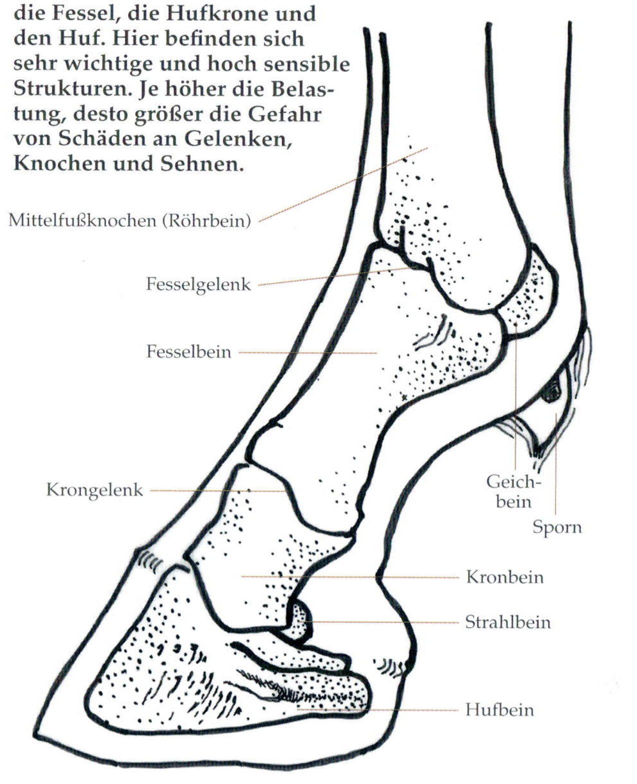

Der Fuß des Pferdes umfasst die Fessel, die Hufkrone und den Huf. Hier befinden sich sehr wichtige und hoch sensible Strukturen. Je höher die Belastung, desto größer die Gefahr von Schäden an Gelenken, Knochen und Sehnen.

Während der späten Hangbeinphase werden die Beugesehnen entspannt. Damit kann die Fessel mitsamt Huf aus ihrer gebeugten Stellung während der frühen Hangbeinphase in Vorbereitung zur erneuten Landung nach vorn schwingen. Kann sie das nicht, so kommt es zum Stolpern oder Stürzen. Die Sehnen speichern während der Stützbeinphase durch ihre Dehnung Energie in ihren Fasern, welche beim Abfußen wieder freigesetzt wird und das Pferd vor allem im Galopp energetisch unterstützt. Im Fesselbereich können vor allem bei Rennpferden, manchen Westernrassen und auch Gangpferden aufgrund der Feinheit und Länge der Knochen verschiedenste Probleme bis hin zu überraschenden Brüchen auftreten.

Die Hufmechanik

Sogar der äußerlich so starre und solide Huf besitzt eine ausgeklügelte Mechanik, welche aus einer elastischen Verformung der Hornkapsel bei Be- und Entlastung entsteht. Bei der Lastaufnahme wirkt er als Stoßdämpfer und Saugnapf; bei Entlastung geht er in seine Grundform zurück und wirkt als eine Art Pumpe für die vielen Blutgefäße in seinem Inneren. Ein altes Sprichwort sagt: „Der Huf ist das zweite Herz des Pferdes."

Bei Belastung erweitert sich der Huf, die Sohlenwölbung wird flacher, der Strahl dämpft den Stoß, die Hufkrone sinkt etwas ein. Die Verformung der Hornkapsel liegt zwar

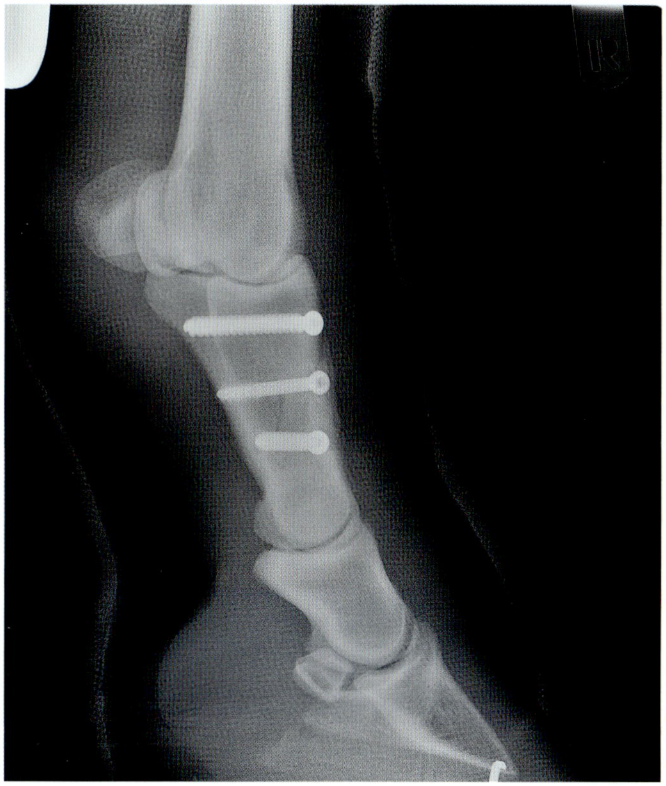

Belastungsspitzen können besonders im Fesselbereich zu Frakturen führen, die recht aufwändige Therapien verlangen, sofern überhaupt eine Heilung möglich ist.

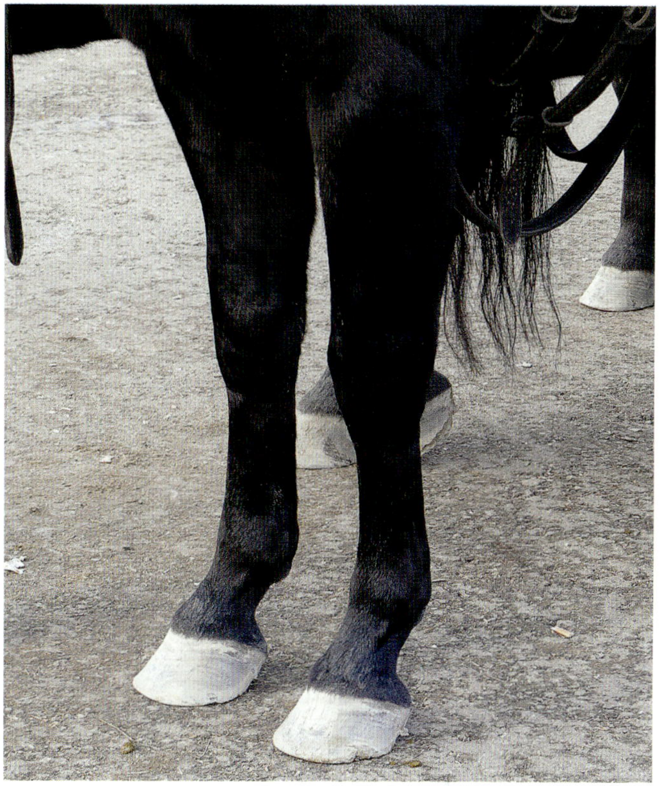

Dieses Esperia-Pony zeigt kräftige Schienbeine und Fesseln von mittlerer Länge und guter Winkelung. Die Hufe sind in Größe und Winkelung den Fesselachsen angepasst.

im Millimeterbereich, zeigt sich aber recht deutlich an den Schliffrillen an der Oberseite lange getragener Hufeisen; sie ist im Trachtenbereich deutlich, im Zehenbereich hingegen minimal. Hufbein und Strahlbein mitsamt ihren umgebenden Strukturen sind anfällig für Verletzungen und Entzündungen und daher beim Verdacht auf Lahmheit unbedingt einer entsprechenden Untersuchung zu unterziehen.

Kapitel 10

Das Pferd im Detail

„Das Pferd läuft mit seinen Beinen, hält durch mit seinem Herzen und seiner Lunge, aber gewinnen tut es mit seinem Kopf!“
(Englisches Sprichwort)

Die Körperteile im Detail

- Kopf
- Hals
- Widerrist
- Vorhand
- Vorderbeine
- Rumpf
- Kruppe und Hinterhand
- Hinterbeine
- Schweif

Der Pferdekörper

Der Pferdekörper in seiner Gesamtheit wird in der Regel in die großen funktionalen Einheiten Vorhand, Mittelhand und Hinterhand eingeteilt. Das bezieht sich auf „vor dem Sattel", „mittig unter dem Sattel" und „hinter dem Sattel". Es wäre also falsch, von einer Nachhand zu sprechen, wie dies oft zu hören ist, denn sie kommt ja im räumlichen Sinne „hinter" etwas und nicht im zeitlichen Sinne „nach" etwas.

Der Kopf

Der Kopf eines Pferdes ist recht groß und schwer, mit einem Gewicht von ca. 20 kg beim Großpferd. Trotz dieses beeindruckenden Formats enthält er nur ein recht kleines Gehirn mit rund 500 g Substanz. Der alte Spruch, dass man den Pferden das Denken überlassen solle, denn sie hätten den größeren Kopf, ist somit schlichtweg falsch – wichtig ist er dennoch. Pferde besitzen ein gutes motorisches Gedächtnis, das sie befähigt, sich an Bodenbeschaffenheiten oder Hindernisse zu erinnern und diese optimal zu bewältigen. Der europäische Reiter ist in der Regel aufgrund seiner Geschichte bestrebt, sein Pferd zu dominieren und zu kontrollieren. Er versucht dann, sein eigenes, vergleichsweise schwaches motorisches Gedächtnis durch Logik und Erfahrung aufzuwerten und dem Pferd aufzuzwingen. Da aber Logik und Theorie nur bedingt das Erbgedächtnis eines Lauftieres ersetzen können, haut das manchmal nicht hin. Manche Unfälle sind z. B. darauf zurückzuführen, dass ein Reiter einen Ab-

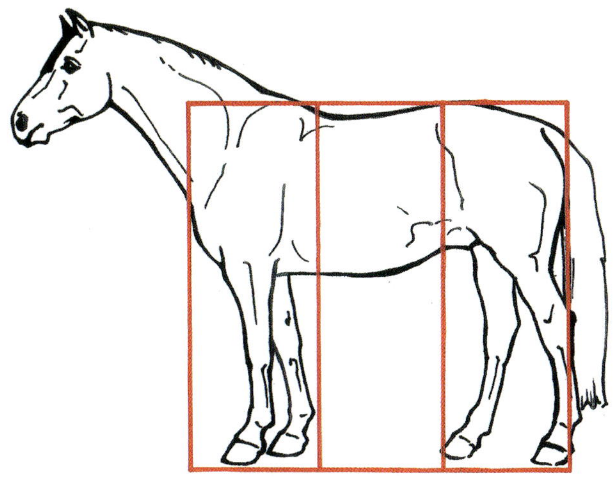

Beim Idealpferd – das kaum vorkommt – lässt sich der Rumpf in etwa drei gleich große Drittel einteilen, die eine anatomisch günstige und optisch harmonische Gesamtheit ergeben.

Oft sind Verweigerungen oder sogar Stürze darauf zurückzuführen, dass der Reiter dem Pferd diktieren möchte, wie es sich zu bewegen hat. Das Lauftier Pferd hat aber ein ausgezeichnetes motorisches Gedächtnis und weiß in aller Regel, was gefahrlos möglich ist.

Der Verlauf des Nasenrückens deutet oft auf eine orientalische Komponente hin. Da der Kopf für die Balance wichtig ist, sollte er nicht zu klein sein.

Im Barock war der noble Ramskopf in Mode; heute tritt er noch bei iberischen Rassen auf. Er sollte jedoch nicht zu groß sein, da sonst Balance und Proportion verloren gehen.

sprung bestimmte oder einen Winkel zum Anreiten wählte, der für das Pferd nicht zu schaffen war. Das brave Tier wehrte sich zwar, sprang dann aber unter Zwang trotzdem, und beide fielen auf die Nase. Hätte der Reiter auf sein Pferd „gehört", wäre nichts passiert. Unterm Strich steht also: Mit vereinten Kräften geht's am besten, und jeder sollte sich auf den anderen verlassen können.

Das Pferd benützt seinen Kopf als Pendel, hebt und senkt ihn, um den Aktionen der Hinterbeine entgegenzuwirken, um seine Balance aufrechtzuerhalten oder wiederzugewinnen und um Geschwindigkeit und Richtung vorzugeben. Diese Pendelfunktion erfordert von ihm, Hals und Kopf bei jeder Geschwindigkeit mit großer Präzision bewegen und damit optimale Kontrolle über seine Beine behalten zu können.

Länge und Form

Um größtmögliche Balance und Manövrierfähigkeit zu ermöglichen, sollte der Pferdekopf den ihn tragenden Hals in Größe, Gewicht und Länge ergänzen und proportional zur allgemeinen Größe und Konformation des Tieres passen.

Gemessen vom Scheitel bis zur Oberlippe sollte der Kopf nicht länger als der Hals sein, gemessen von unmittelbar hinter den Ohren bis dort, wo dieser in den Widerrist mündet (Axthieb). Der Kopf des Pferdes sollte lang und tief genug sein, um eine geräumige Nasentrompete, große Nebenhöhlen und starke Zähne zu gewährleisten. Pferde mit sehr kurzen, feinen oder kleinen Köpfen haben öfter Zahnprobleme, denn ihre Zähne können zu groß für ihre Köpfe sein. Die Länge des Kopfes kann je nach Rasse, Typ und Größe des Pferdes variieren; Vollblutpferde haben beispielsweise oft längere Köpfe als fast gleich große Araber oder Quarter Horses; Kaltblüter aller Größen haben in der Regel recht massige und große Schädel.

Die einzelnen Standards der Zuchtverbände legen relativ großen Wert auf die typischen Kopfformen und definieren sie recht genau – immerhin ist der Kopf oft ein Markenzeichen, wie etwa beim Kladruber oder beim Asil-Araber.

Die vom Ramskopf-Pferd (Typ III) abstammenden, heute überbegrifflich „Barockpferde" genannten Rassen haben den mehr oder weniger stark konvexen Ramskopf geerbt. Dieser gilt als Zeichen antiquierter Noblesse und weist oft auf eine iberische Herkunft hin, also auf Spanien, Portugal oder deren Kolonien. Rassen wie PRE (Andalusier), Lusitano, Lipizzaner, Kladruber, Friese, Knabstrupper, Frederiksborger und manche Landrassen (Criollo, Mestizo, Sorraia, diverse Mustangabkömmlinge) werden in dieser Gruppe zusammengefasst und als iberische Pferde bezeichnet. Ein eher langer, schmaler Schädel mit mehr oder weniger stark aufgewölbter Nasenlinie ist häufig und wird in Spanien *perfil subconvexo* genannt. Der ganze Schädel soll dabei aber nicht derb wirken, sondern trocken, nobel und gelassen-intelligent. Meistens haben solche Typen auch weit genug auseinanderstehende Kieferäste und ein günstiges Genick und damit kein Problem mit der Beizäumung, welche der versammelten Reitweise der iberischen Völker zugrunde liegt.

Je schwerer das Pferd, desto derber wird in der Regel sein Schädel, bis er endlich beim Kaltblüter recht grob wirkt, doch selbst dann einen gewissen „Kaltblutadel" besitzen soll. Bei den schweren Rassen mit starkem Typ-II-Anteil kommt oft eine Ramsnase vor, also ein etwas abwärts verlaufender Nasenrücken, der an die alte „Schneepflugnase" des Tundrenponys erinnert. Dazu kommt dann in der Regel ein schweres Genick mit eng stehenden, massiven Kieferästen, die eine Beizäumung erschweren bzw. völlig unmöglich machen; schlechte Reiter haben zu allen Zeiten versucht, dieses Manko durch den Einsatz brutaler Hebelgebisse zu kompensieren.

Die meisten Ponyrassen mit deutlichem Typ-I-Einschlag haben einen recht breiten Schädel, der bei mittlerer Länge kräftige Kiefer und Zähne aufweist. Die Stirn wirkt durch die weit auseinanderstehenden, kräftigen Augenbögen, die großen Augen und die kleinen Ohren breit und verstärkt das „Kindchenschema". Ein kräftiger Unterhals und ein kurzes Genick erschweren hier oft die Beizäumung. Solche Ponys sind nur schwer an den Zügel zu bringen, schon gar von kleinen Kindern. Dem muss ihre Ausbil-

Auch Kaltblüter können Adel aufweisen – etwa ein intelligentes Gesicht mit wachen Augen haben. Die Ganaschen sollen aber nicht so groß sein, dass der Kopf insgesamt zu schwer wird.

Eine breite Stirn, wache Augen, eine Wuschelmähne und kleine Öhrchen – fertig ist der sympathische Ponykopf, hier an einem Isländer.

Ein schmaler, aristokratischer Kopf eines jungen PRE. Ein freundliches Wallachgesicht mit aufmerksamen Zügen.

Kurzer Gesichtsschädel, große Augen und Nüstern und ein leicht konkaver Nasenrücken ergeben den typisch orientalischen Kopf, wie ihn diese Vollblut-Araber-Stute aufweist.

Die Köpfe der Pferde in ihrer Vielfalt haben uns schon immer fasziniert. Allerhand Merkmale lassen sich daraus ableiten, so vermutet man. Hier eine Übersicht der geläufigsten Kopfformen.

Der hübsche Kopf einer englischen Reitpony-Stute mit deutlichem Einfluss von Vollblut. Fein und trocken mit etwas nervigem Ausdruck; leider für Schauzwecke durch Rasur von allen Tasthaaren „befreit“.

Der Kladruber-Hengst weist das typische Ramsprofil seiner uralten Rasse auf, die stark von iberischen und altitalienischen Vorfahren geprägt ist. Sie hatten mitunter extrem gebogene Köpfe und konnten aus normalen Trögen nicht fressen.

dung Rechnung tragen; sie kann nur unter Anleitung verständiger Erwachsener erfolgen. In so einem Ponyhals können die unbeholfenen Zügelhilfen eines Kindes leicht „stecken bleiben“ und in ein hilfloses Gezerre ausarten, welches dann dem sturen Pony angekreidet wird, das aber eigentlich nichts dafür kann.

Die orientalischen Rassen zeigen sehr oft einen recht kleinen, zarten Kopf mit konkavem Profil, dem so genannten „Araberknick“ (Hechtkopf). Dieses Merkmal lässt sich auf den Typ IV, den Ur-Orientalen, zurückführen, allerdings in viel schwächerer Ausprägung. Bei ihnen ist durch den kurzen Nasenteil, die kleine Maulpartie, die großen Augen und Nüstern und eine etwas gewölbte Stirn das „Kindchenschema“ besonders stark ausgeprägt. Viele arabisch beeinflusste Rassen, wie die Welsh-Ponys, Anglo-Araber, Araber-Berber, Shagyas, Reitponys und manche Englische Vollblüter, aber auch die zum Siglavy-Stamm gehörenden Lipizzaner zeigen diese Merkmale, wenn auch abgeschwächt. Heute ist der Hechtkopf ein Qualitätsmerkmal des durchgezüchteten Araberpferdes, was zur Zeit der ersten Importe im 19. Jahrhundert noch seltener der Fall war. Die Forderung nach dem perfekt schönen Köpfchen entspringt der romantischen Idealisierung durch europäische Orientalisten. Sie dürfte dem zweckorientierten Beduinen wenig bedeutet haben. Kombiniert mit einem langen, flexiblen Genick oder Schwanenhals und einer Kandare lässt sich diese Formation leicht beizäumen; ursprünglich dürfte jedoch der Orientale in schneller Gangart eine hohe, in die Ferne gerichtete Kopfhaltung eingenommen haben, um einen weiten Rundblick zu erhalten – die unbedingte Beizäumung ist nicht gerade seine Vorliebe.

Der kleine Kopf

Ein Pferd, dessen Kopf verglichen mit der Länge seines Halses und Körpers zu klein und leicht ist, verliert an Beweglichkeit und neigt dazu, überflüssige oder ausglei-

Ein breiter Kopf bietet viel Platz für die Nüstern bzw. Luftwege, die Halsschlagader und den Kehlkopf. Ponys haben all das, weil sie noch etwas näher an den Urformen stehen; eine breite Stirn weist auf schnelle Auffassung hin.

Aufgeweckte Neugier und Zufriedenheit bei einem Lusitano-Fohlen in der recht seltenen, verdünnten „Nicht-Farbe" Hellisabell. Das Kindchenschema: gewölbte Stirn, große Augen und kleines Gesicht.

chende Bewegungen zu machen. Wenn ein junges Pferd einen sehr kleinen Kopf hat, kann das ein Zeichen dafür sein, dass es nicht sehr gut wächst und klein bleiben wird. Sehr kurze, enge oder eingedellte Nasen sind wegen der beeinträchtigten Luftzufuhr für Sportpferde wenig günstig; die Forderung, arabische Pferde mit immer extremeren Hechtköpfen zu züchten, ist physiologisch recht zweifelhaft. Das ursprüngliche Leistungspferd der Beduinen hatte vermutlich keinen extremen Hechtkopf.

Der große Kopf

Ein Pferd, dessen Kopf im Vergleich zum übrigen Körper zu groß ist, wird vorderlastig sein. Ein zu großer Kopf, vor allem an einem zu langen Hals, macht es unbeholfen und schwer zu versammeln und es wird sich vermehrt auf das Gebiss legen, um dort sein „fünftes Bein" zu suchen. Ein solches Pferd hat gewöhnlich nicht genug Balance und Beweglichkeit für einen erstklassigen Athleten.

Ein junges Pferd mit einem zu großen Kopf wird hoffentlich noch „in seinen Kopf hineinwachsen", was bis zum dritten oder vierten Lebensjahr durchaus normal ist. Es kann aber auch ein Zeichen dafür sein, dass es noch ausgewachsen so konstruiert sein wird; ein zartes Köpfchen wird es eher nicht bekommen. Hier lohnt evtl. ein Blick auf die Eltern.

Stirn und Augen

Der Scheitel sollte klar definiert sein und sich zu einer harmonischen Kuppel aufwölben, dann deutet er auf eine große Schädelhöhle hin. Ein breiter Scheitel geht Hand in Hand mit einer breiten Stirn, wobei der Ansatz der Ohren eher weit auseinanderliegt. Ein schmaler Scheitel und eine ebensolche Stirn sind eher typisch für Esel und Mulis, während Ponys typischerweise eine breite Stirn haben.

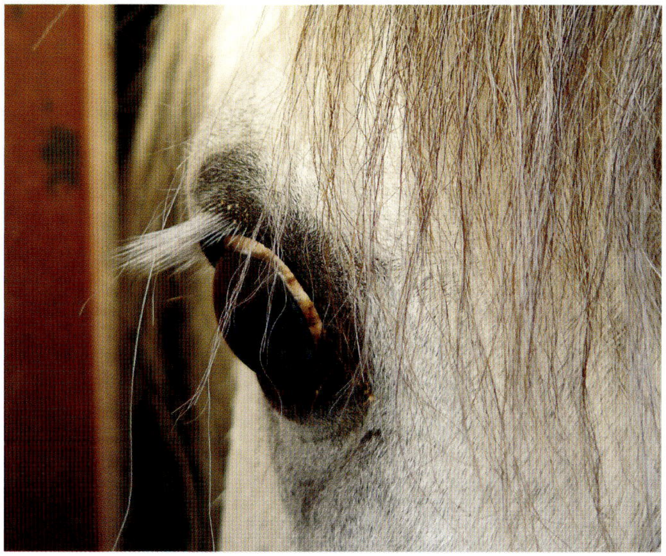

Das Auge ist der Spiegel der Seele, verrät aber auch viel über den momentanen Gemütszustand; das gilt für Mensch und Tier gleichermaßen.

Diese wünscht man sich also breit, ohne ausgeprägte Buckel oder Senken über den Augen. Erstere bedienen zwar das Kindchenschema, deuten aber mitunter auf schwieriges Temperament hin; letztere auf Mangelernährung, Austrocknung oder hohes Alter. Starke Augenbögen, die sich wie kleine Dächer über die Augäpfel wölben, sind bei vielen freilebenden Ponyrassen zu finden, da sie Schutz vor Niederschlägen und Ästen bieten; so gelten sie beim Exmoor-Pony als Rassemerkmal.

Die Augen sollten groß, aber nicht hervorquellend und idealerweise dunkel (braun, schwarzbraun) gefärbt sein. Bei einigen Pferden sind Teile der Iris oder sogar die gesamte Iris farblos; das nennt man Birkenauge, Fischauge oder Englisch *wall eye* oder schlicht *blue eye*. Ein farbloses oder blaues Auge ohne Pigment, das man manchmal bei Pferden mit weißer Gesichtsmarkierung rund um das Auge oder bei doppelt farbverdünnten *Cremellos* (auch: Hellisabellen, Weißisabellen oder echte Isabellen; Englisch Blue Eyed Creams, kurz BEC) und nur selten an dunklen Köpfen sieht, ist manchmal etwas lichtempfindlicher und verträgt direkte Sonneneinstrahlung nicht so gut. Bemerkenswert hierbei, dass gerade dieser Erbfaktor bei südlichen Rassen wie Lusitano, Achal-Tekkiner oder afrikanischen Berber-Abkömmlingen häufig auftritt, die ihn wieder an die Connemaras und Welsh-Ponys weitergaben.

Das Auge ist bei fast jedem Säugetier der viel zitierte „Spiegel der Seele“ und verrät durch seinen Ausdruck, seine Färbung und seinen Tränenflor auch etwas über den Gemütszustand seines Eigentümers. Man wünscht sich daher auch beim Pferd ein ausgeprägt geschlechtsbetontes Gesicht, das stark von den Augen bestimmt wird. Ein eher wild oder feurig blickendes Auge in Kombination mit muskulösen Ganaschen, wehendem Stirnschopf und regem Ohrenspiel deutet eher auf einen temperamentvollen Hengst als auf eine Stute hin. Diese sollte eher ruhige und sanfte Augen aufweisen, die mit einem weichen, feinen Gesicht und weniger dramatischem Ausdruck kombiniert sind und damit mütterliche Signale aussenden. Der Wallach bleibt in seinem Ausdruck meist neutral, er wirkt weder hengstig-aggressiv noch weiblich-mütterlich, sondern soll einfach intelligent und freundlich dreinschauen. Meine Beobachtungen führen mich zu dem Schluss, dass Stuten mit besonders „puppigen“ Gesichtern oft diffiziler im Wesen und weniger leistungsbereit sind; ich bevorzuge daher solche mit einem etwas „wallachartigen“ Gesichtsausdruck.

Orientalische Typen, besonders reine Araber, zeigen große, dunkle Augen mit wie geschminkt wirkenden Lidrändern (Kuhaylan, nach al-kul, dem Lidstrich arabischer Frauen aus Antimonpulver), die bei Zuchtschauen noch durch allerhand Kosmetika betont werden; ihre Form ist eher rund-oval. Ponytypen haben offene und intelligent-neugierig schauende Augen mit starken Augenbögen, die eine breite Ponystirn betonen. Kaltblütige Pferde und ihre Derivate blicken oft etwas gelassen in die Welt, aus eher kleinen, länglichen Augen hinter schweren Lidern. Das Gesicht des iberischen Pferdes schmückt ein besonders schönes Auge in der für diesen Typ charakteristischen, beinahe dreieckigen Form mit einer winzigen

Falte im Oberlid, die einen etwas „sorgenvollen" Ausdruck verleiht; dieser scheint viele Menschen besonders anzusprechen.

Kiefer und Maul

Der Unterkiefer sollte klar definiert sein, und der Abstand zwischen seinen beiden Ästen (die Vertiefung dazwischen, an der Unterseite des Kopfes) sollte genug Platz für Kehlkopf und Muskelansätze bieten. Früher pflegte man zu sagen, dass eine Faust maulseitig des Kehlkopfes zwischen die beiden Äste des Unterkiefers passen sollte. Um diese Weite festzustellen, machen Sie also eine Faust und legen sie, mit dem Handrücken nach oben, an die Kehle des Pferdes und schieben sie dann vor, zwischen die beiden Unterkieferhälften. Wenn hier Platz genug für alle vier Fingerknöchel einer durchschnittlich großen Männerfaust ist (mindestens ca. 8-10 cm beim Großpferd), so ist das eine gute Weite. Ein weiter Unterkieferabstand mit einer ebensolchen Luftröhre verleiht Ausdauer und gehört zu jedem Leistungspferd.

Zwischen dem Abstand der Unterkieferäste an dieser Stelle und dem Kopfansatz am Nacken besteht ein enger Zusammenhang. Der Kehlwinkel sollte nicht scharf und eng, sondern allmählich verlaufend und schön gebogen sein, so dass bei Streckung im Genick – wenn das Pferd versammelt und balanciert geht – der Atem nicht eingeschränkt ist.

Eine sehr kurze Maulspalte ist ungünstig, weil sie der reiterlichen Hilfengebung hinderlich sein kann. Sogar die Auswahl des optimalen Zaumes kann schon zu Problemen führen.

> Für eine ordentliche Streckung des Genicks muss genug Raum zwischen dem ersten Halswirbel, dem Atlas, und den Kieferrändern sein. Ist hier der Abstand zu klein, so wird unweigerlich die Ohrspeicheldrüse von den beiden Knochen zusammengedrückt, sobald das Pferd an den Zügel gestellt wird. Das ist ihm extrem unangenehm und führt zu Widersetzlichkeiten verschiedenster Art; manche Pferde gehen dann ungern am Zügel und sind schwer beizuzäumen, andere steigen oder schlagen mit dem Kopf, strecken die Zunge übers Gebiss oder halten den Kopf permanent schief. In jedem Fall sind sie kein reines Reitvergnügen, sondern erfordern viel Sensibilität und Geduld; es lohnt sich, sie in weitem Rahmen und mit wenig Anlehnung zu reiten.

Die Backenknochen sollten so konstruiert sein, dass sie große Backenzähne, die zum gründlichen Kauen unerlässlich sind, enthalten können. Von der Seite gesehen liegen die Backenzähne entlang der Linie, die unter dem oberen Winkel des Pferdeauges beginnt und die circa 2,5 cm über dem Maulwinkel endet.

Die Längen des Unter- und Oberkiefers dürfen nicht im Missverhältnis zueinander stehen. Die oberen und unteren Zähne sollten genau aufeinandertreffen, denn ein Fehlschluss zwischen ihnen erschwert das ordentliche Kauen. Zahnprobleme können die Bewegungen der Kiefer behindern und die Position des Kopfes beeinflussen.

Die Maulpartie und die Lippen wünscht man sich fein und klar definiert, nicht zu fleischig und derb. Fein geschnittene, große und bewegliche Nüstern deuten auf geräumige Atemwege hin und sind vor allem bei orientalischen Pferden häufig, während nordische Ponytypen eher schmale

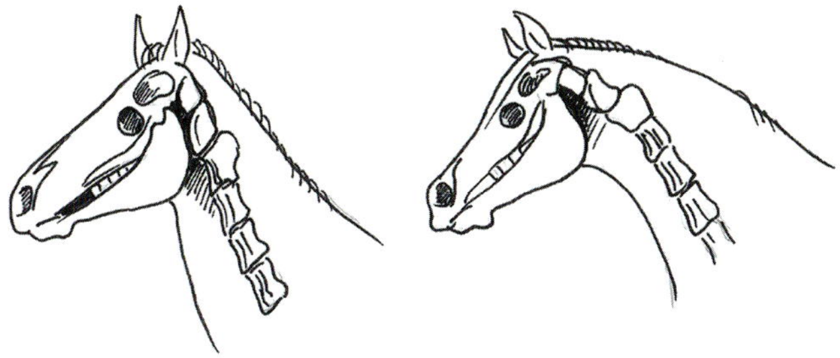

Große Kieferknochen, enge Ganaschen und ein kurzes Genick sind ungünstig. Das Pferd gibt im Genick nur schwer nach, empfindet Druck auf der Ohrspeicheldrüse und wehrt sich gegen die Zügelhilfen.

Nüstern haben, die sich bei Schlechtwetter gut verkleinern lassen. Eine zu lange Maulspalte bringt das Mundstück des Gebisses eventuell zu nahe an die Backenzähne, wo dieses anschlagen und damit Probleme machen kann.

Der Hals des Sportpferdes sollte schön geschwungen sein, die Übergänge Kopf-Hals und Hals-Schulter sollen fließend und seine Länge ausreichend sein.

Der Hals

Das Genick

Einer der wichtigsten Aspekte der Konformation ist jener Winkel, in dem sich Kopf und Hals treffen. Dieser wird durch das Hinterhauptsbein und die obersten zwei Wirbel bestimmt. Der Atlas, der erste Halswirbel, liegt als gebogener Knochenkamm direkt hinter dem Scheitel und kann bei den meisten Pferden auch äußerlich erkannt werden. Er gleitet über den Axis, den zweiten Nackenwirbel, und ist so mit diesem verbunden, dass das Pferd mit dem Kopf nicken kann, ohne den restlichen Körper zu bewegen; das ermöglicht es ihm, sich im Genick zu dehnen und so die Biegung oder Beizäumung zu ermöglichen. Diese Beweglichkeit des Halses verleitet manche Reiter, das Pferd hinter das Gebiss zu reiten und es im Genick zu überdehnen – eine höchst bedenkliche Praxis, bei der Überdehnungen der Bänder, Muskel- und Schleimbeutelentzündungen sowie Atemnot provoziert werden können.

Die Konfiguration von Atlas und Axis ermöglicht es dem Pferd auch, seinen Kopf seitwärts zu schwingen, was ihm hilft, seine Balance während der Fortbewegung zu verlagern und seitwärts besser zu fokussieren. Nach Atlas und Axis fällt die Halswirbelsäule gegen die Brust hin ab und verbleibt tief in der Halsmuskulatur verborgen, bis sie zur Schulter kommt, wo sie wieder aufwärts verläuft, um auf Höhe des Schulterblatts in die Brustwirbelsäule überzugehen. Der Kopf sollte so am Hals ansetzen, dass das Pferd sich leicht im Genick biegen und die optimale Balance halten kann. Man sollte bei leicht beigezäumter Haltung mindestens zwei Finger zwischen Backenknochenrand und Atlasflügel legen können. Wenn ein Pferd gegen die Hand geht oder das Gebiss ständig „bekämpft", so verkrampft sich der über die Ohrspeicheldrüse vom Brustbein zum Kiefer laufende Muskel. Sie wird dann blockiert und das Pferd kaut nicht ab; ist jedoch der Muskel entspannt, so kann sie Speichel absondern und das Pferd kaut ab – es schäumt am Gebiss.

Hals und Halsaufsatz

Wenn die Übergänge Kopf-Hals und Hals-Schulter fließend und harmonisch sind, dann hat auch der Hals vermutlich die richtige Länge. Wenn sie abrupt und unharmonisch sind, ist der Hals vermutlich zu kurz. Wenn sie eher lose aussehen und der Kopf nicht richtig mit dem Atlas verbunden scheint, dann ist der Hals wahrscheinlich zu lang.

Der Halsaufsatz ist genauso wichtig wie der Kopfansatz. Der Aufsatz des Halses beeinflusst seine Form und umgekehrt, denn die Grundlagen der gesamten Halsformation sind das Halsskelett, dessen Verbindung mit der Brustwirbelsäule und die Schultern und die das Skelett ergänzenden und bewegenden Muskelpartien. Während die Muskeln formbar sind, bleibt das Skelett naturgegeben konstant.

Der Hals des Sportpferdes sollte auf den Schultern bzw. dem Brustkorb ziemlich hoch aufgesetzt sein, mit einer gut ausgebildeten Vorderbrust darunter. Die Annahme, dass unsere heutigen Sportpferde quasi genetisch bedingt optimale Halsungen besäßen, ist zu optimistisch. Die Mehrzahl der durchschnittlichen Produkte und eine Vielzahl der Pony- und Spezialrassen weist in dieser Partie mehr oder weniger ausgeprägte Probleme auf.

Der tief aufgesetzte, breite Hals von Zebras und Eseln entspringt scheinbar zwischen den Vorderbeinen, was seine Beweglichkeit einschränkt.

Am unteren Rand des Halses sollte die Furche der Halsschlagader, zwischen der Luftröhre und den Muskeln, gut ausgeprägt sein. Dies bietet der Luftröhre bei schwerer Atmung viel Platz und erlaubt der Halsschlagader, eine große Menge Blut zu transportieren, ohne dabei von den sie umgebenden Muskeln eingeschränkt zu werden.

Das Zusammenspiel von Hals und Schultern ist wichtig. Wenn der Hals zu tief aufgesetzt und zu gerade ist, wird es immer so wirken, als würde sich das Pferd nach vorne lehnen, also kopflastig auf der Vorhand gehen. Es wird schwer zu setzen sein, denn die Aktion der Schultern ist eingeschränkt und die Vorderbeine können weder hoch noch weit genug nach vorne gehoben werden, um ein optimales Ausgreifen zu gewährleisten. Ist der Hals zu hoch aufgesetzt, so wirkt das Pferd leicht verspannt, kommt vorne zu hoch und kann nicht gut über den Rücken vorwärts-abwärts geritten werden. Damit leiden Raumgriff und Elastizität. Außerdem können sowohl der Rücken als auch die Beine unter den Folgen der Verspannung leiden. Dieses Problem wurde vor allem bei den wunderschönen Friesen des modernen Typs bemängelt, kann aber durch korrektes Ausbilden über den Rücken bewältigt werden.

Die Formen des Halses

Das Pferd hat wie alle Säuger sieben Halswirbel, jeder von verschiedener Größe und Form. Die Form, Länge und Bewegungsfreiheit des Halses hängen weitgehend von den Proportionen jener S-Kurve ab, welche vom Halsskelett gebildet wird.

Es gibt einen kleineren Bogen am oberen Ende, direkt hinter dem Kopf, welcher das Genick bildet, und eine größere Kurve im unteren Teil des Halses, wo der letzte Halswirbel zwischen den Schultern ein Gelenk mit dem ersten Brustwirbel bildet. Die obere Krümmung des „S" bestimmt, wie der Kopf am Hals ansetzt. Eine kurze obere Kurve bewirkt einen abrupten Ansatz und scharfen Winkel (englisch *hammer head*, Hammerkopf) und der Kopf

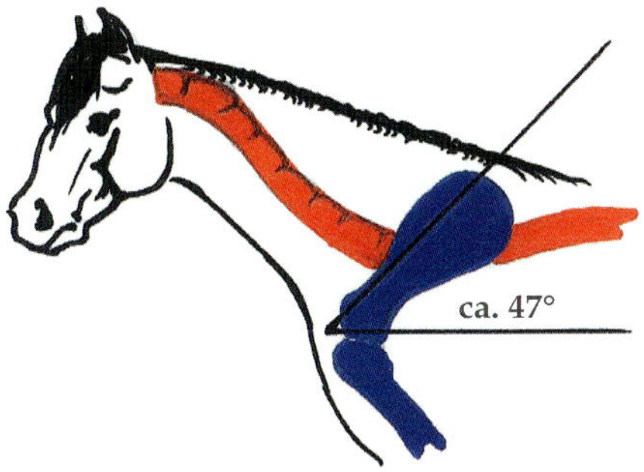

Ein idealer Hals, der einer mit ca. 47 Grad sehr schräg gelagerten Schulter entspringt. Die Form des Halses wird durch eine lange obere Kurve und eine flache, lange untere Kurve bestimmt. Das Mittelstück ist daher kurz und leicht geschwungen.

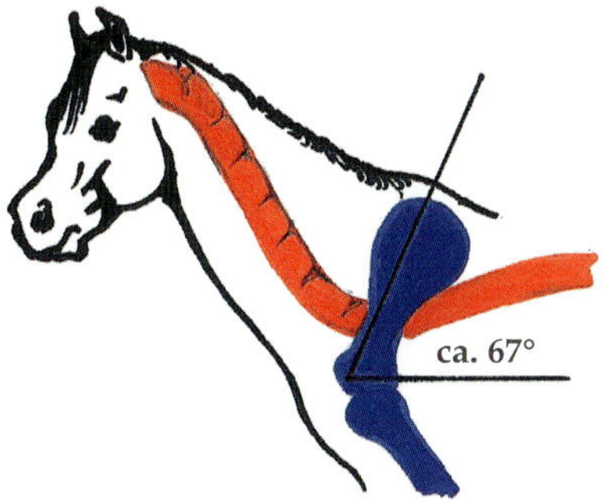

Ein typischer Hirschhals, der einer mit rund 67 Grad sehr steilen Schulter entspringt. Die Halswirbelsäule beschreibt oben und unten sehr kurze und recht stark gewölbte Kurven. Zudem ist der Hals tief aufgesetzt.

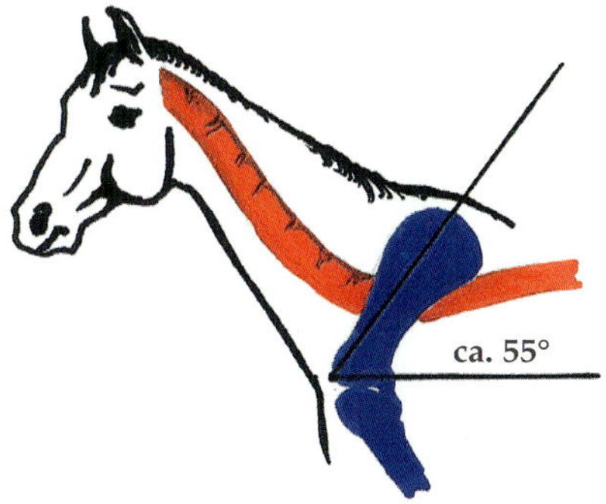

Ein leicht ausgeprägter Hirschhals, der einer steilen Schulter von ca. 55 Grad entspringt. Die untere Kurve der Halswirbelsäule ist reicht lang und flach, die obere aber kurz und eher flach. Recht tief aufgesetzt.

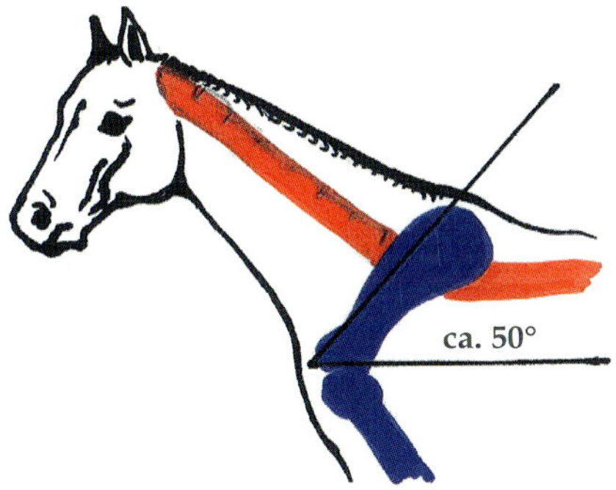

Dieser völlig gerade Hals kommt aus einer günstigen Schulter, in dem häufigen Winkel von ca. 50 Grad. Weder die obere, noch die untere Kurve sind deutlich ausgeprägt, dazu auch noch sehr kurz.

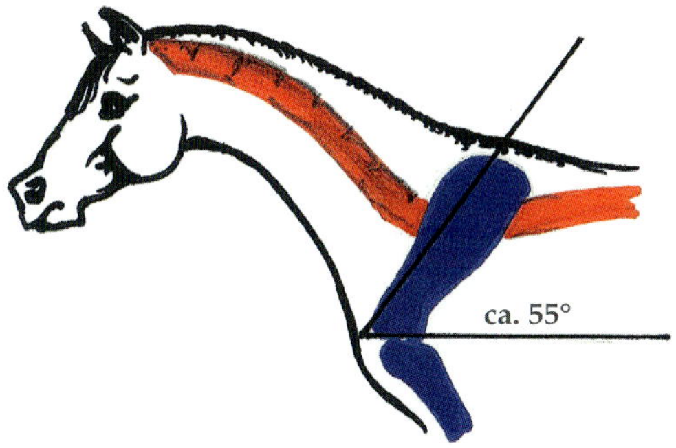

Ein ausgeprägter Schwanenhals, aus einer mit ca. 55 Grad gelagerten Schulter entspringend. Die obere Kurve der Halswirbelsäule ist sehr lang und deutlich ausgeformt, die untere ist ebenfalls lang. Das kurze Mittelstück verbindet die beiden, ohne sich auszuwirken.

Die Wirbelsäule bestimmt die Form und Struktur des Halses, obwohl dessen Äußeres von Fett und Muskeln gebildet wird. Ein Pferd mit günstig formiertem Hals wird relativ leicht in die günstigste Haltung finden und basculieren, also die Wirbelsäule aufwölben.

wird dadurch oft zu hoch und horizontal getragen. Das schränkt die Flexibilität im Genick ein und macht Probleme mit der Beizäumung. Eine mittlere oder lange obere Krümmung bildet einen besseren Winkel, sie erlaubt dem Pferd eine leichte Beugung und Stellung im Genick und somit eine einfache Beizäumung.

Der wichtigste Aspekt, die Form und den Aufsatz des Halses betreffend, ist jedoch die untere Krümmung im „S“. Wenn diese ausreichend lang und seicht ist und der Halsaufsatz sich nicht zu tief an der Schulter befindet, wird die Fähigkeit zur Streckung, Versammlung und Stellung von Natur aus gegeben sein. Diese untere Krümmung abzuflachen (für die Versammlung unerlässlich) ist für ein Pferd mit einer derartigen Skelettform viel leichter.

Manche Halsformen machen Probleme mit Rittigkeit und Versammlung, was zu einer echten reiterlichen

Ein gerader Hals besitzt keine starken Kurven am Ober- bzw. Unterende, seine Linien sind gerade und parallel, die Bemuskelung ist oft dürftig.

Der Hirschhals entspringt unterhalb des Mittelpunkts der Schulter. Er bringt das Pferd auf die Vorhand und macht es durch unelastische Bewegungen unbequem zu sitzen.

Herausforderung werden kann. Wenn man versucht, eine gute Kommunikation über Gebiss und Zügel herzustellen, jedoch selbst die gefühlvollsten und korrektesten Zügelhilfen von einem stumpfen oder verkehrten Hals neutralisiert werden, sind reiterliche „Verzweiflungstaten" quasi vorprogrammiert. Der Griff zum scharfen (Spezial-)Gebiss oder zum Hilfszügel ist ein deutlicher Vorbote der reiterlichen Bankrotterklärung. Ein englischer Jagdreiter aus alter Zeit schrieb einmal: „Es gibt auf Erden kein mieseres Gefühl, als auf einem hartmäuligen Gaul mit Hirschhals bergab galoppieren zu müssen!" Wie wahr, wie wahr …

Der gerade Hals

Manche Pferde zeigen zwar eine gute Halsunterlinie, aber haben eine gerade Halsoberlinie, wobei der Kamm wenig Muskulatur und Fett aufweist. Manche Hälse sind so gerade, dass es nicht einmal eine sichtbare Kehle gibt; der Hals gleicht einer langen, extrem schlanken Version eines Zebra-Halses; dann spricht man von einem brettartigen Hals oder Bretthals.

Ein Pferd mit einem solchen Hals ist in seiner Balance zwar etwas eingeschränkt, ist er jedoch korrekt aufgesetzt und in seiner Länge günstig, so lässt er sich im Zusammenspiel mit einem guten Rücken reiterlich stark verbessern. Dazu ist es vor allem nötig, seine Oberlinie muskulär aufzubauen, während man die Unterlinie keinesfalls durch falsches Reiten stärken darf, sonst entwickelt man diese Halsform in Richtung Hirschhals.

Der Hirschhals

Wenn die untere Krümmung der Halswirbelsäule außergewöhnlich tief und abrupt ist und dazu noch tief an der Brust beginnt, hat das Pferd einen Hirschhals, sogar wenn der Kopf gut am Hals ansetzt. Ein guter Hals tritt durch die seichte untere Krümmung weiter oben aus der Schulterregion aus und ist daher mit weit besseren sportlichen Möglichkeiten ausgestattet.

Pferde mit Hirschhals und einer deutlichen Vertiefung vor dem Widerrist (Axthieb) haben oft auch eine steile Schulter; diese geht mit der tiefen unteren Kurve des

Halses vielfach Hand in Hand. Ein Pferd mit Hirschhals hat Schwierigkeiten, korrekt ans Gebiss zu treten und ehrlich an den Zügel zu kommen. Es fällt ihm schwer, die untere Krümmung abzuflachen, sich im Widerrist aufzurichten, den Rücken aufzuwölben und Gewicht mit der Hinterhand aufzunehmen, kurzum, ordentlich zu basculieren.

Ein kurzer Hirschhals ist oft auch dick und plump, so dass man den Fehler nicht so gut sehen kann wie bei einem langen Hals. Das kurzhalsige Pferd hat eine kurze obere Linie, die einen kleinen Kamm am oberen Ende des Halses bildet, aber die grundlegende Struktur des Halses ist nach wie vor eher konkav als konvex. Der Axthieb vor dem Widerrist macht einen starren „Knick" im Hals, wenn der Reiter Aufrichtung und Beizäumung verlangt. Es ist leichter, diesen Pferdetyp zu versammeln, wenn das Tier seinen Kopf eher tief als hoch tragen darf, denn wenn es Kopf und Hals hebt, wird der Axthieb betont und alle Muskeln am Hals, an der Schulter, am Rücken und in der Hinterhand verspannen sich. Das bringt vermehrte Steifheit mit sich und macht solche Pferde zu typischen, aber oftmals unerkannten Schenkelgängern.

Wenn der Reiter zu beharrlich im Maul eines solchen Pferd agiert, wird es das irgendwann mit einem abrupten Hochwerfen des Kopfes beantworten, was Kopfschmerzen oder eine gebrochene Nase zur Folge haben könnte. Das Pferd kann dem Reiter die Kontrolle entziehen und sich sogar die Trense zwischen die Zähne klemmen. Wenn ein Pferd „sich das Gebiss nimmt" und mit erhobenem Kopf durchgeht, sieht es kaum, wohin es rennt – eine gefährliche Situation. Der Reiter ist ein hilfloser Passagier, solange er nicht den Hals tiefer bringen kann und das Genick und die Kiefer des Tieres entspannen kann, was keinesfalls durch stures Ziehen funktioniert!

Es erfordert viel Arbeit und Einfühlungsvermögen, einen Hirschhals zu korrigieren und etwas umzuformen; manchmal ist dies beinahe unmöglich und lohnt den Aufwand nicht. So ein Pferd tut sich immer mit geschmeidigen Übergängen schwer und bewegt sich hölzern, mit schlechter Verbindung zwischen Vorhand und Hinterhand. Es kann daher nicht oder nur schwer basculieren, also seinen Rücken kaum aufwölben; oft bleibt der Rücken hohl und fest, was natürlich sehr unbequem zu sitzen ist. Ich kann das behaupten, denn mein erstes eigenes Pferd war ein ausjähriger Traber, den ich zum Reitpferd umfunktionieren musste. Auf ihm lernte ich aussitzen – aber das Vergnügen hielt sich in Grenzen. Die Lenden- und Rückenmuskeln solcher Pferde ermüden schnell und schmerzen dann, die Dornfortsätze der Wirbel reiben gegeneinander und führen eventuell zum gefürchteten Kissing-Spine-Syndrom. Für reiterliche Zwecke ist es immer besser, ein Tier mit korrektem Hals zu wählen; für den Trabrennsport ist so ein Hals ideal und im Fahr- oder reinen Freizeitsport spielt er eine weniger negative Rolle als in der Dressur.

Der Schwanenhals

Beim Schwanenhals wölben sich die ersten Wirbel schön in einer sehr langen Kurve über einer freien Kehle. Aber das untere Drittel vor Widerrist und Schultern ist wie beim Hirschhals stark konkav geformt, während der Mittelteil beinahe in den Kurven aufgeht. Der Widerrist kann ziemlich ausgeprägt sein und einen ähnlichen Axthieb wie bei einem Hirschhals bilden. Wie dieser erschwert auch der Schwanenhals die Einwirkung; das Pferd wird versuchen Anlehnung und Kontrolle auszuweichen, allerdings nimmt es dabei den Kopf oft hinter die Senkrechte.

Rein äußerlich ist der Schwanenhals viel gefälliger als der Hirschhals, und viele Laien finden ihn besonders attraktiv. Bei einigen orientalischen Rassen gehört er zur gewünschten Konformation und wird durch allerhand Trainingsmethoden und Kniffe noch betont. Reiterlich stört er vermutlich weniger, denn es ist angenehmer, auf einem Pferd zu sitzen, das zwar nicht ehrlich an das Gebiss herantritt und sich nicht oder nur schwer in Anlehnung reiten lässt als auf einem Sterngucker. Hinter-dem-Zügel-Reiten (auch: Aufrollen oder Rollkur) gehören heute zum Standardrepertoire der Ausbildung und werden vielfach durch Hilfszügel erzwungen. Es handelt sich dabei um eine erzwungene Hilflosigkeitsgeste des Pferdes, die mit Gehorsam oder Rittigkeit verwechselt wird. Gefährlich wird der Schwanenhals erst, wenn sich das Pferd durch Aufrol-

Der Schwanenhals ist nicht günstig, aber das fällt weniger auf, weil er schön wirkt. Solche Pferde gehen gerne hinter dem Zügel und täuschen eine ehrliche Anlehnung und Versammlung nur vor.

Oft ist ein starker Hals auch kurz, was zusammen die Beweglichkeit und die Balance einschränken kann. Hengsthälse sind immer kräftig, teilweise mit einem deutlichen Kamm, sollten aber nicht zu schwer sein.

len jeder reiterlichen Einwirkung entzieht und durchgeht. Je stärker die Handeinwirkung wird, desto mehr weicht das Tier mit Kopf und Hals nach unten aus und desto gefährlicher wird der Ritt, denn die Sicht des Pferdes ist stark eingeschränkt und seine Balance ist empfindlich gestört.

Der schwere Hals

Leichtfuttrige Pferde entwickeln einen hohen, dicken Kamm, der durch ein Fettdepot über dem Nackenband verursacht wird. Ein solches Tier kann einen trägen Stoffwechsel besitzen und schon bei sehr wenig Futter verfetten; es kann auch zum Stolpern neigen, besonders wenn es am langen Zügel geritten wird.

Ein Hengst sollte einen starken, maskulinen Hals mit guter Bemuskelung haben; gut gebogen, mit deutlichem Kamm, aber keinesfalls zu viel. Eine Stute mit einem derben Hals und einer schweren Vorhand ist ein schlechter Athlet und kann diese Mängel auch vererben. Ein Hengsthals ist bei einer Stute mitunter ein Hinweis auf ein hormonelles Ungleichgewicht und eine zweifelhafte Fruchtbarkeit. Der genetisch bedingte Kipphals des Hengstes ist ein Zuchtmangel und sollte als Bindegewebsschwäche zum Zuchtausschluss führen.

Wegen ihres manchmal kaltblütigen Typs neigen primitive Ponys zu einem dickeren Hals als hochblütige, große Pferde. Man sollte ein Pony mit einem zu schweren Kamm mit Vorsicht betrachten. Ein dicker Hals wird es weniger agil und schlechter kontrollierbar machen. Für so ein Tier ist es leicht, gegen die Hand zu gehen und hartmäulig zu werden. Zudem, und das ist eine gesundheitliche Bedrohung, wird ein Pony mit Fettkamm (Speckhals) früher oder später Hufrehe bekommen. Das ist nicht als Risiko oder eventuelle Möglichkeit zu verstehen, sondern als unausweichliche Tatsache; die Frage ist nicht OB, sondern lediglich WANN!

Manchmal erscheint der Hals zu kurz, weil das Pferd auch eine kurze, steile Schulter hat, wodurch sich optisch die Oberlinie des Halses verkürzt, der eigentlich eine annähernd korrekte Länge besitzt. Sogar wenn die Form des

Halses passend erscheint, wird eine kurze, steile Schulter die Aktion des Pferdes behindern, daher sollte man diese Konformation ebenfalls vermeiden. Für den Zugdienst ist sie jedoch eher günstig und ermöglicht es dem Pferd, sein Gewicht sehr effizient in das Kummet zu stemmen. Viele ausgesprochene Fahrpferderassen und Traber tendieren zu einer steilen Schulter, Arbeitspferde auch zu einem kurzen, schweren Hals. Ein eher dicker, schwerer Hals und ein relativ großer Kopf sind für ein Zugpferd von Vorteil, wenn es eine schwere Last ziehen muss und sich zum Anziehen ins Geschirr legt.

Die Länge des Halses

Die Länge und Konformation des Halses bestimmen mit, wie das Pferd seinen Kopf in Relation zum Schwerpunkt bewegt und in den verschiedenen Gangarten seine Balance findet. Besonders während rasanter Manöver, wie einem plötzlichen Stopp, einem Ausrutschen oder Ausweichen vor einem Hindernis bei hoher Geschwindigkeit, braucht das Pferd den Hals als Balancierstange.

Gemessen vom Scheitel zum Widerrist sollte der Hals eines Reitpferdes proportional zum Rest seines Körpers sein, und zwar ungefähr ein Drittel seiner gesamten Körperlänge entlang der Oberlinie, vom Maul bis zur Schweifwurzel. Das Pferd kann sich nur dann zur korrekten Versammlung verkürzen oder zu längeren Tritten strecken, wenn es seinen Kopf und Hals als Balancierstange benützt. Alles andere als eine optimale Halslänge und -form kann im modernen Sport problematisch sein. Bei manchen Spezialrassen, wie z. B. den so genannten Barockpferden oder auch bei vielen Robustpferden und Ponys, ist ein etwas kürzerer und stärkerer Hals jedoch typisch und darf nicht zu kritisch gesehen werden; beim Kaltblut ist er sogar erwünscht.

Der kurze Hals

Das Pferd kann Kopf und kurzen Hals weniger präzise als Gegenspieler der Hinterhand einsetzen und neigt vermehrt zu Stolpern oder Ungeschicklichkeit. Das und ein schweres Genick schränken die Dehnung ein und behindern die seitliche Stellung und Biegung. Die Fähigkeit, sich zu strecken und zu biegen, ist aber für die korrekte reiterliche Arbeit sehr vorteilhaft und mitunter sogar unbedingt notwendig!

Ein kurzer Hals ist nachteilig für Balance und Aktion des Reitpferdes. Hier fehlt nur eine Handbreite, dann wäre zusammen mit der akzeptablen Schulter eine recht gute Formation gegeben.

Ein kurzer Hals geht im Allgemeinen mit einer steilen Schulter einher. Da die Halsmuskeln helfen, die Schultern und Vorderbeine nach vorne zu ziehen, bedeutet ein kurzer Hals auch einen kürzeren Schritt. Ein solcher Stiernacken hemmt Bewegung, Balance, Geschwindigkeit und Beweglichkeit – besonders unter dem Reiter. Das Pferd mit kurzem Hals und steiler Schulter kann eine rasante Beschleunigung haben, aber da sein Galoppsprung kürzer ist, muss es seine Beine viel schneller bewegen, was letztlich eine Mehrbelastung bedeutet.

Der lange Hals

Wenn die Halsoberlinie vom höchsten Punkt des Widerrists an länger ist als die Distanz vom Widerrist bis zum

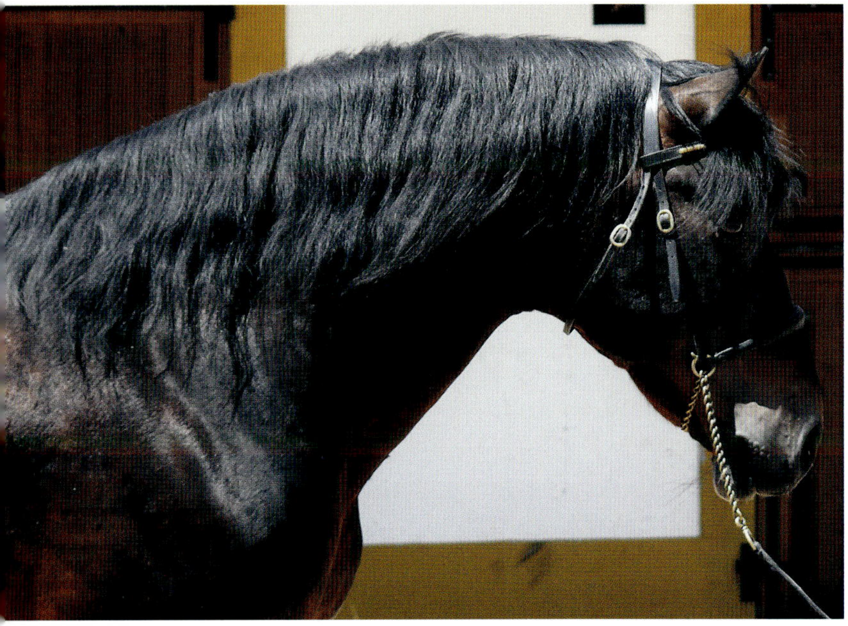

Ein schön geschwungener, genügend langer Hals mit guter Bemuskelung, beweglichem Genick und gutem Aufsatz – so wünscht man sich das balancierte, versammlungsfähige Reitpferd.

höchsten Punkt der Kruppe, ist der Hals sehr lang. Andere, einfache Messmethoden sind das Vergleichen der Längen von Schädel und Hals oder Schulter und Hals. Der gesamte Kopf inklusive dem Hinterhauptsbein hinter den Ohren ist etwa gleich lang wie ein normaler Hals durch seine Mitte bis vor das Schulterblatt gemessen. So gemessen ist der normale Hals auch etwa so lang wie ein Vorderbein vom Fesselkopf bis zum Ellbogengelenk.

Ein zu langer, schwach bemuskelter Hals ist ein Nachteil für Beweglichkeit und Balance, da der Schwerpunkt des Pferdes zu weit nach vorne verlagert wird. Die Anlehnung wird erschwert, das Pferd kann den Zügelhilfen leichter ausweichen und wird schwerer in sich gerade zu richten sein. Dies macht das Pferd auch anfällig für Verletzungen im Halsbereich, für Verrenkung der Wirbel und Nervenschäden.

Der Widerrist

Die Brustwirbelsäule besteht in der Regel aus 18 Wirbeln (einige Pferde besitzen ausnahmsweise 17 oder 19), die den Abschnitt zwischen dem letzten Hals- und dem ersten Lendenwirbel bilden. Die Länge der Dornfortsätze an den ersten ca. neun dieser Brustwirbel bestimmen die Höhe und Länge des Widerrists. Die ersten zwei Brustwirbel haben kurze Dornfortsätze; sie nehmen allmählich vom dritten bis zum fünften Brustwirbel an Länge zu und erreichen dort ein Maximum von rund 25 cm beim modernen Sportpferd. Vom sechsten bis zum neunten Brustwirbel nehmen sie allmählich wieder ab, und beim Rest der Brust- und Lendenwirbel bleiben die aufrechten Fortsätze entlang des Rückens konstant etwa gleich kurz.

Der Widerrist sollte gut bemuskelt und daher nicht zu scharf, aber deutlich ausgebildet und von mittlerer Höhe sein. Er sollte in seinem Gesamtverlauf lang sein, man nennt das „weit in den Rücken reichend". Diese Art von Widerrist maximiert die athletischen Fähigkeiten des Pferdes und schafft beim Anpassen eines Sattels die wenigsten Probleme. Wenn Widerrist und Kruppe eines Pferdes auf gleicher Höhe sind, dann weist das äußerlich auf eine gute Balance und damit geringe Belastung der Beine hin.

Funktionen des Widerrists

Der Widerrist spielt in der Konformation des Pferdes eine entscheidende Rolle. Er bildet den Ansatzpunkt für jene Muskeln, die den Hals und den Kopf heben oder seitwärts bewegen, sowie für jene Muskeln, die die Schultern nach vorne bringen und sie erheben, den Rücken lang machen und die Rippen drehen, um eine maximale Dehnung des Brustkorbs während der Atmung zu erreichen. Einem Pferd mit schlechtem Widerrist fehlt damit auch die knöcherne Grundstruktur für eine gute Schulter und damit für gute Gänge; auch seine Sattellage wird in der Regel nicht optimal sein.

Das elastische Nackenband hilft, den Kopf des Pferdes in erhobener Position zu halten, ohne es anzustrengen oder viel Energie zu verbrauchen; es gestattet Kopf und Hals die Auf-und-ab-Bewegung, stabilisiert die Bewegung der Dornfortsätze im Widerrist und sichert die Position der Halswirbel. Es setzt sich nahtlos im Rückenband fort, das sich über die Dornfortsätze der restlichen Wirbel erstreckt.

Die Muskeln, die Kopf und Hals heben und seitwärts bewegen, sind auch am Widerrist befestigt. Ihre Effizienz wird enorm verbessert, wenn der Widerrist eher hoch als zu nieder ist, da dieser dann einen physikalisch günstigen Hebelarm bildet und somit effektivere Kontraktionen ermöglicht. Eine ausgeprägte Bemuskelung über dem Widerristskelett bildet quasi ein Kissen, so dass der Sattel besser zu liegen kommt und das Risiko von Hautreizungen und Druckverletzungen gering bleibt.

Der Widerrist dient als Anker für jene Muskeln, die das Schulterblatt am Körper befestigen; ohne gut geformten Widerrist gibt es kaum eine gut ausgebildete, lange Schulter. Der Winkel des Schulterblattes hängt auch von der Lage und Länge des Widerristes ab, also ob er sich weit nach rückwärts erstreckt. Die Lage des Widerristes hängt ihrerseits wiederum von Höhe und Verlauf der Wirbelknochen ab.

Der Brustkorb eines Pferdes ist zwischen den Vorderbeinen durch Muskeln, die das Schulterblatt an Rückgrat, Widerrist und den Rippen befestigen, aufgehängt. Die Höhe des Widerristes hängt somit von der Länge der Dornfortsätze ab und davon, wie der Brustkorb zwischen Vorderbeinen und Schulterblättern aufgehängt ist. Je nachdem ob der Brustkorb tief oder hoch aufgehängt ist, erscheint der Widerrist etwas höher oder flacher.

Der hohe Widerrist

Gut definiert oder hoch findet man im Allgemeinen den Widerrist vereint mit einer korrekten Schulter, und in dieser Kombination bietet er einen guten Ansatz für Hals-, Schulter- und Rückenmuskeln. So fällt es dem Pferd leich-

Der günstige Widerrist bildet am Halsende eine leichte Kurve und verläuft dann harmonisch abfallend und langgezogen in die Sattellage, ohne irgendwelche Dellen, Beulen oder Fisteln aufzuweisen.

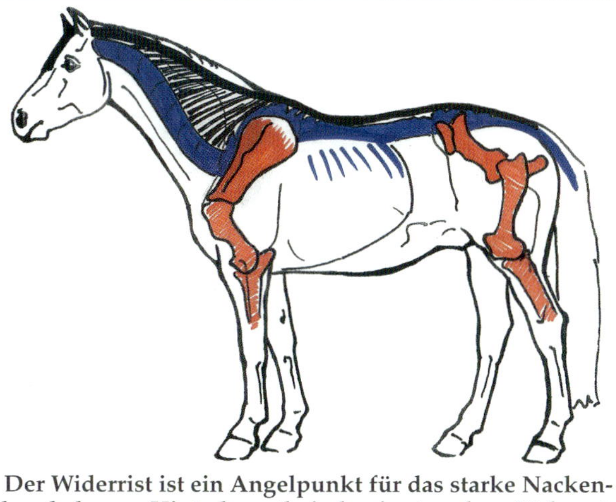

Der Widerrist ist ein Angelpunkt für das starke Nackenband, das am Hinterhauptbein beginnt und am Hals entlangläuft. Hinter dem Widerrist wird es zum Rückenband.

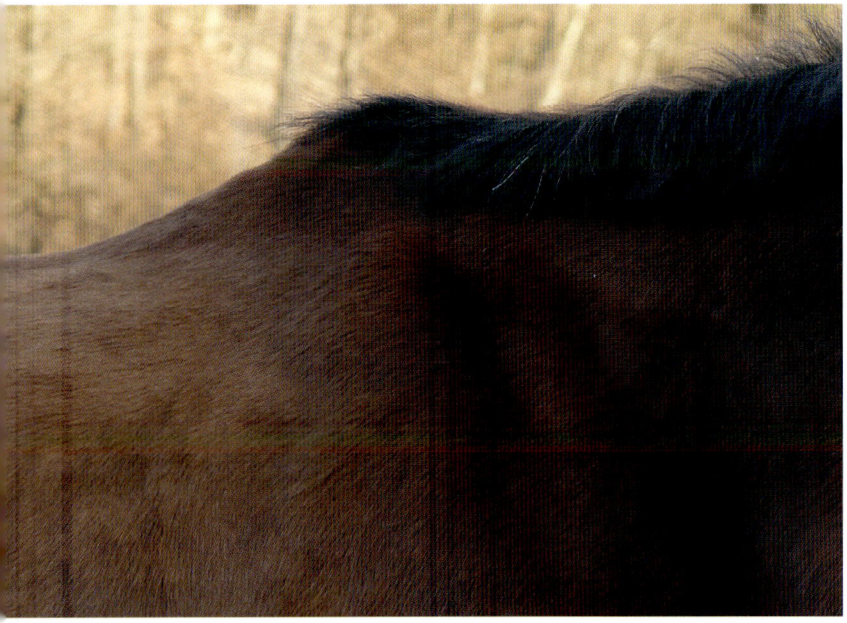

Ausreichend hoch und gut markiert ist dieser Widerrist eines Vollblüters, dabei aber nur durchschnittlich lang und mit etwas Axthieb versehen.

Dieser Widerrist ist nur schwach markiert und bei recht guter Bemuskelung eher kurz und breit. Seine kurzen Fortsätze sind wenig effiziente Hebel, sein Besitzer (Connemara Pony) hat auch eine breite Brust und etwas angeklatschte Ellbögen.

ter, sich zu versammeln und seinen Rücken zu wölben; die Schulter kann so gut rotieren, was einen guten Raumgriff bedeutet.

Die großen Dornfortsätze am Widerrist fallen schräg gegen den Rücken ab, dadurch funktionieren sie wie Verstrebungen gegen den Zug der Muskeln und Bänder des Halses. Ein markanter Widerrist trägt dazu bei, das Pferd korrekt über den Rücken arbeiten zu können. Die Erklärung hierfür ist Folgende: Wenn das Pferd seinen Kopf senkt bzw. die untere Halskurve abflacht, ziehen die Bänder am Widerrist, der sich folglich aufrichtet. Dadurch wird wiederum über einige Verbindungsbänder weiter hinten ein Zug ausgeübt, der die Rückenmitte aufwölbt. Daher ist das Pferd mit einem guten Widerrist besser befähigt, Gewicht zu tragen und über den Rücken zu gehen. Ist der Widerrist jedoch zu scharf und hoch, was bei vielen Vollblütern vorkommt, so wird wiederum die Sattellage problematisch. Bei ausgeprägter Muskulatur (korrektes Reiten und passender Sattel etc.) beidseits des Widerrists ergibt sich eine günstige Sattellage mit gutem Sitzgefühl. Zwar hat ein Sattel auf so einem Rücken einen guten seitlichen Halt, wird aber u. U. nach hinten rutschen oder – weit schlimmer – am Widerrist zu Satteldruck führen.

Der flache Widerrist

Ein flacher oder niederer Widerrist bietet einen kürzeren Hebel für jene Muskeln, die Hals und Kopf strecken und das Rückgrat aktivieren; das Pferd kann seinen Rücken schlechter aufwölben. Ein niederer, breiter Widerrist – ein häufiger Mangel vor allem bei Ponys, Kaltblütern und so genannten Barockpferden – wird meistens von breiten, stark bemuskelten Schultern und einem kräftigen Hals begleitet. Ein Pferd mit einer solchen Konformation wird oft auch eine breite Brust haben, mitunter auch angeklatschte Ellbogen. Das vermindert die Bewegungsfreiheit und Bewegungsqualität der Schultern und Vorderbeine im sportlichen Einsatz. Ein Pferd mit flachem Widerrist besitzt im Allgemeinen auch eine breite, steile Schulter und erfährt aufgrund seiner kurzen, stampfenden Gänge auch eine höhere Belastung seiner Vorderbeine.

Ein zu niedriger Widerrist bietet auch eine schlechte Sattellage. Der Sattel bleibt nicht an seinem Platz, sondern rutscht zur Seite (im Extremfall sogar unter den Bauch), sobald der Reiter sein Gewicht in einen der Steigbügel legt. Gleitet der Sattel zu weit nach vorne, bringt er das Reitergewicht mit auf die Schultern und beeinflusst somit die Balance und das Ausgreifen des Pferdes negativ. Im Extrem steigt der Reiter mitsamt dem aufkippenden Sattel über den Kopf des Reittiers nach vorne ab.

Die Vordergliedmaßen

Nachdem die Vordergliedmaßen eines Pferdes ungefähr zwei Drittel seines Gesamtgewichts tragen, sind sie starken Kräften unterworfen, besonders in schnellen Gangarten oder beim Springen. Daher ist die Formation der Vorderbeine und der Vorhand insgesamt besonders wichtig. Sie beeinflusst die Schnelligkeit, Wendigkeit, den Raumgriff und die Belastbarkeit. Das Vorderbein soll möglichst korrekte Gelenke aufweisen, ein stabiles Knochengerüst besitzen und belastbare Sehnen und Bänder sowie gesunde Hufe haben.

Das Schulterblatt *(Scapula)* ist ein flacher, länglich-dreieckiger Knochen und liegt seitlich jeweils über den ersten sechs oder sieben Rippen, die man deshalb auch Tragerippen nennt. Die Schulter hat dadurch eine größere Bewegungsfreiheit und die Möglichkeit zu gegenläufigen Bewegungen zur unteren Gliedmaße, was die geringe Mobilität der Wirbelsäule beim Pferd etwas kompensiert. Die so genannte Schulterblattgräte, ein knöcherner Kamm,

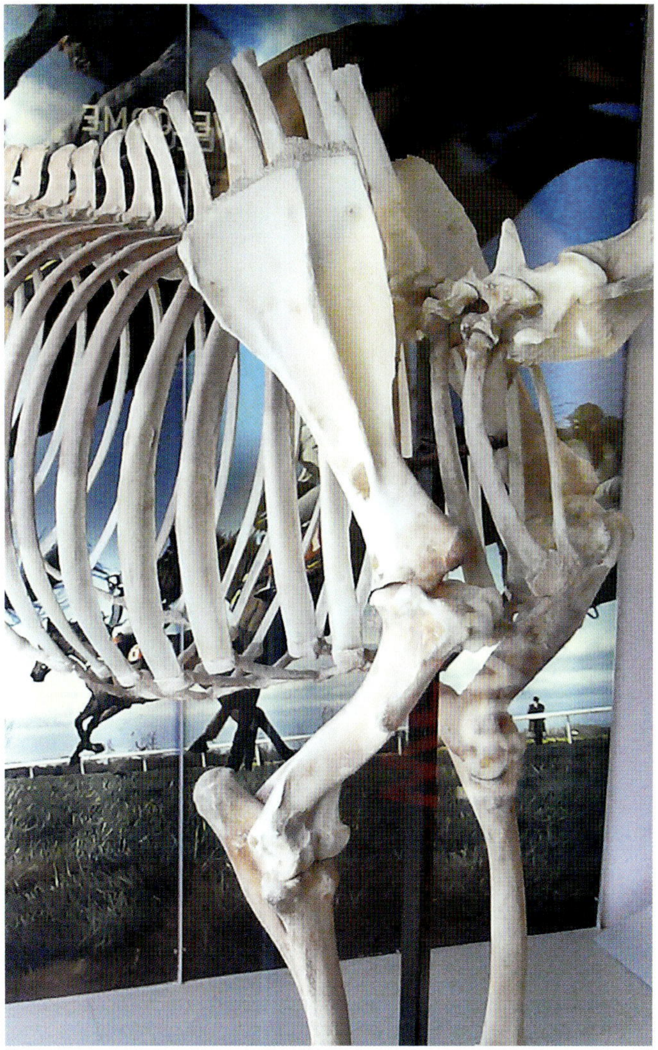

Die Schulterblätter ersetzen beim Pferd die Schlüsselbeine. Die Vorderbeine sind daher durch ein System an Muskeln, Sehnen und Bändern mit dem Rumpf verbunden.

verläuft von der oberen Grenze des Schulterblattes bis fast hinunter zum Bug- oder Schultergelenk an dessen unterem Ende. An beiden Seiten der Gräte setzen Muskeln an, welche die Schulter bewegen.

Der Oberarm

Der Oberarm *(Humerus)* verbindet die Schulter mit dem Unterarm und verläuft als massiver, schräg gelagerter Knochen zwischen Buggelenk und Ellbogengelenk. Er stellt einen mächtigen Hebel dar, denn an seinen knöchernen Vorsprüngen heften sich besonders wichtige Bewegungsmuskeln an.

Das Schulterblatt und der Oberarm sind mit einem Kugelgelenk verbunden, dem einzigen in der gesamten Vordergliedmaße, welches auch seitliche und rotierende Bewegungen zulässt. Länge und Winkelung des Oberarms lassen sich äußerlich durch seinen Verlauf zwischen Schultergelenk und Ellbogengelenk feststellen. Aktion und Raumgriff eines Pferdes werden durch diese beiden Merkmale und durch das Ellbogengelenk bzw. die Länge des Ellbogenhöckers beeinflusst.

Zwischen dem Übergang des Halses (Luft- und Speiseröhre) in den Brustraum, den Schultergelenken (auch: Buggelenken) und den Ellbogengelenken liegt die so genannte Vorderbrust des Pferdes. Sie liegt ziemlich genau über dem Brustbein *(Sternum)* und ist in der Beurteilung recht wichtig.

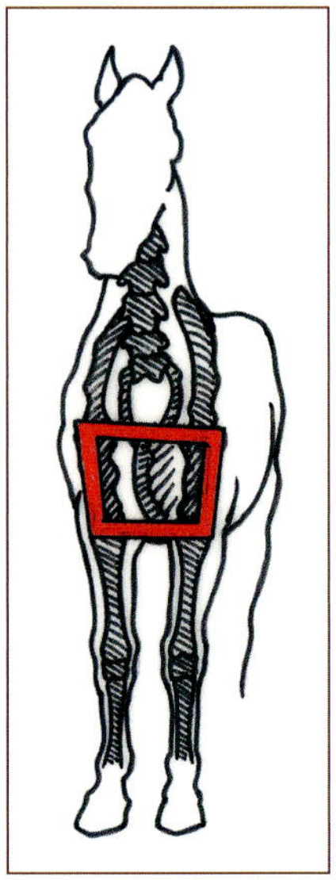

Seitlich betrachtet stellt man fest: Ein langes, ideal gelagertes Schulterblatt ist meistens mit einem relativ steilen Oberarm verbunden. Eine steile Schulter ist hingegen meistens mit einem eher horizontalen Oberarm kombiniert.

Von vorne gesehen lässt sich feststellen: Ein zum Ellbogen stark einwärts führender Oberarm verschiebt die gesamte Beinkonformation in Richtung „angeklatschter Ellbogen, daher zehenweit", während ein zum Ellbogen stark auswärts führender Oberarm die Beinkonformation nach „loser Ellbogen, daher zeheneng" beeinflusst.

Die ideale Vorderbrust gleicht einem horizontalen Rechteck, das geringfügig verkehrt trapezförmig ist. Die Ellbogen sollen sich frei bewegen können.

Die Oberarme müssen unter anderem die Bewegungen der Schulterblätter ausgleichen und sollen daher relativ gerade verlaufen.

Der lange Oberarm

Ein langer Oberarm ergibt eine größere Hebelwirkung und verleiht daher auch den angehefteten Muskeln mehr Kraft und Leistung. Er vergrößert die Beweglichkeit im Ellbogengelenk nach allen Richtungen. Er sollte in einem perfekten Längenverhältnis zum Schulterblatt stehen, das bei etwa 50 bis 60 % liegt; wäre er deutlich länger, so würde das die Schultermuskulatur und daher auch die Bewegung in der Schulter beeinträchtigen. Ein Oberarm von guter Länge positioniert den Ellbogen ziemlich genau unterhalb des Beginns des Widerrists (Axthieb).

Der kurze Oberarm

Wenn der Oberarm kurz ist, zeigt das Pferd einen begrenzten Raumgriff und stampfende oder abgehackte Tritte, was die Belastung der Vorderbeine vergrößert und die seitliche Beweglichkeit einschränkt. Das Springvermögen ist in aller Regel stark eingeschränkt, denn solche Pferde können ihre Vorderhufe nicht hoch genug heben. Der Schnelligkeit im Galopp wird wenig Abbruch getan, weil sie durch eine schnellere Sprungfolge ausgeglichen werden kann, jedoch auch nur über relativ kurze Strecken.

Der steile Oberarm

Er fördert die Knieaktion des Pferdes und verleiht ihm ein gutes natürliches Springvermögen – was die Vorderhand betrifft. Solche Pferde haben meist erhabene, beeindruckende Gänge und wirken sehr „showy", vor allem dann, wenn sie auch über lange Röhren verfügen. Darum sind sie als so genannte Barockpferde, als Aktionstraber, Gangpferde (besonders für Schauzwecke) oder Zirkuspferde gesucht. Bei Springpferden wünscht man sich allerdings dazu eine gute Schulter und kurze Röhren.

Ein angeklatschter oder unterständiger Ellbogen ist ungünstig, vielmehr soll er deutlich sichtbar und tastbar neben dem Brustkorb liegen.

Dieses kräftige Highland-Pony weist einen recht kurzen Oberarm auf, der seine Vorhand zusammen mit der üppigen Bemuskelung etwas bullig und angeklatscht wirken lässt.

Der horizontale Oberarm

Dieser ergibt flachere Gänge mit wenig Knieaktion und limitiertem Raumgriff, vor allem in der häufigen Kombination mit einer eher steilen Schulter. Wird diese Konformation aber durch eine lange und kräftige Schulter und eine gut konstruierte Hinterhand ergänzt, so kann so ein Pferd durch gute Ausbildung stark verbessert werden. Für schwere Zugpferde ist dies kein Nachteil.

Der Ellbogen

Der Ellbogen ist das obere Ende des Vorderbeins und liegt genau an der Verbindung von Oberarm und Elle und Speiche, die zusammen den Unterarm bilden (sie sind zu einem Knochen verwachsen). Jener Teil der Elle, welcher am hinteren Rand nach oben ragt, bildet den eigentlichen Ellbogenhöcker. Er hilft, den Oberarm zu fixieren und dient auch als Hebel für die an ihm anheftenden Muskeln.

Von hinten gesehen sollte er senkrecht über dem Bein stehen, von der Seite gesehen sollte er, wenn möglich, vor

An diesem sich wälzenden Jungpferd erkennt man deutlich, wie mühelos sich ein gut konstruierter Ellbogen vom Brustkorb entfernen kann.

dem höchsten Punkt des Widerrists liegen. Die Bemuskelung sollte ausreichend kräftig sein und harmonisch in die Muskeln des Oberarmes übergehen. Zwischen Ellbogen und Brustkorb sollte eine flache Hand leicht Platz finden.

Angeklatschter Ellbogen
Ist der Ellbogen angeklatscht, also liegt er zu nahe am Brustkorb und scheint quasi in diesen eingebettet zu sein, so ist das der Vorderbeinaktion ziemlich abträglich. Eine derartige Formation findet man häufig bei schmalen, flachrippigen Pferden, manchmal jedoch auch bei extrem fetten Tieren mit rundem Brustkorb und üppiger Bemuskelung.

Loser Ellbogen
Ein loser oder abstehender, ausgedrehter Ellbogen ist ebenfalls der Aktion und Korrektheit des Beins abträglich. Er vermittelt das Gefühl, dass zwischen Ellbogen und Brustkorb beinahe eine Höhle entsteht und die Verbindung zwischen Vorderbein und Rumpf zu schwach ist, bzw. dieser zu schmal.

Der Unterarm

Der Unterarm verbindet den Ellbogen mit jenem Gelenk, das oft als Knie bezeichnet wird, in Wirklichkeit aber das Vorderfußwurzelgelenk oder Karpalgelenk ist. Beim Menschen wäre es das Handwurzelgelenk, das die unglaubliche Beweglichkeit der menschlichen Hand mit ermöglicht. Beim Pferd ist sie stark eingeschränkt, wird aber als so genannte Knieaktion als ein wesentliches Merkmal des Ganges angesehen.

Der Unterarm sollte lang und stark bemuskelt sein und sich harmonisch zwischen Oberarm und Karpalgelenk erstrecken. Beide Unterarme sollen weder zu weit voneinander entfernt noch zu knapp beieinander liegen. Ein zu großer Abstand führt zu einem behäbigen, watschelnden Gang, besonders im Schritt und Trab – nicht nur für den Reiter unbequem, sondern auch für das Pferd ermüdend. Ein zu kleiner Abstand beeinträchtigt die Balance, die Stabilität und auch die Beweglichkeit des Pferdes – schmale Heringe sind eben nicht sehr kräftig und stabil.

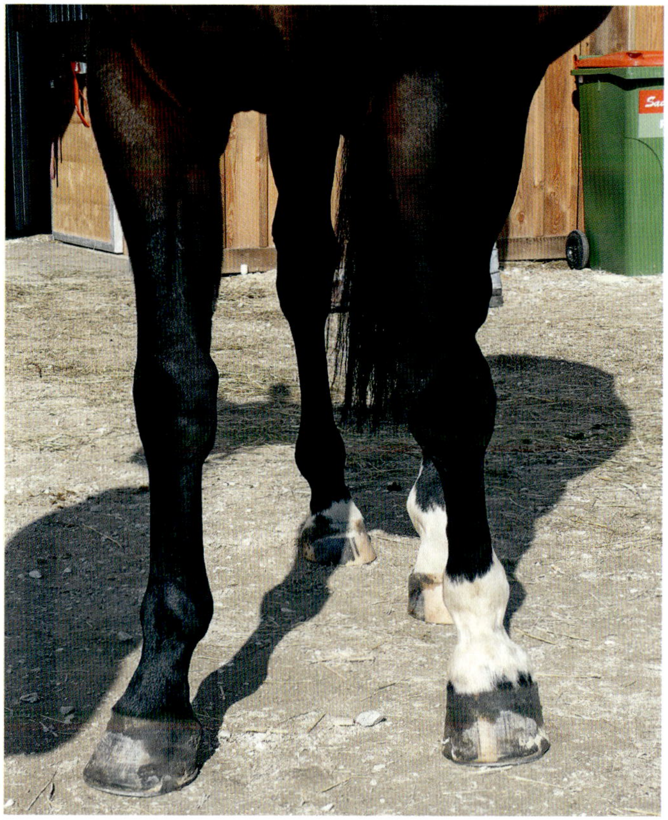

Ein langer Unterarm besitzt lange Muskeln und kurze Sehnen und bildet ein günstiges Hebelsystem. Damit kann das Pferdebein schnell und präzise bewegt werden.

Der Hauptknochen im Unterarm ist die Speiche, während sich die Elle in Anpassung an die schnelle Fortbewegung teilweise zurückgebildet hat und nur noch aus den oberen zwei Dritteln besteht. Die beiden Knochen sind beim ausgewachsenen Pferd miteinander verwachsen, wodurch ihre überflüssigen Bewegungen gegeneinander aufgehoben sind. Beim jungen Pferd ist die Elle noch durch kurze Bänder, die später verknöchern, mit der Speiche verbunden. Von der Seite gesehen sollten diese beiden Knochen, die zusammen den Unterarm bilden, ausreichend breit

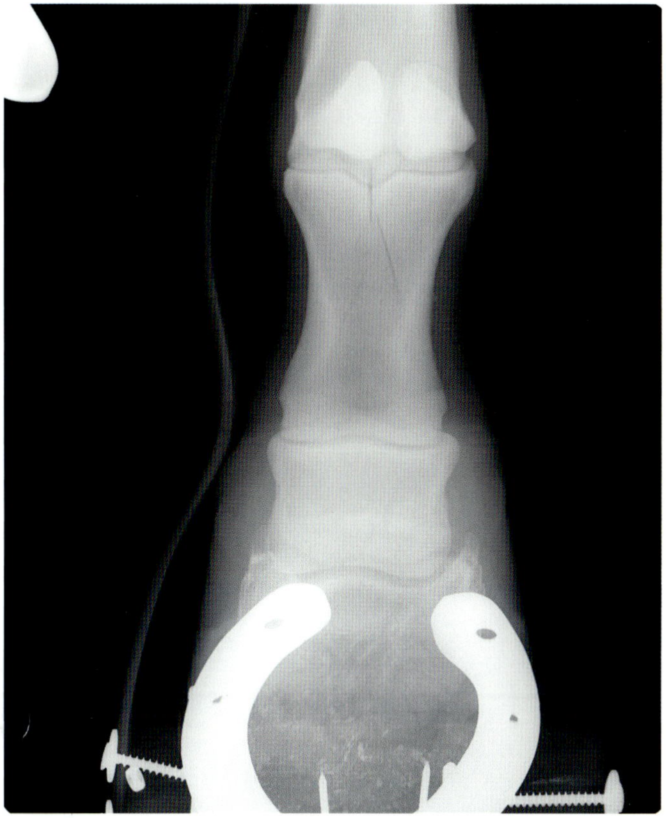

Beim Auffußen erleiden die Beine einen Aufprall, dessen Heftigkeit von der Geschwindigkeit und dem Geläuf abhängt; bei einer Fundamentsschwäche führt dieser unter Umständen zu einem körperlichen Schaden.

sein, denn sie sind die Grundlage für den großen Trizeps-Muskel und die übrigen Muskeln, welche die Vorderbeine bewegen.

Die Muskulatur der Vorderbeine trägt wesentlich zur Fortbewegung eines Pferdes bei, denn sie hilft dem Tier, sich vorwärts zu ziehen. An der Vorderseite des Beines liegen die so genannten Extensoren, die es nach vorne ziehen, an der Hinterseite des Unterarmes die Flexoren, welche das Bein abbiegen. Am oberen Ende sind sie noch sehr deutlich ausgebildet, verjüngen sich aber nach unten hin zum Karpalgelenk; unterhalb desselben finden sich keine Muskeln mehr, nur mehr Knochen, Sehnen und Bänder. Die Muskeln des Unterarmes müssen daher die gesamte Arbeit für das ganze Bein unterhalb des Ellbogens erledigen. Daher sollten sie sowohl von allen Seiten gesehen gut ausgebildet sein und nicht schwächlich wirken.

Je länger der Unterarm, desto größer die Hebelwirkung und Beweglichkeit, je kürzer der Unterarm desto geringer der Raumgriff und desto höher die Aktion. Die Kombination von relativ langem, kräftigem Unterarm und kurzem Röhrbein ergibt einen guten Raumgriff, höhere Stabilität sowie Vorteile in Geschwindigkeit und Beweglichkeit.

Diese Formation lässt weniger Belastung der knöchernen Strukturen aufkommen und schont die Sehnen. Muskeln können aufgrund ihrer Elastizität die Belastung besser auffangen, während kurze Sehnen weniger anfällig für Traumata sind als lange.

Ein langer Unterarm und eine kurze Röhre lassen das Karpalgelenk quasi nach unten wandern und führen somit zu jener Konstruktion, die man in der Fachsprache mit „nahe zum Boden liegenden Gelenken“ bezeichnet.

Direkt oder indirekt sind viele Lahmheiten auf eine schuldhafte Komponente des Menschen zurückzuführen. Hier ist an unzureichendes Training, zu frühe und zu große Belastung, falschen Bodenbelag oder Beschlag und sogar schlechte Zuchtwahl zu denken. Frakturen an den Knochen, Gelenksmäuse (Chips), Sehnen- oder Bänderentzündungen bzw. Rupturen sowie chronische Symptome (z. B. Hufrollenentzündung, Spat) sind mögliche Folgen aller dieser Nachlässigkeiten. Die Zahl der Pferde, die nur durch ärztliche Kunst brauchbar bleiben, ist erschreckend hoch. Die durchschnittliche Lebenserwartung der europäischen Sportpferde liegt unter zehn Jahre!

Sind Skelett, Muskulatur, Sehnenapparat und Hufe stabil ausgebildet und arbeiten sie gut zusammen, wird maximale Haltbarkeit im anstrengenden Gebrauch mit hoher Wahrscheinlichkeit gewährleistet sein. Doch kluge Zuchtwahl und sorgfältige Aufzucht des Fohlens stehen immer vor einer sportlichen Karriere.

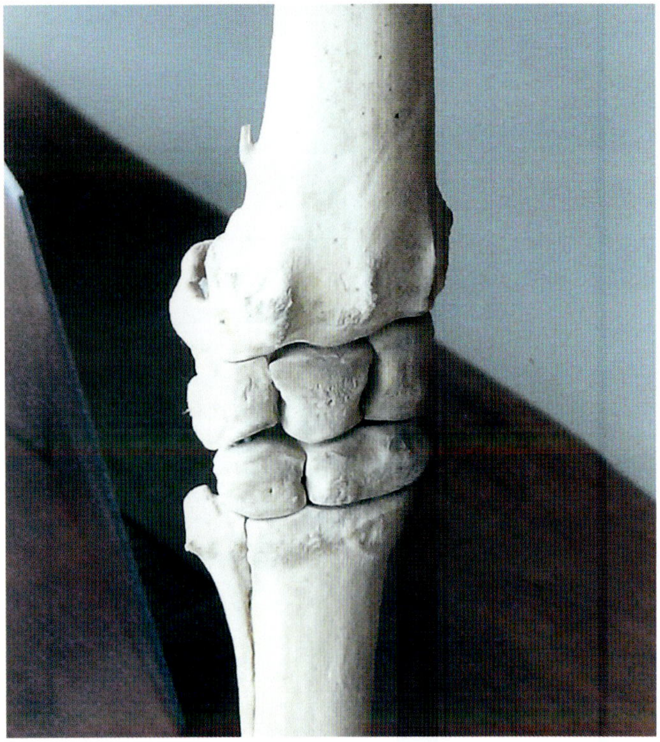

Das Karpalgelenk setzt sich aus drei Teilgelenken zusammen; eines zum Unterarm, eines zwischen den Knochenreihen und eines zum Röhrbein (Radiokarpalgelenk, Interkarpalgelenk und Karpometakarpalgelenk).

Das Karpalgelenk oder Vorderknie

Das Karpalgelenk ist ein zusammengesetztes Gelenk, das aus sieben kleinen Knochen besteht. Diese sind in zwei Reihen angeordnet und liegen zwischen dem Unterarm und dem Röhrbein. An der Hinterseite des Gelenkes liegt zusätzlich ein etwas größeres Knöchelchen, das man als Erbsbein bezeichnet.

Die Gelenke zwischen den einzelnen Knöchelchen und ihre dazugehörigen Schleimbeutel sind in einer großen Gelenkskapsel gelagert, welche das ganze komplizierte Vorderknie umfasst. Es kann keine seitlichen Bewegungen ausführen und ist mit dem Ellbogen synchronisiert; beide Gelenke müssen sich auf einer Ebene bewegen. Pferde mit Fehlstellungen in den Vorderbeinen oder mit fehlerhafter Aktion können daher Schäden sowohl in einem als auch in beiden dieser Gelenke erleiden.

Das Vorderknie des Pferdes sollte äußerlich ungefähr die Form eines Schildes aufweisen und groß (breit, hoch und tief) sein. Seine leicht gewölbte Vorderseite sollte genau nach vorne weisen und nicht seitlich verdreht sein – weder nach innen noch nach außen.
Entlang seiner Vorderseite läuft die Strecksehne, welche das Gelenk in eine gerade Stellung bringt; an der Rückseite verlaufen die Beugesehnen. Daraus ergibt sich, dass das Vorderknie möglichst groß und stabil gebaut sein soll, um den knöchernen, sehnigen, knorpeligen und bindegewebigen Strukturen ausreichend Platz zu bieten.
Nachdem im Gelenk selbst Knorpelmasse und Gelenksflüssigkeit vorhanden sind, hat es auch eine gewisse Funktion als Stoßdämpfer. Kleine oder verformte Karpalgelenke verringern die Stoßdämpfung und die Stabilität des ganzen Vorderbeins und machen es daher anfälliger.

Ein gutes Karpalgelenk sollte eine gerade, horizontale und harmonische Verbindung von Unterarm und Röhrbein bilden und in Größe, Umfang und Struktur zum gesamten Pferdebein passen. Besonders bei Zuchthengsten wünscht man sich ein so genanntes Hengstbein von bedeutender Substanz, unabhängig von der Rasse. Ist das Vorderknie nicht korrekt eingeschient, so verteilen sich die Kräfte ungleichmäßig und das Pferd ist anfällig für Abnützungen und Erkrankungen, wie z. B. Gelenkschips oder Arthrosen.

Das Erbsbein an der hinteren Gelenkslinie sollte immer möglichst groß und klar definiert ausgebildet sein. Die Beugesehne läuft über diesen Knochen und heftet sich weiter unten an die Knochen des Mittelfußes.

Fehler des Karpalgelenks

Rückbiegiges Vorderbein

Wenn das Vorderknie nach hinten durchgebogen ist, spricht man von einem rückbiegigen Vorderbein oder einem Kalbsknie (Englisch *calf-knee*), was als einer der schwersten Fehler des Vorderbeins angesehen wird. Hierbei wirkt von der Seite gesehen das Vorderbein konkav oder rückwärts überstreckt.

Aufgrund der verminderten Stoßdämpfung beim Auffußen hat ein rückbiegiges Pferd in der Regel einen unelastischen Gang. Knochen und Bänder eines solchen Gelenks müssen bei jedem Auffußen relativ hohe zusätzliche Belastungen kompensieren. Dieser Stress dehnt sich auch auf die Sehnen an der Gelenkshinterseite aus und bezieht die Unterstützungsbänder mit ein. Die Fachliteratur bemängelt Pferde mit diesem Fehler auf das Schärfste und sagt ihnen eine starke Anfälligkeit für Beinschäden nach.

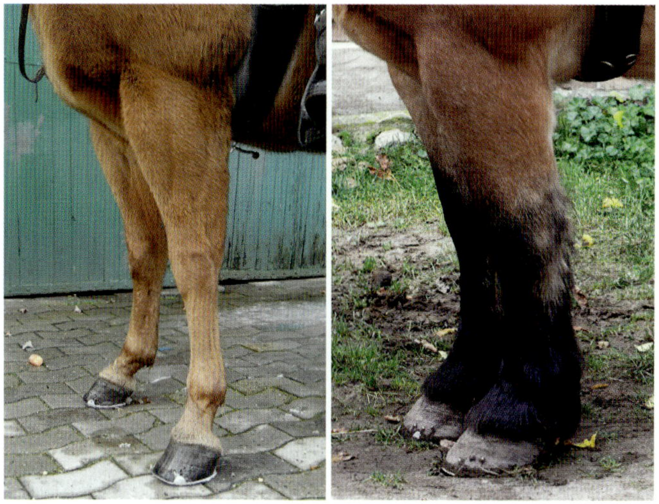

Zwei Beispiele für deutlich rückbiegige Karpalgelenke. Solche Vorderbeine sind wegen der überstreckten Formation geschwächt und können den Körper weniger gut ziehen.

Vorbiegiges Vorderbein

Die gegenteilige Abweichung ist das vorbiegige, so genannte hängende oder bockbeinige Vorderbein. Es ist bei Vollblütern und edlen Halbblütern häufiger als in anderen Rassen zu finden. Der Grund hierfür steckt in deren Erbanlagen, denn es gibt unter den Vollblütern einige Linien, in denen es gehäuft auftritt (z. B. jene des berühmten Hengstes St. Simon). Interessanterweise lehnt man in Rennsportkreisen diesen Mangel nicht ab und behauptet, er sei der Leistung nicht abträglich.

Manchmal entsteht es durch Überanstrengung, dann ist es oft mit einer Verletzung des Unterstützungsbandes oder mit Schäden an der Rückseite des Karpalgelenks in Verbindung zu setzen.

Bei ganz jungen Fohlen ist diese Fehlstellung sehr häufig zu finden und nicht als Fehler anzusehen. Während der ersten Lebenswochen korrigiert sie sich durch ausreichendes Bewegungsangebot von selbst.

Weil das Karpalgelenk nur durch Heben des Mittelfußes gebeugt werden kann, ist Vorbiegigkeit nicht so nachteilig wie das rückbiegige Karpalgelenk, denn sie entspricht eher

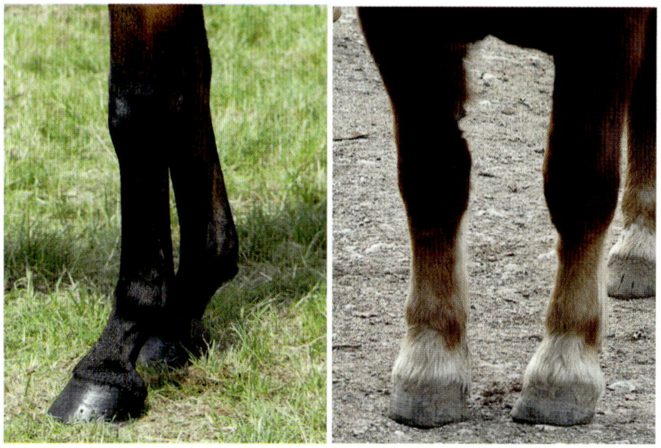

Links: **Das Vorderknie oder Karpalgelenk scheint leicht nach vorne gebogen zu sein; es befindet sich ständig in einer leichten Beugestellung und ist nicht so stabil wie ein perfektes Bein.**

Rechts: **Bodeneng und dazu noch etwas zeheneng – eine beinahe typische Kaltblut-Formation der Vorderbeine. Die Zugpferde mußten ja in den Ackerfurchen gehen können, ohne zuviel zu zertrampeln. Dabei war diese Stellung, obwohl unkorrekt, für diesen Zweck günstig.**

Bei ganz jungen Fohlen findet man häufig vorbiegige Karpalgelenke. Mit Sonnenlicht, ausreichend Muttermilch und viel Bewegung gleicht sich so ein Mangel in den meisten Fällen bald von selbst aus.

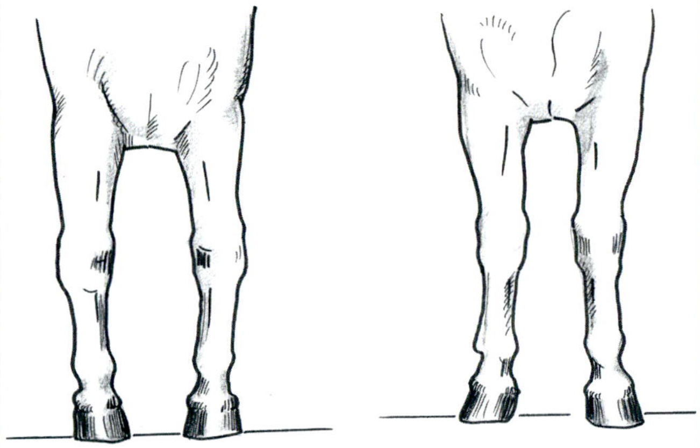

Knieweit und knieeng sind relativ selten in starker Ausprägung zu finden. Bei solchen Pferden weicht die Achse des Vorderbeins von der senkrechten Geraden ab und das Karpalgelenk liegt jeweils außerhalb oder innerhalb davon.

der natürlichen Bewegungsrichtung. Dennoch können solche Pferde unter Höchstbelastung Schäden erleiden. Wenn solch ein Bein großer Belastung ausgesetzt ist, entsteht starker Zug an den Beugesehnen und somit ein erhöhtes Risiko zu Schäden an diesen. Ist diese Abweichung keine genetisch bedingte, sondern durch Überlastung bedingt, können die Beugesehnen leicht verkürzt und das Bein daher schon mehr oder weniger vorgeschädigt sein.

Knieweites Vorderbein

Bei solch einem Pferd weichen die Karpalgelenke von der idealen Senkrechten nach außen in einem Bogen ab; das Pferd erscheint gewissermaßen o-beinig. Die Vorderfläche der Karpalgelenke ist in der Regel leicht nach außen verdreht. Das lässt sich allerdings nur durch genaues Betrachten von vorne feststellen. Diese Abweichung wird oft von einem bodenengen Stand begleitet, der in der Regel auch mit einer Abweichung der Zehenachse einhergeht, sehr oft verläuft diese folglich zeheneng. Dadurch entsteht ein höherer Druck auf die inneren Knöchelchen des Karpalgelenks bzw. auf die inneren Teile derselben und zugleich werden die äußeren Bänder im Vorderknie und der äußere Teil der Gelenkskapsel mehr beansprucht. Knieweite Pferde sind in der Regel weniger leistungsfähig als korrekt gebaute und daher unter stärkerer Belastung deutlich benachteiligt.

Knieenges Vorderbein

Hierbei erscheint das Pferd von vorne gesehen mehr oder weniger x-beinig, die Vorderknie sind also von der Senkrechten abweichend zu eng beieinander. Auch ist ihre Vorderfläche in der Regel leicht nach innen verdreht. Diese Abweichung ist oft mit einer bodenweiten Stellung kombiniert, die ihrerseits Abweichungen in der Zehenachse mit sich bringt. Die Vorderkniegelenke und die Unterstützungsbänder unterliegen so einer stärkeren Belastung – zumindest theoretisch. Interessanterweise scheinen wissenschaftliche Studien zu belegen, dass eine ganz leicht knieenge Stellung keine negativen Auswirkungen mit sich bringt. Reihenuntersuchungen an Rennpferden lassen vermuten, dass diese Abweichung das Gelenk gerade an der inneren Seite zu entlasten scheint, wodurch es zu weniger (schweren) Chip-Frakturen zu kommen scheint.

Geschnürtes Karpalgelenk

Eine andere Abweichung von der Idealform ist das geschnürte Karpalgelenk/Vorderknie. Bei dieser Abweichung erscheinen Röhrbein und Sehnenstrukturen (das Schienbein) mehr oder weniger stark vom darüberliegenden Gelenk abgesetzt, als wären sie dort mit einem Band zusammengeschnürt. Das Gelenk kann dabei recht groß sein und das normale Schienbein schwach erscheinen lassen; oder das Gelenk ist normal und das Schienbein insgesamt etwas zu schwach. In beiden Fällen ist jedoch der Übergang mangelhaft, weil unharmonisch.

Geschliffenes Karpalgelenk

Ein weiterer Mangel ist das geschliffene Vorderknie. Dabei erscheint das ganze Gelenk in seiner Ausbildung reduziert, zu klein und zu rundlich, als ob man es mit einem Schleifapparat abgehobelt hätte. Sämtliche Strukturen des Gelenkes sind daher zu schwach ausgebildet und das Gelenk selber nicht besonders stabil; ist es jedoch fehlerfrei eingeschient, so kann ein solches Bein normale Belastungen durchaus bewältigen.

Ausgeschnittenes Karpalgelenk

Ebenso unerwünscht ist jene Formation, die man als ausgeschnittenes Knie bezeichnet. Wenn man das Bein von der Seite betrachtet und sich hierbei der Mittelfuß von der hinteren Begrenzungslinie des Karpalgelenks scharf absetzt oder abrupt verschmälert, spricht man von einem ausgeschnittenen Vorderknie. Der Übergang vom Gelenk in den Mittelfuß wirkt so, als ob man ihn mit einem Schnitzmesser etwas zu heftig modelliert hätte. Dabei ist allerdings zu beachten, dass ein besonders groß ausgebildetes Erbsbein genau den gleichen Eindruck erwecken kann, ohne dass daraus irgendein Nachteil entsteht.

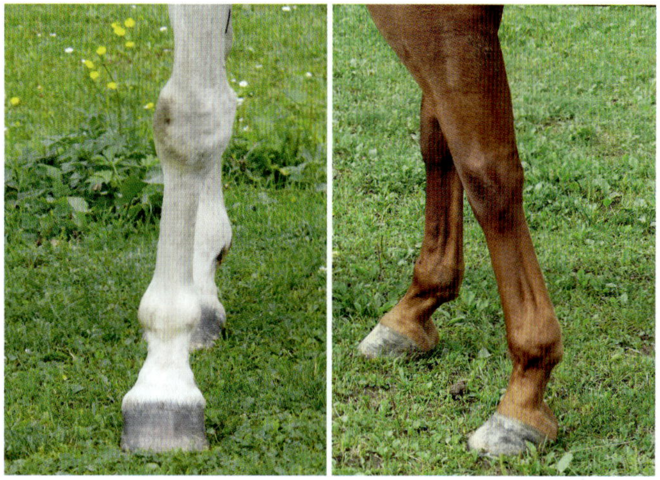

Links: Ein edles Pferd mit Abweichungen und Drehungen der Gelenksachsen, vor allem der Karpalgelenke nach innen.

Rechts: Hier erscheint das Schienbein unter dem Karpalgelenk wie mit einem Riemen zusammengeschnürt. Das Röhrbein wirkt unterdimensioniert.

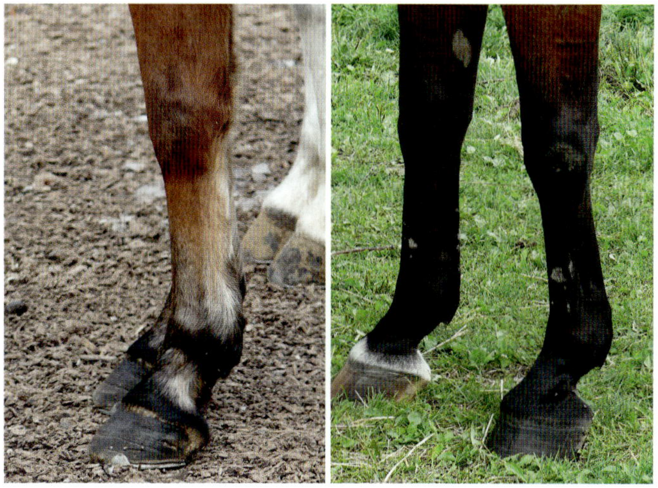

Links: Wenn das Gelenk insgesamt klein und wie abgeschmirgelt und in der Größe unterdimensioniert wirkt, so nennt man das ein „geschliffenes Gelenk".

Rechts: Wenn das Erbsbein sehr groß ist oder das Gelenk sich unten scharf abgrenzt, heißt das ausgeschnitten; keine erwünschte Form, aber nicht unbedingt stark nachteilig.

Das Röhrbein

Das Röhrbein *(Metacarpus)* ist der größte Knochen des unteren Beines und liegt zwischen Karpalgelenk/Vorderknie und Fesselgelenk. An seiner Rückseite liegen seitlich zwei so genannte Griffelbeine, die rudimentären Seitenstrahlen des ehemals mit vier Zehen ausgestatteten Vorderbeins der Ahnen des Pferdes. Diese beiden langgestreckten, keilförmigen Knöchelchen reichen etwa drei Viertel seiner Länge am Röhrbein hinunter und enden in kleinen Auftreibungen. Idealerweise verläuft das Röhrbein sowohl von vorne als auch von der Seite gesehen perfekt senkrecht.

Der Teil des Vorderbeins oberhalb des Karpalgelenks ist bemuskelt; unterhalb des Gelenks setzen sich die Muskeln als lange Sehnen fort, die sowohl an der Vorder- als auch an der Rückseite des Röhrbeins verlaufen. Jene an der Rückseite sind lange Sehnen und Bänder, die relativ deutlich zu sehen und auch gut zu ertasten sind. Bei hoch im Blut stehenden, dünnhäutigen Pferden ist das Abtasten oder Abdrücken der Sehnen und Bänder eine Standardprozedur. Sie dient zum Feststellen alter oder akuter Verdickungen, Knoten oder schmerzhafter Stellen. Bei kaltblütigen Pferden mit extremer Behaarung, dicker Haut und derbem Bindegewebe ist diese Überprüfung meistens zwecklos, da sie keine genauen Rückschlüsse zulässt.

Die gesamte Struktur zwischen Vorderknie und Fesselgelenk, anatomisch der Mittelfuß, nennen einige Hippologen etwas un-anatomisch das Schienbein, und ich gebrauche dieses Wort auch häufig.

Man wünscht sich einen möglichst kurzen und breiten Mittelfuß, der auch und vor allem durch ausreichend starke Sehnen gebildet wird. Zuoberst liegt die oberflächliche Beugesehne; direkt unterhalb von ihr liegt die tiefe Beugesehne und wieder darunter liegt der Fesselträger.

Die Sehnen sollten straff und glatt sein und sich beim Abstreifen wie gespannte Seile anfühlen; man nennt das „trocken“. Der Umfang des Schienbeins sollte in seinem Verlauf zwischen den beiden Gelenken gleich bleiben – das Schienbein sollte nicht röhrenförmig rund oder nach unten verdickt, quasi keulenförmig wirken, sondern in

Die Muskeln oberhalb des Karpal- und Sprunggelenks kontrollieren die Sehnen unterhalb davon und damit die Beinbewegungen. Ihre Kräfte wirken sich über die Sehnen aus, welche die Gelenke beugen und strecken.

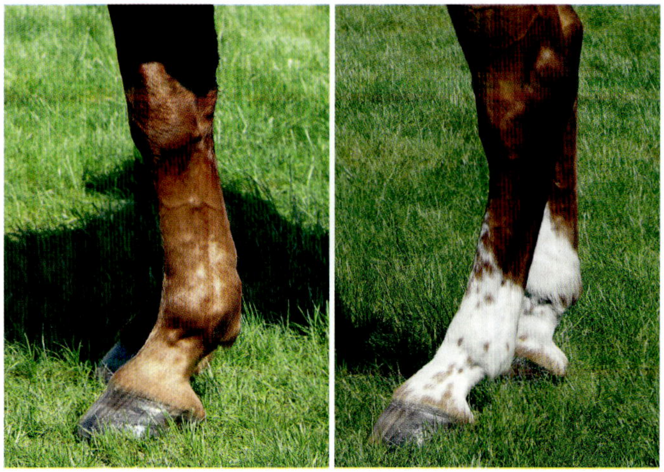

Links: **Ein kräftiges Fundament mit viel Knochen und starken Sehnen und Bändern ist vorteilhaft. Zwischen Röhre und Sehnen sollte eine gut sichtbare Rille verlaufen, welche die beiden Strukturen trennt.**

Rechts: **Das Sprunggelenk sollte ohne jegliche Schwellungen oder Auftreibungen harmonisch in die Hinterröhre verlaufen. Es sollte den Sehnen, Schleimbeuteln und Bändern genug Platz bieten und breit und tief wirken.**

seinem Verlauf einheitlich breit, mit beinahe rechteckigem Querschnitt. Der Röhrbeinumfang wird als wichtiges Maß in der systematischen Beurteilung verwendet; er wird bei jeder Vermessung eines Pferdes neben dem Stockmaß und dem Brustumfang mit abgenommen und dokumentiert. Man geht davon aus, dass primitive Pferdetypen etwa 20 bis 22,5 cm (acht bis neun Zoll) Röhre bei 450 Kilogramm Körpermasse haben, also etwa 5 cm pro 100 kg; stark domestizierte Rassen haben etwa 16,25 bis 18,75 cm (sechseinhalb bis siebeneinhalb Zoll) bei selber Masse, das sind nur mehr 3,9 cm pro 100 kg. Durch die Domestikation haben unsere Pferde also „Knochen" verloren, sie sind feinknochiger geworden.

Die Streckmuskulatur an der Vorderseite des Beins mündet in die Strecksehnen, die vorne und seitlich verlaufen. Ihre Kontraktionen üben Zug auf diese Sehnen aus und bringen somit die Gelenke in eine offene oder gerade Stellung. Die Beugemuskeln an der Hinterseite des Oberarms laufen auf der Rückseite in den Beugesehnen aus. Sie reichen über das Fesselgelenk hinaus und heften sich in der Zehe an deren Knochen an. Der Fesselträger läuft entlang des Röhrbeins unter den anderen Sehnen und Bändern zum Fesselbein. Bänder vom Knochen zu den Sehnen begrenzen deren Mobilität und verhindern ihre Überdehnung.

Nachdem sich hier jeder Defekt negativ auf die Leistung auswirkt, kommt der Pferdekenner zum Schluss „Ohne Bein – kein Pferd". Damit ist gemeint, dass die Leistungen von Herz, Lunge und Muskeln durch den Faktor „gesundes Bein" begrenzt werden. Viele Pferdekenner beurteilen deshalb Pferde prinzipiell von unten nach oben, das soll heißen, für sie ist das Fundament das entscheidende Kriterium.

Die Beurteilung der Vorderbeine

Die Beurteilung des korrekten oder unkorrekten Vorderbeins ist deshalb besonders wichtig, weil man damit seine Strukturen in ihrer Haltbarkeit und Bewegungsmöglichkeit besser einschätzen kann. Hier sei festgehalten, dass es in der Natur keine völlig perfekten Organismen zu geben scheint und daher die Suche nach dem idealen Pferd vergeblich bleiben wird. Man muss der Natur quasi einen Spielraum zugestehen, innerhalb dessen man ein Pferd für gut befindet und auch seine kleinen Fehler akzeptieren kann. Wenn die Fehler unbedeutend sind und das Pferd sich gut bewegt, besteht kein Grund zur Sorge. Wenn allerdings der Fehler gravierend ist und Gang und Konstruktion stark beeinträchtigt sind, dann sollte man durchaus strenge Maßstäbe anlegen.

Betrachtet man ein Pferd von vorne, dann sollte eine imaginäre Linie vom Buggelenk senkrecht durch die Mitte des Vorderbeines verlaufen und das Vorderknie, die Röhre, die Fessel und den Huf in zwei gleiche Hälften teilen. Von der Seite gesehen sollte das Vorderbein ebenfalls gerade nach unten verlaufen, doch in der Realität laufen viele Pferdebeine in einem Winkel von etwa fünf Grad nach hinten; viele Tiere sind also ganz leicht unterständig.

Sehr oft sind die beiden Vorderbeine eines Pferdes leicht unterschiedlich. Vor allem in den Vorderknien und im Fesselbereich, aber auch im Huf finden sich oft geringe Abweichungen von der Ideallinie und auch Unterschiede zwischen den beiden Beinen. Es ist daher wichtig, das Pferd im Stand und in der Bewegung zu beurteilen und festzustellen, ob sich das Tier auf beiden Händen weitgehend gleichmäßig und gleichförmig bewegen kann. Pferde mit starker „Händigkeit" (im Sinne von Rechts- oder Linkshänder) brauchen eine umso längere und bessere Ausbildung und erreichen ihre sportlichen Ziele schwerer.

Fehler, Schäden oder Erkrankungen an Rücken, Becken oder Gliedmaßen drücken sich außerdem oft in einer Ungleichheit der unteren Gliedmaßen und da besonders der Hufe aus. Die meisten Pferde haben eine Tendenz, sich auf einer Hand (meistens die linke) leichter zu biegen und zu stellen und daher ihre natürliche Schiefe zu betonen. Wenn es der Reiter nicht schafft, das Pferd in der Ausbildung gerade zu richten und zu einer besseren Balance und Gewichtsverteilung zu bringen, so können Schäden folgen. Hier sei darauf hingewiesen, dass alle Gebrauchspferde möglichst gleichmäßig auf beiden Händen ausgebildet werden müssen und auf ihre Händigkeit dabei Rücksicht

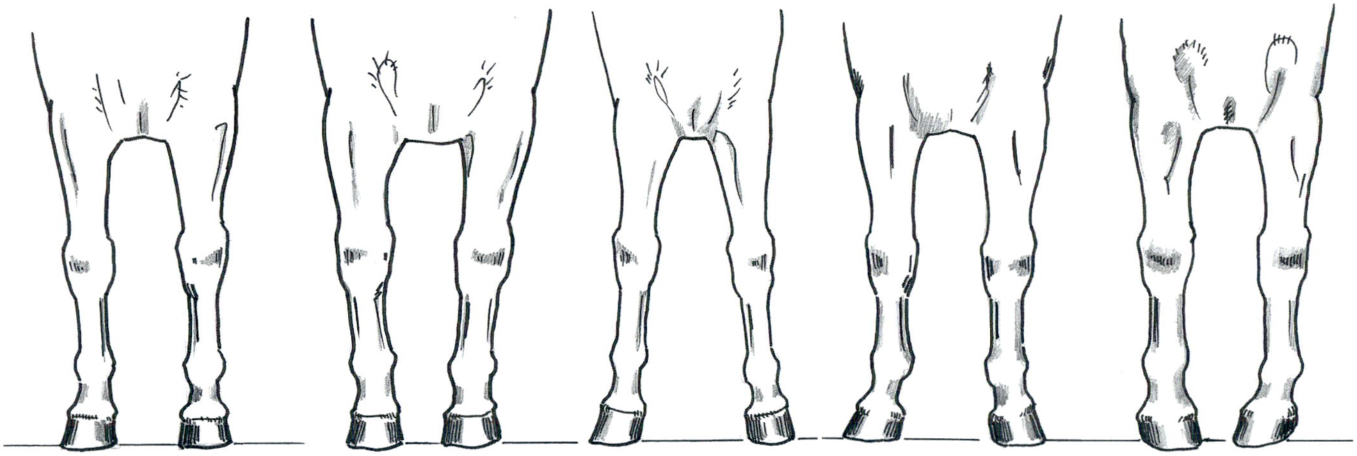

genommen werden muss. Man denke an den Grundsatz „Richte Dein Pferd gerade und reite es vorwärts!“

Nahezu alle fehlerhaften Beinstellungen beginnen im Schulterbereich oder in den oberen Gelenken der Gliedmaßen; das gilt sowohl für die Vorder- wie auch für die Hinterbeine. Beim Vorderbein soll der Abstand zwischen den Buggelenken und den Ellbogen möglichst gleich groß sein. Als Hilfsvorstellung kann man die vier Gelenke von vorne gesehen mit Linien verbinden und sollte annähernd zu einem Rechteck kommen. Dann wird das Pferd wahrscheinlich korrekte Vorderbeine besitzen und seine Zehen fast genau nach vorne zeigen. Ist der Abstand zwischen den Ellbogen größer als zwischen den Buggelenken, ist das Pferd meistens zeheneng. Sind die Ellbogen näher zusammen als die Buggelenke, ist das Pferd meistens zehenweit. Allerdings können auch Tiere mit perfekten oberen Gliedmaßen an deren unteren Enden trotzdem noch Stellungsfehler aufweisen, doch das ist eher selten.

Weil die Natur mit Ausgleichen arbeitet, versucht jedes Gelenk in einem Pferdebein, einen Fehler des darüber- oder darunterliegenden Gelenks auszugleichen. Vereinfacht könnte man sagen: In einem fehlerhaften Pferdebein verläuft eine zentrale Linie von vorne gesehen im Zickzack; wenn also z. B. die Buggelenke etwas zu weit voneinander entfernt sind, sind die Ellbogen etwas zu nah beisammen; als Folge sind die Vorderknie wieder etwas zu weit voneinander entfernt und die Fesseln wieder zu nahe beisammen; daher sind die Hufe meist wieder zehenweit gestellt (und genau umgekehrt).

Wenn unser Rechteck zwischen Bug- und Ellbogengelenken unsymmetrisch ist, also nach einer Seite hängt oder schmäler ist, dann deutet das entweder auf ungleich lange Vorderbeine oder auf einen Wirbelsäulenschaden hin.

Bodenweit

Das heißt, dass von vorne gesehen unsere gedachte senkrechte Linie am Boden innerhalb der inneren Hufwand endet. Diese Abweichung beginnt meistens im Ellbogen und setzt sich nach unten fort, wobei vor allem ange-

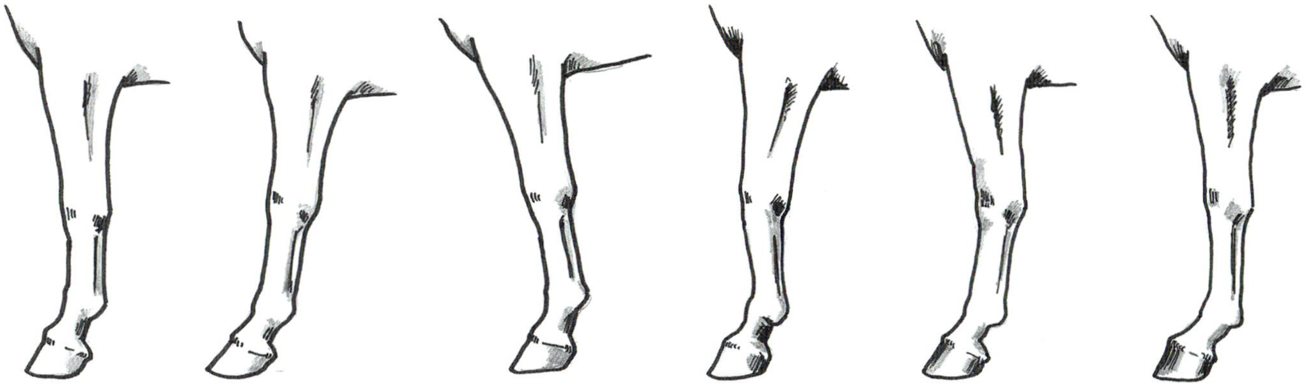

Skizzen dieser Doppelseite: **Die Vorderbeine sollen möglichst gerade und senkrecht auf den Boden treffen. Die Hufe sollen möglichst genau nach vorne zeigen, allerdings ist eine geringe Abweichung der Zehenachse nach außen naturbedingt häufig. Hier sind die häufigsten Abweichungen schematisch dargestellt.**

klatschte Ellbogen dazu führen können. In aller Regel ist diese Fehlstellung mit einer zehenengen Hufstellung verbunden.

Bodeneng

Von vorne gesehen heißt das, dass die gedachte senkrechte Linie am Boden außerhalb der äußeren Hufwand endet. Diese Abweichung ist meistens mit einer zehenweiten Hufstellung kombiniert. Bodenenge Pferde zeigen bei sonstiger Korrektheit eine Tendenz zu einem schnürenden Gang; das heißt, die Trittspuren der jeweiligen Beinpaare liegen sehr eng beisammen.

Es gibt auch regelmäßig enge und regelmäßig weite Beinstellungen, bei denen die gesamte Gliedmaße in sich perfekt geformt ist, aber einen etwas zu großen oder zu kleinen Abstand zur benachbarten Gliedmaße aufweist. Beim erwachsenen Sportpferd mittleren Typs geht man davon aus, dass ca. eine Hufbreite Abstand zwischen den Hufen ideal ist. Einer schmalen Brust fehlt es an Muskulatur und Raum für die Organe; die breite Brust des Kaltblüters macht den Gang oft schwerfällig und behäbig.

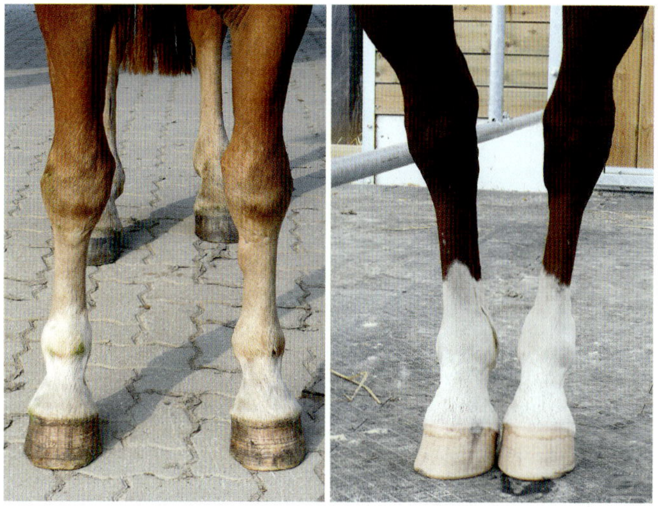

Links: **Leicht bodenweit und mit etwas verdrehten Gelenken, daher außerhalb einer Senkrechten vom Schultergelenk zum Boden. Hier kaum sichtbar ist die vorhandene zehenenge Stellung.**

Rechts: **Deutlich bodeneng, daher innerhalb einer gedachten Senkrechten vom Schultergelenk zum Boden. Die Sprunggelenke sind noch etwa eine Hufbreite voneinander entfernt, während die Hufe einander berühren.**

Abweichungen der Zehenachsen

Zehenweit

Davon spricht man, wenn aus dem Fesselgelenk heraus die so genannte Zehenachse von der Senkrechten durch den Huf nach außen abweicht und das Pferd sein Gewicht vermehrt auf der inneren Hälfte der Hufe trägt.

Zeheneng

Von einer zehenengen Stellung spricht man, wenn die senkrechte Achse vom Fesselgelenk nach unten einwärts gebrochen ist; dabei kommt mehr Belastung auf die äußere Hälfte der Hufe.

Der goldene Grundsatz

Der Pferdekenner kann bereits bei der genauen Betrachtung der Vordergliedmaßen eines stehenden Pferdes von vorne mit großer Genauigkeit vorhersagen, wie sich dieses bewegt. Die Stellung steht nämlich in einem nahezu konstanten Verhältnis zum Bewegungsablauf bzw. der Bewegungskorrektheit. Als Grundsatz kann gelten:

Nach einer anfänglichen Gegenbewegung wird das Pferd in der Richtung auffußen, in die seine Zehen im Stand zeigen.
Zur Erklärung: Wir sehen am stehenden Pferd, dass seine Vorderhufe z. B. nach außen zeigen. Daher wird dieses Pferd in der Bewegung seine Vorderbeine zuerst in einem Bogen nach innen führen und dann jeden Schritt mit einer Außenbewegung beenden. Solche Pferde werden sich daher oft mit den Hufen selbst verletzen, man spricht dann von Streichen, was nur schwer zu verhindern ist und zu dauernden Problemen führt. Bei einem Pferd, dessen Hufe nach innen zeigen, wird die Bewegung durch einen Bogen nach außen eingeleitet und durch eine Innenbewegung abgeschlossen.

Vorständig

Von der Seite betrachtet sollte das hintere Ende des Hufes (Hufballen) genau unter dem Ellbogengelenk liegen. Liegt der Huf deutlich vor der Senkrechten, so spricht man von vorständiger Stellung. Sie ist eher selten und wird oft und

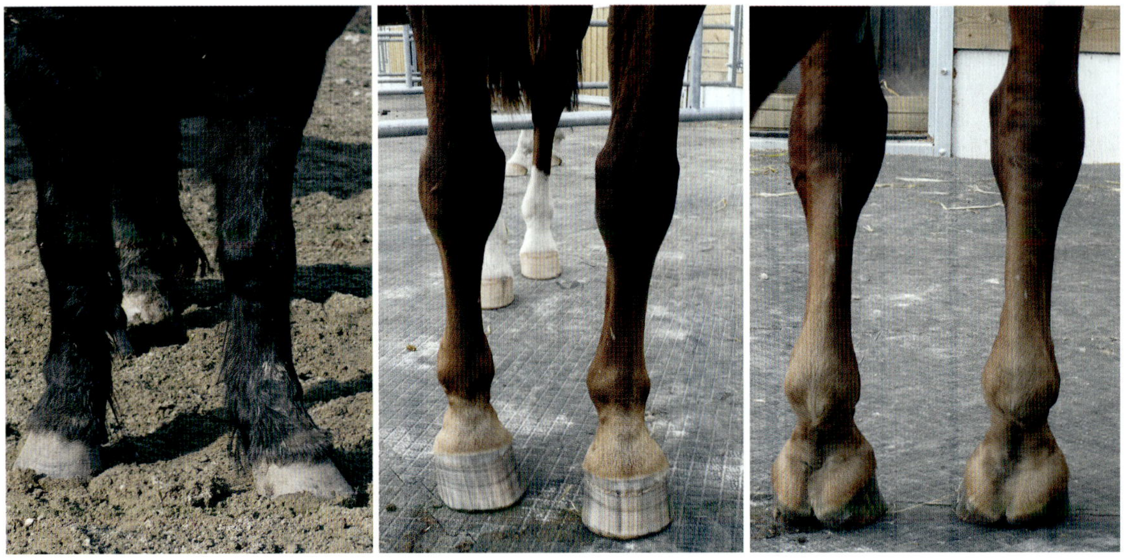

Links: **Die Zehenachse ist nach außen geneigt und nicht mehr fast genau senkrecht. Das Gewicht ruht mehr auf der inneren Hufwand.**

Mitte und Rechts: **Die Zehenachse ist nach einwärts geneigt, entgegen der häufigsten natürlichen Form. Das Gewicht ruht mehr auf der äußeren Hufwand.**

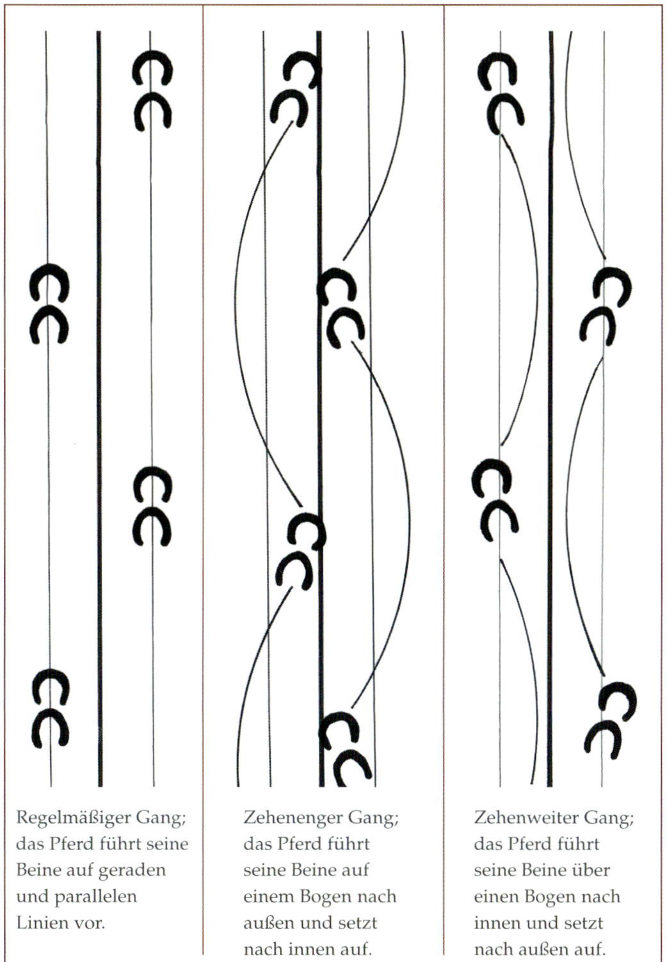

Schematische Darstellung der häufigsten Abweichungen von der Idealform der Zehenachse. Diese Fehlstellungen kommen in der Praxis sehr häufig vor: zeheneng und zehenweit; gewünscht wird die so genannte regelmäßige Stellung.

zu Recht als Zeichen von Schmerzen im Huf gedeutet; vor allem bei Entzündungen der Huflederhaut (Hufrehe) nehmen Pferde häufig diese Stellung ein, um die extrem schmerzhaften Zehen zu entlasten.

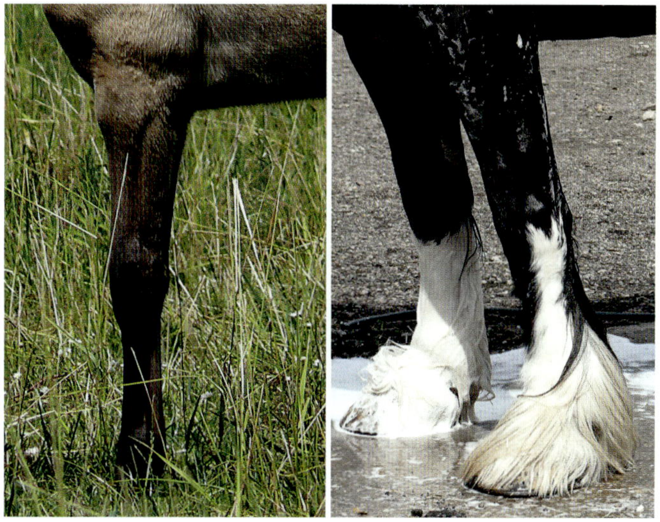

Links: **Eine deutlich vorständige Stellung wird als der Schnelligkeit und der Kraftentfaltung abträglich angesehen. Tritt sie plötzlich auf, so kann sie auf Schmerzen im Huf hinweisen.**
Rechts: **Eine unterständige Stellung liegt vor, wenn das Bein vom Ellbogen abwärts erkennbar nach hinten verläuft.**

Bei manchen Showpferden (z. B. bei Hackneys, Tuigpaarden und diversen amerikanischen Rassen) wird diese Stellung zusammen mit extrem herausgestellten Hinterbeinen für die Schauen andressiert. Dieses gestreckte Aufstellen wirkt auf den europäischen Pferdefreund eher befremdlich.

Unterständig

Diese Stellung kommt sehr häufig vor, in deutlicher Ausprägung vor allem bei Kaltblütern, vielen Ponyrassen und den meisten wenig durchgezüchteten Gebrauchspferden. Von unterständig spricht man, wenn eine gedachte senkrechte Linie aus dem Ellbogengelenk mit der Zehenspitze oder sogar davor endet. Diese Formation ist sehr oft mit einer eher steilen Schulter und waagerechtem Oberarm kombiniert, daher sind Raumgriff und Bewegungsqualität oft limitiert und die Pferde auch relativ unbequem zu sitzen.

Der Rumpf

Der Rumpf besteht im Inneren grob gesprochen aus Brust- und Bauchraum, zwei getrennten Hohlräumen, in denen die Organe am Rückgrat quasi aufgehängt sind. Im kleineren Brustraum liegen, geschützt von Rippen und Brustbein, die lebenswichtigen Organe Herz und Lunge. Der Bauchraum nimmt mit seinen z. T. mächtigen Verdauungsorganen den größeren Platz in Anspruch. Die Bauchhöhle enthält unter anderem Magen, Gedärme, Leber, Nieren und Milz. Das Zwerchfell, eine große Trennwand aus Muskelgewebe, trennt den Brust- vom Bauchraum, hat aber einen Durchlass für die Speiseröhre, damit die Nahrung in den Magen gelangen kann.

Der Brustkorb

Brust, Rumpf, Thorax oder Brustkorb sind die landläufig üblichen Bezeichnungen für jenen Teil des Rumpfes, der durch die knöchernen Rippenpaare, das Brustbein, den Rippenbogen und die Brustwirbelsäule gebildet wird. Dieser „knöcherne Käfig" umgibt schützend die lebenswichtigen Organe Herz, Lunge, die großen Gefäße und einen Teil der Luftröhre. Die flexiblen Rippen, das elastische Brustbein und das Zwerchfell erlauben dem Herz und der Lunge, sich auszudehnen und zu arbeiten. Ein mittleres Pferd hat ca. 50 Liter Blut im Körper, die von ca. 30–35 Herzschlägen pro Minute durch die Gefäße gepumt werden.

Die flexiblen, geschwungenen Rippenknochen sind oben gelenkig mit der Wirbelsäule verbunden. Die vorderen acht der insgesamt ungefähr 18 Rippenpaare sind an ihrem unteren Ende durch Knorpel mit dem Brustbein oder Sternum verbunden und heißen Tragerippen. Die hinteren Rippenpaare sind dagegen nur durch einen knorpeligen Bogen verbunden und somit wesentlich mobiler. Sie erlauben die maximale Ausdehnung des Brustkorbes während der Atmung, daher heißen sie Atmungsrippen. Die letzten beiden Paare sind manchmal überhaupt nicht mehr miteinander verbunden und werden daher fliegende Rippen genannt.

Form und Volumen des Brustkorbes bestimmen u. a. die Größe und damit Leistungsfähigkeit der Organe. Das Wirtschaftspferd wird daher gerne als „rumpfig" bezeichnet.

Das Brustbein liegt zwischen den Vorderbeinen und besteht aus etwa sechs knöchernen Segmenten, die durch Knorpelsubstanz miteinander verbunden sind; es bildet gewissermaßen den Boden des Brustkorbs. Seine Breite ist mitbestimmend für die Breite der Vorderbrust – also den Abstand zwischen den Vorderbeinen.

Die Rippen sollen weit nach hinten reichen und eine ideale Biegung aufweisen, um ein maximales Volumen des Brustkorbs und damit eine große Atemkapazität zu ermöglichen. Man wünscht sich einen möglichst kleinen Abstand zwischen der letzen Rippe und dem Hüftbein, etwa eine Handbreite wird als ideal angesehen. Ein ausladender Brustkorb wird so durch ein größeres Zwerchfell abgeschlossen, das wie ein Blasebalg die Luft in die Lungen zu saugen hilft.

Von vorne betrachtet sollten die Schulterblätter am oberen Ende etwas näher zusammenstehen als am Buggelenk. Sind sie hier zu weit voneinander gelagert und mit Muskeln bepackt und sind die Dornfortsätze der Brustwirbel hier kurz, hat das Pferd einen breiten, flachen Widerrist.

Hier ein kurioses Beispiel eines zu schmalen Pferdes aus Indien. Dieses Marwari-Pferd ist zwar mit tollen Sichelohren gesegnet, aber seine Vorderbeine kommen „aus einem Loch", wie man früher sagte.

Das schmale Pferd

Sind die Rippen zu kurz, steil und nur ganz flach gebogen, so ist der Raum für die Lungenausdehnung begrenzt. Ein so gebautes Pferd ist in der Regel nicht sehr leistungsstark, fast immer ein schlechter Fresser und hat nicht genügend Platz zwischen seinen Schulterblättern und Vordergliedmaßen. Damit ist auch die Muskulatur zwischen diesen und dem Brustkorb eingeschränkt und die Stoßdämpfung und Tragkraft sind begrenzt. Schmale Pferde sind oft auch aufgeschürzt, haben seichte Flanken und damit eine schlecht entwickelte Bauchmuskulatur. Für sie ist es schwerer, sich in den Hanken zu beugen und ihre Balance zu finden – mit einem Wort sind sie im reiterlichen Gebrauch meist benachteiligt. Oft ist es auch schwierig, sie in guter Kondition und Futterzustand zu halten, da sie zu wenig oder schlecht fressen und oft auch leicht erregbar sind. In England nennt man sie *weeds*, was wenig schmeichelhaft ist, denn es heißt übersetzt „Unkräuter".

Das breite Pferd

Pferde mit dem gegenteiligen Körperbau, nämlich einem zu ausladenden Brustkorb, bieten die genau gegenteiligen Probleme. Die allzu runde Rippung behindert die Bewegung von Oberarm und Schulterblatt bzw. Ellbogen. Damit ist die Aktion der Vordergliedmaßen rollend oder stampfend und daher für den Reiter unbequem.

Hoch im Blut stehende Pferde sind selten sehr breit in der Brust, denn das wäre ihrer Schnelligkeit und Beweglichkeit abträglich. Sehr breite Pferde haben üblicherweise einen Kaltbluteinschlag und sind leichtfuttrig. Man darf jedoch das „zu breite Pferd" nicht mit einem „rumpfigen Pferd" verwechseln. Das eine ist unharmonisch und plump, das andere hat einen passenden, aber ausladenden Brust-Bauch-Raum, was durchaus ein Vorteil ist. Meistens hat ein rumpfiges Pferd auch eine lange Bauchlinie und ist gut geschlossen; es weist einen kurzen, kräftigen Rücken auf und besitzt eine gut bemuskelte Nierenpartie.

Die Vorderbrust sollte gut bemuskelt sein, ohne dass übertriebene Muskelpartien zu sehen sind, und das Brustbein sollte nicht scharf oder spitz vorragen. Tritt dies auf, so spricht man von einer Hahnenbrust, die nicht nur unschön ist, sondern auch den Gang beeinträchtigt. Die Breite der Vorderbrust und die Breite des Brustkorbs sind zwei verschiedene Aspekte; ein Pferd kann einen ausladenden Brustkorb haben, ohne deswegen zu breit in der Vorderbrust zu sein. In aller Regel sind gute Tiefe und mittlere

Eine Ausnahme: ein breiter Vollblüter, zwischen dessen Vorderhufen deutlich mehr als eine Hufbreite Platz findet. Rennpferde sind selten sehr breit, denn das ist eher ein Merkmal kaltblütiger Typen.

Breite der Vorderbrust am günstigsten. Die Kaltblutpferde und die unveredelten Ponyrassen sind in Relation zum Stockmaß ausgesprochen breitbrüstig; man spricht von schwerem Kaliber – unabhängig von der Durchschnittsgröße der Rasse; auch ein Shetty kann „kalibrig" sein. Passen Beckenbreite, Länge und Fundament dazu, so hat man ein kräftiges und genügsames, wenn auch nur selten ein schnelles Pferd.

Der ideale Brustkorb besitzt somit Rippen, die in der vorderen Hälfte – im Schulterbereich – lang, aber nicht zu stark gebogen sind; im hinteren Bereich sollen sie lang, ausladend und stärker gewölbt sein. Dann behindern sie die Bewegung von Schulterblatt und Oberarm nicht, aber ermöglichen eine maximale Atemkapazität und einen guten Schluss zwischen Rumpf und Hinterhand. Relativ große Abstände zwischen den Rippen sind günstig, da sie eine bessere Atmung und seitliche Biegung ermöglichen.

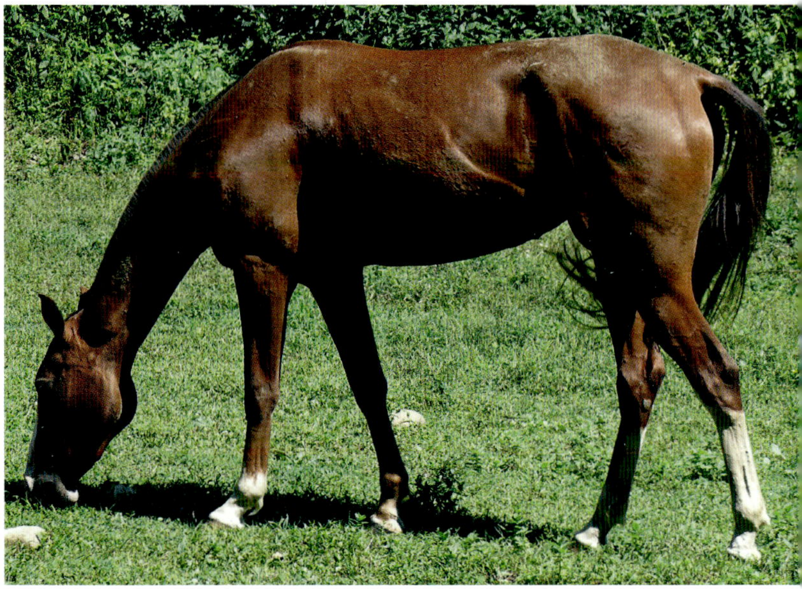

Dieser edle Renner ist ein Achal Tekkiner, eine uralte Steppenrasse, die oft als „drittes Vollblut" bezeichnet wird. Rennpferde sind meist nicht besonders breit, aber tief, was sie ausdauernd macht.

Der seichte oder tiefe Rumpf

Je nach Länge und Wölbung der Rippen spricht man von Pferden mit seichter oder tiefer Brust. Der klassische Steher (das Langstreckenpferd) ist fast immer recht tief und schmal, während der Flieger (das Kurzstreckenpferd; der Sprinter) mitunter etwas bulliger ist, wie am Quarter Horse leicht erkennbar. Jedes gute Leistungspferd verfügt über einen tiefen Brustkorb und damit über eine aerodynamisch und physikalisch günstige Form, denn diese Tiefe steht im Zusammenhang mit einer langen Schulter. Ein relativ seichter, rundlicher Rumpf wäre ungünstig, wenn es um Hochleistungssport geht.

Die Wirbelsäule

Da das Rückgrat einer der letzten Teile des Skeletts ist, der sich während des Heranwachsens fertig entwickelt, kann seine harte Beanspruchung beim jungen Pferd Probleme verursachen – sofort oder auch später. Es ist wichtig, eine gute Konformation des Rückens erkennen zu können. Ein solcher Rücken ist tragfähig und elastisch, was wichtig für die allgemeine Gesundheit des Pferdes ist; er trägt Sattel und Reitergewicht komfortabel und schadlos. Ein schlecht gebauter, zu langer oder kurzer Rücken behindert die athletische Fähigkeit und Ausdauer und fördert den Verschleiß an den Beinen des Pferdes.

Bewegt sich das Rückgrat?

Bei Pferden im Wachstum gibt es noch etwas mehr Möglichkeiten der Seitwärts- sowie Auf- und Abwärtsbewegungen der Wirbelsäule, aber ältere Pferde besitzen immer weniger Bewegungsfreiheit im Rückgrat.

Das Lumbosakral-Gelenk zwischen dem letzten Lendenwirbel und dem Kreuzbein bildet einen Hauptort der insgesamt geringen Beweglichkeit. Der vordere Teil der Wirbelsäule ist zumal wegen der dort anheftenden Rippen, welche die Seitwärtsbewegung einschränken, recht unbeweglich. Der hintere Teil der Wirbelsäule mit dem Kreuzbein ist wegen der Gelenksfortsätze an den Wirbeln und wegen der häufigen Verschmelzungen auch ziemlich steif. Jene Region, wo sich die Wirbelsäule etwas deutlicher seitwärts drehen oder biegen kann, ist das Hinterende der Sattellage, am Übergang von Brust- zu Lendenwirbelsäule. Der Reiter sollte nie zu hart in den Sattel fallen oder zu weit hinten sitzen, sondern geschmeidig über der stärksten Stelle etwa vor der Mitte des Rückens sitzen. Jede Art von Empfindlichkeit oder sichtbarer Verletzung hier sollte unbedingt zu einer ärztlichen Untersuchung Anlass geben.

Das Lumbosakral-Gelenk ist auch für das Abkippen des in sich unbeweglichen Beckens verantwortlich; dieses ist ja über das straffe Iliosacral-Gelenk mit der Wirbelsäule (Kreuzbein) sehnig verbunden, wobei die Verbindungsstelle kleiner als eine Handfläche ist. Sie erleidet durch Stürze, Ausgleiten oder Festliegen etc. bei relativ vielen Pferden Zerrungen und Zerreißungen, die sich in Schiefe, Steifheit oder unregelmäßigem Gang manifestieren können.

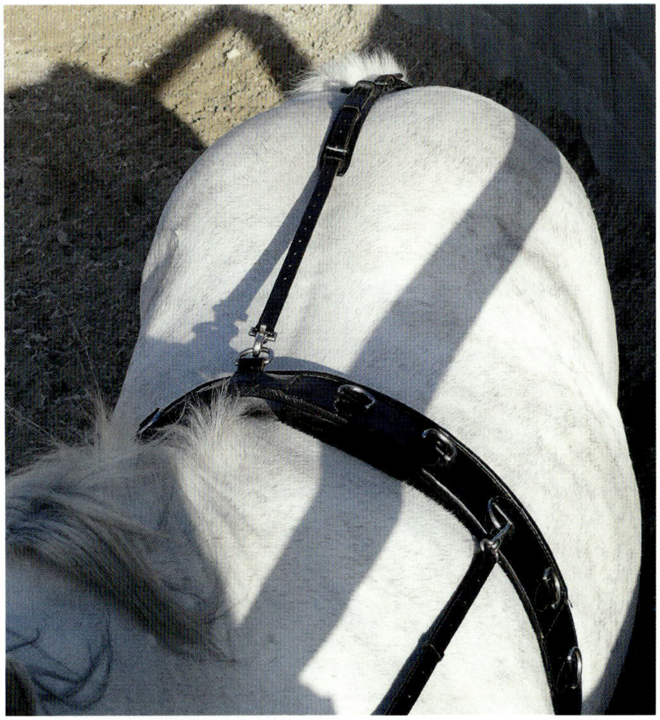

Hinter dem Sattel ist der beweglichste und zugleich empfindlichste Teil der Wirbelsäule. Aufgrund dieser natürlichen Konstruktionsschwäche besteht hier erhöhte Verletzungsgefahr.

Die Länge des Rückens

Der Rücken (vom höchsten Punkt des Widerristes bis zum höchsten Punkt der Kruppe) sollte ungefähr ein Drittel der gesamten Körperlänge ausmachen, die von der Spitze der Schulter (Bug) bis zum Sitzbeinhöcker gemessen wird. Die Rückenlänge hängt von Anzahl und Länge der Brust- und Lendenwirbel ab. Die meisten Pferde besitzen sechs

Ein Pferd mit ungünstig geformtem Rücken oder schlechter Ausbildung wird den Rücken nicht aufwölben oder hergeben; es bleibt steif und basculiert auch über dem Sprung nicht. Das kann auf die Beine gehen!

Lendenwirbel, aber einige haben nur fünf. Das kann von Vorteil sein, wenn der Lendenbereich besonders kurz und stark sein soll.

Bei zu kurzer Sattellage und Lende hat das Pferd die Tendenz zum Schenkelgänger, dessen Beine sich zwar höchst aktiv bewegen, aber dessen Rücken zu starr bleibt. Ein ausreichend langer Rücken schwingt mehr und kann die Bewegung der Hinterbeine abfedern. Das bedeutet aber nicht automatisch, dass ein langer Rücken immer auch erstrebenswert ist; keinesfalls gilt „je länger, desto besser"! Vielfach vermittelt ein Schenkelgänger ein recht bequemes Sitzgefühl, allerdings aus dem falschen Grund: er ist im Rücken nicht locker, der Reiter sitzt auf der gefürchteten „Stahltraverse". Das im Rücken längere Sportpferd kann hingegen so stark schwingen, dass ein Durchschnittsreiter die Verstärkungen kaum zu sitzen vermag.

Hier zeichnet sich ein Problem der modernen Zucht ab; die vom Sport geforderten Spitzenathleten sind für den Freizeitreiter unter Umständen schon „zu gut" und gar nicht mehr angenehm zu bedienen. Die modernen europäischen Sportpferderassen haben in der Regel keine Tendenz zu extremer Kürze. Wenn überhaupt, so neigen sie eher zum langen Rücken, was oft ein Erbe aus jener Zeit ist, als man das schwere und lange Wirtschaftswarmblut bevorzugte, das wenig reitpointiert war. Manche so genannte Barockrassen haben wiederum bei quadratischem Format eher kurze Rücken, oft in Kombination mit etwas knappen Schulterpartien. Sie sind oft bequem zu sitzen und gaukeln bei guter Lektionsfestigkeit selbst ungeübten Reitern oder deren Publikum ein höheres Können als vorhanden vor. Ich nenne das „Fürstenreiterei" – ähnlich dem barocken Adeligen, dessen Stallmeister ihm für Paradezwecke ein perfekt abgerichtetes Luxusross unter den Allerwertesten schob, damit er vor staunender Menge mit Levaden und Piaffen glänzen konnte.

Gewünscht: die lange Oberlinie

Bei günstiger Oberlinie ist die Schulter schräg, und der Reiter sitzt bequem hinter der langen Vorhand; man sagt dann, er „hat viel Pferd vor sich" – eines der erstrebenswertesten Gefühle überhaupt beim Reiten. Doch der Schein kann trügen: „Viel Pferd vor dem Sattel" soll nicht von einem großen Schädel, einem zu langen Hals und einer zu knappen Schulter herrühren – eine Konformation, wie sie bei unharmonischen, übergroßen und wenig durchgezüchteten Typen mitunter vorkommt.

Sind die sieben Halswirbel lang, werden die Schultern eher lang und schräg als steil und aufrecht sein und eine gute Verbindung mit dem Brustbein und dem Widerrist eingehen. Die Schräge der Schulter und die Länge des Widerristes tragen zur relativen Kürze des Rückens bei, ebenso ein guter „Schluss" und eine lange Kruppe. Ein Hals von gut mittlerer Länge, eine lange Schulterpartie, ein relativ kurzer Rücken und eine lange, kräftige Hinterhand bilden die begehrteste Konformation bei einem Reitpferd – man nennt sie auch eine lange Oberlinie. Sie sorgt für maximale Manövrierfähigkeit des Kopfes und Halses, einen tragfähigen Rücken und viel Schub von hinten – alles Dinge, die für ein gutes Reitgefühl und Leistungsvermögen wichtig sind.

Sind die sieben Halswirbel kürzer als im Durchschnitt, wird der Hals kurz und die Schultern werden steiler sein, was in einem proportional längeren Rücken resultiert. Wenn ein Pferd einen kurzen Hals, steile Schultern und eine lange Rücken-Lenden-Partie hat, verleiht ihm das einen kurzen Schritt, eine schlechte Balance und eine problematische Sattellage. Quadratpferde mit korrektem Halsaufsatz können sich leicht aufrichten und versammeln. Rechteckpferde mit tiefem Aufsatz sind oft kopflastig und daher schwer auf die Hinterhand zu setzen.

Bei günstiger Rückenformation ist der Abstand vom Widerrist zur Kruppe kürzer oder höchstens gleich lang wie die Bauchlinie zwischen Ellbogen und Knie.

Ein zu langer Rücken ist meist auch schwach. Hier beträgt die Rückenlänge (Widerrist-Kruppe) deutlich mehr als ein Drittel der gesamten Körperlänge.

Problematische Rückenformen

Es existiert eine direkte Wechselbeziehung zwischen Rückenformation und Leistung. Eine schlechte Rückenform resultiert unweigerlich in Leistungsproblemen, wie Mangel an Beweglichkeit, Empfindlichkeit, Lahmheit oder Beinverletzungen. Die Qualität der Beine und Hufe wird oft genauer geprüft als die des Rückens, aber viele Pferde haben zwar ein akzeptables Fundament, aber eine schlechte Rückenform, was ihre Brauchbarkeit oft mehr einschränkt, als man vermuten würde.

Der (zu) lange Rücken

Ein Pferd mit sehr langem Rücken kann diesen nicht so gut aufwölben, um sich zu versammeln und das Reitergewicht zu tragen. Aufgrund dessen kann es zu einem verspannten und daher schmerzenden Rücken und in der Folge zu Gang- und Beinproblemen kommen. Der (zu) lange Rücken kann sehr stark schwingen, was der gute Reiter eventuell als sitzbequem empfindet, dem weniger guten jedoch unbequem vorkommt. Zu einer schlechten Bewegungskoordination, besonders in schnellen Gangarten, kommen oft mangelhafter Schub und Raumgriff von hinten.

Das Pferd neigt dazu, sich mit durchhängendem Rücken – die berüchtigte Hängematte – zu bewegen, anstatt ihn wie eine Brücke nach oben zu wölben. So ein Rücken wird für Überlastungen und Verletzungen anfällig, die sich oft durch Muskel- oder Bänderprobleme äußern, seltener durch Probleme am Skelett. Das einzige Gegenmittel ist eine besonders langsame, korrekte und schonende Ausbildung, die auf die systematische Stärkung des muskulären Rücken-Bauch-Ringes und größtmögliche Schonung der knöchernen Strukturen abzielt. Zu frühes Anreiten führt hier unweigerlich zum berüchtigten „festgehaltenen“ oder durchgedrückten Rücken und damit zu Spätschäden.

Ein Pferd mit einem zu kurzen Rücken wird auch im Lendenbereich weniger flexibel sein. In der Regel ist ein kurzer Rücken aber tragfähiger als ein (zu) langer.

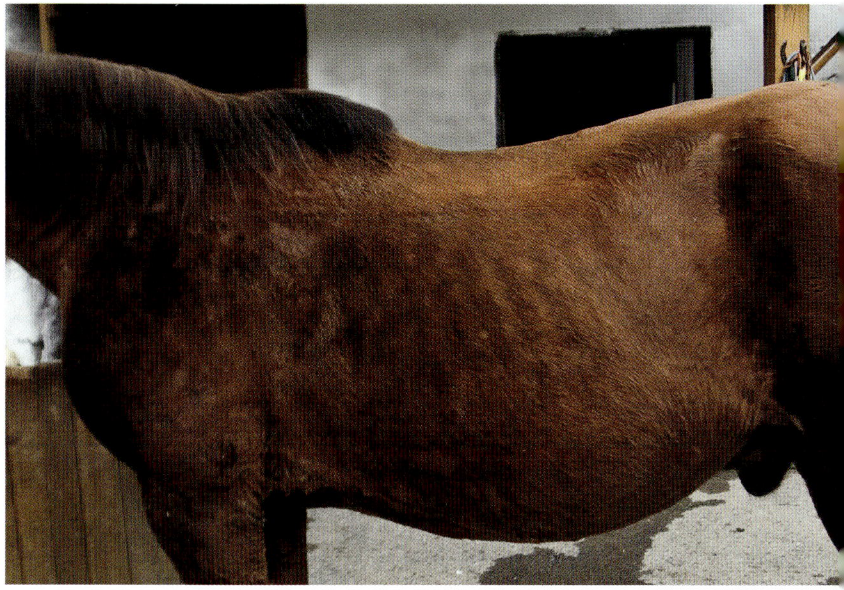

Eine leicht stramme Niere oder eine aufgewölbte Lende – hier noch kein eigentlicher Karpfenrücken. Eine bessere Bemuskelung würde hier viel verdecken und dem Pferd mehr Kraft verleihen.

Der (zu) kurze Rücken

Beträgt die Rückenlänge weniger als ein Drittel der Körperlänge, ist seine ohnedies nur geringe Fähigkeit, sich zu strecken und zu biegen, weiter reduziert. Ein Pferd benötigt ein paar Zentimeter Lendenbereich zwischen dem Hinterzwiesel des Sattels und der Kruppe, um seinen Rücken im Galopp zu biegen und zu wölben und ordentlich mit den Hinterbeinen ausgreifen zu können.

Ist das Pferd im Rücken unelastisch oder „festgehalten", wird das auch seinen Schritt kurz, steif und unregelmäßig machen. Unter Umständen tritt es mit den Hinterbeinen zu weit nach vorne und verletzt in der Bewegung seine eigenen Vorderbeine. Man muss im Hinblick darauf solche Tiere besonders sorgfältig und korrekt ausbilden und ihnen jede Chance geben, ins Gleichgewicht zu finden und ihre Kraft und Koordination auszubilden.

Beim Pferd ist die Biegung des Rückgrats besonders im Hals möglich, weiters begrenzt im Bereich zwischen letztem Brustwirbel und Lumbosacral-Gelenk und durch die großen Bandscheiben zwischen den Lendenwirbeln. Wenn der Rücken in sich zu kurz und starr ist, dann ergibt das eine reduzierte Flexibilität und das Tier wird zum gefürchteten Schenkelgänger.

Der Karpfenrücken

Ein stark konvexer Rücken ist dem Sportreiter unerwünscht; jegliche übertriebene Aufwölbung der Wirbelsäule macht ein Pferd durch seinen unelastischen Gang unbequem zu sitzen. Der einzige Bereich, in dem sich der Rücken ganz leicht aufwärts wölben sollte, ist die Lende, was auf einen guten Schluss mit guter Bemuskelung hinweist. Auch hier sollen die kräftig ausgebildeten Muskeln – und nicht das Rückgrat – die Aufwölbung bilden. Dann hat man es mit der vermutlich stabilsten Rückenform überhaupt zu tun, die in vielen primitiven Landrassen seit langer Zeit vorkommt und dann keinesfalls als Fehler angesehen wird.

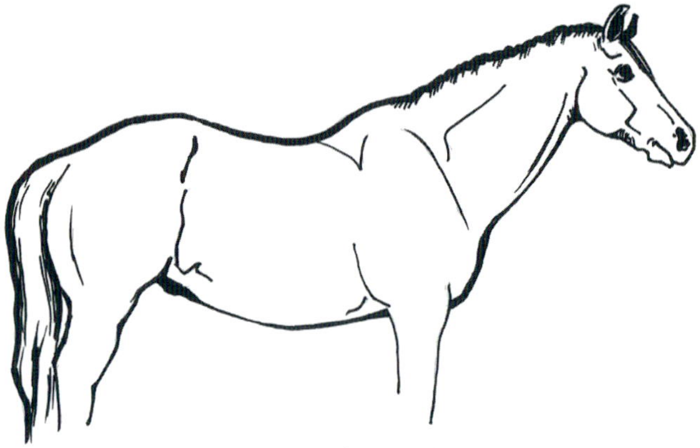

Senkrücken und holer Widerrist, im Verein mit einer abgeschlagenen Kruppe.

Flacher Widerrist und Karpfenrücken, der in einem flachen Kreuz endet.

Der Karpfenrücken ist starr, aber meist sehr tragfähig, weshalb er bei Lastpferden nicht abgelehnt werden sollte. Der Senkrücken zeigt eine deutliche Vertiefung zwischen Widerrist und Kruppe/Lenden. Er ist schwach und führt oft zu einem hoch getragenen, steifen Hals.

Ist allerdings das Rückgrat zur Gänze oder hinter dem Sattel übertrieben gewölbt und wirkt dazu noch etwas „dachförmig", dann sind die Lendenmuskeln vermutlich weniger gut entwickelt, als sie es sein sollten. Jene Muskeln, die den Rücken aktivieren und heben, können hingegen nicht ausreichend aktiviert werden, das Pferd neigt zum starren Rücken mit eingeschränkten Bewegungsmöglichkeiten, eventuell sogar schmerzhaft und daher dann unwillig unter dem Sattel. Daraus geht hervor, dass zwischen dem problematischen Karpfenrücken und einer stark bemuskelten – und daher positiv zu sehenden – Lende zu unterscheiden ist, was sich in der Praxis als schwer erweist.

Der Senkrücken

Im Gegensatz zum Karpfenrücken gibt es den Senkrücken oder hohlen Rücken. Es kann sich um ein angeborenes Problem handeln oder durch unzureichende Versorgung mit Kalzium während des Wachstums hervorgerufen werden, kann aber auch eine Alterserscheinung sein, besonders wenn das Pferd hart unter dem Reiter gearbeitet hat. Ältere Mutterstuten entwickeln oft durch viele Trächtigkeiten einen Senkrücken, während er für alte Deckhengste typisch ist, weil sie durch das oftmalige Auf- und Abreiten überlastet wurden. Auch Pferde mit allgemein schwachen Bändern im Rücken neigen zum Senkrücken, sobald diese altersbedingt erschlaffen.

Ein Senkrücken erschwert das Anpassen eines Sattels. Der Sattel – sofern kein Maßsattel – neigt dann zur Brückenbildung, liegt also nur direkt hinter dem Widerrist und vor den Lenden auf, anstatt das Reitergewicht gleichmäßig entlang der ganzen Sattellage zu verteilen. Ein Senkrücken setzt den Reiter oft zu weit hinter den Schwerpunkt des Pferdes. Das beeinträchtigt dessen Balance und macht es ihm schwer, sich harmonisch zu bewegen und korrekt zu versammeln. Es ermüdet schnell, und sein Rücken kann durch die mühevolle Kompensation der Belastung durch ohnedies zu schwache Sehnen, Bänder und Muskeln zu schmerzen beginnen. Ein Senkrücken ist auch nachteilig für die Geschwindigkeit. Der Großteil der Antriebskraft der Hinterhand wird nicht effizient zur Vorhand des Pferdes übertragen und geht daher verloren; der festgehaltene Rücken schwingt kaum.

Um Gewicht tragen zu können, sollte ein Pferd sein Rückgrat aufwölben; das kann es nicht, wenn konstruktionsbedingt sein Rücken durchhängt.

Die Lenden

Als Lenden bezeichnet man den Bereich des Rückens zwischen den letzten Rippen, dem höchsten Punkt der Kruppe und den Hüften, beiderseits der Wirbelsäule. Zusammen formen die Lenden von oben gesehen ungefähr ein Dreieck. Dessen Spitze beginnt an den Lendenwirbeln und zeigt nach vorne; die Grundlinie verläuft zwischen den beiden Hüftknochen oben quer über die Kruppe. Es soll breit und stumpf, nicht schmal und langgezogen sein. Pferdekenner bevorzugen kurze, starke Lenden mit nicht mehr als vier Fingerbreiten (ca. einer Handbreite) zwischen der letzten Rippe und dem Hüfthöcker. Die Lenden gelten als lang, wenn sie deutlich mehr als eine Handbreite haben – natürlich abhängig von der Größe des Tieres.

Das Lumbosacral-Gelenk befindet sich an jener Stelle, wo der letzte Lendenwirbel auf die Vorderseite des Kreuzbeins trifft. Hier ist die größte Bewegungsfreiheit des Rückgrats gegeben, und dies ist auch die Stelle, wo der Vorwärtsschub der Hinterbeine auf den übrigen Kör-

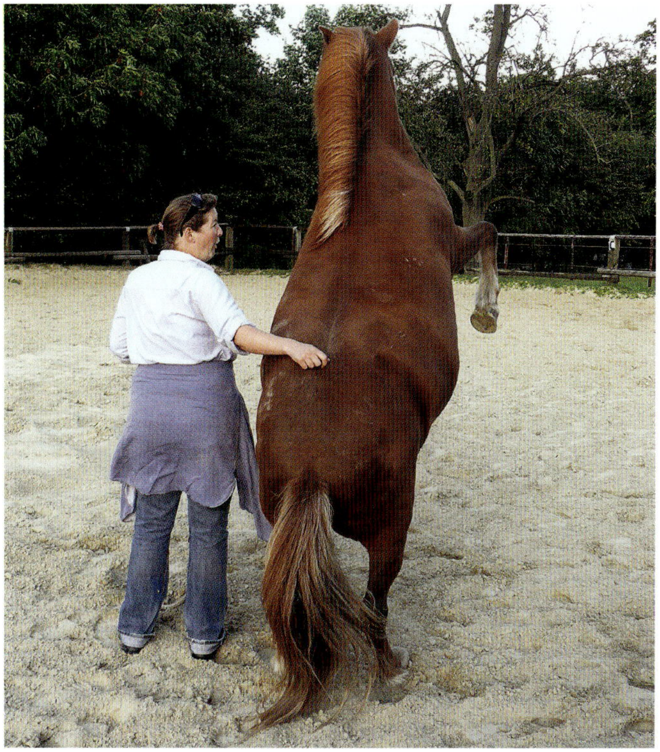

Ein schöner Rücken kann uns entzücken; hier gleich zwei davon. Der Isländer zeigt eine kompakte, kurze Lendenpartie und wird daher relativ viel Gewicht tragen können.

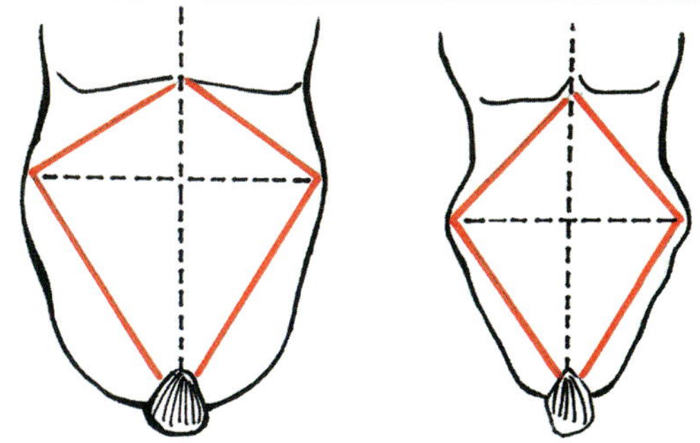

Von oben zeichnet man einen „Kinderdrachen" ein: Ist er breit und hat eine kurze obere Spitze, sind die Lenden stabil. Ist er schmal und hat eine lange obere und eine kurze untere Spitze, ist die Lende lang und die Kruppe kurz.

Ein kurzes, hohes Kreuz ist über eine schwache Lendenpartie an den Rumpf angehängt wie ein kleiner Tender an eine Lokomotive. Dies ergibt eine unharmonische Oberlinie, die schlaff und dennoch eckig wirkt.

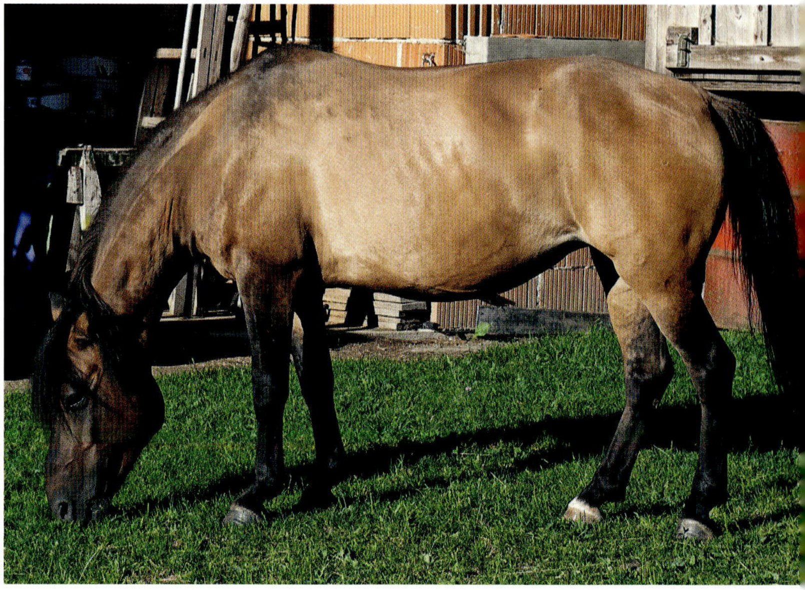

Diese Huzulen-Stute zeigt die rassetypische stramme Lende, welche sie mit großer Tragkraft ausstattet. Solche Pferdchen schleppten unermüdlich große Lasten durch die Berge der Karpaten.

per einwirkt. Ein Pferd mit kurzen, muskulösen Lenden ist besser befähigt, die Vorderhand zu erheben und daher leichter zu versammeln, denn dazu müssen sich die inneren Lendenmuskeln zusammenziehen.

Die erwünschte straffe, üppige Muskulatur bildet einen leichten Bogen im Lendenbereich, der fälschlich mit einem Karpfenrücken verwechselt werden kann. Das Gegenteil dazu ist eine lose, lange Verbindung, die hohle, schwache Lenden bildet; man nennt das auch einen „schlechten Schluss" oder eine „matte Niere".

Die gelenkige Verbindung zwischen dem letzten Lendenwirbel und dem Kreuzbein ist von Pferd zu Pferd verschieden. Liegt sie zu weit hinten, dann ergibt dies eine schwache Verbindung und zu lange Lenden, oft in Verbindung mit einer kurzen Kruppe. Ein derartiges Pferd hat Schwierigkeiten, seine Hanken zu beugen und neigt dazu, stärker hinten „hinaus" zu sein und schwerer auf die Vorhand zu fallen, denn es kann sein Gewicht nicht perfekt zwischen Vor- und Hinterhand verteilen. Ein weit vorne positioniertes Lumbosacral-Gelenk bedingt kurze, starke Lenden und eine längere Kruppe und sorgt damit für mehr Tragkraft, Versammlungsfähigkeit und Geschwindigkeit (siehe „Kinderdrache", S. 191).

Kruppe und Hinterhand

Die Kruppe ist der höchste Bereich des Rumpfes, knapp hinter den Lenden, hinunter zum Schweifansatz und gegen die Hüften zu. Dies ist die Stelle, an der das Darmbein *(Os ilium)* oder die Spitze des Beckens auf das Kreuzbein *(Os sacrum)* trifft und wo die Hinterhand mit dem Rückgrat verbunden ist. Dieses straffe Gelenk nennt man Kreuzbein-Darmbein-Gelenk oder Iliosacral-Gelenk. Wenn man die Hinterhand beurteilt, sollte dieser Bereich unter folgenden Aspekten genauestens bewertet werden:

- Länge bzw. Tiefe
- Breite und Form von hinten
- Muskelentwicklung allgemein
- Neigung der großen Knochen
- Winkelung der Gelenke

Die Kruppe sollte harmonisch ausgebildet sein, länglich und von kräftigen Muskeln bedeckt, mit glatter Kontur. Sie sollte rein äußerlich etwa die gleiche Höhe wie der Widerrist haben und leicht abfallend zum Schweifansatz führen; die Idealform wird auch mit „melonenförmig" bezeichnet, was ich als ganz gute Beschreibung empfinde, wenn ich an eine längliche Zuckermelone denke.
Größe und Winkel des Beckens beeinflussen weitgehend die Form der Hinterhand und somit die allgemeine Formation der Hinterbeine. Die Gestalt des Kreuzbeins und des Darmbeins bestimmen die Höhe und Form von Kruppe und Kreuz. Sind die Dornfortsätze des Kreuzbeins lang und/oder die Darmbeinflügel hoch, wird auch die Kruppe hoch sein, evtl. sogar höher als der Widerrist.

Bei einer hohen Kruppe fällt das Kreuz üblicherweise gegen den Schweif ab, und wenn das Ende des Kreuzbeins stark abfällt, dann liegt auch der Schweifansatz tief – die Kruppe wirkt insgesamt abgeschlagen oder stark abgezogen. Im gegenteiligen Fall hat das Pferd eine flache oder gerade Kruppe, oft in Verbindung mit einem hohen Schweifansatz. Die ideale, so genannte Leistungskruppe liegt dann vor, wenn das lange und ausreichend breite Becken eine leichte Schräge nach hinten-unten aufweist, wodurch die effizienteste Kombination von Schub- und Tragkräften erfolgt.

Das Kreuzbein hat die ungefähre Form eines dicken Kreuzes; daher sein Name. Es ist die Schaltstelle der Hinterhand, gewissermaßen die Kardanwelle des Pferdes.

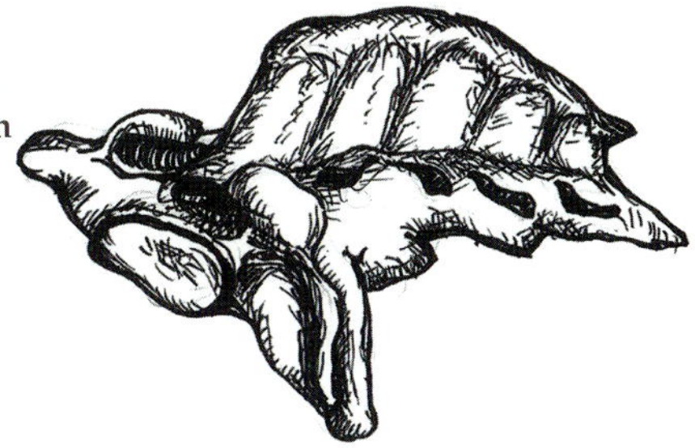

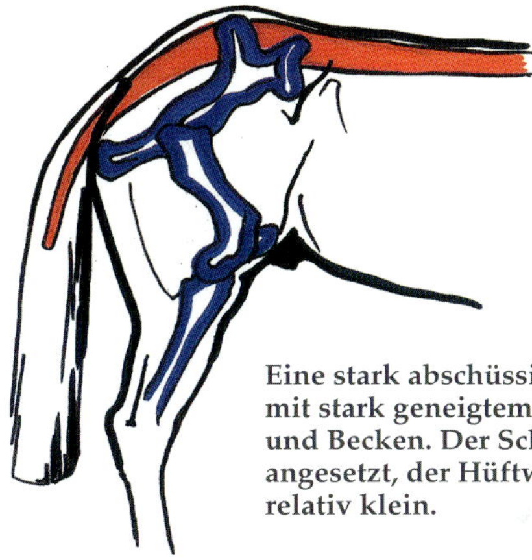

Eine stark abschüssige Kruppe mit stark geneigtem Kreuzbein und Becken. Der Schweif ist tief angesetzt, der Hüftwinkel ist relativ klein.

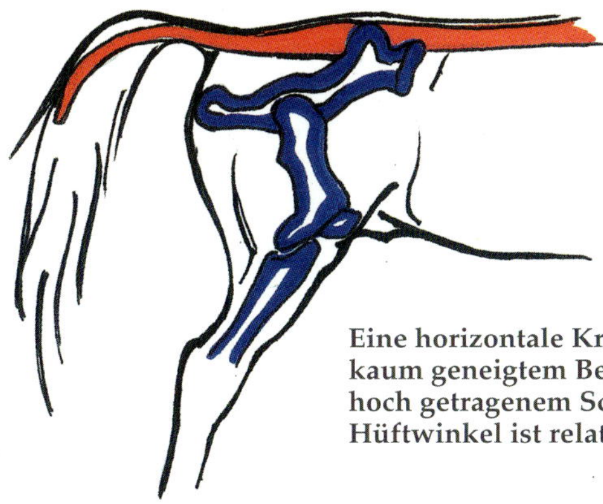

Eine horizontale Kruppe mit kaum geneigtem Becken und hoch getragenem Schweif; der Hüftwinkel ist relativ offen.

Die Höhe der Kruppe

Die meisten jungen Pferde sind hinten einige Zentimeter höher, solange sie noch im Wachstum sind; man sagt, sie wüchsen „hin und her" oder seien überbaut. Auch ausgewachsene Pferde können überbaut sein, und manche Pferdekenner meinen, dass diese Konformation mehr Geschwindigkeit und bessere Sprungkraft erzeuge. Tatsächlich gab es sehr gute überbaute Spring- oder Rennpferde, aber sie geben dem Reiter immer das Gefühl des „Bergabreitens", und der Sattel neigt oft dazu, nach vorne auf den Widerrist zu rutschen. Ein solches Pferd muss besonders starke, gut gebaute Vorderbeine haben, um diese Mehrbelastung schadlos verkraften können. Viele Pferde mit hoher Kruppe sind gute Western-, Spring- oder Rennpferde, weshalb diese Formation nicht unbedingt einen Nachteil für sie darstellt. Wenn man allerdings ein Pferd für Dressur oder Fahrsport auswählt, ist es auf jeden Fall ratsam, auf eine besonders gute Balance zu achten.

Das Kreuz mit dem Kreuz

Das Kreuz sollte im Idealfall weder zu horizontal noch zu abfallend sein. Pferdeleute sprechen von einer geraden Kruppe, im Gegensatz zu einer abfallenden, wenn sie beschreiben, ob das Kreuzbein horizontal bzw. leicht nach oben oder deutlich nach unten verläuft. Ersteres kommt vor allem bei arabisch beeinflussten Pferden mit einem sehr hohen Schweifansatz vor; letzteres wird abgeschlagene Kruppe genannt und ist bei Westernpferden und Englischen Vollblütern recht häufig, beim Kaltblut sogar die Regel. Wenn man die Neigung der Kruppe bestimmt, muss man auf die Formation des Beckens in Verbindung mit dem Gefälle des Kreuzbeins achten, denn das ist nicht das Gleiche. Das Kreuzbein kann kurz und gerade sein, sogar wenn das Becken leicht nach unten kippt, so wie es sein soll.

Bei vielen Arabern oder deren Abkömmlingen ist eigentlich nur das Kreuzbein gerade und bildet eine horizontale

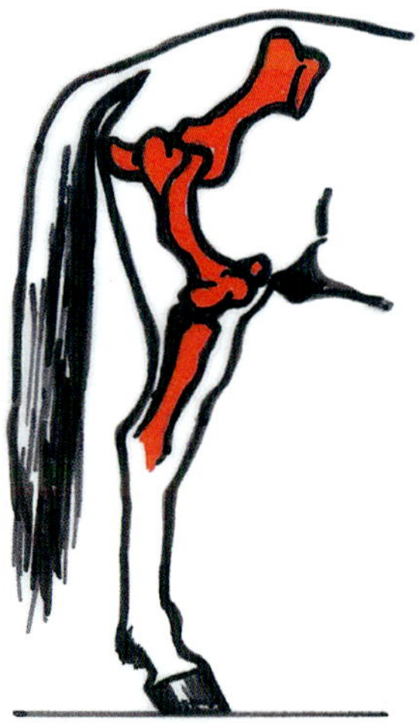

Normal mit leicht abfallender Kruppe und gutem Hüftwinkel

Rückständig mit waagrechter Kruppe und offenem Hüftwinkel

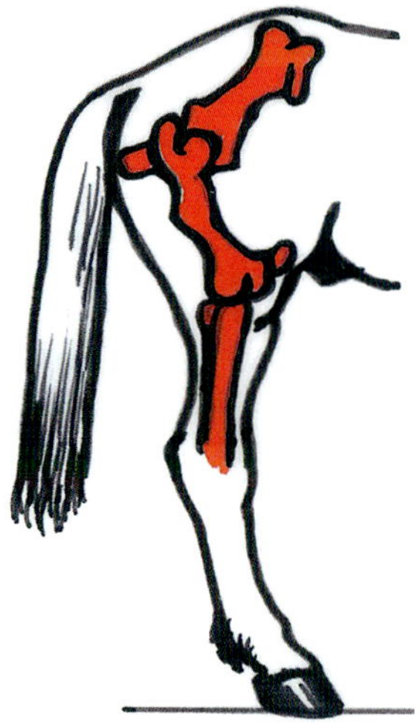

Unterständig mit stark abgeschlagener Kruppe und leicht offenem Hüftwinkel

Säbelbeinig mit leicht abfallender Kruppe und zu offenem Hüftwinkel

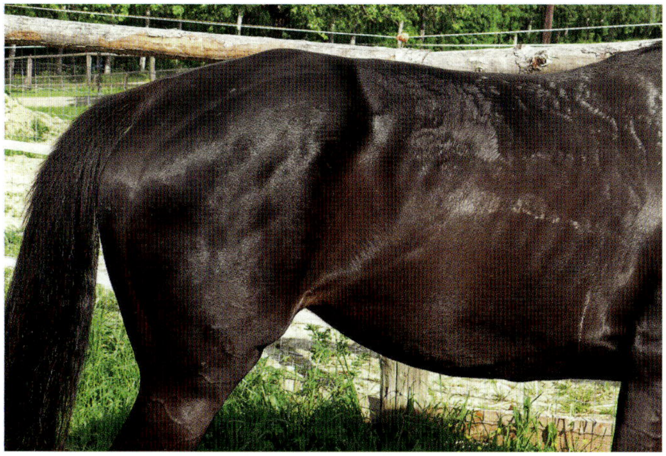

Hoch angesetzter Schweif und recht kurzes Kreuz; das Becken aber lang und ideal geneigt. Bei etwas besserer Bemuskelung läge hier eine ideale Rennpferd-Hinterhand vor.

Die hohe Kruppe ist oft ungünstig gewinkelt und in ihrer Länge und Bemuskelung mangelhaft. Wenn dies alles wie hier nur gering ausgeprägt ist, so stellen sich keine Nachteile ein.

Oberlinie; das Becken selber hat das gleiche Gefälle wie bei Pferden mit leicht oder sogar steil abfallendem Kreuz. Man muss eben die darunterliegenden Strukturen betrachten, indem man die Linie von den Hüfthöckern zu den Sitzbeinhöckern als Leitfaden nimmt. Hat das Becken des Pferdes den richtigen Winkel und die richtige Länge, wird das Pferd die optimale Geschwindigkeit und Sprungkraft entwickeln. Das Becken ist die Struktur der Hinterhand, die mit der Schulter des Pferdes korrespondieren soll – die Länge und das Gefälle beider sind einander im Idealfall sogar ähnlich. Die Länge des Beckens ist für die Geschwindigkeit mit ausschlaggebend. Ein langes Becken ist für ein athletisches Pferd unabkömmlich, hingegen für ein Pferd, das langsame Arbeit verrichtet, von geringer Bedeutung.

Die Länge der Kruppe sollte ca. ein Drittel der Rumpflänge des Pferdes betragen. Die meisten Pferdekenner halten eine längere Kruppe für noch besser, besonders bei Rennpferden. Sie ist zu kurz, wenn sie weniger als ein Drittel der Körperlänge ausmacht. Dann hat das Pferd keine ausreichende Muskulatur und besitzt auch nicht die nötigen Winkel und Hebel für eine optimale Aktion der Hinterbeine.

Die spitze, hohe Kruppe

Die Linie vom Dach der Kruppe fällt abrupt ab, die Schweifrübe sitzt ungewöhnlich tief und der Sitzbeinhöcker liegt sehr tief. Die steile Neigung des Beckens bringt den Sitzbeinhöcker näher zum Boden und verkürzt somit den Muskelbereich zwischen dem Sitzbeinhöcker und dem Unterschenkel, was die Hinterhand schwächt. Das Pferd wird ungeschickt und neigt vermehrt zu Schäden an der Hinterhand und am Lumbosacral-Gelenk.

Ein Pferd mit steiler Kruppe hat im Allgemeinen auch ein kurzes Kreuz, was die Bewegungsfreiheit und die Schrittlänge der Hinterbeine einschränkt. Ein zu steiles Becken verringert aber wegen des kleineren Radius des Hüftgelenks die Bewegungsfreiheit des Hinterbeines nach hinten. Es besitzt einen kleineren Anheftungsbereich für die Muskeln, was Geschwindigkeit und Kraft vermindert und es für das Pferd schwieriger macht, seine Hinterbeine ausreichend weit unterzusetzen, was für eine gute Versammlungsfähigkeit und hohe Schnelligkeit wichtig ist. Seine Lendenmuskeln müssen intensiver arbeiten und machen den Rücken für Ermüdung anfälliger, und es zeigt oft eine schwache Bemuskelung der Innenseiten seiner Oberschenkel.

Die typische Spaltkruppe, oder in Österreich auch Herzerlkrupp, beruht auf den relativ kurzen Dornfortsätzen des Kreuzbeins der schweren Pferde. Sie ist oft abgeschlagen, aber dafür mit mächtigen Muskelpartien bepackt.

Ein hoher Schweifansatz und ein kurzes, gerades Kreuz sind wenig günstig. Die Hinterhand bleibt meist „im Vorzimmer, wenn die Vorhand schon längst im Wohnzimmer ist". Hankenbeugung und damit Versammlung werden solchen Pferden schwer gemacht, besonders wenn sie wie hier überbaut sind.

Ein Kaltblutpferd wird von einer solchen Formation nicht so negativ betroffen, da sie seinen ohnehin relativ kurzen, langsamen Schritten und der Zugkraft weniger abträglich ist. Typisch für diese Rassen ist auch die so genannte Spaltkruppe (in Österreich auch „Herzerlkrupp" genannt), die durch eine üppige Bemuskelung beiderseits der sehr kurzen Dornfortsätze des Kreuzbeins gebildet wird und manches ausgleicht.

Das (zu) kurze, gerade Kreuz

Bei dieser Konformation kann der Schweifansatz auf gleicher Höhe oder sogar höher als der höchste Punkt der Kruppe liegen. Ist der Schweif hoch angesetzt und das Becken zu sehr nach oben gekippt, wird das Lumbosacral-Gelenk vermehrt belastet. Das Pferd hat Schwierigkeiten, seine Hinterbeine weit unterzusetzen und wird seinen Rücken in aller Regel nicht ausreichend aufwölben. Es

Die Hinterhand ist der Motor des Pferdes und muss besonders kräftig und korrekt ausgebildet sein. Da sie für Kraftentfaltung und Schnelligkeit verantwortlich ist, spielt sie sowohl bei der Versammlung als auch für die Beschleunigung und sogar für das Verlangsamen eine große Rolle.

bewegt sich dann mit geradem oder nach unten durchgedrücktem Rücken und zu hoch getragenem Kopf, was man spöttisch als „Badewanne" oder „Hängematte" bezeichnet.

Manchmal ist der Schweif zwar hoch angesetzt, doch der Sitzbeinhöcker liegt viel tiefer. Der hohe Schweifansatz lässt das Kreuz flach erscheinen, doch der Beckenwinkel und damit die Kruppenformation sind besser als sie optisch wirken. Sogar ein Pferd mit abgeschlagener Kruppe kann einen relativ hohen Schweifansatz besitzen, was die gesamte Hinterhand kurz erscheinen lässt.

Bei der Beurteilung ist es daher notwendig, sich eine Linie vom Hüfthöcker zum Sitzbeinhöcker vorzustellen. Das kann man zum Glück üben, indem man unter fachlicher Anleitung mit gefärbtem Quark/Topfen oder mit Straßenkreide den Verlauf der Knochen auf unterschiedliche Pferde aufmalt. Man sollte auch erahnen können, wo sich das Hüftgelenk befindet, denn hier wird die Kraft übertragen.

Die Hinterhand

Alle Schwerpunktverlagerungen, etwa beim Bergauf- und Bergabreiten und besonders beim Springen, erfordern eine möglichst funktionstüchtige Hinterhand. Weiters ist sie die entscheidende Kraftquelle für den schnellen Lauf sowie für die Beugung der Hanken und die damit einhergehende Verlagerung des Gewichts von der Vorhand auf die Hinterhand. Die Hohe Schule ist ohne kräftige Hinterhand nicht denkbar, denn Piaffen, Levaden oder Schulsprünge erfordern viel Kraft.

Die Hinterhand selbst umfasst im landläufigen Sinne die Kruppe, die Oberschenkel, das Becken und die Hüften sowie die Behosung und letztlich die unteren Gliedmaßen mit Sprunggelenk, hinterer Röhre, Fessel und Huf.

Das Becken *(Pelvis)* ist eine große, ringförmige Knochenstruktur mit einigen prominenten Vorsprüngen, die zum Teil von außen gesehen bzw. ertastet werden können.

Ihre Form, Lage und Ausprägung liefern wichtige Anhaltspunkte zur Konstruktion des Pferdes. Jede Beckenhälfte, auch Hüftbein genannt, besteht aus drei knöchernen Teilen, dem Darmbein, Schambein und Sitzbein. Zwischen die beiden Hüftbeine schiebt sich oben das Kreuzbein ein, so dass der Beckenring geschlossen wird und die Last des Rumpfes über die Verbindung Wirbelsäule-Becken (Iliosacral-Gelenk) hier aufgehängt ist. Dieses fast starre Gelenk mit seiner kleinen Gelenksfläche und den starken Bändern zwischen Kreuzbein und Darmbein ist der Ort der Kraftübertragung von der mächtig bemuskelten Hinterhand auf die Wirbelsäule und damit auf den gesamten Rumpf – mit all den Problemen, welche dieses „schwächste Kettenglied" bietet.

Je länger das knöcherne Becken ist, desto länger sind damit die umgebenden Muskelpartien und desto günstiger die Hebelwirkung durch diese. Von hinten gesehen sollte die Kruppe ausreichend breit und harmonisch abfallend erscheinen und der Abstand zwischen den beiden Sitzbeinhöckern sollte ebenfalls nicht zu klein sein, besonders bei Stuten. Sie benötigen ein etwas ausladenderes Becken mit einer größeren Öffnung, weil ja ein Fohlen bei der Geburt hier durchschlüpfen können muss.

Die Hinterbeine sollten von hinten gesehen genau senkrecht und möglichst gerade erscheinen. Im Idealfall sind die Sprunggelenke, die Fesselköpfe und die Hufe genau unter den Sitzbeinhöckern. Allzu schmale, dürftig bemuskelte Hinterhandpartien, oft mit zu eng gestellten Hinterbeinen, weisen meistens auf geringe Schub- und Tragkraft hin. Von der Seite gesehen wünscht man sich beim Sportpferd ebenfalls eine harmonisch abfallende und lange Kruppe, mit möglichst großem Abstand zwischen Hüfthöcker und Sitzbeinhöcker.

Auch wünscht man sich die Linie zwischen Sprunggelenkshöcker und Fesselkopf (hinterer Rand der Röhre) genau senkrecht unter dem Sitzbeinhöcker. Zugpferde und Sprinter haben meist sehr stark abfallende, dafür aber üppig bemuskelte Kruppen- und Oberschenkelbereiche.

Man sollte ein Pferd nie zerpflücken, sondern in erster Linie darauf achten, ob seine großen Partien, die Skelettwinkel und die Muskulatur zusammenpassen. Das Hauptkriterium muss immer die Harmonie des Ganzen sein!

Die Hüften

Das Hüftgelenk liegt tief in Muskulatur eingebettet und etwa auf einer gedachten Linie zwischen Sitzbeinhöcker und Hüfthöcker, einige Zentimeter hinter der Mitte derselben. Während die Schultern nur durch eine Muskelschlinge mit dem Rumpf verbunden sind, sind die Hintergliedmaßen über die Hüftgelenke mit dem Rumpf verbunden. Der Oberschenkel ist durch das bewegliche Hüftgelenk mit dem Becken und über das ebenfalls sehr bewegliche Kniegelenk mit dem Unterschenkel verbunden. Zusammen mit dem Sprunggelenk ergibt sich quasi ein Federbein, das sowohl stark gebeugt werden kann als auch den gesamten Körper mit großer Kraft nach vorne schieben kann.

Das Hüftgelenk sollte nicht höher liegen als der Drehpunkt des Schulterblattes. Von hinten gesehen wünscht man sich relativ weite Hüften, die der gesamten Hinterhand eine annähernd rechteckige Form verleihen. Nicht günstig sind Hüften, die aufgrund schlechter Ernährung oder schwacher Bemuskelung auffällig nach außen ragen oder deutlich schmäler oder breiter sind als die Knieregion.

Stehen die Hüften zu weit auseinander, so resultiert daraus oft ein bodenenges Hinterbein, welches die Stabilität, die Balance und die Kraftentwicklung verringert. Bei schweren Rassen, vor allem bei Kaltblütern, findet man diese Formation in Verbindung mit der so genannten Spalt- oder Herzerlkruppe recht oft; hier wird sie allerdings nicht als besonders nachteilig empfunden. Bei der zu schmalen Hüfte bleiben die Hinterbeine in der Regel eng gestellt und sind oft kuhhessig; in Verbindung mit schwacher Muskulatur ergeben sich die üblichen Probleme.

Die Oberschenkel

Im Idealfall sind Ober- und Unterschenkel ungefähr gleich lang, was in einem tief liegenden Kniegelenk resultiert. Ist der Oberschenkel zu kurz, sitzt auch das Kniegelenk zu hoch, und es scheint dann deutlich hinter und oberhalb von Schlauch oder Euter zu liegen, die man dann von Weitem überdeutlich sehen kann. Diese Formation ist recht oft bei Kaltblütern oder ausgeprägten Sprintertypen zu finden. Ist der Oberschenkel ausreichend lang, so verdeckt das Knie beim gerade aufgestellten Pferd in seitlicher Sicht den Schlauch oder das Euter zumindest teilweise. Eine gute Winkelung ergibt hier ein ungefähr gleichseitiges Dreieck zwischen dem höchsten Punkt der Kruppe, dem Sitzbeinhöcker und dem Knie.

Die Qualität der Kruppe und der Oberschenkelpartie hängt von der Bemuskelung, der Länge des Oberschenkels und den Gelenkswinkeln ab. Hier stimmt alles!

Die Bemuskelung wünscht man sich hier gut ausgeprägt; sie soll glatt, voll und plastisch wirken und vor allem von hinten gesehen weit an den Unterschenkeln herabreichen. Zieht man den Schweif des Pferdes zur Seite und betrachtet es von hinten, so sollen die Muskelpartien beinahe bis zur Bauchlinie herunterreichen und sich berühren; etwa dort teilen sie sich dann und setzen sich kräftig und harmonisch bis zum Sprunggelenk fort. Die Bemuskelung ist hier besonders stark genetisch beeinflusst, was man an vielen Kaltblutrassen und vor allem an den Westernpferderassen erkennen kann. Sie wurden über Generationen auf eine besonders üppige Hinterhandmuskulatur selektiert, was in manchen Fällen schon übertrieben und beinahe hinderlich wirken kann.

Das Knie

Eigentlich müsste man vom Hinterknie sprechen, denn in der hippologischen Umgangssprache wird ja das Karpalgelenk fälschlicherweise oft als Vorderknie bezeichnet, weil man ja meint, das Pferd habe wegen seiner vier Beine auch vier Knie. Anatomisch ist das „Vorderknie" natürlich das Vorderfußwurzelgelenk, während das „Hinterknie" das eigentliche Kniegelenk zwischen Oberschenkel und Unterschenkel darstellt. Es ist das größte Gelenk im Pferdekörper und zugleich das am höchsten liegende sichtbare Gelenk der gesamten Hinterhand. In seinem Aufbau ähnelt es dem menschlichen Kniegelenk und hat wie dieses ein Kniescheiben- und ein Kniekehlengelenk, ist also eigentlich ein Doppelgelenk. Es besitzt daher eine Kniescheibe *(Patella)*, welche in einer tiefen Rinne am unteren Ende des Oberschenkels auf- und abgleitet, gehalten von drei Bändern.

Genetisch bedingte Fehlbildungen, besonders an diesen Bändern, sowie Wachstums- und Belastungsprobleme treten hier bei Pferden relativ häufig auf und stellen ein gravierendes Problem dar. Vor allem männliche Tiere der kleineren Rassen scheinen häufig davon betroffen zu sein und zeigen dann die so genannte stationäre Patella-Fixation. Dabei bleibt die Kniescheibe am Gelenksvorsprung des Oberschenkelknochens hängen und lähmt das ganze Bein. Dies kann das Tier sportlich unbrauchbar machen und ist unbedingt einer tierärztlichen Diagnose bzw. Behandlung zu unterziehen. Die Behandlungsmöglichkeiten reichen von der Verabreichung von speziellen Nahrungsergänzungsmitteln über das Ansetzen von Blutegeln und besonderes Training sowie Injektionskuren bis zur operativen Durchtrennung des inneren Kniescheibenbandes. Pferde jeglicher Rasse, welche diese Probleme auch nur ansatzweise zeigen, sind kategorisch von der Zucht auszuschließen.

Ist der gesamte Oberschenkelbereich (Schenkel; Keule) breit und tief und bietet den mächtigen Muskelpartien genügend Raum zur optimalen Entwicklung, so zeigt er die gewünschte beinahe rechteckige Form. Sitzt das Knie zu weit hinten, dann erscheint die gesamte Oberschenkelpartie zu kurz und v-förmig, das Hinterbein ist dann meist zu gerade. Bei ausreichender Bemuskelung und gutem Futterzustand erscheint von hinten gesehen die Kniegegend um einige Zentimeter breiter als die Hüften. Ein so gebautes Pferd kann die Knie in der Beugung leicht am Bauch außen vorbeiführen, was für eine raumgreifende Bewegung nötig ist.

Ein harmonisches Kleinpferd: Knie und Ellbogen ungefähr auf gleicher Höhe; Knie unter dem Hüfthöcker und Ellbogen unter dem Widerrist; gute Bemuskelung und harmonische Oberlinie.

> Nachdem Knie und Sprunggelenk völlig synchronisiert sind, nehmen sie in ihrem perfekten Zusammenspiel die zentrale Funktion in der Hinterhand ein. Zu offene Winkel in diesen beiden Gelenken schwächen die gesamte Konstruktion und sind, obwohl gerade Springpferde oft so konstruiert sind, für die meisten Verwendungen nachteilig. Die so genannte Spannsägenkonstruktion koordiniert durch

Die Behosung wünscht man sich plastisch modelliert und üppig ausgeprägt, da sie für jede Art der Kraftentfaltung im Hinterbein enorm wichtig ist. Die Muskeln sollen innen und außen am Unterschenkel bis ans Sprunggelenk heranreichen. Hier vorne super, in der Mitte nicht gut, hinten normal.

Muskeln und Sehnen das Knie- und Sprunggelenk. Sie bewirkt, dass sich das eine Gelenk zwangsläufig nicht ohne das andere beugen kann. Wann immer sich das Knie beugt, beugt sich auch das Sprunggelenk; wann immer sich das Sprunggelenk öffnet, öffnet sich auch das Kniegelenk.

Bei manchem Pferd scheint das Knie zu gerade und ausgleichend dazu das Sprunggelenk zu stark gebogen zu sein. Auf den ersten Blick wirken diese Tiere dann hinten sehr lang- oder säbelbeinig, und man möchte annehmen, dass sie weniger anfällig für Probleme im Kniegelenk seien. Für den Laien wirken diese Pferde oft besser gebaut als solche mit einem insgesamt zu geraden Hinterbein. Doch die Natur arbeitet mit Ausgleichen, und das fehlerhafte Kniegelenk lässt sich durch eine besondere Sprunggelenksformation gesundheitlich nicht kompensieren.

Die Behosung

Damit bezeichnet man die Muskeln zwischen Knie und Sprunggelenk. Sie sind an der Beugung und Streckung der Gelenke unterhalb besonders stark beteiligt und damit essentiell zum schnellen Galoppieren, Springen und auch zur Versammlung. Vor allem Springpferde und auch gute Rennpferde sind in diesem Bereich sehr korrekt, weil sie viel Schnellkraft entwickeln müssen. Ist diese Partie zu lang, so erscheint das Hinterbein in der Regel nach hinten ausgestellt, schwach bemuskelt und kuhhessig; eine weitere Variante ist die erwähnte Säbelbeinigkeit.

Die Form der Behosung wird von der Seite gesehen von der Länge des Fersenbeins mitbestimmt, welches sich nach oben aus dem Sprunggelenk erstreckt und seinerseits lang und kräftig sein soll. Je länger es ist, desto größer sind der Abstand der großen Sehnen vom Unterschenkel und damit auch der Platz für die dort verlaufenden Muskeln sowie die Hebelwirkung im Sprunggelenk selbst. Kurz gesagt: Erwünscht sind breite Hosen mit oben und unten parallel verlaufenden Linien. Die Muskeln und Sehnen, welche das Sprunggelenk bewegen, heften am oberen Ende des Unterschenkels an. Die Behosung bedingt ganz wesentlich die Kraft und Richtung der Bewegung der Hinterbeine, immer vorausgesetzt, dass die knöchernen Strukturen korrekt geformt sind. Ist alles optimal, so führt ein Pferd seine Hinterbeine auf korrekter, gerader Linie vorwärts und findet somit leicht seine Balance. Es wird sich kraftvoll, elastisch und ökonomisch bewegen können, und das Risiko einer Verletzung durch Streichen oder Einhauen bleibt gering.

Ist die Bemuskelung an der Innenseite der Unterschenkel deutlich kräftiger als an deren Außenseite, so wird in aller Regel das Bein in der Vorwärtsbewegung zu stark nach innen gezogen. In diesem Fall besteht ein erhöhtes Risiko des Streichens oder Einhauens am gegenüberliegenden Bein oberhalb oder direkt an der Fessel. Bei zu starker Bemuskelung außen und zu wenig Bemuskelung innen wird das Pferd in der Bewegung hinten eher weit laufen, was zwar kein Verletzungsrisiko darstellt, aber Gleichgewicht und Versammlungsfähigkeit einschränkt.

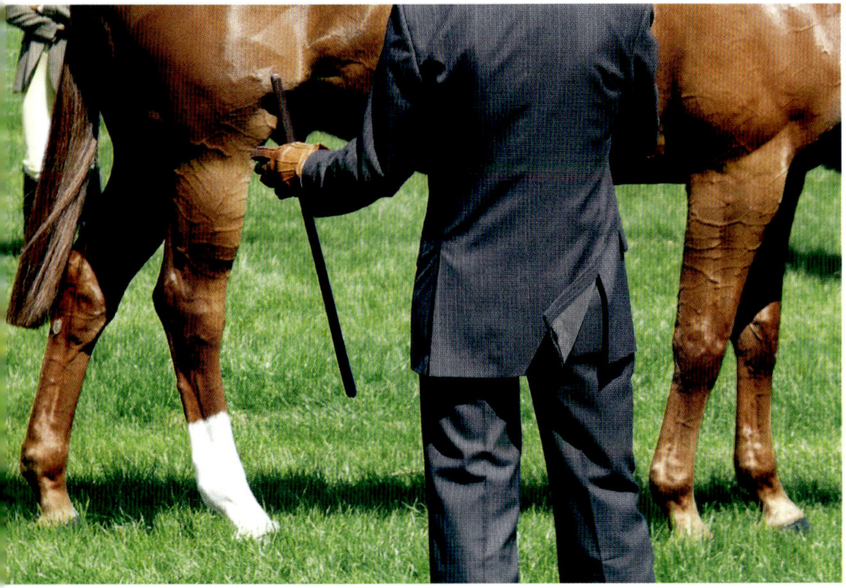

Für stark beanspruchte Pferde sind gute Sprunggelenke unbedingt notwendig. Sie müssen korrekt und kräftig ausgebildet sein, um Sprünge, hohe Versammlung, Renntrab oder Sliding Stops auszuhalten.

Unter hoher Belastung, etwa hier beim Absprung über ein VS-Hindernis, müssen die Hanken einer enormen Belastung widerstehen und viel Kraft entwickeln. Dem Sprunggelenk kommt eine zentrale Bedeutung zu.

Das Sprunggelenk

Das Sprunggelenk wird von sieben kleinen Knochen in zwei Reihen gebildet, von denen die meisten annähernd quadratisch oder flach sind. Es besteht eine ganz geringe Beweglichkeit in der unteren Reihe, während die obere Reihe durch das große Scharniergelenk mit dem darüberliegenden Unterschenkel verbunden ist.

Rein funktional hat es dieselbe Aufgabe wie das Vorderknie, sitzt jedoch etwas höher als dieses. Es muss besonders stabil und korrekt geformt sein, denn es ist eines der wichtigsten und am stärksten beanspruchten Gelenke im ganzen Pferdekörper. Die ideale Lage des Gelenks ist etwa in der Mitte zwischen Knie und Boden, daher teilt es das Hinterbein etwa in zwei Hälften. Es gilt, dass der Sprungsgelenkshöcker etwa auf der Höhe der Kastanien der Vorderbeine liegen soll.

Zusammen mit Hüft- und Kniegelenk bildet das Sprunggelenk die so genannten Hanken. Die Beugung des Sprunggelenks bringt den unteren Hinterfuß unter den Körper und damit näher zum Schwerpunkt.

Die Beweglichkeit und Balance des Pferdes und seine Fähigkeit, sich vom Boden abzudrücken oder in den Hanken zu beugen, hängen stark von der Qualität seiner Sprunggelenke ab.

Das ideale Sprunggelenk ist tief und breit. Je größer und stabiler es ist, desto größer sind seine Gelenksflächen und daher auch seine Möglichkeiten zur Kraftübertragung und Abfederung von Stößen. Kleine, schmale oder seichte Sprunggelenke, die in ihrer Form eher rundlich oder birnenförmig sind, sind wenig widerstandsfähig und daher unerwünscht. Genauso nachteilig sind derbe, steife oder unharmonisch große Gelenke, die nicht zum restlichen Pferd passen. Sie deuten auf eine Kaltblut-Einkreuzung hin und machen das Gelenk weniger zum Beugen und Tragen geeignet, worunter die Versammlung leidet.

Von hinten gesehen sollte der Sprunggelenkshöcker genau unter den Sitzbeinhöckern liegen, mit einer geringen Drehung nach innen. Fast alle Huftiere sind in ihren unverzüchteten Formen ganz leicht kuhhessig, das heißt, ihre Sprunggelenke sind minimal enger gestellt als ihre Knie, Hufe oder Klauen. Daher sind die meisten naturnahen Ponyrassen, aber auch halbwilde Pferde und Esel sowie Zebras so gebaut. Zeigt das Knie minimal nach außen, dann zeigt der Unterschenkel Richtung Sprunggelenk ganz leicht nach innen, und in der Folge haben die Zehen wieder eine leichte Tendenz nach außen; die Röhren sollten jedoch möglichst genau senkrecht sein. In Kombination mit einer gut bemuskelten Kruppe, starker Behosung und gesunden Hufen stellt diese Konstruktion vermutlich die natürlichste und stabilste aller Möglichkeiten dar. In der Pferdebeurteilung ist es daher wichtig, das jeweilige Tier nicht nur von der Seite und von vorne, sondern besonders auch von hinten zu betrachten. Manche Rassen, vor allem Isländer und Bergpferdchen wie Huzulen, Bosnier, Fjordpferde und die britischen Bergponys, sind rassetypisch kuhhessig, was ihnen daher nicht anzukreiden ist, denn diese Konformation erleichtert das Klettern in bergigen Regionen, vor allem bergab.

Von der Seite gesehen wünscht man sich die Ideallinie vom Sitzbeinhöcker über den Sprunggelenkshöcker an der Hinterröhre senkrecht zur Fessel. Als nachteilig erweist sich ein verschwommenes Gelenk, das geschwollen oder fleischig wirkt oder Gallen aufweist. Idealerweise sollte es trocken und klar modelliert sein, flach an der Innenseite und nur schwach gerundet an der Außenseite.

Nachdem die ideale Form des Vorderbeins aus einem relativ langen Unterarm und einem relativ kurzen Röhrbein entsteht, folgt daraus, dass beim gut konstruierten Pferd die Vorderknie etwas tiefer liegen als die Sprunggelenke. Wie schon festgestellt, liegt der Sprunggelenkshöcker ja auf der Höhe der vorderen Kastanie. Ist das nicht der Fall, so ist die Hinterröhre entweder zu kurz oder zu lang und damit vice versa auch der Unterschenkel entweder zu lang oder zu kurz – und damit gerät die gesamte Konstruktion der Hinterhand aus der Balance!

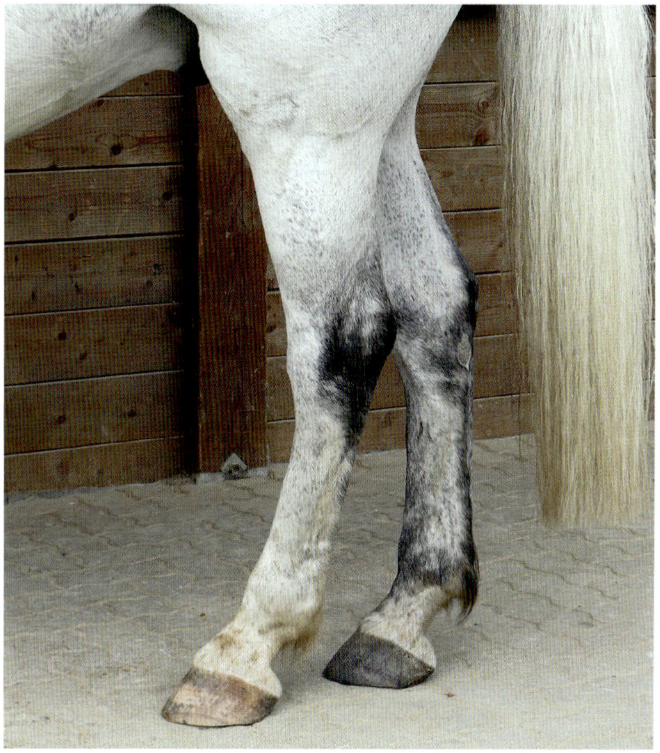

Das Sprunggelenk soll wie ein länglicher Kasten wirken, etwa so breit wie der Unterschenkel. Es ist idealerweise breit und tief und führt in ein starkes Röhrbein. Eingeschnürte, geschliffene oder schwache Gelenke sind abzulehnen.

Sinngemäß gilt für die Ausbildung und Formation des Hinterbeins das beim Vorderbein Gesagte: Röhrbein, Griffelbeine und die dort verlaufenden Streck- und Beugesehnen sollen kräftig und gesund sein.

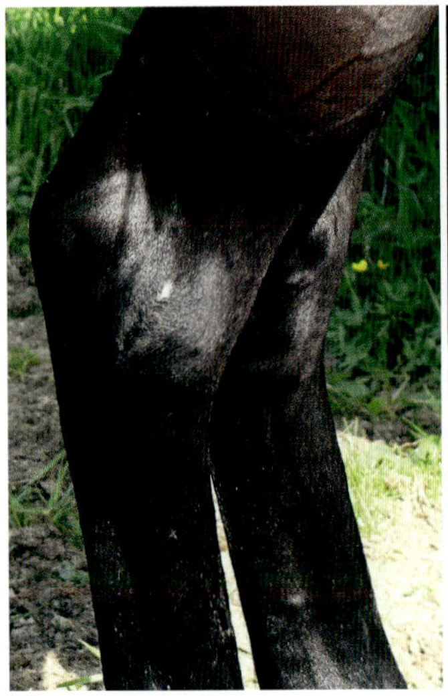

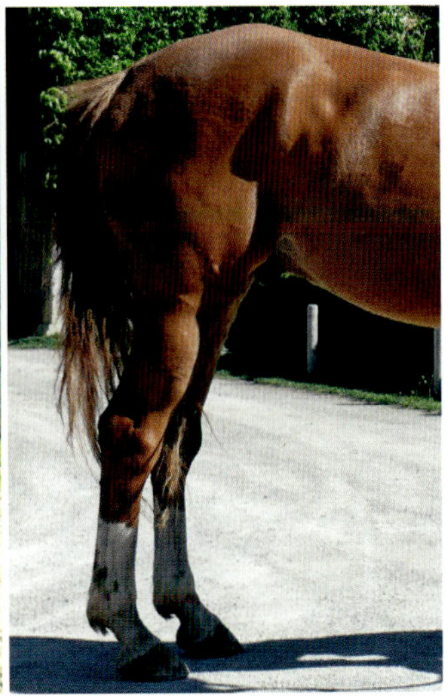

Links: **Sind die wichtigen Gelenke schlecht eingeschient, so ergibt das zu gerade oder auch säbelbeinige Formen. In Kombination mit schwachen Gelenken und knapper Behosung nicht ganz ideal.**

Rechts: **Ein gerades Hinterbein mit einer weichen Fesselung und etwas schwammigen Sprunggelenken. Insgesamt ist das gerade Hinterbein bei Spring- und Rennpferden recht häufig.**

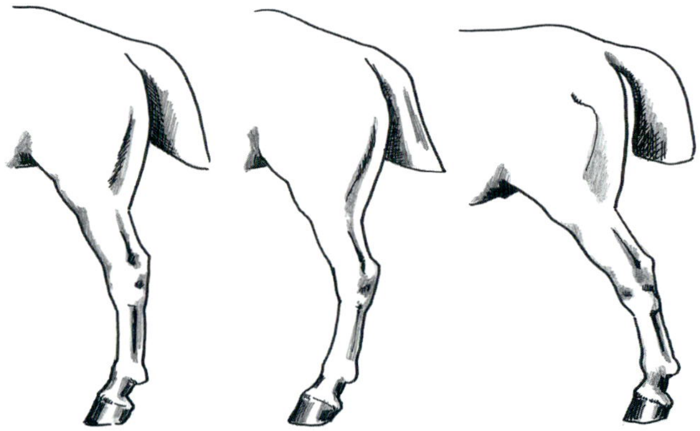

Die häufigsten Abweichungen der Hinterbeine: Gerade hier besteht ein enger Zusammenhang von Becken und Beinen, deren Konformation sich aus der Gesamtkonstruktion ergibt.

Die hintere Fessel ist in der Regel etwas kürzer und steiler als die vordere. Sie federt im Bewegungsablauf vor allem beim Aufnehmen großer Lasten nach unten, spielt jedoch darin eine kleinere Rolle als die vordere Fessel. Ihr Winkel ist üblicherweise um die 50 Grad oder etwas steiler. Ist sie besonders lang und weich, das heißt flacher gewinkelt, so stellt sie einen eindeutigen Schwachpunkt dar und verhindert in der Regel eine lange und intensive Nutzung des Pferdes. Hier ist bei manchen Gangpferderassen eine Schwachstelle, die man kennen sollte.

Mangelhafte Hinterbeine

Oftmals sind die beiden Hinterbeine eines Pferdes nicht ganz symmetrisch und identisch ausgebildet. Wie die meisten Menschen haben auch Pferde von Geburt an eine besser ausgebildete Körperhälfte und sind daher „händig“. Nachdem das Pferd sich hauptsächlich aus der Hinterhand vorwärts bewegt, kommt ein auch nur minimal stärker ausgebildetes rechtes Hinterbein stärker zum Einsatz. Somit stößt es sich mit diesem stärker ab und schiebt daher seinen Körper etwas stärker nach links, was wir als „natürliche Schiefe“ bezeichnen. Daraus folgt, dass die meisten Pferde lieber und leichter linksherum gehen und wir fälschlich annehmen, sie seien Linkshänder; eigentlich sind sie „Hinten-rechts-Beinler“. Diese natürliche Schiefe muss durch korrektes Training möglichst ausgeglichen werden. In der reiterlichen Fachsprache spricht man vom Geraderichten des jungen Pferdes; dieses sollte besonders darauf abzielen, die Schub- und Tragkraft der linken Hinterhand zu kräftigen. Angeborene Ungleichheiten, etwa ungleiche Hinterhufe oder unterschiedliche Sprunggelenke, müssen bis zu einem gewissen Grad toleriert werden.

Säbelbeinigkeit

Der ideale Winkel zwischen Unterschenkel und Röhrbein im Sprunggelenk liegt bei etwa 145 Grad. Ist er kleiner, so spricht man von einem gesäbelten Hinterbein, das in der Regel zu Erkrankungen wie Spat neigt. Bei derartigen

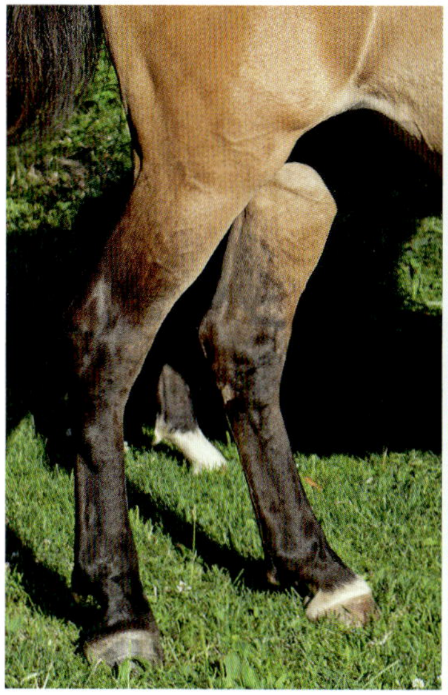

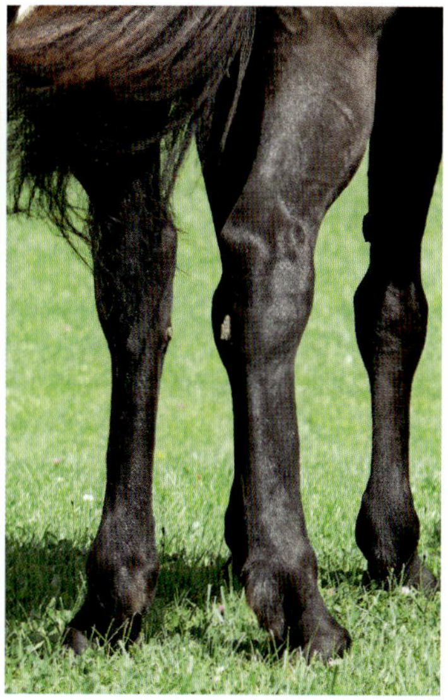

Links: **Ein typisches Hinterbein eines Bergpferdes, hier Huzule. Leicht gesäbelt und etwas kuhhessig, aber stabil und hart, ergibt sich daraus hohe Trittsicherheit beim Bergabgehen.**

Mitte: **Ein gerades Hinterbein an einem Deutschen Reitpony, das lange erfolgreich im Springsport ging. Gute Gelenke und Hufe und eine günstige Fesselung wiegen den kleinen Mangel auf.**

Rechts: **Kuhhessige Pferde können Gangfehler aufweisen (streichen oder streifen), schwierig zu beschlagen sein (ungleiche Belastung) und sind mitunter schwer ins Gleichgewicht zu bringen.**

Pferden ist das Röhrbein nicht senkrecht, sondern führt in einem Winkel nach vorne zum Boden. Damit sind die Hufe zu weit unter den Pferdebauch vorgeschoben. Diese Formation ist der Schnelligkeit meistens abträglich, spielt aber bei Dressurpferden eine geringere Rolle und ist bei Tragetieren aus Bergregionen beinahe typisch.

Das zu gerade Bein

Ist das Hinterbein im Sprunggelenk zu schwach gewinkelt, das heißt mehr als etwa 140–145 Grad, so spricht man von einem geraden Hinterbein, das einem zu stark gesäbelten vermutlich vorzuziehen ist, wenn es um Schnelligkeit und Springvermögen geht. Auch Zugpferde haben rassetypisch meistens recht gerade Hinterbeine, die zudem noch etwas fassbeinig und steil gefesselt sein können.

Die Kuhhessigkeit

Bei dieser Fehlstellung sind die Sprunggelenke deutlich enger gestellt als die Knie und die Zehen des Pferdes. Das kann so weit gehen, dass sich die Sprunggelenkshöcker beinahe oder tatsächlich berühren und das Pferd von hinten gesehen extrem x-beinig wirkt. In vielen Fällen ist diese Fehlstellung mit der Säbelbeinigkeit kombiniert und führt einerseits zum unsicheren Gang mit Balanceschwierigkeiten und andererseits zu gesundheitlichen Problemen. Anatomisch gesehen weisen die Hinterröhren mehr oder weniger stark nach außen, das Pferd ist also bodenweit und dazu oft zehenweit. Die Hufe sind meistens relativ flach und an der Innenseite stärker belastet als an der Außenseite, daher sind die inneren Trachten steiler.

Die Fassbeinigkeit

Dieser Mangel stellt das genaue Gegenteil zur Kuhhessigkeit dar; von hinten gesehen wirkt das Pferd mehr oder weniger stark o-beinig. Die Sprunggelenke sind deutlich weiter voneinander entfernt als die Knie und die Zehen. Meistens ist diese Formation bei schweren Pferden mit abgeschlagener Kruppe und geradem Hinterbein zu finden. Die Hinterbeine sind relativ steif und eher zum Schieben als zum Tragen geeignet. Bei kurzer, steiler Fessel sind die Hufe meistens ebenfalls steil und die Stellung ist als bodeneng und zeheneng zu bezeichnen. Die Hufe nehmen vermehrt Last auf den äußeren Trachten auf und sind daher dort etwas steiler, während die Zehen selbst stumpf gewinkelt sind.

Knochenproblem Spat

Vielfach sind Pferde mit zu geradem Hinterbein anfällig für degenerative Schäden an den Sprunggelenken, die durch genetische Anlage und Überlastung oder Abnützung entstehen. Die folgende Entzündung führt zu Auftreibungen an den Knochen des Sprunggelenks und ist extrem schmerzhaft. Pferde mit Spat laufen sich in der Bewegung ein und sind oft am anfangs staksigen Gang zu erkennen, der sich nach einiger Zeit in der Bewegung stark bessert. Rein äußerlich ist Spat manchmal an knöchernen Auftreibungen am Sprunggelenk zu sehen oder zu ertasten. Eine genaue Diagnose ist ratsam, und eine tierärztliche Behandlung soll in Erwägung gezogen werden; spatige Pferde zu kaufen, birgt immer ein gewisses Risiko in sich, weil der Krankheitsverlauf schwer einschätzbar ist.

Fehlstellungen im Fessel-Huf-Bereich

Diese sind analog zu den Vorderbeinen bei relativ korrektem Hinterbein an dessen unterem Ende zu lokalisieren und sind wie beim Vorderbein Abweichungen in der Fessel-Huf-Achse. Zeheneng und zehenweit kommen auch an den Hinterbeinen häufig vor, spielen aber dort aufgrund der meistens geringeren Gewichtsbelastung im Vergleich zur Vorhand eine etwas geringere Rolle.

Zusammenfassend lässt sich sagen, dass unsere modernen Sportpferde an den Vordergliedmaßen besonders im Hufrollen-, Sehnen- und Bänderbereich gesundheitliche Schwachstellen aufweisen, während an den Hintergliedmaßen eher Gelenksprobleme in den Knie- und Sprunggelenken zu erwarten sind.

Der Schweif

Ein wenig beachteter Aspekt der Pferdebeurteilung ist der Schweif, dennoch verschafft er dem Betrachter einen allgemeinen Eindruck von Balance oder Schönheit. Ebenso spielt er eine Rolle in Mechanik, Gesundheit und Wohlbefinden eines Pferdes. Er dient, ebenso wie die Mähne, als

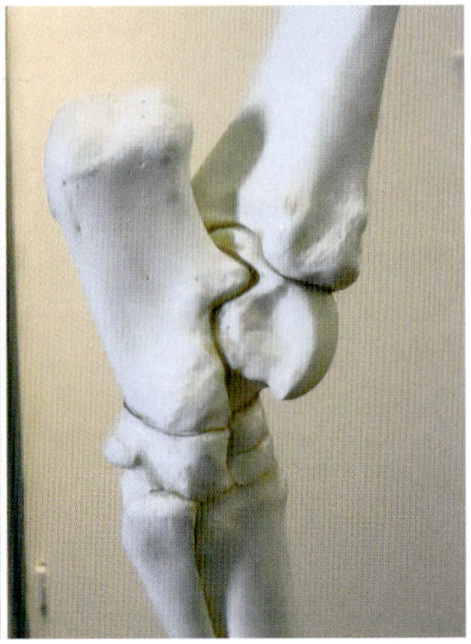

Links: **Eine knöcherne Auftreibung an einem Sprunggelenk, hier außen. Zur Gruppe dieser Krankheitsbilder gehört auch der Spat innen und der Rehspat außen am Sprunggelenk. Es gibt vielfältige Diagnose- und Behandlungsmöglichkeiten.**

Rechts: **Das Sprunggelenk ist ein Gegenstück zum menschlichen Fesselgelenk; der so genannte Sprunggelenkshöcker ist das Fersenbein. Es ist ein kompliziertes Gelenk aus sieben Knochen in zwei Reihen.**

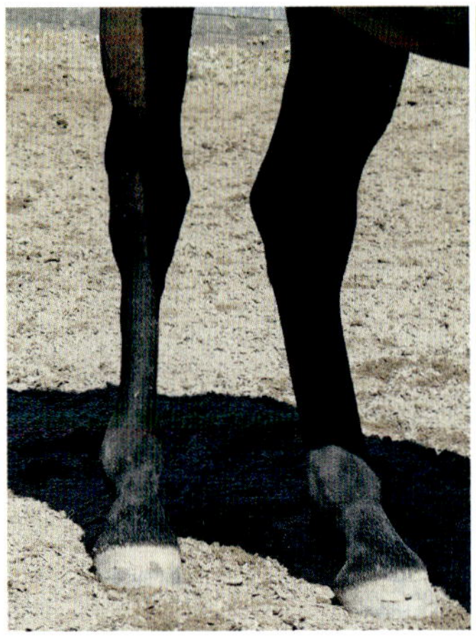
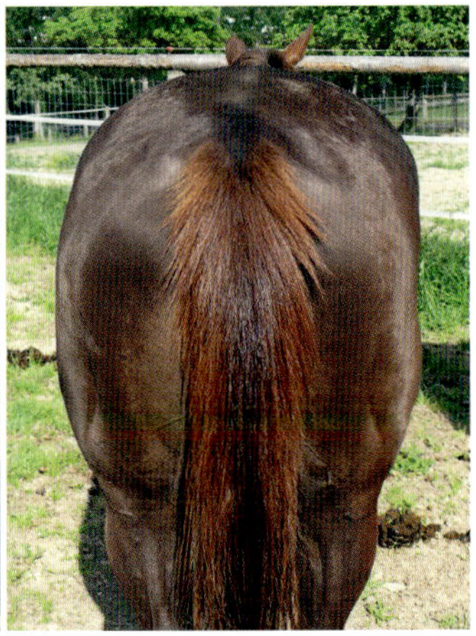

Links: **Die Fehlstellungen im Hinterbein sind analog zu jenen im Vorderbein. Hier ein stark bodenweites Pferd, das auch kuhhessig ist. Seine Sprunggelenke sind mangelhaft.**

Rechts: **Schweife werden – außer beim Putzen – wenig beachtet. Die Schweifwirbel sind die letzten Knochen des Rückgrats und bilden die so genannte Schweifrübe.**

Schutz vor Nässe und Kälte, er leitet Regen und Schnee von der Anal- und Scheidenregion ab und ist außerdem der beste Fliegenschutz. Ein Pferd ohne Schweif ist wahrlich eine arme Sau – und das Kupieren oder Lähmen dieses Universal-Wedels um irgendwelcher Schönheitsideale willen ist ein Akt grausamer Misshandlung!

Im Schritt soll der Schweif, von hinten betrachtet, ganz locker und gleichmäßig hin und her pendeln und dabei einen möglichst großen Bogen beschreiben. Diese Pendelbewegung soll sich über die Hinterhand in den Rücken fortsetzen bzw. von dort ausgehen und im Schweif sichtbar werden. Dann spricht man davon, dass das Pferd „über den Rücken geht" oder „sich durch seinen ganzen Körper bewegt" (Engl.: „He moves through his whole body"). Ein einseitig festgeklemmter Schweif deutet immer auf ein Problem hin, ein schlecht passender Sattel oder ein schief sitzender Reiter, Verletzungen etc.

Bei vielen Rassen setzt der ideale Schweif eher hoch anstatt tief an und wird etwas erhaben getragen, wenn das Pferd sich bewegt. Der Schweif und das Tragen desselben werden dann als charakteristische Merkmale angesehen (z. B. bei Arabern) und müssen auf Zuchtschauen dementsprechend beurteilt werden.

Jede Art der operativen Veränderung, wie das in den USA bei American Saddle Horses üblich ist, um eine besonders hohe und steil gebogene Haltung des Schweifes zu erzielen, ist in der EU verboten und als tierquälerisch abzulehnen.

Der Schweifansatz und das Tragen des Schweifes hängen oft vom Gefälle des Kreuzes ab. Wenn er tief an einer abgeschlagenen Kruppe angesetzt ist, kann er nicht hoch und munter getragen werden, sondern wird im Gegenteil zwischen den Hinterbacken hängen oder sogar eingeklemmt sein.

Ein schlaff wirkender Schweif ist ein negatives Merkmal, das auf diverse nervale und muskuläre Probleme hinweisen kann. Ein Pferd mit einem sehr hohen Schweifansatz kann oft den falschen Eindruck einer geraden Kruppe liefern, sogar wenn sein Becken gut geneigt ist. Auch die Qualität und die Fülle ist unterschiedlich. Was die Langhaare betrifft, haben Appaloosa, Curly Horse und Achal-Tekkiner mit die dünnsten und spärlichsten Mähnen- und Schweifhaare, während Kaltblüter im Allgemeinen die dicksten und dichtesten Langhaare und den stärksten Kötenbehang haben. Außergewöhnlich füllige Mähne und Schweif, besonders wenn sie gewellt sind, sind meist ein Hinweis darauf, dass das Pferd einen Kaltblutanteil in seiner Abstammung hat.

Je nachdem wie der Schweif angesetzt oder „eingesteckt" ist, erscheint er fahnenartig weggestreckt, locker getragen oder verschämt geklemmt. In der Bewegung soll er jedenfalls rhythmisch pendeln, aber nicht nervös kurbeln.

Kapitel 11

Die Gangarten des Pferdes

„Für die Sicherheit der Beurteilung empfiehlt es sich, ein Pferd nicht nur gehen, sondern möglichst in der Gangart gehen zu sehen, in welcher seine Hauptdienstleistung beansprucht werden soll, denn selbst aus einer guten Gangart läßt sich nicht mit Gewißheit schließen, daß auch die anderen in gleicher Weise gut sind."

G. Schwarznecker, Königlicher Gestütsdirektor

Das Wissen um die Bewegungsabläufe in den einzelnen Gangarten und die Qualität der Gänge eines Pferdes ist zu dessen Beurteilung sehr wichtig. Nahezu jede Art der Ausbildung oder Nutzung eines Sportpferdes zielt auf die Verbesserung seiner Bewegungen oder die optimale Nutzung seiner natürlichen Veranlagung ab. Selbst beim Arbeitspferd oder beim einfachen Fiakerpferd ist die optimale Leistung und damit Wirtschaftlichkeit weitgehend von seinen Bewegungen abhängig.

Somit muss man anatomische und physikalische Grundsätze beherrschen und diese in Zusammenhang mit den körperlichen Eigenheiten des Pferdes setzen können. Erst dies ermöglicht es dem Beurteiler, sich ein umfassendes Bild vom jeweiligen Pferd zu bilden.

Der Schwerpunkt

Der Schwerpunkt des Pferdekörpers kann mit der Nabe eines Rades verglichen werden und bleibt, wie diese, selbst in der Bewegung relativ konstant. Nachdem der Schwerpunkt etwa in der Mitte des Brustkorbes unter dem hinteren Ende des Widerrists liegt, ist die vordere Hälfte des Pferdekörpers mit rund 60 % etwas schwerer als die hintere. Kommt nun das Gewicht eines Reiters dazu, so wird klar, dass der beste Ort für den Sattel/Reiter möglichst nahe am Schwerpunkt ist.

Sitzt der Reiter möglichst nahe dem Schwerpunkt, so hat er beinahe das Gefühl, „im Pferd" zu sitzen anstatt „auf" ihm. Das Reitergewicht bringt das Pferd aus der Balance, darum finden es besonders junge Pferde anfänglich recht schwer, sich unter der ungewohnten Last auf dem Rücken flüssig und natürlich vorwärts zu bewegen. Sie müssen sich quasi neu ausbalancieren und in ein neues Gleichgewicht finden. Im Verlauf der Ausbildung gelingt es dem Pferd immer besser, seine Bewegungen und das Reitergewicht aufeinander abzustimmen. Der Reiter hingegen versucht, den Schwerpunkt des Pferdes in der höheren Dressurausbildung immer weiter nach hinten zu verlagern, das Pferd also vermehrt auf die Hinterhand zu bringen. Damit sollen eine Schonung der Vorderbeine, eine Kräftigung der Hinterhand und eine höhere Beweglichkeit erreicht werden.

Die höchste Verlagerung des Schwerpunktes nach hinten ist das Steigen. Die Vorhand trägt überhaupt kein Gewicht mehr, das Tier steht gleichsam auf den Hinterhufen und ist zwar maximal versammelt, aber auch maximal instabil. Nächste Stufe: Kippen nach hinten.

Beginnt ein Pferd sich zu bewegen, so muss es seinen Schwerpunkt etwas verlagern, was es dadurch tut, dass es zuerst den Kopf anhebt. Weiters führt es ein Hinterbein vor und senkt dabei die Hinterhand etwas ab, dann kann es mit der vorgeführten Hintergliedmaße seinen Körper vorwärts schieben. Man könnte sagen, dass der gesamte Pferdekörper ein Hebelsystem ist, ähnlich einem Waagebalken, mit dem Schwerpunkt als Drehpunkt. Somit ist klar, dass jede Beeinträchtigung eines der beiden Körperenden (Kopf und Hals oder Hinterhand) sich zwingend auf das jeweils andere Körperende auswirken muss!

Die Vorderbeine helfen dabei, das Pferd vorwärts zu ziehen, aber die schiebende Aktion der Hinterbeine ist für die Bewegung viel wichtiger. Pferde mit Rückenschmerzen, Satteldruck, Spat oder ähnlichen Problemen ziehen manchmal vermehrt mit den Vorderbeinen und schonen ihre Hinterhand. Meistens erfolgt dann eine Umbildung des Pferdekörpers, die man an einem starken Unterhals, einem matten Rücken, starker Schultermuskulatur und schwacher Behosung etc. erkennen kann.

Die Funktion des Rückens ist mit der Funktion der Bauchmuskeln und der tiefen Kruppenmuskulatur untrennbar verbunden. Das Pferd braucht seine Rücken- und Bauchmuskeln, um die Kraft von der Hinterhand nach vorne zu übertragen. Man kann sich die Muskulatur des Rumpfes und der Kruppe als großen Ring vorstellen, der nirgendwo unterbrochen sein darf, sondern in völliger Harmonie in sich arbeiten und schwingen können muss, um perfekt zu funktionieren.

Aufgrund der Starre des Rückens insgesamt können die Hinterbeine des Pferdes im Lauf nur etwa bis unter seinen Schwerpunkt vorgeführt werden. Man könnte sie mit großen Pendeln vergleichen, die vom relativ starren Becken ausgehend über Hüftgelenk, Knie und Sprunggelenk nach vorne schwingen, wobei die Oberschenkelmuskulatur und die Lage des Knies die Beweglichkeit einschränken.

Das Knie arbeitet völlig synchron mit dem Sprunggelenk. Beugt sich das eine, so beugt sich auch das andere; streckt sich das eine, so streckt sich auch das andere. Das Sprunggelenk unterstützt und verteilt das Körpergewicht und ist als stärkstes Gelenk ganz wesentlich an der Balance des Pferdes in der Bewegung beteiligt. Sprunggelenksaktivität und perfekt koordinierte Rücken-Kruppen-Bauch-Aktivität sind die entscheidenden Faktoren des Bewegungsablaufes.

Die Balancierstange Hals

Im Bewegungsfluss verlagert das Pferd sein Gewicht vermehrt von einem auf das nächste Bein, wobei es seinen Kopf und Hals bewegen muss, um in der Balance zu bleiben.

In der Bewegung muss das Pferd ständig Kopf und Hals als Gegengewicht zur Hinterhand einsetzen. Wird ihm der Kopf festgehalten oder der Hals fixiert, so wirken seine Bewegungen hölzern und es ermüdet rasch.

Der Kopf ist ein Gegengewicht am Ende eines Hebels, nämlich dem Hals. Zusammen könnte man sie mit einem Hammer vergleichen, der am Griffende seines Stiels etwa im Schwerpunkt fixiert ist und durch eine Auf-und-ab-Bewegung dabei hilft, die Bewegungen der Hinterhand zu kompensieren. Daher ist ein relativ langer Hals besonders bei Sportpferden meist besser als ein allzu kurzer, dessen Beweglichkeit naturgemäß begrenzter ist. In den meisten Gangarten wird der Kopf gesenkt, wenn eines der Vorderbeine auffußt, und die jeweilige Hüfte wird gesenkt, wenn das gleichseitige Hinterbein auffußt. Beim lahmen Pferd ist die Bewegung des Kopfes bzw. der Hüfte ungleich verstärkt; das heißt, das schmerzhafte Bein wird durch übertriebenes Hochnehmen des Kopfes entlastet, während das gesunde Bein im nächsten Schritt stärker belastet wird. Man sagt auch: Das Pferd tickt.

Im Trab kann die Hand des Reiters oder Fahrers viel ruhiger bleiben und die Anlehnung kann eine vermehrt konstante und stabile sein. Dies wird z. B. bei Renntrabern deutlich, die sich oft extrem auf das Gebiss und die Fahrerhand stützen und sich gewissermaßen auf diesem „fünften Bein" stabilisieren, wenn sie mit Höchstgeschwindigkeit laufen. Beim Galopper wäre das im Finish eher hinderlich, und Jockeys reiten besonders im Zieleinlauf zwar mit leichter Anlehnung, aber ihre Hände folgen der Bewegung des Pferdehalses sehr deutlich.

Die Form, Länge und Qualität des Halses ist für die Bewegungsqualität mitbestimmend. Im Zusammenspiel mit den Schultern und deren Bewegungen entscheidet der Hals auch über die Schrittlänge, die im Fachausdruck Raumgriff heißt. Schnelligkeit und Beweglichkeit erfordern gleichermaßen einen gut geformten und ausreichend langen Hals sowie eine korrekt gelagerte Schulter und gute Vorderhand. Als Richtlinie kann gelten, dass ein Pferd seine Vorderbeine maximal so weit ausstrecken kann, wie es seine Nase maximal nach vorne strecken kann.

Eine andere Regel besagt Folgendes:
Man denke sich eine Linie genau in der Verlängerung der Schulterblattgräte; jener Punkt, wo sie den Boden trifft, ist zugleich der Endpunkt der weitesten möglichen Bewegung.

Diese wenig bekannten oder beachteten Fakten sind recht einfach am stehenden Pferd festzustellen und geben einen guten Hinweis auf dessen Raumgriff. Ein kurzhalsiges, steilschultriges Pferd muss in der Regel seine Bewegungsfrequenz erhöhen, um mit einem Pferd mit idealem Hals und guter Schulter mithalten zu können. An ihrer hohen Bewegungsfrequenz über mittlere und längere Distanzen ermüden sie allerdings schnell. Daher hat sich der Typ des Vollblut-Rennpferdes von Amerika ausgehend in den letzten Jahrzehnten dahingehend gewandelt. Man könnte auch sagen, dass sich der Typ des Stehers zum Typ des Quarter Horses mit Fliegermerkmalen verschoben hat. Ich behaupte ferner, dass sich auch die Renn-Araber vom schlanken Langstreckentyp zum muskulösen Sprintertyp entwickelt haben, der sogar in seinen Winkelungen einem Quarter Horse ähnelt.

Der Schwerpunkt des Pferdes liegt inmitten seines Brustkorbes. Sitzt der Reiter über ihm, so bringt er das Pferd nicht stark aus dem Gleichgewicht. Doch selbst die geringste Bewegung erfordert eine Verlagerung des Schwerpunkts – ein Balanceakt beginnt.

Die absolute Körpergröße hat einen geringeren Einfluss auf die Aktion eines Pferdes als seine Konformation. Ein perfekt proportioniertes, gut ausbalanciertes Pferd mit gutem Hals und guten Schultern kann in der Regel mit einem weniger gut konstruierten, aber wesentlich größeren Pferd leicht mithalten.

Pferde sind von Natur aus frontlastig. Durch Auf-und-ab-Bewegungen von Kopf und Hals können sie dies zum Teil ausgleichen und in Balance bleiben. Das geht automatisch.

Die Gangarten

Man spricht von fünf Grundgangarten des Pferdes:

- Schritt
- Trab
- Galopp
- Pass
- Tölt

In Europa beherrscht die Mehrzahl der Pferde lediglich die ersten drei, Pass und Tölt werden bei uns als Sondergangarten in der Regel nur von den Gangpferderassen beherrscht. Die meisten europäischen Rassen zeigen die drei Hauptgangarten nur in verschiedenen Abstufungen des Tempos und des Raumgriffs, der Bewegungsablauf bleibt in sich fast unverändert. Hingegen gibt es bei den Sondergangarten mit so genannter lateraler Verschiebung verschiedene Varianten, wie z. B. den Foxtrott oder den Paso Fino, die sich recht deutlich unterscheiden und z. T. nur für eine Rasse oder sogar einen Schlag charakteristisch sind.

Der Schritt

Der Schritt ist ein Vierschlag, bei dem jedes Bein einzeln und unabhängig von den anderen in genau definierter Abfolge vorgeführt wird. Das stehende Pferd beginnt im Allgemeinen die Fortbewegung im Schritt mit einem der beiden Hinterbeine. Während ein Hinterbein vorgeführt wird, beginnt auch das Vorderbein derselben Seite mit seiner Vorwärtsbewegung. Es verlässt den Boden einen Sekundenbruchteil, bevor das jeweilige Hinterbein wieder auffußt. Im langsamen Schritt landet das Hinterbein hinter dem gerade abhebenden Vorderbein, je schneller die Fußfolge im Schritt wird, desto früher muss das Vorderbein abfußen. Man könnte auch sagen, dass jedes Vorderbein rechtzeitig Platz für das auffußende Hinterbein machen muss. Daher verschiebt sich der Bewegungsablauf etwas, und im schnellen Schritt hat das Pferd kurzzeitig nur mehr zwei Hufe zugleich am Boden, daher wird eine seitliche Gewichtsverlagerung notwendig. Vergrößert das Pferd im Schritt seine Schrittlänge, dann setzt der Hinterhuf vor der Spur des jeweiligen Vorderhufes auf, man sagt auch: Das Pferd tritt weit über oder übertritt deutlich.

Der Schritt ist eine schreitende Gangart, die keine Schwebephase besitzt. Das Pferd befindet sich niemals völlig in der Luft, sondern hat immer mindestens zwei Hufe, meistens jedoch drei, am Boden. Hals und Kopf vollführen eine ständige leichte Nickbewegung, die die Regelmäßigkeit und den Takt der Gangart verdeutlicht und unterstreicht. Nachdem der Schritt keine Schwebephase aufweist, kann er auch keinen Schwung entwickeln, sondern lediglich Raumgriff und Fleiß! Wer von einem schwungvollen Schritt spricht, entlarvt sich als Laie, denn einen guten Schritt kann man bestenfalls mit Begriffen wie fleißig, fördernd, raumgreifend oder elastisch kommentieren.

Es ist eine alte Weisheit, dass Pferde mit einem hervorragenden Schritt in der Regel auch einen guten Galopp zeigen, während der Trab offenbar ein gesondertes Kriterium darstellt. Schrittstarke Pferde pendeln durch den ganzen Körper, vom Schweif beginnend bis nach vorne in den gleichmäßig nickenden Hals, was man vor allem von hinten mit einiger Übung recht gut erkennen kann. Bezüglich des klaren Taktes gibt es eine Faustregel: In jeder zweiten Phase muss man für einen Sekundenbruchteil ein ganz deutliches „V“ sehen können, das jeweils vom Hinter- und Vorderbein einer Seite gebildet wird.

Im Trab bleiben Kopf und Hals ziemlich ruhig, denn die diagonalen Beinpaare bewegen sich synchron und stützen den Körper gleichzeitig an zwei diagonalen Ecken seiner Standfläche.

Im Rennsport hat sich gezeigt, dass Pferde mit eher steilen Schultern, starken Kruppen und relativ kurzen Hälsen aufgrund ihrer rasanten Sprungfolgen auf Kurzstrecken extrem schnell sind.

Der Körperbau des Pferdes hat großen Einfluss auf die Qualität seines Schritts, der oft in direktem Zusammenhang mit seinem Galopp steht. Fleißiges und taktklares Schreiten ist gefragt, das den fehlenden Schwung durch Raumgriff wettmacht.

Wenn allerdings der Körperbau enge Grenzen setzt, bleiben Raumgriff und Elastizität auf der Strecke. Übrig bleibt ein kleinliches Getrippel ohne Sang und Klang, das der Reiter kaum verbessern kann.

Der ideale Schritt ist eine fließende, weit ausgreifende und harmonische Gangart von schöner Regelmäßigkeit. Schultern und Hüften des Pferdes heben und senken sich im exakten Gleichmaß und Hals und Kopf balancieren in genau demselben Takt durch ihre Nickbewegung den Körper aus. Reiterlich betrachtet macht es keinen Sinn, den Schritt eines Pferdes durch irgendwelche Sitzhilfen verändern zu wollen.

Fehlerhafter Schritt ist passartig verschoben, dabei verliert das Pferd den klaren Vierschlag, denn die Beine einer Seite werden eher gleichzeitig denn in Folge vorgeführt. Dieser Fehler kann verschiedene Ursachen haben, in der Regel ist es ein Reiterfehler, z. B. zu harte Hand, zu unruhiger Sitz, zu frühes Verstärken, kurzum, ein Stören der Balance. Der eilige Schritt wirkt nicht gelassen und schreitend, sondern flach und hastig dahingezappelt. Der faule Schritt ist schlurfend, ausdruckslos und hölzern.

Eine schreitende Gangart im Viertakt und in acht Phasen, ohne Schwebephase und daher auch ohne Schwung, dafür mit Fleiß und Raumgriff. Fußfolge: Vorne links, hinten rechts, vorne rechts, hinten links, vorne links usw. Der Ablauf ist gleichseitig, aber nicht gleichzeitig.

Der Trab

Der Trab ist ein Zweischlag mit diagonaler Fußfolge. Das linke Vorderbein und das rechte Hinterbein bewegen sich genau gleichzeitig, abwechselnd mit dem rechten Vorderbein und dem linken Hinterbein. Er hat im Idealfall einen gleichbleibenden und völlig regelmäßigen Rhythmus und eine Schwebephase, bei der alle vier Beine für Sekundenbruchteile in der Luft sind.

Weil diese Gangart völlig symmetrisch (seitengleich) ist, bleiben Hals und Kopf fast völlig unbeweglich, denn sie müssen keine Ungleichheiten ausbalancieren. Im abgekürzten oder versammelten Trab bleibt die Schwebephase aus bzw. ist fast unmerklich.

Der **Trab** wird in den **vier Tempi**

- versammelter Trab
- Arbeitstrab
- Mitteltrab
- starker Trab

geritten, die allerdings nur in der Dressurausbildung bzw. in Dressurbewerben zum Tragen kommen, der Freizeitreiter kümmert sich weniger darum. Im Idealfall bleibt die Frequenz des Ganges in allen vier Tempi gleich, nur der Raumgriff und der Versammlungsgrad ändern sich. In der Praxis des Freizeitreitens ist der möglichst natürliche Trab des Pferdes als „Reisetrab" am angenehmsten – sofern man ihn nicht aussitzen muss. Eine Extremform ist der Renntrab, welcher nur von den speziell dafür gezüchteten Rassen in der erforderlichen Perfektion gelaufen werden kann. Viele Traber sind stark pass- und töltveranlagt, was sich aus ihrer ursprünglichen Herkunft von den alten britischen Hobbys, Narragansett-Passern und iberischen Ginetten erklärt, die alle lateral veranlagt waren, also zur Verschiebung der Fußfolge an eine Seite neigten. In vielen Ländern werden daher neben Trabrennen auch solche für Passgänger ausgeschrieben, etwa in den USA und Kanada. In Frankreich finden noch Trabrennen unter dem Sattel statt, daher sind die dortigen Traber zum Teil etwas großrahmiger und reitbetonter.

Was das Tempo anlangt, so liegt der Trab zwischen Schritt und Galopp, wobei ein Renntraber mühelos ein höheres Tempo erreichen kann als ein anderes Pferd im mittleren Galopp. Im kurzen Trab bleiben die Trittspuren der Hinterhufe hinter jenen der Vorderhufe zurück. Im Reise- und Arbeitstrab, Mitteltrab und starken Trab sollten die Trittspuren der Hinterhufe in bzw. deutlich vor jene der Vorderhufe fallen; dann spricht man von ausreichendem Schwung und Raumgriff. Besonderes Augenmerk ist auf die Gleichmäßigkeit der Trittlänge und des Taktes zu legen, denn gerade im Trab zeigen sich Unregelmäßigkeiten, Verspannungen, Ausbildungsmängel, Lahmheiten oder unreine Gangart besonders deutlich. Diese Probleme werden durch mehr oder weniger starkes, ungleichmäßiges Nicken des Halses sichtbar bzw. auf hartem Boden

Ein schwungvoller, ausdrucksstarker Trab ist eine Augenweide. Der klare Zweitakt, die Kadenz und die Imponierhaltung kommen in dieser Skulptur zum Ausdruck – statisch und doch bewegt.

Deutlich zu sehen ist die Diskrepanz zwischen der sich frei bewegenden Vorhand und der etwas verhalten agierenden Hinterhand. Hier wird „vorne getrommelt und hinten nicht marschiert", das Pony scheint nicht „von hinten nach vorne" geritten zu sein.

Durch seine Schwebephase ist der Trab eine schwungvolle Gangart und durch seinen Zweitakt eine gelaufene. Damit bietet er sich reiterlicher Verbesserung geradezu an und ist die Grundlage unserer europäischen Reiterei.

sogar hörbar. Viel Schub aus der Hinterhand bei deutlicher Beugung der Hanken und Sprunggelenke und eine freie Aktion der Vorderhand aus der Schulter heraus sind erwünscht, wobei der Rücken im Takt schwingen soll.

Fehlerhaft ist der Trab vor allem dann, wenn das Pferd nicht locker von hinten nach vorne über den Rücken geht und die Vorder- und Hinterbeine nicht mehr synchron bewegt werden. Bei an sich bewegungsstarken Pferden, denen die Reiterhand Hals und Rücken festhält oder bei denen die Hinterhand zu wenig engagiert ist, wird dann „vorne laut getrommelt, aber hinten nicht marschiert". Eine exaltierte Vorderhandaktion wird von einer matten Hinterhandaktion begleitet, die Röhrbeine sind in der Bewegung nicht mehr parallel, die Hinterbeine schleppen und bleiben in der Aktivität unter den Erwartungen. Von manchem Pferd sagt man, es „tritt nicht dahin, wohin es zeigt". Die Vorderbeine werden hochgerissen und nach vorne geschleudert, bleiben aber dann quasi in der Luft stehen und fallen senkrecht zu Boden. Der Schwung geht nicht von hinten nach vorne durch den Pferdekörper, das Tier ist ein so genannter Blender und meistens auch kein Rückengänger. Solche Pferde sind mittlerweile im Dressursport recht häufig und werden aufgrund ihrer überschätzten Trabaktion z. T. auch hoch benotet; sie ermüden allerdings rasch und sind im Dauereinsatz unbrauchbar, da zwischen Schub- und Tragkraft ein Missverhältnis besteht.

Traber führen im Höchsttempo ihre Hinterbeine außen an den Vorderbeinen vorbei, weil ihre Tritte hinten zu lang sind. Sie würden sich, ohne „hinten breit zu werden", sofort in die Vorderbeine hauen und schwerste Verletzungen zufügen. Wird aber ein Reitpferd im Trab oder auch in der Piaffe und Passage hinten breit, so bedeutet das, dass es sich nicht ehrlich in den Hanken beugt und ungenügend Gewicht aufnimmt. Es weicht der Versammlung aus, tritt nicht in Richtung seines Schwerpunktes und täuscht quasi das Engagement der Hinterhand nur vor.

Eine gelaufene Gangart im Zweitakt und in vier Phasen und mit einer Schwebephase, daher schwungvoll, aber auch energisch und raumgreifend. Fußfolge: zeitgleich links hinten und rechts vorne, dann Schwebephase, dann zeitgleich rechts hinten und links vorne, dann wieder Schwebephase usw.

Der Galopp

Im deutschen Sprachraum fallen sämtliche Varianten dieser Gangart unter den Sammelbegriff „Galopp". Lediglich der Grad der Versammlung bzw. die Sprungweite werden durch die Unterteilung in:

- versammelter Galopp
- Arbeitsgalopp
- Mittelgalopp
- starker Galopp
- Renngalopp

genauer definiert. Der gestreckte Galopp oder Renngalopp wurde früher als so genannte Karriere gesondert betrachtet und wird heute nahezu völlig ignoriert; der Galopprennsport und der übrige Pferdesport gehen seit Langem weitgehend getrennte Wege. Selbst in der Sparte Vielseitigkeit wurde die früher vorgeschriebene Teilprüfung „Rennbahn" (ähnlich einer Steeplechase) abgeschafft; das Galopptempo der Geländestrecke ist langsamer und weniger konstant als der Renn(bahn)galopp in Flach- oder Hindernisrennen.

In der englischen Sprache unterscheidet man sehr wohl zwischen dem *canter* und dem *gallop*, was automatisch eine sprachliche Unterscheidung in den abgekürzten oder verstärkten Galopp ergibt. In seiner schnellsten Ausformung, dem gestreckten Galopp (Englisch *gallop*, früher Deutsch auch *Karriere*), verschiebt sich der Takt vom Dreischlag zum Vierschlag.

Im abgekürzten Galopp kann das Pferd einen hohen Versammlungsgrad erreichen, also eine relative Aufrichtung der Vorhand und eine Senkung der Kruppe vollführen; es setzt sich oder beugt die Hanken. Damit fallen ihm schnelle Richtungswechsel, Pirouetten, Sprünge, Sliding stops oder Galoppwechsel leichter. Die typische Nickbewegung dieser unsymmetrischen Gangart ist hier nicht mehr sehr stark ausgeprägt; für den Reiter ist sie die am bequemsten zu sitzende.

Die Fußfolge im Galopp ist unsymmetrisch und beginnt mit dem äußeren Hinterbein, dem das innere Hinterbein und das äußere Vorderbein folgen und die schließlich mit dem inneren Vorderbein beendet wird. Darauf folgt die Schwebephase, die je nach Tempo mehr oder weniger lang ist, und es ergibt sich ein regelmäßiger, fließender und gesprungener Gang im Dreischlag. Ein guter Galopp zeigt sich balanciert, energisch und mit deutlicher Hankenbeugung und Sprunggelenksaktivität; man sagt, das Pferd springt gut von hinten durch. Lahmheiten sind in dieser Gangart schwer zu erkennen, denn das Pferd hat meist entweder mehrere Hufe am Boden oder befindet sich in der Luft.

Verlängert das Pferd seine Galoppsprünge durch erhöhten Schub von hinten, so wird die Flugphase deutlich länger und das Pferd gewinnt an Raumgriff. Die Schultern sollten frei rotieren können, damit die Vorderbeine maximal ausgreifen können. Die Hinterbeine tragen nun weniger, als dass sie deutlicher schieben. Die langen Halsmuskeln arbeiten mit den Vorderbeinen völlig synchron, wodurch sich ein deutlicheres Nicken bei jedem Sprung ergibt. Der Kopf bleibt jedoch relativ ruhig und ist weiter vorgestreckt. Daraus ergibt sich, dass der Reiter dem Pferd im starken Galopp eine deutliche Rahmenerweitung erlauben muss. Der Rücken bleibt dabei relativ ruhig, denn der Hauptanteil der Bewegung liegt im Hals, in den Schultern und im Lumbosakral-Gelenk.

Im schnellen Galopp hat das Pferd nie mehr als zwei Hufe zur selben Zeit am Boden. Der Bewegungsablauf kann mit jedem beliebigen Hinterbein beginnen, aus dem Stand oder dem Schritt – und unter Umständen sogar mit

Beim Polo braucht man schnelle, wendige Pferde, die man zwar Polo-Ponys nennt, in Wahrheit aber Vollblüter sind. Im höchsten Galopptempo verschiebt sich der Dreischlag zum Vierschlag.

Als gesprungene Gangart mit Schwebephase kann der Galopp in jedem Tempo durch korrekte Ausbildung und körperliches Training deutlich verbessert werden. Er gewinnt dann vor allem an Ausdruck.

Im schnellen Galopp (Englisch gallop; Renngalopp; früher Karriere) hat das Pferd nie mehr als zwei Hufe am Boden. Der Bewegungsablauf ist vom Dreitakt zum Viertakt mit deutlicher Schwebephase verschoben.

beiden Hinterbeinen gleichzeitig. In der Folge hört man einen Vierschlag, denn jeder Huf fußt einzeln auf. Pferde mit einer kräftigen und gut gewinkelten Hinterhand, der so genannten Leistungskruppe, sind im Vorteil gegenüber solchen mit ungünstiger Winkelung oder schwacher Bemuskelung. Die maximal erreichbare Höchstgeschwindigkeit ist genetisch vorprogrammiert; das Training hilft nur, sie eventuell zu erreichen oder lange durchzuhalten. Kein Trainer der Welt, auch kein Doping, kann ein Pferd mit einem genetischen Top-Speed von 60 km/h auf 70 km/h bringen; das gilt übrigens für alle Gangarten und alle Pferde. Noch kann der Mensch die Natur nicht überlisten; sehr wohl trainierbar sind hingegen Ausdauer und Kraft!

Fehlerhafter Galopp manifestiert sich durch den Verlust des reinen Taktes und der physiologischen Fußfolge. Beim Barockpferd des 18. Jahrhunderts war der Schulgalopp als stark versammelter Vierschlag ohne Schwebephase üblich; ein starker Galopp wurde schulmäßig nicht geritten. Heute sieht man einen derartigen Vierschlag-Galopp eher selten, und auch übertriebene Sonderformen vergangener Tage, wie Galopp auf der Stelle, Rückwärtsgalopp oder Galopp auf drei Beinen, sind höchstens in Filmen zu bestaunen.

Als Tralopp bezeichnet man etwas scherzhaft eine Kombination aus Trabtritten und Galoppsprüngen, wie sie vor allem von zu Reitpferden umtrainierten Trabern vollführt wird. Dabei galoppiert das Pferd meistens mit dem vorderen Beinpaar, während das hintere eine deutlich in Richtung Trab verschobene Aktion zeigt (oder umgekehrt).

Diese gebrochene Gangart ist dressurmäßig unkorrekt, aber oft gar nicht unbequem zu sitzen und daher für ungeübte Reiter schwer zu erkennen.

Leichter zu entdecken ist der Kreuzgalopp, bei dem das Pferd mit einem Beinpaar im Links- und mit dem anderen im Rechtsgalopp läuft. Dieser recht häufige Fehler

Schritt

Trab

Galopp

Die Phasen eines Sprunges sind nur in Serienphotografie für das menschliche Auge erkennbar. Hier der Absprung, die Flugphase und die Landung über einem mächtigen Geländehindernis.

wird in Dressurprüfungen schwer geahndet, weist auf ein Problem im Rücken, der Hinterhand oder mit den Nerven hin und ist fürchterlich unbequem. Man hat das Gefühl, auf zwei Pferden zugleich zu reiten und kommt wegen des schwimmenden Bewegungsablaufes nie zum „Sitzen". Im Springparcours oder beim Galopp im Gelände praktizieren Pferde den Kreuzgalopp recht häufig, wenn sie um ihre Balance fürchten; dort wird er aber toleriert bzw. ignoriert, solange er keine Erkrankung vermuten lässt.

Eine gesprungene, unsymmetrische Gangart im Dreitakt und in sechs Phasen, mit ausgeprägter Schwebephase, daher schwungvoll, energisch gesprungen und raumgreifend. Die Fußfolge ist je nachdem, ob es Rechts- oder Linksgalopp ist, verschieden. Sie beginnt mit dem jeweils äußeren Hinterbein, dann gleichzeitig inneres Hinter- und äußeres Vorderbein, dann inneres Vorderbein, dann Schwebephase, äußeres Hinterbein usw.

Der Sprung

Seit Horst Sterns aufsehenerregenden „Bemerkungen über das Pferd" weiß die ganze Welt, dass Pferde eigentlich nicht zum Springen geschaffen sind. Dass sie es in Notsituationen und unter menschlichem Zwang trotzdem tun, ist ein Beweis für ihre mentale Elastizität. Neben der angeborenen Anlage, sich mehr oder weniger schnell und effizient mit dem Springen abzufinden, spielt auch die körperliche Fähigkeit eine Rolle. Ersteres wird als Springtalent bezeichnet, Zweiteres als Springvermögen. Zum Leidwesen der Profi-Reiter gibt es zwar unzählige Pferde mit entweder dem einen oder dem anderen, aber nur wenige mit beiden Eigenschaften in ähnlichem und höchstem Ausmaß. Das sind dann die so genannten „Kracher", die eine internationale Karriere und finanziellen Profit ermöglichen, die man aber nur hin und wieder im Leben unterm Sattel hat.

Das Vorderbein wird bei der Landung mit dem 2,5-fachen Körpergewicht belastet. Der gewaltige Aufprall überdehnt die Sehnen und Bänder im Fessel-Huf-Bereich. Daher sind Erkrankungen und Verletzungen dort eine Berufskrankheit von Springpferden.

Beim Anreiten zum Sprung versuchen viele Pferde, den Kopf etwas zu heben und zu einer Seite zu drehen, um das Hindernis besser fokussieren zu können. Es ist reiterlich bedenklich, ihnen das mittels Hilfszügel bzw. Zügel zu verwehren, wird aber häufig so praktiziert. Während der letzten ein bis drei Galoppsprünge vor dem Absprung streckt das Pferd den Hals und Kopf etwas vor und erweitert insgesamt seinen Rahmen – sofern man es lässt. Beim letzten Galoppsprung wird aus dem Dreischlag des Galopps ein Vierschlag, damit der Absprung von beiden Hinterbeinen aus zugleich erfolgen kann. Dieser letzte „Abdrücker" ist etwas schneller und kürzer als ein normaler Galoppsprung, denn damit zieht sich das Pferd wieder etwas zusammen. Kopf und Hals werden jetzt etwas höher genommen, was der Reiter nicht durch vorzeitiges Mitgehen behindern sollte. Der Absprung wird mit den Vorderbeinen eingeleitet, die nun minimal verzögern und damit Energie in den Sehnen speichern, welche unter anderem durch das Hochnehmen des Kopfes freigesetzt wird. Die großen Muskelpartien heben nun den Rumpf und öffnen das Schulter- und Ellbogengelenk; der Schwerpunkt wird nach hinten verlagert, die Vorderbeine verlassen den Boden. Die Hinterbeine springen nebeneinander etwa in die Spuren der Vorderhufe. Die Kraft des Absprunges kommt aus dem Muskelring und der Hinterhandmuskulatur; dazu kommt ganz am Ende noch das Strecken des

Sprunggelenks. Der Rücken wölbt sich hoch, die Hinterbeine strecken sich kraftvoll und die Vorderbeine beugen sich. Kopf und Hals gehen vorwärts-abwärts, und jetzt fliegt das ganze Pferd. Über dem Scheitelpunkt der Flugkurve werden Kopf und Hals wieder aufwärts-rückwärts genommen und die Hinterbeine erneut gebeugt. Die Vorderbeine beginnen sich zur Landung zu strecken, der Rücken zieht sich zusammen, die Hinterhand kommt hoch. Bei der Landung kommt das führende Vorderbein steiler und etwas früher auf als das zweite. Die Vorderbeine fußen schnell wieder ab und werden durch die rasch nachfolgenden Hinterbeine ersetzt, womit der Sprung beendet ist. Das Pferd balanciert sich mit dem ersten Galoppsprung nach der Landung neu aus und galoppiert in normalem Dreischlag weiter – hoffentlich gesund und munter!

Gute Springer haben ein angeborenes Auge für den richtigen Absprung, obwohl das auch trainiert und verbessert werden kann. Besser ist jedoch ein Pferd, das „immer richtig hinkommt" – wie man im Fachjargon sagt. Über dem Sprung sollte es Schulter, Ellbogen, Vorderknie und Sprunggelenk schnell und vor allem auch gleichmäßig beugen und kein Bein hängen lassen. Es sollte den Rücken in schöner Bascule aufwölben und auch in der Luft schnell sein, das heißt, sich mit der ganzen Energie des Absprungs fliegen lassen.

Der Tölt

Der Tölt hat die gleiche Fußfolge wie der Schritt, ist aber im Gegensatz zu ihm keine schreitende, sondern eine gelaufene Gangart. Beim Tölt verliert das Pferd in keinem Moment seine unmittelbare Bodenstütze, der Tölt hat demnach keine Sprungphase. Im Tölt fußen die Beine des Pferdes in der Reihenfolge hinten links, vorne links, hinten rechts, vorne rechts nacheinander ab. Steife oder schlecht gerittene bzw. schlecht gymnastizierte Gangpferde verlieren im Tölt gerne den Takt; dann verschiebt er sich in Richtung Zweitakt, also zum Pass, und wird dann abschätzig „Schweinepass" genannt. Auch eine Verschiebung in Richtung Trab kann vorkommen, dann spricht man von Trabtölt, was sich ebenfalls negativ auf die Sitzbequemlichkeit des Tieres auswirken kann.

Der Tölt ist eine bequeme und überraschend fördernde Gangart im Vierschlag, die vor allem bei südamerikanischen Gangpferden, Isländern und vielen asiatischen Rassen vorkommt. Er kommt im Tempo an den Galopp anderer Pferde heran.

Der Tölt ist vermutlich eine der Hauptursachen für die rasche Verbreitung und Beliebtheit des bekannten Islandpferdes. Durch diese Rasse wurde die Gangart Tölt in Europa erst beliebt und somit das Tor für viele weitere töltbegabte oder lateral veranlagte Rassen aufgestoßen. Diese für den Reiter so angenehm zu sitzende Gangart in ihren Varianten reicht in der Geschwindigkeit vom Schritt bis zum Galopptempo.

Der Pass

Überall auf der Welt gibt es auch Pferde, die Pass gehen. Schon immer gab es in verschiedenen Gebieten der Erde

Der Pass war früher als Reisegangart verbreitet; heute zeigen ihn vor allem Isländer und einige andere Gangpferderassen, wobei er heute in erster Linie wettkampfmäßig geritten wird.

mehr passgehende als trabende Pferde, und das ist auch heute noch so. Insbesondere in Zeiten, als das Pferd als Transport- und Reisemittel gebraucht wurde, waren die bequemen pass- oder töltgehenden Pferde als so genannte Zelter (Römisch *tieldones*; tjölter; Tölter) sehr beliebt. Als ab dem 17. Jahrhundert vermehrt Kutschen eingesetzt wurden, verlor der Pass an Bedeutung, während der Traber bevorzugt wurde, da sich dieser durch die diagonale Bewegung besser für das Geschirr eignete.

Unter passgehenden Pferden oder auch Passgängern fasst man jene zusammen, die sich in einer Gangart fortbewegen können, bei der die beiden Beine einer Seite weitgehend zur gleichen Zeit abfußen, vorschwingen, auffußen und stützen. Der Pass kann grob in den schnellen (Rennpass) und den langsamen Pass (Reisepass) unterteilt werden.

Im Pass springt das Pferd quasi von einem lateralen Beinpaar auf das andere. Dies ist die einfachste Definition dieser Gangart. Diese Fußfolge bedingt einen Zweitakt in vier Phasen. Betrachtet man die Bewegung des Pferdes genau, stellt man fest, dass das Hinterbein kurz vor dem Vorderbein der gleichen Seite auffußt und demnach das Vorderbein erst kurz nach dem Hinterbein wieder abfußt.

Alle drei Grundgangarten sollen von Natur aus und vom Fohlenalter an immer taktrein, rhythmisch und locker gezeigt werden. In allen Tempi soll der Takt völlig klar und regelmäßig bleiben. In der Verstärkung müssen der Rahmen und die Tritte länger werden, ohne dass der Takt merklich eiliger (gelaufen) wird. In der Verkürzung des Gangmaßes, bis hin zur höheren Versammlung, soll das Pferd ebenfalls in seinem natürlichen Takt bleiben, ohne dass dieser merklich langsamer wird. Es soll lediglich erhabenere, kürzere Tritte ausführen, bei kaum vermindertem Vorwärtsdrang. Der Schwung ist das energische Übertragen der Vorwärtsimpulse aus der Hinterhand über den Rücken nach vorne; damit werden in den schwunghaften Gangarten mit Schwebephasen diese länger und die Tritte energischer, je mehr Schwung entfaltet wird. Der Schwung kann in der Ausbildung verbessert werden, der Schub aus der Hinterhand ist dagegen weitgehend anatomisch vorgegeben.

Kapitel 12

Rassen und Typen aus Expertensicht

„Die Hippologie ist eine Plauderwissenschaft!“
(Hofrat Dr. Heinrich Lehrner)

„Durch’s Reden kommen die Leut z’samm!“
(Anna Seihsser, Meine Großmutter)

Niemand, selbst nicht der größte Hippologe (und wer ist das schon?) wird behaupten, über alle Rassen und Typen des Pferdes vollständig Bescheid zu wissen. Ein Menschenleben reicht gerade mal dazu aus, ein paar Reisen in ferne Länder zu machen, ein paar Ritte durch malerische Regionen durchzuführen, eine Handvoll passabler Pferde zu züchten oder ein paar Dutzend großer Veranstaltungen zu besuchen. Man bekommt bestenfalls einen kleinen Einblick in ein paar hippologische Kulturkreise und kann sich in ein paar Themen vertiefend einarbeiten.

Leichter ist es schon, sich zu spezialisieren, wobei auffällt, dass gerade jene Leute, die von sich bescheiden behaupten, nur wenige Rassen oder Sparten gut zu kennen, auch eine erstaunlich große Sachkenntnis auf vielen anderen Gebieten haben. Beinahe jeder wirkliche Kenner hüllt sich in Bescheidenheit und hütet sich davor, mit seinem Wissen anzugeben; der erfahrene „Pferdemensch" weiß, wie dünn das Eis ist, auf dem die Hippologie bzw. der Hippologe tanzt. Die Pferdeleute sind schließlich das fairste Völkchen der Welt – denn keiner spricht vom anderen gut; man darf sich deshalb nicht zu viele Schnitzer erlauben! Zum Glück gibt es in jeder Sparte einige Kenner, die sich im Laufe von Jahrzehnten ein sehr profundes Wissen angeeignet haben, an dem sie andere gerne beteiligen.

In diesem Kapitel sollen zu verschiedenen Typen des Pferdes bekannte Experten zu Wort kommen, die allesamt weit mehr über ihre Pferde (und über viele andere Dinge in ihren Sparten) wissen, als es mir jemals vergönnt sein wird. Es ist mir ein tiefes Bedürfnis, in diesem Buch nicht als „allwissender Tausendsassa" dazustehen, sondern lediglich einen Rahmen herzustellen, innerhalb dessen man die unglaubliche Vielfalt an Pferden betrachten möge – was die hierzu beitragenden Personen allesamt ausgiebig getan haben. Ihre z. T. kritischen, aber immer sachlichen Bemerkungen zu ihren diversen „Spezialpferden" sind ein wichtiger Bestandteil dieses Buches und mögen den Leser zum Nachdenken anregen! Sie sind als persönliche Kommentare aufzufassen, nicht als „letzte Wahrheit" – denn keine der beitragenden Personen erhebt den Anspruch, der Weisheit letzten Schluss gefunden zu haben. Es sind alles gestandene Pferdeleute, die sich bewusst sind, dass es neben ihrer eigenen Meinung noch viele andere gibt…

Im Anschluss an die Ausführungen der einzelnen Gastautoren steht ein Hinweis auf einige jener Rassen, die als besonders typisch für die angesprochene Verwendungsgruppe angesehen werden können. Weder die Gastkommentare noch die Rassenauflistungen erheben einen Anspruch auf Vollständigkeit; es geht lediglich um einen Überblick. Die hier folgenden Texte sind nach den Anfangsbuchstaben der Familiennamen ihrer Autoren alphabetisch gereiht.

HAKAN ALP

Barockpferde aus meiner Sicht

Barockpferde gehören nach üblicher Meinung verschiedenen Rassen an, die sich besonders für die Hohe Schule eignen. Diese Pferde besitzen einen besonderen Körperbau, der dem der Pferde im Zeitalter des Barock ähnelt. Bei einigen Rassen geht sogar das Zuchtbuch bis in die damaligen Zeiten zurück, so dass eine direkte Verwandtschaft bewiesen werden kann.

Barockpferde sind Pferde mit eher kurzem Rücken, das Stockmaß liegt meist unter 1,60 m. Ihr Körperbau ist verhältnismäßig kräftig, aber nicht klobig oder grob. Ein gutes Barockpferd sollte zusätzlich zur robusten Gesundheit über gleichmäßige, harmonische Körperformen verfügen sowie einen freundlichen Charakter, viel Charisma und sehr viel Mut und Freude bei der Arbeit mitbringen.

Betrachtet man das alte Zuchtideal der beiden für mich interessantesten Rassen, nämlich Lusitano und Pura Raza Espanola oder kurz PRE (Reines Spanisches Pferd; früher Andalusier), kann man erkennen, dass in der Vergangenheit Vorzüge wie Schnelligkeit, Rittigkeit, Mut und Aggressivität für den Stierkampf von großer Bedeutung waren.

Der Lusitano steht für ein ausgewogenes Temperament, weiters ist er sehr mutig und intelligent, sehr wendig, mit viel Feuer, willig, hart und genügsam. PREs sind häufig ruhig, stark und ausdauernd. Sie zeigen eine schnelle und enge Bindung zu Ihrem Reiter. Eines ihrer Geheimnisse ist die perfekte Kombination von feurigem (nicht zornigem!) Temperament und großer psychischer Ausgeglichenheit. Das überdurchschnittliche Erinnerungsvermögen ist ebenfalls eines der Rassenmerkmale des Reinen Spanischen Pferdes. Dies ermöglicht eine außerordentlich schnelle Ausbildung dieser Pferde, setzt aber auch besondere Sorgfalt voraus, da sich negative Erfahrungen ebenso schnell verankern wie positive.

Heutzutage müssen Barockpferde eine optimale Mischung zwischen Verlasspferd und Sportpferd sein, denn das Haupteinsatzgebiet ist die Freizeitreiterei, teilweise auch die Gebrauchsreiterei, mit Handarbeit bzw. Arbeit am langen Zügel und Bodenarbeit. In der Reiterei gibt es mittlerweile viele verschiedene Sparten, wie Horsemanship, Zirzensik und viele mehr, in welchen das Pferd einsatzfähig sein muss. Es ist schon fast zu komplex und daher schwer zu bestimmen, was „gutes oder schlechtes" Pferd im einzelnen Fall bedeutet. Das Barockpferd muss heute besonders für den manchmal übertriebenen Ehrgeiz des Reiters, seine psychischen Probleme und die häufige Entschuldigung des Nichtreitens oder Nicht-Reiten-Könnens geradestehen.

In der Vergangenheit war es jedoch ein militärisch lebenswichtiges Einsatzgerät und musste im Kampf „dienen". Später erst traten Wettkämpfe und Wettspiele zwischen den Reitern, mit allen oben erwähnten Problemen, an die Stelle des Reiterkampfes auf Leben und Tod. Das heißt, es muss bis heute und wahrscheinlich in alle Zukunft außergewöhnlich selbstsicher, stark und geduldig sein.

Ich meine, dass der suchende Pferdebesitzer zuerst überlegen sollte, was er mit seinem zukünftigen Pferd erreichen möchte, und danach die Entscheidung treffen sollte. Dann wird das Pferd auch gut für ihn sein! Aber auch dem Pferd sollte zustehen, gut und schlecht zu bestimmen – beim Reiter! Harmonieren beide Seiten miteinander, gibt es kein wirkliches „Schlecht" mehr, und daraus ergibt sich die Freude an der Arbeit mit einem Barockpferd. Fairness, Harmonie und Abwechslung haben oberste Priorität bei der Arbeit mit dem Partner Pferd. Neben der seelischen Ausgeglichenheit gilt es, mit dem Pferd die nötige körperliche Voraussetzung in Balance zu erarbeiten.

Bringt ein Pferd die körperliche Substanz mit, erlernt es komplexe Lektionen spielend. Darunter verstehe ich ein kompaktes, muskulöses Exterieur. Der Hals soll nicht sehr lang, aber kräftig und hoch aufgesetzt an den langen, etwas steilen Schultern sein. Damit hat man zwar wenig raumgreifende, aber umso akzentuiertere Gänge. Weiters bevorzuge ich Quadratpferde mit kurzem Rücken, einer muskulösen Kruppe und einer nicht allzu tiefen Brust. Die Extremitäten sollten leicht und elegant sein, mit eher kleinen Gelenken und einer kurzen, steilen Fesselung, damit die Wendigkeit und Schnelligkeit erhalten bleibt. Da Lusitanos heute in Größe und Gangmanier verstärkt den Sportpferden angepasst werden, verlieren

sie Vorzüge wie extreme Wendigkeit und ausgeprägte Balance. Lusitanos eignen sich aufgrund ihrer hohen Versammlungsfähigkeit sowie ihrer natürlichen Aufrichtung besonders für die klassische Dressur bis hin zu den Schulen über der Erde.

Abschließend möchte ich anmerken, dass es „das Barockpferd" für mich nicht wirklich gibt, denn jede Rasse bringt Vor- und Nachteile mit sich. Meine große Leidenschaft sind allerdings die Lusitanos, da sie für meine Arbeit mit den Pferden die optimalen Voraussetzungen mitbringen.

Einige typische Barockpferde-Rassen

P. R. E. (Pura Raza Espanola, Andalusier); Lusitano; Berber und Araber-Berber; Sorraia; Friese; Murgese und ähnliche süditalienische Rassen; Lipizzaner und Kladruber; Knabstrupper und Frederiksborger; Camarguais; Connemara.

Justine Armstrong-Small

Das Sportpferd am Beispiel eines Hunter

Ich trainiere und reite Hunter (Jagdpferde) in England, die ich auf Turnieren und Schauen vorstelle. Ich habe als Mädchen viele Ponys geritten und auf ihnen viel gelernt. Ich denke, dass für alle Sportpferde etwa dieselben Kriterien der Brauchbarkeit anzuwenden sind, egal, ob es sich um Ponys, Großpferde oder spezielle Typen handelt. Für wirkliche Spezialaufgaben, wie etwa Dressur oder Springen der oberen Klassen, braucht ein Pferd zwar auch besondere Anlagen, aber die Grundsätze der Korrektheit und Verwendbarkeit sind immer ähnlich.

Ich schätze einen attraktiven Kopf mit freundlichem Ausdruck und einem „Schau-mich-an-Faktor“, also einem wachen, sympathischen Blick. Ein eher langer Hals mit gutem Genick ist wichtig, damit man keine Rittigkeitsprobleme hat. Die schräge, lange Schulter ergibt gute Bewegungen und vor allem eine gute Sattellage. Sie bewirkt, dass man nicht „über“ dem Widerrist und damit „auf“ der Bewegung sitzt, wie wir das nennen. Eine kurze Lende sorgt ebenfalls für eine gute Sattellage, und was auch viel zählt, ist, dass das Hinterbein so dranbleibt. Das Vorderbein sollte genau unter der Mitte der Schulter senkrecht nach unten gehen, mit kurzen Röhren für Stabilität und Kraft. Die Fesseln wünsche ich mir im selben Winkel wie Schulter bzw. Oberschenkel, denn das mindert die Prellungen bei schneller Gangart.

Sportpferde brauchen eine gute Tiefe und Breite im Brustkorb, damit genug Platz für Herz und Lunge ist, sonst fehlt es an Ausdauer. Ich suche immer nach Pferden mit guter Hinterhand, die ist beim Springen und überhaupt im Sport der Motor. Kräftige Muskulatur auf einer ideal geformten

Kruppe ist für mich unerlässlich; die Hosen müssen gut ausgebildet sein, denn das gibt Sprungkraft und viel Schub von hinten.

Meine Mutter, die für mich die meisten jungen Pferde sucht bzw. aussucht, hat große Scheu vor Tieren mit Problemen in den Gelenken, besonders hinten. Wir suchen immer solche Typen, die große, gesunde Gelenke besitzen; Spat ist für uns als Zeichen von schwacher Konstruktion ein Grund zur Ablehnung. Starke Bänder und klare, kräftige Gelenke sind im Sport notwendig.

Wir brauchen vor allem bei Schaupferden, die ja neben dem Parcoursspringen auch auf Typ, Exterieur und Manieren beurteilt werden, einem klaren, gelassenen Schritt mit viel Energie und Raumgriff und einem ebensolchen Trab; der Galopp muss wie bei allen Sportpferden elastisch und schwungvoll sein. Um es nochmals zu betonen: Der Motor eines Pferdes sitzt hinten, und nur mit einer wirklich gut konstruierten Hinterhand wird es gute Leistungen erbringen können.

Wir fanden früher viele unserer Nachwuchspferde in Irland, heute schauen wir genauso nach Europa, weil die Zuchten am Kontinent sehr gute und auch schöne Tiere hervorbringen. Einige meiner derzeitigen Erfolgspferde sind Kreuzungen aus englischen oder irischen Vollblutstuten und kontinentalen Warmbluthengsten, etwa aus französischer oder holländischer Zucht. Ein gutes Springpferd hat etwas Blut und damit Leistungsfähigkeit und Elastizität, aber braucht auch Vermögen für die immerhin bis 150 cm hohen Sprünge. Wir sind vom modernen Warmblut mit einem deutlichen Vollblutanteil überzeugt; auch reine Vollblüter mit genügend Substanz sind hervorragende Sportpferde. In jedem Fall braucht es allerdings passend zu seiner Größe genug Knochen und passende Hufe (genug „Bein"), um ein entsprechendes Gewicht tragen zu können. Bei rund 170 cm Stockmaß sollte es rund 23 bis 25 cm Röhrenumfang haben.

Einige typische Springpferde

Irish Hunter (ein Hybrid aus Vollblut und Irish Draught); Irish Draught; Irish Sport Horse; alle modernen europäischen Sportpferde mit Galoppier- und Springvermögen – sie alle geben gute Spring- und Vielseitigkeitspferde ab. Als Dressurpferde findet man meist holländische, skandinavische und deutsche Sportpferderassen.

Hans Brabenetz

Das Orientalische Pferd

Der Begriff „orientalische Pferde" umfasst ein weitgespanntes Feld. Der Ursprung aller dieser Rassen soll auf asiatische Pferde zurückgehen, die sich im Laufe der Zeit nach Süden, vor allem auf die fruchtbareren Gebiete der arabischen Halbinsel, ausbreiteten. Das heiße und trockene Klima dort hatte zur Folge, dass die Pferde sehr grazil und in unseren Augen „edel" blieben und den so genannten Arabertyp entwickelten. Die strenge Auslese schuf ein Pferd von ganz bestimmtem Gepräge, das bestens an die harten Umweltbedingungen angepasst war. Anspruchslos und ausdauernd, war es mit wenig und grobem Futter zufrieden und dabei gegen Temperaturschwankungen unempfindlich. Ausdauer und hohe durchschnittliche Schnelligkeit zeichnen sie bis heute aus; die harten Hufe und die trotz eher geringen Umfangs sehr stabilen Beine sind typisch. Die sagenhafte Schönheit des Araberpferdes kann in früherer Zeit allerdings nicht allgemein gewesen sein, sondern ist erst durch die europäischen und amerikanischen Züchter besonders gefördert worden.

Erst spät entstand in fernen Gegenden ein Wunschbild vom Araberpferd, das sich in einigen Details von der Realität stark unterschied. Die phantastische Vorstellung vom hoch edlen „Zauberpferd" hat sich erst viel später und ganz woanders bewahrheitet, getragen von Liebhabern, denen das Leben in Arabien zum Teil fremd war. Sie hatten und haben vom Leben der nomadisierenden Beduinen wenig Ahnung und kannten die ökonomischen Verhältnisse nicht. Dem Glauben an ein „Wüstenpferd" muss entschieden entgegengetreten werden, denn in der eigentlichen Wüste Zentralarabiens gibt es nur wenig Leben. Nur in Randzonen mit ihrem spärlichen Pflanzenkleid und Wasservorkommen können die Beduinen und ihre Tiere ein kärgliches Leben führen; Kamele und Schafe bilden die Lebensgrundlage. Gerste, Heu und Datteln sind in der ursprünglichen Heimat der arabischen Pferde weitgehend unbekannt. Sie leben dort fast ausschließlich auf der kargen Weide und nicht, wie oft behauptet wird, im Zelt ihres Besitzers.

Heute leben in Arabien ausschließlich Vollblutaraber, die aus Europa, anderen orientalischen Ländern oder den USA importiert wurden. Eine nachvollziehbare, eigenständige Zucht endete in Arabien nämlich bereits in der zweiten Hälfte der Zwischenkriegszeit.

Heute ist die arabische Rasse praktisch über die ganze Welt verbreitet, und zwar als Vollblut- oder Halbblutaraber (Shagya). Vollblutaraber kann nur ein Pferd genannt werden, dessen Abstammung lückenlos auf von der arabischen Halbinsel importierte Originalaraber zurückführt. Für beide Rassen gilt der Grundsatz, dass sie in Verbänden, die von den beiden weltumspannenden Dachorganisationen anerkannt sind, eingetragen sind. Sie werden derzeit nur für Sport und Liebhaberei gezüchtet bzw. gehalten.

Die Domäne des orientalischen Pferdes in den Varianten Araber (Vollblut und Halbblut) und Turkmene/Achal-Tekkiner sowie auch der afrikanischen Berbergruppe ist vielfach der Distanzsport. Aber auch in der Vielseitigkeit und in speziellen Sparten, z. B. der klassischen Dressur, sind immer wieder Spitzenleistungen zu finden. Ausdauer und Härte bei großer Genügsamkeit und robuster Gesundheit waren und sind die Hauptmerkmale solcher Pferde.

Schließlich soll auf den positiven Einfluss des orientalischen Pferdes, auch des Shagyas, auf andere Rassen hingewiesen werden. Turcmain Atti hatte als vermutlicher Turkmene einen tiefgreifenden Einfluss auf die frühe deutsche Zucht; in Holstein waren später zwei Amurath-Hengste eingesetzt, von denen einer auch in Hannover nachhaltig wirkte. In Celle stand längere Zeit ein Sohn eines Bábolnaer Shagya, der seinerseits wiederum im damaligen Landgestüt Osnabrück um 1930 stark frequentiert wurde – beide sind aus der heutigen Hannoveraner Zucht nicht wegzudenken. Man kann somit sagen, dass gute orientalische Pferde sowohl im Sport als auch der Zucht ihren gebührenden Platz auch im Okzident gefunden haben.

Einige orientalische Rassen

Vollblut-Araber (Asil, Straight Egyptian, Blue List etc.); Araberrasse/Shagya-Araber; Anglo-Araber; Achal-Tekkiner; Tersker; Araber-Berber; persischer Araber, Shiraz, Jaf etc.

Dr. Thomas Druml

Kaltblutpferde

In den 1970er-Jahren räumte man Kaltblutpferden nicht mehr viele Überlebenschancen ein, doch heute gehören sie zu einer der boomenden Branchen der *Horse Industry.* Obwohl eine Zeitlang mit einem negativen Image behaftet und vom Aussterben bedroht, waren diese Pferde sprichwörtlich die Träger unserer Kultur.

Die Bezeichnung Kaltblut ist jung und geht auf das frühe 20. Jahrhundert zurück, als auch die „Halbblüter" zu „Warmblutrassen" wurden. Frühere Namen wie Lastenpferd oder Großes Schrittpferd charakterisierten treffender die wichtigsten Eigenschaften dieser Pferde, die man in zwei Gruppen teilen kann: in die schweren Kaltblutrassen des Flachlandes und die autochthonen Regionalrassen. Erstere sind die britischen Shire Horses, Suffolk Punches und Clydesdales und die große Gruppe der französischen und belgischen Kaltblutrassen. Dieser Kaltbluttyp, auffallend durch sein schweres Kaliber und seinen enormen Wuchs, überrollte von 1850 bis 1920 die prosperierenden Agrarländer und Industrienationen und avancierte rasch zum Symbol des Fortschritts und der agrarischen Intensivierung.

Die zweite Gruppe setzt sich aus einer Unzahl von lokalen Rassen zusammen, die phänotypisch recht variabel sind, nämlich den autochthonen Kaltblutpferden. Je nach Herkunftsland und geographischer Lage existieren sie in unterschiedlichsten Ausprägungen: vom spanischen Burgueta über den skandinavischen Kaltbluttraber und das Nordschwedische Kaltblut bis hin zum zentraleuropäischen mittelgroßen Kaltblutpferd der Alpen – dem österreichischen Noriker. Diese mittelschweren Pferde sind bestens an ihre Umwelt angepasst, aber trotz ihrer Unterschiede weisen sie alle grundsätzlich die gleichen Charakteristika auf, wie vielseitige Verwendungsmöglichkeit, Futtergenügsamkeit und Anspruchslosigkeit. Hauptsächlich in Extensivgebieten angesiedelt, mussten sie mit dem Wenigen, was Mensch und

Natur bieten konnten, ihr Auslangen finden – bei maximaler Leistungsfähigkeit. Die heutigen autochthonen Kaltblutrassen sind demnach das Produkt jahrhundertelanger Anpassung an ihre Umwelt – und der Mensch wirkte züchterisch hauptsächlich stabilisierend.

Ganz anders liegen die Verhältnisse bei den schweren Kaltblutrassen des Flachlandes. Sie entstammten wohlüberlegten und aus ökonomischem Kalkül betriebenen Kombinationskreuzungen mit anschließender Konsolidierungszucht. Futtergenügsamkeit, Härte und Lebensdauer spielten bei ihnen wenig Rolle, denn sie dienten dem schnellen Geld und dem schnellen Erfolg. Aus diesem Grund entwickelten sich äußerst frühreife, schwerkalibrige „Zugmaschinen".

Evolutionsgeschichtlich sind Kaltblutpferde als eine eigene Gruppe anzusehen, und Merkmale wie Kötenbehang, gespaltene Kruppe und fülliges, grobes Langhaar trennen sie klar von den anderen Grundtypen des Pferdes. Ihre Nervenstärke und ihre sprichwörtliche Gutmütigkeit sind unübertroffen, und gerade diese Eigenschaften sind es, auf die Züchter bis heute größten Wert legen. Ihre innere Ruhe, ausgeprägte Intelligenz und Menschenbezogenheit gewährleisten eine hervorragende Lernfähigkeit – das psychische Fundament jedes guten Arbeitspferdes. Trotzdem haben diese starken Pferde einen starken Charakter, der nach einer ausgeprägten Rangordnung verlangt.

Die Hauptgangart des Kaltblüters ist der Schritt. Es gibt kaum Pferderassen, bei denen dieses Merkmal besser ausgebildet ist. Lang, taktrein, mit prägnantem Antritt und guter Trittsicherheit, war der Schritt das überlebenswichtige Element, sei es im Gebirge, im Sumpf oder in den ausgedehnten Waldflächen. Kaltblüter sind Grenzgänger – sie kommen nahezu mit jedem Terrain zurecht. Ihr langrechteckiges Format mit tiefer Schwerpunktslage ist die mechanische Voraussetzung für ihren ausgeprägten Gleichgewichtssinn. Oft weisen Kaltblüter auch eine gute Trabveranlagung auf, die aber nicht im Sinne des starken Trabs im Dressurviereck zu verstehen ist. Wie viele Arbeitspferderassen haben Kaltblüter einen gleichmäßigen, leichten und taktreinen Trab mit markanter Knieaktion. Die gute Gangmechanik war in agrarischen Randlagen nötig, denn ein Pferd musste hier vielseitig einsetzbar sein. Flacher, raumgreifender Trab war bei diesen Rassen unüblich, denn er entsprach nicht den praktischen Erfordernissen und führte zu vorzeitigem Verschleiß.

Gerne wird von den Unterschieden zwischen den Pferderassen gesprochen. Wie aber steht es um deren

Züchter? Kaltblutzüchter sind eingefleischte Fachleute und exzellente Pferdekenner. Oftmals stur und unbeirrbar, sind sie nicht leicht zu beeinflussen – und dies zu Recht, denn ihr Wissen baut auf den Erfahrungen von Generationen auf, schließlich ist Kaltblutzucht Familiensache. Pferde mit kräftiger und trockener Textur, Kraft, Mut und Temperament fanden stets Anklang, und der „herbe Kaltblut-Adel", eine der treffendsten Zuschreibungen in der Hippologie, verbunden mit bestem Interieur, ist heute und in Zukunft das primäre Leitbild in der Kaltblutpferdezucht.

Einige Kaltblutrassen

Noriker/Süddeutsches Kaltblut; Schleswiger; Percheron, Ardenner, Boulonnais, Bretone, Belgier und daraus entstandene Tochterrassen, wie z. B. Rheinisch-deutsches Kaltblut; Pfalz-Ardenner; Schwarzwälder; Shire; Clydesdale, Suffolk Punch.

Rainer Duen
Das Fahrpferd aus meiner Sicht

In meiner Familie werden viele Fahrpferde ausgebildet, und im Laufe der Jahre sind wir zur Überzeugung gelangt, dass sich ein gutes Fahrpferd für den modernen FEI-Fahrsport nur wenig oder gar nicht von einem Dressurpferd oder Vielseitigkeitspferd unterscheiden sollte. Die Kriterien sind vor allem im Exterieur ähnlich; wir wünschen uns ein Pferd im leichten Rechteckformat, mit einer schönen Aufrichtung aus einer sehr guten Schulter, die bei etwa 45 oder 50 Grad Neigung liegen sollte. Die Schulter soll groß sein und mit dem Oberarm einen rund 90-grädigen Winkel einschließen – das ergibt eine große Schulterfreiheit und damit einen raumgreifenden Trab. Ein korrekter Hals und ein leichtes Genick sind wichtig, damit die Beizäumung leicht fällt. Die Kruppe wollen wir leicht abfallend und lang sehen, das ergibt einen guten Schub. Der Rücken ist wichtig, denn wenn er schwingt, kommt auch der Antritt von hinten durch den ganzen Körper nach vorne. Viele der alten Fahrpferde aus den Anfängen des Sports waren flach in der Kruppe und fest im Rücken, bei hohem Hals. Deren Hinterhand blieb oft hinten hinaus und schwang nicht genug unter den Körper. Diesen Typ schätzen wir nicht mehr so sehr, denn die Anforderungen sind inzwischen hoch, auch in der Dressur.

Wichtig sind natürlich die Gänge, und da legen wir wiederum besonderen Wert auf den Schritt. Der Schritt und der Galopp müssen angeboren gut sein, denn da lässt sich nicht viel verbessern, und die beiden hängen auch zusammen. Der Schritt muss also viel Raumgriff haben, damit man am Turnier in den Schrittphasen keine Fehler hat. Der Galopp ergibt sich daraus, er soll eher rund und leicht zu setzen sein, dabei schön rhythmisch. Die Pferde sollten dabei viel Biss und Antritt zeigen, damit man in den verwinkelten Hindernissen schnelle Zeiten fahren kann. Der Trab ist sehr wichtig, er ist beim Fahrpferd quasi die Grundgangart. Daher muss er sehr schwungvoll sein, mit viel Schwebephase und sehr gutem Raumgriff. Im Prinzip sollen die Gänge an die eines guten Dressurpferdes herankommen.

Die Rasse ist eigentlich egal, wir persönlich machen z. B. gute Erfahrungen mit deutschen Sportpferden aus den nördlichen Bundesländern. Wir mögen blutbetonte Pferde, vor allem wegen ihres großen Leistungswillens.

Bei Zwei- und Vierspännern ist die Farbe auch ein Kriterium, daher bevorzugen wir einheitlich braune Pferde mit wenig auffallenden Abzeichen, die leichter zu einem Mehrspänner zusammenzustellen sind. Aber die Farbe ist letztlich eine Geschmackssache. Allerdings gilt hier besonders, dass sie einander im Typ, im Gang und im „Kopf" ähnlich sein müssen. Fleißige Bewegungen mit ähnlichem Ablauf, gutes Temperament, Verträglichkeit

und gleichmäßig hohes Leistungsvermögen sind im sportlichen Passgespann wichtig, denn es ist ja ein Team. Am wichtigsten ist uns daher immer, dass die Pferde einen grundehrlichen Charakter und viel Mut besitzen – beides Eigenschaften, ohne die im großen Sport nicht auszukommen ist.

Einige Fahrpferderassen

Schweres Warmblut (Alt-Oldenburger); Traber und Orlow-Traber; Kladruber; Groninger (selten) und Gelderländer; Friese; Cleveland Bay; Hackney; deutsches Sportpferd allgemein; auch Haflinger, Fjordpferd, Welsh Cob.

Lady Marguerita Fuller

Distanzpferde gewinnen mit dem Kopf

Der Distanzsport, eine der ältesten Pferdesportarten überhaupt, hat sich in den letzten Jahren rasant weiterentwickelt und dementsprechend sind auch die Anforderungen an den Partner Pferd noch höher geworden. Distanzen bis 80 km oder auch 120 km sind von ziemlich vielen Pferden bei richtigem Aufbau gut zu meistern. Hier würde ich als wichtigste Voraussetzung gesunden Vorwärtsdrang und harte Beine nennen, ein guter Grundpuls ist sicher auch von Vorteil. Auf der internationalen Championatsdistanz von 160 km (100 Meilen) jedoch trennt sich die Spreu vom Weizen, hier treten jede Schwäche, jeder Trainingsfehler, jeder Mangel in der Ausrüstung usw. unbarmherzig zutage. Auch das Hirn und die Vernunft des Reiters sind stark gefordert. Die richtige Taktik und die vollkommene Kenntnis der Stärken und Schwächen des eigenen Pferdes sind unabdingbar. Nun aber zu den Voraussetzungen, die meiner Meinung nach ein gutes 100-Meilen-Pferd ausmachen. Hier würde ich als wichtigste vier Grundeigenschaften nennen:

Lauffreude und der Wille, für den Reiter zu kämpfen; dies erfordert natürlich zwingend ein enges Verhältnis zu diesem.

Harte Beine, die durch gezielten Aufbau weiter abgehärtet werden können. Meiner Erfahrung nach sind starke Sehnen auch belastbarer als zarte, ich stelle mir dabei immer vor, dass ein dicker Strick nicht so schnell reißt wie ein dünner.

Guter Metabolismus – es gibt Pferde, die von Natur aus bereits ohne viel Training entsprechend schnelle Regenerationszeiten haben bzw. einen Ruhepuls von 26 Schlägen. Dies bringt im Bewerb einen enormen Vorteil: Die Reitzeit läuft so lange weiter, bis der Puls 64 Schläge erreicht hat, dazu hat man maximal 20 Minuten Zeit, ansonsten ist man nicht für die nächste Runde qualifiziert. Gute Erfahrungen hat man diesbezüglich mit Arabern von der Rennbahn gemacht, die drei- und vierjährig Rennen gelaufen sind – dies scheint sich auch in einer besseren Regenerationszeit niederzuschlagen und ein optimales Grundtraining zu sein, sofern vernünftig ausgeführt.

Leichte Galoppade – heute wird aufgrund der höheren Geschwindigkeiten hauptsächlich im Galopp geritten. Auch der Trab sollte eher wenig Aktion haben, relativ flache, kurze Tritte sind schonender und, wie ich an meinen Arabern sehe, auch schneller. Im direkten Vergleich ist z. B. mein Araber Komet im Trab mit seinen eher kurzen Tritten dem viel größeren Achal-Tekkiner Kalacsnyikov deutlich überlegen – dessen Stärke dafür eine unglaubliche Härte auf den unterschiedlichsten Böden ist.

Optimal ist ein eher quadratischer Körperbau, nicht zu groß, kurze Fesselung und eine schräge Kruppe. Hier bestätigen aber wirklich zahlreiche Ausnahmen die Regel – siehe George Washington, ein Halbblüter von über 170 cm Stockmaß, der zahlreiche 100-Meiler gewann. Sicher ist ein korrekter Körperbau von Vorteil, aber ich kenne viele Distanzpferde, deren Gebäude nicht perfekt ist und die trotzdem erfolgreich 160 km laufen. Auch meine eigenen drei 100-Meilen-Pferde sind bei Weitem nicht korrekt nach dem Lehrbuch gebaut. Wichtig hingegen ist die korrekte Bemuskelung – ein Distanzpferd sollte lange, flache Muskeln haben, anders als z. B. ein Sprinter, der kräftige, kurze Muskeln hat. Dies deshalb, weil starke „Bodybuildermuskeln" deutlich mehr Sauerstoff zur Versorgung benötigen, was auf langer Strecke schnell zur Übersäuerung führt.

Eindeutig im Vorteil auf der langen Strecke sind alle Pferde mit arabischem Blut, sei es Vollblutaraber, Shagya oder Partbred. Auf bergigen Strecken haben sich auch Kabardiner bewährt und sind hier sogar den Arabern überlegen. Meinen Kabardiner R. R. Mungo würde ich als das ideale Distanzpferd bezeichnen, wäre da nicht die heute nötige Grundgeschwindigkeit (zu seiner Zeit waren noch 10 km/h Mindestgeschwindigkeit erforderlich, heute sind es 12 oder sogar 14 km/h) und seine schlechte Hitzeverträglichkeit.

Der Achal-Tekkiner bringt hervorragende Voraussetzungen mit, und es gibt – trotz sehr weniger Züchter – doch auch einige davon auf der langen Strecke. Wie bereits erwähnt, sind diese Pferde an Härte kaum zu überbieten. Mental stellen sie den Reiter aber vor eine große Aufgabe und sind eher problematisch für Anfänger.

Wie bereits erwähnt, muss ein Distanzpferd vor allem über Laufwillen verfügen. Ein träges Pferd wird spätestens bei den ersten Ermüdungserscheinungen einfach stehen bleiben. Man kann kein Pferd zwingen, 160 km zu laufen – weder die Pulswerte noch die Darmgeräusche oder der Metabolismus lassen sich erzwingen.

Auch ein lauffreudiges Pferd wird irgendwann genug haben (vor allem wenn man alleine unterwegs ist).

Hier ist die Beziehung zum Partner Pferd enorm wichtig – gemeinsam bekommt man wieder Biss und den so genannten zweiten Wind – die letzte Runde sollte dann wieder mit neuer Energie, das Ziel schon vor Augen, gemeistert werden. Und wie sollte man ein Pferd nach 160 km Strecke zu einem Finish (Wettrennen um den Sieg, wenn zwei zugleich in Zielnähe sind) auffordern, wenn man nicht eine gute Beziehung zu ihm hat? Hier sei auch bemerkt, dass Gerte und Sporen bei internationalen Distanzrennen verboten sind!

Aber gerade gemeinsam mit dem Pferd zu kämpfen und über sich hinauszuwachsen, macht meinen Sport so faszinierend! Außerdem lernt man nirgends besser als hier, dass ein Pferd mit seinen Beinen läuft, mit Herz und Lunge durchhält, aber mit seinem Kopf gewinnt.

Einige Distanzpferderassen

Araber (in allen Abstufungen der Reinrassigkeit); Turkmenen und Achal-Tekkiner; Anglo-Kabardiner und Karabagh; Traber und hochblütige, leichte Sportpferde, wie z. B. Trakehner; Criollos und Mestizos; evtl. Huzulen, Bosniaken.

Linda Impey

Die britischen Ponys

Die Britischen Inseln haben das Glück, nicht weniger als neun traditionelle Ponyrassen zu besitzen. Daneben gibt es noch einige Rassen ohne eigenes offizielles Zuchtbuch, die trotzdem untrennbar mit unserer Ponyszene verbunden sind (z. B. den Tinker oder das Lundy-Pony).

Jede Rasse hat eine eigene Zuchtgesellschaft, welche die Eintragung der Fohlen und die Bewerbung von Zuchtprodukten und Gestüten über hat. Diese Vereine oder Gesellschaften verfassen und bewahren den jeweiligen Rassestandard, welcher für alle Züchter und Richter verbindlich sein sollte.

Obwohl jede Rasse ihren eigenen und individuellen Standard hat, sind die Proportionen aller Berg- und Heideponys annähernd dieselben. Die Distanzen vom Genick zum Widerrist, vom Widerrist bis zum Ellbogenhöcker, von diesem bis zum Fesselkopf und vom Widerrist zum höchsten Punkt der Kruppe sollten etwa gleich lang sein. Diese Maße sind für unsere Ponyrassen recht typisch und dabei etwas unterschiedlich zu den Reitponys, die ja in ihren Proportionen eher einem hochgezüchteten Reitpferd ähneln, also längere Beine haben und schmäler sind. Weil eben die alten Ponyrassen so gebaut sind wie oben beschrieben und dazu meist auch relativ breitbrüstig sind, können sie weit mehr Gewicht tragen als ein feingliedriges Reitpony oder ein zartes Kleinpferd. Das ermöglicht es solch einem Pony, sogar einen nicht zu schweren erwachsenen Reiter oder eine große Last zu tragen. Highland-Ponys werden noch immer in den großen Jagdrevieren des schottischen Hochlands dazu gebraucht, die erlegten Hirsche über raues Terrain ins Tal zu tragen. Ein ausgewachsener Hirsch kann rund 100 kg wiegen, also braucht das Pony harte, gut geformte

Hufe aus dunklem Horn und ein stabiles Gebäude (helles Hufhorn gilt als weich).

Acht der britischen Rassen haben lange Mähnen und Schweife und etwas Kötenbehang an den Beinen. Das dient als Schutz vor dem winterlichen Regen und dem Schnee; nur das New-Forest-Pony hat kürzeres, dünneres Langhaar und keinen Kötenbehang, weil es aus einem klimatisch milderen Waldgebiet stammt. Es darf auch längere Ohren aufweisen als die anderen Rassen; kleine Ohren minimieren nämlich den Wärmeverlust, und ein rauer Lebensraum ist für diese Rassen prägend gewesen.

Alle neun nativen Rassen wurden auf den Farmen als equide Allround-Traktoren verwendet. Das Shetland-Pony ist für seine Größe enorm stark und musste arbeiten. Es kann einen Karren ziehen, einen leichten Reiter tragen, die Körbe mit Torf für das Herdfeuer zum Gehöft schleppen und jede anfallende Arbeit auf einer Kleinlandwirtschaft erledigen. Eine gewisse Ausnahme ist der Welsh Cob, der eigentlich eine zusammengewürfelte Rasse ist, die ursprünglich Reittiere für die mittelalterlichen Knappen liefern sollte. Obwohl es für sie kein Größenlimit gibt, sollten die Cobs noch immer starke Ponymerkmale aufweisen.

Man fordert zu Recht gute Hufe, und alle unsere Ponyrassen sollten steinharte Hufe haben. Besonders die großen Rassen Fell, Dales, Highland und Welsh Cob müssen große, flache Hufe als Standfläche für ihr hohes Gewicht aufweisen. Die Röhren sollen stark sein, also über stabile Knochen und gut entwickelte Sehnen verfügen, die zusammen das ergeben, was wir in England *flat bone* nennen. Übersetzt heißt das etwa, dass der Querschnitt unter dem Karpalgelenk groß und rechteckig ist – und nicht zu klein und rund.

Wenn die Ellbögen an den Körper gedrückt sind, so behindert das die freie Bewegung und ergibt eine kurze, stampfende Aktion. Alle Ponyrassen sollten eine gut entwickelte Kruppe haben, denn sie ist der Motor. Die Aktion wünscht man sich bei den großen, reitbetonten Rassen so gut, dass sie mit Sportpferden mithalten können. Allerdings dürfen sie nicht wie Vollblüter laufen, sondern sollten etwas Knieaktion aufweisen und vor allem die Sprunggelenke beugen. Flache, behäbige oder unkorrekte Gänge sind verpönt, weil das auch in der freien Wildbahn gefährlich gewesen wäre. Jede Rasse hat ein charakteristisches Bewegungsmuster, das ein guter Richter erkennen kann, doch das bedarf einiger Übung. Alle sollen jedoch ausdauernd und trittsicher sein.

Hals und Schulter sollen lang sein, man will ja „viel Pferd vor sich haben". Der Widerrist muss so ausgeprägt sein, dass sich eine ausreichend gute Sattellage ergibt, die den Reiter nicht knapp hinter den Ohren des Ponys platziert. Gerade beim Pony oder Kleinpferd ist die gute Vorhand wichtig, sonst ist das Reitgefühl schlecht.

Den Kopf wünscht man sich mit breiter Stirn, kleiner Schnauze und großen Nüstern, die eine effiziente Atmung ermöglichen.

Es muss einmal gesagt werden, dass die erlaubten Farben in den Rassestandards verbindlich sind, und zwar nicht nur in Großbritannien, sondern auch in den Nachzuchtländern. Sieht man ein Shetland-Pony als „getigert" angepriesen, dann kann es kein reinrassiges Shetty sein! Diese Rasse enthält als einzige Berg- und Heiderasse auch Schecken, aber keine Tiger. Alle anderen sind immer durchgefärbt, mit Ausnahme des British-Spotted-Ponys, das nicht zu dieser Gruppe zählt und bei dem die Tupfen typisch sind. Es stimmt, dass ein gutes Pferd keine Farbe hat, doch die Standards sind strenge Richtlinien für Züchter und Richter.

Einige typische Ponyrassen

Connemara, Highland, Dales, Welsh-Cob, New Forest (groß); Exmoor, Fell, Welsh Sektion B und C; Fjord; Haflinger (mittelgroß); Welsh A, Dartmoor, Shetty (klein); kleine Tinker; Konik; Huzule; Bosniake; Dülmener; Deutsches Reitpony und ähnliche Rassen.

ANDREA JÄNISCH

Gebäudebeurteilung bei Gangpferden

Was ist ein gut gebautes Gangpferd? Wie lang sollte die Schulter sein, wie weich die Fessel, wie schräg die Kruppe? Stellen wir uns einmal drei Pferde nebeneinander vor: Einen Isländer, einen Paso Fino und ein American Saddlebred. Die verschiedenen Gangpferderassen sind äußerlich so unterschiedlich, dass nicht das Gebäude dafür ausschlaggebend ist, ob und wie das Pferd einen gebrochenen Gang zeigt oder nicht. American Saddlebreds und Paso Finos haben völlig unterschiedliche Schultern und bewegen sich sehr verschieden. Es gibt den gebrochenen Gang in allen Formen und mit einer Vielzahl von Taktverschiebungen, mit kurzen oder weiten, hohen oder flachen Bewegungen, mit Nicken oder ohne, mit viel Winkelung oder eher gestrecktem Bein. Ebenso unterschiedlich ist, wo wie viele Schwebephasen sind. Ein Foxtrotter soll beispielsweise keine Schwebephase zeigen, wenn er von einem Hinterfuß auf den anderen wechselt. Im Tölt anderer Rassen dagegen gibt es rhythmisch federnde Schwebephasen.

Um zu verstehen, wie Gang und Gebäude zusammenhängen, lohnt sich ein Ausflug in geographische Gebiete, züchterische Ideen und die Physiologie des Pferdes. Nehmen wir als Beispiel Brasilien – ein Land der Weite und der großen Entfernungen. Zwei Dinge waren und sind dort bei Pferden gefragt: Eine äußerst ökonomische Bewegungsweise, damit das Reittier lange Strecken gut bewältigt, und Bequemlichkeit im Gang, damit der Reiter verhältnismäßig frisch und gut gelaunt am Ziel ankommt. Ausschlaggebend für die züchterische Auswahl ist ein zweiter Punkt: Die Aufgabe, für die das Pferd eingesetzt wird. Rinder treiben oder bei der Show glänzen – zwei vollkommen verschiedene Anforderungen an das Reittier. Ein dritter Punkt führt uns tief ins Innere des Pferdekörpers, denn der Tölt in all seinen Ausprägungen findet generell in einer höheren Frequenz statt als der Trab in gleicher Geschwindigkeit. Das liegt daran, dass der Trab ein Zweitakt mit vier Phasen ist und der Tölt ein Viertakt mit acht Phasen, egal ob zur Diagonalen oder zur Lateralen verschoben. Das Gangpferd muss also nicht nur in der Lage sein, muskulär sehr schnell an- und abspannen zu können, sondern auch auf neurologischer Ebene Spannung und Entspannung in rasch abwechselnder Folge erzeugen können.

Die Antwort auf die Frage, welche Faktoren zu Gang führen, liegt also in geografischen Besonderheiten – in Island etwa die Bodenverhältnisse –, welche die züchterische Auswahl ebenso beeinflussten wie die Aufgabe, für die das Pferd eingesetzt wurde, und das Interieur des Pferdes, das ihm bestimmte Bewegungen auf neurologischer und physiologischer Ebene erst ermöglicht.

Was macht es aber weiterhin aus, dass Gang gezeigt wird? Die Antwort darauf führt uns in die spannende Welt der Genetik. Wir können aufgrund empirischer Beobachtungen davon ausgehen, dass Tölt genetisch gesehen ein Modifikator ist, der zu

den Hauptausprägungen Trab oder Pass hinzukommt. Wenn ein Pferd in der Hauptanlage Trab hat, gibt es drei Möglichkeiten in Bezug auf Tölt: Dass dieser dem Trab erstens nicht, zweitens als kleiner oder drittens als großer Modifikator beigegeben ist. Ohne jegliche Töltveranlagung wird das Pferd zum klaren Dreigänger (Schritt, Trab, Galopp). Mit kleinem Modifikator erleben wir es häufig als viergängigen Isländer, der schwer einzutölten ist. Mit großem Modifikator bekommen wir ein Pferd, das leicht und ständig den Trab zum Tölt auflöst. Analog können wir diesen Gedanken mit der Hauptveranlagung Pass durchdenken. Eine Besonderheit stellt die genetische Veranlagung Trabpass dar, denn sie führt häufig zur irrigen Annahme, dass Pferd müsse tölten können, wenn es immer wieder eine laterale Bewegung zeigt. Das ist nicht so, fehlt nämlich der Tölt als Modifikator, kann das Pferd diesen Gang auch nicht zeigen.

Welche Faktoren beeinflussen also, wie Gang gezeigt wird? Die eine Ant-

wort liegt in der Genetik. Es ist meine Überzeugung, dass die Gene, die das Pferd mitbekommen hat, hauptsächlich für die Qualität des Ganges verantwortlich sind. Und dann gibt es noch ein Geschenk dazu: das Gebäude. Dieses macht letztlich aus einem schönen „Wald- und Wiesentölter" einen Europameister.

Kehren wir nochmals zurück zu unseren drei Gangpferden, dem Isländer, dem Paso Fino und dem American Saddlebred. Letzterer ist das Paradebeispiel für die Wirkung eines hoch aufgesetzten Halses und einer langen Schulter. Der Kopf-Arm-Muskel zieht somit mehr in die Senkrechte und sorgt für hochweite, in vielen Augen attraktive Bewegungen. Wer beispielsweise bei einem Isländer auch im langsamen Tempo Tölt hochweite Bewegungen will, sollte nach einem Pferd mit langer, schräger Schulter und hoch aufgesetztem Hals Ausschau halten. Erwünschtes Zuchtziel beim Paso Fino wiederum ist, dass möglichst keine vertikale Bewegung im Rücken stattfindet. Das wird bei dieser Rasse über kurze, hochfrequente Schritte gelöst, bei denen in der Kruppe keine Bewegung stattfindet. Die Neigung, in den unteren Gelenken zu laufen, ohne das Ilio- und Lumbosakral-Gelenk einzubeziehen, wurde durch Zuchtauslese verstärkt.

Lange Hebel in Schulter und Hals machen also hohe und weite Bewegungen, kurze Hebel eher flache. Ein schönes Beispiel ist der Missouri Foxtrotter mit seiner etwas niedrigeren

Halsaufrichtung und mit der weiten und flachen Vorhandbewegung. Die Regel von den langen Hebeln findet sich im Röhrbein und in der Fessel wieder.

Wer nach einem guten Gebäude für ein Gangpferd sucht, sollte in erster Linie darauf achten, dass es ein gutes Exterieur in Bezug auf das jeweilige Rassebild hat. Potenzielle Pferdekäufer sollten sich darüber hinaus Gedanken darüber machen, wie dieses Exterieur mit dem Interieur verbunden ist. Denn jede züchterische Gangpferdephilosophie hat Folgen für den Charakter. Ein Paso Fino, der mit einer viel höheren Frequenz läuft als etwa ein Tennessee Walker, ist häufig deutlich reaktiver – manchmal zu schnell in seinen Reaktionen für den Reiter. Der vergleichsweise ruhigere Walk beim Tennessee Walker geht in der Regel mit einem ruhigeren Gemüt einher. Wer sich ein Gangpferd kaufen möchte, sollte also genau überlegen, welchen Charakter er sich wünscht.

Zwei Anmerkungen zum Schluss: Es lohnt sich bei Gangpferden besonders, darauf zu achten, dass ein harmonischer Übergang zwischen Rücken und Becken besteht. Die Lende sollte möglichst harmonisch in die Kruppe übergehen. Wenn diese Verbindung unharmonisch und unterbrochen wirkt, können die Pferde sehr häufig ihre Bewegungen schlechter koordinieren. Der Reiter bekommt hin und wieder einen Kreuzgalopp, muss mit weniger kraftvollem Tölt vorlieb nehmen und kann generell weniger Kraft aus der Hinterhand erwarten, weil sie weniger davon zur Verfügung hat. Solche unharmonischen Verbindungen, zuweilen wie eine Treppe anmutend, stellen ein Problem dar. Reiterlich sind sie innerhalb gewisser Grenzen beeinflussbar.

Dies führt uns zur zweiten Anmerkung: Das Gebäude verändert sich mit der Qualität des Reitens. Zwar werden die Knochen nicht länger oder kürzer, aber die Relation der Winkel zueinander ist beeinflussbar, je nachdem, welche Partien durch die Reiterei mehr oder weniger Spannung bekommen. Innerhalb der Grenzen der Biomechanik kann der Reiter gute Gaben seines Pferdes an Genetik und Gebäude zu höchsten Weihen führen oder mit ihnen im Mittelfeld bleiben. Pferde, die von der Natur einen kleinen Gangmodifikator und kurze Hebel mitbekommen haben, können durch gutes Reiten weit gefördert werden. Immer wieder zeigen Beispiele, dass der Kopf, die innere Einstellung des Pferdes, sein Leistungswille und Verständnis der Aufgabe Genetik und Gebäude bei Weitem übertrumpfen können. In der Gangpferde-Welt gibt es viele Beispiele von mäßig gut gebauten Pferden, die höchste Turniererfolge nach Hause brachten. Der Stolz zahlreicher Pferde auf ihre Leistung ist eine unschätzbare Motivation und macht viele Einschränkungen wett.

Einige typische Gangpferderassen

Isländer; Paso Fino und Paso Peruano; Mangalarga Marchador; American und Kentucky Saddler; Missouri Foxtrotter; Töltende Traber; Aegidienberger; Paso Iberoamericano und Ähnliche.

Ing. Heinrich Lazarini

Rennpferde – Athleten mit Charakter

Zu Rennpferden beider Sparten – Galopp- und Trabrennsport – ist zu sagen, dass sie in erster Linie ein Zuchtkriterium erfüllen müssen, und das ist die Schnelligkeit. Andere Kriterien, wie gutes Wesen, stabile Gesundheit oder besondere Rittigkeit bzw. Zugeignung, sind züchterisch sekundär und ergeben sich bis zu einem gewissen Grad von selbst.

Die Pferde werden im Gestüt und auf der Bahn professionell gehalten, versorgt und geritten bzw. gefahren, was manche Schwachpunkte oder Probleme überdeckt. Daraus folgt, dass Rennpferde außerhalb des Rennsports häufig den Ruf haben, schwierig in Haltung, Umgang und Gebrauch zu sein.

Es ist eine Tatsache, dass ein Rennpferd, das direkt von der Rennbahn kommt und einer neuen sportlichen Verwendung zugeführt wird, recht hohe Anforderungen an das Horsemanship seines neuen Besitzers stellt. Die Umstellung muss sensibel erfolgen, mit viel Gefühl für das einzelne Tier und seine Eigenheiten. Es ist empfehlenswert, langsam umzustellen und eventuell sogar schon auf der Bahn damit zu beginnen. Man muss das Kraftfutter meist etwas reduzieren, denn Spitzenleistungen sind ja nicht mehr erwünscht, dennoch liegt der Bedarf bei etwa 1,5 Mal der Menge für andere Rassen. Die Heumenge sollte langsam gesteigert werden, bis sie die Normalmenge von ca. eineinhalb Kilo pro 100 Kilo Körpergewicht erreicht; viele aktive Rennpferde leiden an Magengeschwüren, ihnen hilft eine normale Heufütterung mit langer Fresszeit bei der Heilung.

Die Bewegung sollte, wenn irgend möglich, vom rein auf Schnelligkeit ausgerichteten Sporttraining zu einem eher auf entspanntes, langsames Reiten bzw. Fahren ausgelegten „Arbeiten mit Kopf" umgestellt werden. Es ist sehr wichtig, das Tier in einen entspannten und zufriedenen Zustand zu bringen und es nicht weiter zu stressen oder zu schnell mit völlig neuen Anforderungen zu überfallen. Geduld zahlt sich meistens aus; scharfes Durchgreifen bei Schreckreaktionen oder Ausbildungsproblemen behindert beim sensiblen Vollblut meistens die Vertrauensbildung. Hat man aber sein Vertrauen errungen, dann findet man im Vollblutpferd einen verlässlichen und jederzeit leistungsbereiten Partner. Großkalibrige Galopper sind ausgezeichnete Vielseitigkeitspferde; Traber können besonders als Distanzrennpferde oder vor der Kutsche große Leistungen erbringen.

Ein gutes Rennpferd ist vor allem hart, es steckt körperliche und nervliche Belastungen schadlos weg und gedeiht sogar im Training – das gilt für beide Sparten. Allzu sensible und launische Tiere sind jedoch schwer zu trainieren und noch schwerer umzustellen. Soll ein Rennpferd in den Freizeitsport gehen, so ist seine Gesundheit wichtig; zu schwere Beinschäden sind bedenklich, allerdings kann bei leichten Verschleißerscheinungen ein Auge zugedrückt werden, wenn die zukünftige Belastung deutlich geringer bleibt als im Rennen. Soll das Pferd aber in den Spitzensport, was eher selten vorkommt, dann sollte es ganz gesund sein. Bei Trabern sind es oft Knochen- bzw. Gelenksprobleme, bei den Galoppern eher Sehnen- oder Bänderschäden – eine Ankaufsuntersuchung ist daher ratsam.

Beim Rennpferd wird größter Wert auf die Abstammung, das Pedigree gelegt; die Züchter und Trainer schließen aus langer Erfahrung von den Vorfahren auf die mögliche Leistung des jungen Pferdes. Für den Freizeitreiter ist das in der Regel völlig egal, weil er, wie man sagt, nicht auf dem „Papier reitet". Wer sich gut auskennt oder einen erfahrenen Berater hat, der kann manchmal auf den Charakter schließen, weil es eher schwierige und weniger lebhafte Linien gibt.

Viele Galopper und Traber sind ausgesprochen intelligente, lernfreudige und gutmütige Pferde, die in ihrem „zweiten Leben" gerne mit Kindern arbeiten oder entspannte Ausritte

oder Ausfahrten machen. Man darf aber ihre schnellen Reaktionen und ihr Tempo nicht unterschätzen, sie können auch als rundliche Freizeitkameraden noch immer schneller rennen als jedes Warmblut.

Spitzensportler sind oft sensible Wesen, denn ihre Reizschwelle muss ja niedrig sein; Schlafhauben sind selten erfolgreich. Das nennt man den Rennkopf, der allerdings auch Siegeswillen, Härte und Persönlichkeit umfasst. Das sind Eigenschaften, die am Freizeitsektor weniger erwünscht sind und viel Feingefühl verlangen, um sie erfolgreich kanalisieren zu können.

Alle Rennpferde sind recht feingliedrige, muskulöse Athleten. Sie können und sollen, wie jedes andere Pferd auch, rund ums Jahr zumindest tagsüber im Freien sein. Das tut ihrer Gesundheit und ihren Nerven nur gut; allerdings brauchen sie gutes Futter, gute Pflege und eine verständige Hand – kurzum, sie müssen sich wohlfühlen. Vernachlässigt leiden sie unter harten Bedingungen vermutlich mehr als ein Robustpferd oder ein Kaltblut.

Rennpferderassen

Englisches Vollblut; Vollblut- und Anglo-Araber, Traber.

HARDY OELKE

Beurteilungskriterien bei Western Horses

Die Gruppe der Western Horses besteht hauptsächlich aus den Rassen Quarter Horse, Paint Horse und Appaloosa Horse, wobei die beiden erstgenannten nahezu identisch sind. Appaloosas haben traditionell eine Reihe so genannter *outcross breeds* (Fremdrassen zur Einkreuzung) zugelassen, so dass diese Zucht weniger einheitlich ist. Rassen, wie z. B. der Missouri Foxtrotter oder das Morgan Horse, sind eigene Wege gegangen und nur bedingt unter die Westernpferderassen einzuordnen.

Das Quarter Horse – die zahlenmäßig stärkste Pferderasse der Welt – ist quasi der Prototyp des Westernpferdes. Die Zucht der Paint Horses wurde nur dadurch ins Leben gerufen und eigenständig, dass anfangs bei der American Quarter Horse Association keine Pferde eingetragen wurden, deren weiße Abzeichen über ein bestimmtes Maß hinausgingen. Diese Regel wurde in den letzten Jahren so geändert, dass im Grunde gar keine Notwendigkeit mehr für zwei getrennte Zuchtverbände besteht und diese nur noch aus Tradition eigenständig bleiben. Die Appaloosa-Zucht hat einen anderen Werdegang und ihren Anfang in den Pferden der Nez Percé-Indianer. Später wurde sehr viel Quarter Horse eingekreuzt, wie auch Vollblüter, Araber, Morgans und Traber …

Das Quarter Horse stellt heute keine Rasse mehr dar. Vielmehr sind die meisten der unter dem Dach der American Quarter Horse Association betreuten Pferde in Spezialzuchten aufgegliedert, die sich zum Teil so sehr voneinander unterscheiden, dass sie eigentlich als separate Rassen betrachtet werden sollten. Ähnliches gilt für bei der American Paint Horse Association eingetragene Pferde. Die Appaloosas waren wegen der erwähnten Einkreuzungen sowieso nie uniform.

Die stärksten Abweichungen vom ursprünglichen Rassetyp finden sich in der Zucht von Pferden für die Klassen Western Pleasure und besonders die so genannten Hunter-Klassen. Die Pferde sind dort höher, was in erster Linie längeren Beinen zuzuschreiben ist, und stehen dem eigentlichen Rassetyp diametral gegenüber – sie sind flach, schmalbrüstig und schwach bemuskelt (Hinterhand!). Richtige Hunter, also normale Warmblüter, sind die reinsten Panzer dagegen.

Cutting-Pferde sind oft größenmäßig am unteren Ende der Skala und leichter als der Durchschnitt, Roping-Pferde sind meistens recht groß und nicht selten etwas grob, Halter-Pferde sind ebenfalls meistens groß, aber dabei von ungesund feinem Fundament. Pferde für die *timed events* (Bewerbe gegen die Uhr, wie *barrel racing* oder *pole bending* usw.) haben meistens einen hohen Vollblutanteil und sehen dementsprechend aus, was noch mehr für die Quarter Racing Horses gilt. Am ehesten findet man noch unter Reining- und Ranch-Pferden solche vom eigentlichen Rassetyp.

Hier soll also das typische Quarter Horse oder Western Horse beschrieben werden, wie es ursprünglich bekannt und beliebt war. Wären die amerikanischen Verbände wie Zuchtverbände nach deutschem oder europäischem Muster organisiert, mit einer qualifizierten Zuchtleitung, so wäre der Rassetyp erhalten geblieben. Diese Verbände verwalten aber nur die Aktivitäten ihrer Mitglieder und versuchen, ihnen dafür die geeigneten Plattformen anzubieten. So ist die Zucht der eigentlichen Quarter Horses sozusagen abgedrängt worden und wird noch von einigen Idealisten betrieben. Schon gibt es Vereinigungen für die „Foundation Quarter Horse“ genannten Pferde, die eigentlichen Quarter Horses, im Gegensatz zu Pferden mit hohem Vollblutanteil bzw. zu solchen, die auf atypische Merkmale selektiert wurden.

Das Quarter Horse ist zwar ein Allround-Pferd, jedoch vornehmlich ein Reitpferd, darum werden dieselben Kriterien angelegt wie bei anderen Reitpferderassen. Ein schlanker, gut aufgesetzter Hals mit leichtem Genick ist immer von Vorteil und wird darum auch beim Westernpferd gewünscht, ebenso wie eine schräge Schulter, eine gute Sattel- und Gurtlage, Gurttiefe, eine schräge Kruppe, ein korrektes Fundament und korrekte, fördernde Bewegungen.

Was das Quarter Horse und damit das Western Horse von anderen Rassen unterscheidet: Einmal der Kopf, der im Profil gerade und insgesamt keilförmig ist, mit breiter Stirn, kleinen Ohren, gutem Auge und kleiner, feiner und fester Maulpartie. Auf der

Stirn und an den Ganaschen zeigt sich schon die besondere Eigenheit dieser Pferde: die sehr ausgeprägte Bemuskelung.

Es gibt keine andere Pferderasse mit so starker Bemuskelung. Sie tritt besonders an der Hinterhand in Erscheinung, weiters an der Brust und den Oberarmen und auch an den Unterarmen und vor allem an der Behosung der Hinterbeine. Die Bemuske-

lung der Kruppe lässt diese oft höher aussehen als den Widerrist und gibt so das Bild eines überbauten Pferdes, selbst wenn diese vom Skelett her gleich hoch sind. Von hinten betrachtet ist die Knie-Oberschenkel-Bemuskelung (Englisch: *stifles*) die breiteste Stelle des Pferdes. Ein Vergleich mit Kaltblütern zeigt, dass bei diesen gewöhnlich die Hüftknochen die breiteste Stelle des Pferdes ausmachen und die *stifle*-Bemuskelung schmäler oder höchstens genauso breit ist. Auch ist die für Kaltblüter typische, gespaltene Kruppe bei Western Horses atypisch und unerwünscht.

Das typische Western Horse ist tief, rumpfig und relativ kurzbeinig. Die kürzere Beinlänge beruht zum Teil auf kurzen Röhren, die wiederum flache Gänge ohne Knieaktion bedingen. Als Faustregel gilt, dass die Gurttiefe etwa der Distanz vom Brustbein bis zum Boden entsprechen soll, höchstens aber bis zu den Fesseln. Dieses Gebäude bedingt einen tiefen Schwerpunkt, der für die typischen Einsatzbereiche wünschenswert ist, in denen diese Pferde arbeiten. Die kurzen Röhren und der dadurch bedingte tiefe Schwerpunkt sind auch ein Faktor für die besondere Wendigkeit, welche diese Pferde haben und haben sollen.

Das Quarter Horse ist ein kleines bis mittelgroßes Pferd. Der Rassestandard schreibt mindestens 1,42 m Stockmaß vor, die meisten sind aber größer; es gibt kein Limit nach oben, aber Pferde über etwa 1,58 m sind nur selten rassetypisch.

Beim Westernpferd wird dessen Balance bewertet, indem man sich ein gleichmäßiges Trapez vorstellt, gebildet durch die Linien der Schulter, des Rückens, der Kruppe und der Unterlinie. Schulter, Rücken und Kruppe (hier Hüfthöcker bis Sitzbeinhöcker) sollen möglichst gleich lang sein und Schulter und Hüfte dieselbe Winkelung (nur entgegengesetzt) haben. Auch der Hals sollte dieser Länge ungefähr entsprechen. Die Fesselung sollte in der Winkelung jener der Schulter entsprechen.

Im Vergleich zu Westernpferden haben europäische Warmblüter einen längeren Hals und „mehr Vorhand“; das Western Horse fällt durch eine stärkere Hinterhand auf. Besonders iberische Pferde tendieren zu einem kräftigeren, stärker gebogenen Hals mit mehr Aufsatz. Dagegen hat das Western Horse einen vergleichsweise geraden und schlanken Hals, der aber durchaus gut geformt ist und etwa in jenem Winkel aus der Schulter kommt, wie ihn auch die Hüfte aufweist.

Allgemein kann man auch sagen, dass das Westernpferd von Natur aus mehr unter sich steht als z. B. Warmblüter und dass es sich durch eine gute Selbsthaltung auszeichnet. Es läuft nicht auseinandergefallen daher und muss nicht erst durch reiterliche Einwirkung zusammengestellt werden.

An Schwachpunkten in den Western-Horse-Zuchten sind zu nennen, dass man lange zu wenig Wert auf ein korrektes Fundament gelegt hat und Fehlstellungen darum häufig anzutreffen sind, ebenso sind Hufrollenprobleme durchaus nicht selten. Letztere kann man nicht von außen erkennen. Bei nicht wenigen Quarter Horses findet sich ein Missverhältnis zwischen der Masse des Rumpfes und der Knochenstärke der Gliedmaßen und der Größe der Hufe. Die Hufe sind nicht nur häufig zu klein, sondern oftmals auch nicht gut geformt. Weitere Negativpunkte können sein, dass die Pferde eine Tendenz zeigen, überbaut zu sein, was oft mit einem zu wenig ausgeprägten Widerrist einhergeht. Auch das alte Western Horse früherer Tage (der *bulldog type*) hatte schon gute Individuen, die sich durch gut ausgeprägte Widerriste und schöne Balance auszeichneten, aber dies sind die Bereiche, in denen züchterisch noch Raum für Verbesserungen besteht.

Über die reine Konformation – das Exterieur – hinaus zeichnet sich das Quarter Horse durch ein sehr kooperatives und unkompliziertes Wesen aus. Neulinge im Westernpferdebereich sind oft verblüfft darüber, wie sehr sich die Pferde anbieten und wie leichtrittig sie sind. Das Wesen ist natürlich von außen schwer zu beurteilen, wenn man nicht wenigstens eine Zeit mit dem Pferd arbeiten kann, aber es muss einfach gesagt werden, dass ein gutes Westernpferd problemlos zu handhaben ist.

Der *cow sense*, der „Rinderverstand", die Neigung zur Rinderarbeit, ist vielen Westernpferden angeboren, aber nicht allen. Die speziell für das Cutting gezüchteten Westernpferde sind in ihren Fähigkeiten und Eigenschaften einzigartig.

Die Bewegungen des Westernpferdes sollen komfortabel sein. Auf einen starken Trab sind sie nicht gezüchtet, der hat im Bereich des Westernreitens keinen Platz. Ein gutes Westernpferd hat dafür einen weichen *Jog* (Arbeitstrab), der nur wenig schneller als der Schritt ist und den es

stundenlang gehen kann; er ist für den Reiter ausgesprochen bequem. Das Galoppvermögen ist wichtig, und der Galopp eines guten Westernpferdes ist ebenso fördernd wie angenehm zu sitzen. Ein gutes Westernpferd ist auch in der Lage, zu „explodieren" und mit zwei, drei Sprüngen seine Höchstgeschwindigkeit zu erreichen, eine Fähigkeit, die bei der Rinderarbeit große Bedeutung hat.

Einige typische Westernpferderassen

Quarter Horse; Paint Horse; Appaloosa; Canadian Cutting Horse; Palomino und Pinto (Farbrassen); Criollo und u. U. Mestizo; alle Mustang-Varianten; evtl. auch Morgans und kleine Spezialrassen wie Florida Cracker; Seminole; Chickasaw Pony; Spanish Barb; Galiceno und Mexikanisches Ranchpferd; Azteke.

Gabriel Rodenberg
Jagdpferde heute

Die Jagdreiterei hat sich über die letzte Menschengeneration zu einem Sport entwickelt, der in der Freizeit betrieben wird. Bis zum Zweiten Weltkrieg war die Ausbildung der Pferde durch die Kavallerie leistungsmäßig bestimmt. Die Intensität der Reitausbildung war demzufolge eine viel höhere, als sie es heute im Bereich des Freizeitsportes ist. Dieser Tatsache passte sich damals die Pferdezucht an, und sie muss es in gleichem Maße heute auch tun. Das heißt für uns als Züchter und Reiter, dass in unserer Zeit Reitpferde gezogen und ausgebildet werden müssen, die den Ansprüchen der Reiter in Bezug auf Exterieur, Ausbildung und vor allen Dingen Interieur entgegenkommen und entsprechen.

Ich halte es in der Zucht für ganz wichtig, bei den Elterntieren auf einen ausgeglichenen Leistungsindex zu achten. Das heißt in der Praxis, dass man in erster Linie keine Pferde einsetzt, die nur einseitig begabt bzw. in einer Sparte übertalentiert sind. Ich habe bei der Auswahl der Anpaarungen immer auf einen ausgeglichenen Dressur- und Springindex, der möglichst hoch liegt, geachtet, und die Resultate scheinen mir Recht zu geben. Was ich leider am Index nicht erkennen konnte, sind die Interieurwerte. Dieses Problem habe ich durch Gespräche mit verschiedenen Züchtern gelöst, um herauszufinden, wie sich das Interieur der Eltern bei den Fohlen manifestiert. Die übrigen Komponenten, um als Ergebnis ein gutes Jagdpferd zu erhalten, sind Aufzucht, Fütterung und Ausbildung.

Ich habe in meiner züchterischen Laufbahn auf drei Grundlinien aufgebaut: Bei den Stutenlinien waren es vor allen Dingen die Linien des Hannoveraner Hengstes Körling, der über Komet und Kobold II sehr rittige, willige und springbegabte Reitpferde produziert hat. Auch über Kobold I, den Bruder des Kobold II und Vater von Kolibri, haben sich diese Reiteigenschaften gut weiter vererbt. Des Weiteren habe ich Stuten aus der Linie des Staatsprämienhengstes Adriano, der auf den Hannoveraner Adept/Archimedes zurückgeht, eingesetzt. Adept führt im fallenden Stamm Englisches Vollblut über den Hengst Alciglide XX. Als dritte Linie in meiner Zucht existieren die Nachkommen der Mutterlinie der Brända, die von dem Brandenburger Hengst Bravo/Brack abstammt. Diese drei Linien verpaarte ich mit dem Oldenburger Hengst Babylon von Barley Hill XX, der im fallenden Stamm Anglo-Normannisches Blut führt. Barley Hill ist ein Bruder des Blueberry Hill, der von Bettina Hoy erfolgreich in internationalen Geländeprüfungen geritten wurde. Babylons Nachkommen zeichnen sich vor allem durch Leichtrittigkeit und gute Vorwärtsbewegung im Gelände aus. Damit will ich deutlich machen, dass für Jagdpferde ein gewisser Vollblutanteil gut war und ist, aber zu viel davon wiederum nicht förderlich für das Interieur ist.

Bei der Auswahl eines geeigneten Jagdpferdes sollte der Reiter darauf achten, dass sich das Pferd in einer guten gesundheitlichen Grundkondition befindet. Die sportliche Ausbildung bei einem Pferd, das schnell zum Einsatz gebracht werden muss, sollte einem Ausbildungsstand zwischen A und L für Vielseitigkeitspferde entsprechen. Ist das nicht der Fall, muss die weitere Ausbildung in geeignete Hände gelegt werden. Ideal ist es für solche Pferde, wenn man die sportliche Ausbildung mit dem Training an der Meute kombinieren kann. Ein

gutes Jagdpferd, auch wenn es nicht in der Equipage geritten wird, soll unbedingt an Hunde gewöhnt sein.

In der Kombination dieser beiden Faktoren habe ich sehr viele gute Ergebnisse, selbst bei nervösen Pferden, erreicht. Auch wenn das Pferd in der nachfolgenden Zeit nicht als Equipagepferd eingesetzt wird, hilft die Arbeit an den Hunden. Vor allem Pferde, die im Turniersport überarbeitet und sauer geworden sind, finden auf den normalen Boden der Reiterei zurück.

Eine sehr wichtige Erfahrung habe ich mit dem Anspannen von Jagdpferden gemacht. Im Fahrsport wird dem Pferd ein hoher Grad an Unterordnung, Durchlässigkeit und gymnastischer Ausbildung abverlangt. Dazu gehört vor allen Dingen auch die Ausbildung im Schritt. Dieser ist für beide Sportarten, Fahren und Jagdreiten, von eminenter Wichtigkeit. Meine Jagdpferde habe ich bis zum Sechserzug und oft im Vierergespann dressurmäßig und im Gelände gefahren. Die maßgeblichen Faktoren der Pferdeausbildung sind aber immer: Zeit, Geduld und Ruhe – kommt Tierliebe dazu, ist das Ideal erreicht!

Beliebte Jagdpferderassen (Hunter)

Irish Hunter, Irish Draught Horse, Irish Sport Horse; Cleveland Bay Partbred; Connemara Partbred; Thoroughbred/Englisches Vollblut; alle europäischen Sportpferderassen; Anglo-Araber und Shagya-Araber; New-Forest-Pony; Welsh-Pony und Cob; Reitpony.

DR. KATE STOREY-WHYTE

Das Stock Horse oder Arbeitspferd

Obwohl heute oft Motocross-Räder und Quadbikes anstatt Arbeitspferden verwendet werden, sind unsere Stock Horses auf vielen australischen Farmen und Großbetrieben noch immer geschätzte Mitarbeiter. Darin ähnelt ihre Aufgabe jener der übrigen Arbeitspferde in aller Welt, die in der Viehzucht verwendet werden.

Ihre Aufgaben umfassen das so genannte „Mustern", also das Zusammentreiben aller Schafe und Rinder in einem Gebiet, und das Verbringen der Tiere auf einen Hof oder ein Areal, wo man sie begutachten, behandeln und eventuell verkaufen kann. Weiters das so genannte *drafting*, das ist das Separieren einiger Tiere oder Gruppen von Tieren, und das *droving*, das ist das Treiben von einem Ort zum anderen. Manchmal werden die Tiere auf andere Farmen verbracht, manchmal zum Markt oder einfach auf die „lange Weide" – das ist in australischer Ausdrucksweise der Wegesrand. Dann können sie für einige Wochen das Gras entlang der öffentlichen Straßen weiden, außerhalb der Zäune der privaten Besitzungen. Die breiten Landstraßen in Australien werden oft „Dreiketten-Straßen" genannt, weil sie drei „Ketten" (eine alte Maßeinheit) oder genau 150 Meter breit sind. Das ergibt genug Platz für Rinder und Schafe, um dort zu fressen und zu kampieren. Das Treiben ist meistens eine recht entspannte Sache, aber die Pferde müssen dennoch imstande sein, schnell mal ausbüchsendes Vieh einzuholen. *Droving* ist eine gute Methode, um jungen Pferden das „Da-

hinlatschen" hinter der Herde beizubringen.

Das Sortieren braucht ein agiles, entschlossenes und aufmerksames Pferd, und genau dafür ist das Australian Stock Horse (Australisches Hütepferd), seit 1971 eine Rasse mit Zuchtbuch, ideal.

Diese Pferde wurden ursprünglich Walers genannt, nach dem Staat Neu Südwales in Australien, und waren vorwiegend Kreuzungen aus Englischem Vollblut und diversen Ponys, besonders Timor oder Welsh. Es waren und sind auch heute noch sehr harte Pferde, dabei nicht groß, etwa zwischen 142 und 162 cm Stockmaß. Sie sind nicht sehr schwer im Fundament, weil harte, dichte Knochen mit stabilen Sehnen mit dem harten Boden besser klar kommen; sie sind zudem sehr schnell und wendig. Sie haben gute Schultern und korrekt aufgesetzte Hälse, was sie angenehm zu reiten macht, vor allem über raues Terrain.

Sie lieben ihren Job, und ein gutes Pferd kann jedes Rind aus einer Herde cutten und forttreiben, was schließlich die Basis des Treibens und der typisch australischen Rodeos ist. Manche dieser Pferde nehmen ihren „Beruf" so ernst, dass sie buchstäblich beleidigt sind, wenn man sie anstatt formidabler Rinder nur langweilige, langsame Schafe treiben lässt. Wenn man wilde Pferde, die berühmten Brumbies, einkreist und treibt, dann kommen sie immer mit und „helfen" dabei.

Das gute Stock Horse ist immer „entspannt, aber aufmerksam" – wir nennen das im Englischen *relaxed, but observant* (entspannt, aber aufmerksam), und unser australischer Reitstil beruht sehr stark darauf sowie auf den Gewichtshilfen. Unsere Arbeitspferde müssen hauptsächlich auf Gewichtshilfen hin beschleunigen, stoppen und drehen. Daher verwendet man im Australien meistens einfache Trensengebisse und unsere bekannten „Stocksättel", die einen sehr sicheren Sitz nahe am Pferd geben. In steilem Gelände werden auch Schweifriemen und Vorderzeug verwendet.

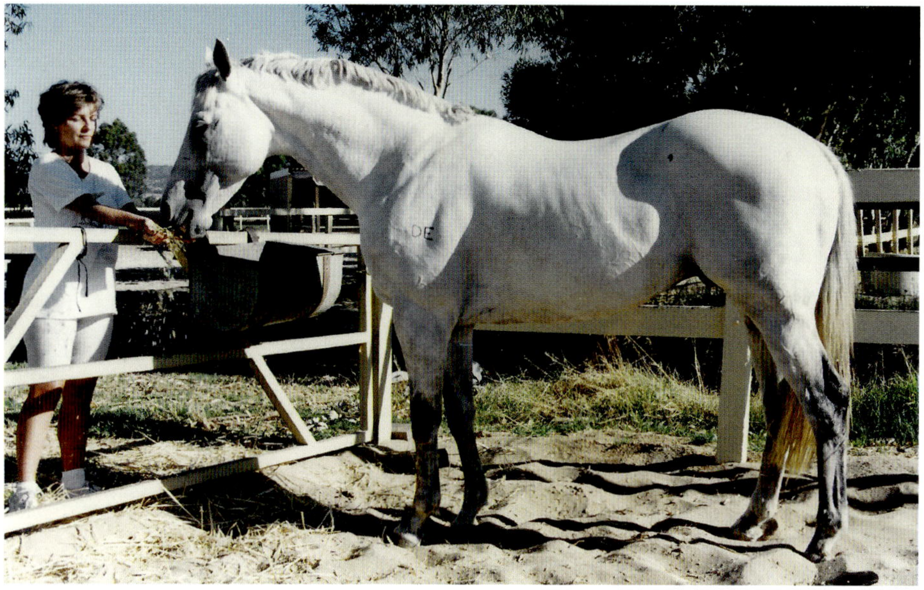

Die Zucht umfasst heute vor allem Vollblüter, die Reste der alten Waler-Rasse, aber auch Quarter Horses und hin und wieder Traber oder Araber. Alle diese Pferde müssen vor allem eines: hart arbeiten. Im Sport gab es in den letzten Jahrzehnten einige berühmte Vielseitigkeitspferde, die ihr Leben als Stock Horses in Australien oder Neuseeland begannen, worauf wir sehr stolz sind. Solche und ähnliche Rassen wären auch ideal für die neue Sportart Working Equitation geeignet.

Einige typische Ranchpferderassen

Australian Stock Horse, Waler; alle nordamerikanischen Westernpferdrassen; alle Varianten des südamerikanischen Criollo/Mestizo; alle reitbaren Mustangs und Brumbies.

Nachwort

Zum guten Schluss sei nochmals daran erinnert: Es ist weniger wichtig, das körperlich perfekte Pferd zu besitzen, als eines, mit dem man gut harmoniert und viel Freude erfahren kann.

Oft wird behauptet, dass man so etwas „Mystisches" wie die Pferdebeurteilung nicht erlernen könne. Das ist meiner Meinung nach schlichte Faulheit oder sogar eine Ausrede, weil man sich wieder einmal aus dem Bauch heraus ein Pferd zugelegt hat, das für den ihm zugedachten Job eigentlich ungeeignet ist. Schon der berühmte Dr. Gustav Rau (1880–1954, international bekannter Fachjournalist und Hippologe, deutscher Landstallmeister und Begründer des ländlichen Reitsports) sagte, dass man zum Pferdekenner geboren sein kann; jedoch ließe sich die Beurteilung eines Pferdes bis zu einem gewissen Grad auch erlernen, sofern man etwas Interesse, Energie und Anlage mitbringt.

Die wahre Meisterschaft wird davon abhängen, ob sich ein angeborenes Auge mit Fleiß, Ausdauer und den praktischen Möglichkeiten verbinden lässt. Wer es partout nicht lernt, der muss sich dies auch eingestehen und den Rat von erwiesenen Experten suchen. Wer sich trotz Mangels an Talent beruflich der Pferdebeurteilung zuwendet, kann nachhaltigen Schaden an Zuchtbetrieben und sogar ganzen Rassen anrichten. Aber jeder Pferdefreund hat die Möglichkeiten, sich zu bilden und zu informieren, ehe er einem Pferdekauf nähertritt; aus diesen Möglichkeiten erwächst die Verantwortung, sie auch zu nützen, und zwar zum Besten unserer Pferde. Möge dieses Buch seinen Lesern dabei eine kleine Hilfe sein!

Anhang

Literatur

Brem, Dr. Dr. Gottfried (Hrsg.)
Exterieurbeurteilung landwirtschaftlicher Nutztiere
Verlag Eugen Ulmer, 1998

Bührer-Lucke, Gisa
Expedition Pferdekörper
Franckh-Kosmos Verlags-GmbH, 2010

Druml, Dr. Thomas
Das Noriker Pferd
Vehling Verlag GmbH, 2006

Ellenberger-Baum (18. Aufl.)
Handbuch der vergleichenden Anatomie der Haustiere
Springer-Verlag, 1977

Gast, Christiane und Ulrike
Der Pferdekauf in der Praxis
Franckh-Kosmos Verlags-GmbH, 2002

Haller, Martin
Der neue Kosmos Pferdeführer
Franckh-Kosmos Verlags-GmbH, 2009

Haller, Martin
Die Britischen Ponyrassen
Verlag Sandra Asmussen, 2006

Hayes, Captain Horace
Points of the Horse
Stanley Paul & Co., Reprint 1968

Henderson, Carolyn; Coumbe, Karen
The Horse and Pony Care Bible
Ebury Press, 2007

Higgins, Gillian
How Your Horse Moves
David & Charles Ltd., 2009

Jänisch, Andrea; Stührenberg, Kaja
Gymnastizierung von Gangpferden
Cadmos Verlag, 2004

Kidd, Jane
Pferdesport – Sportpferde
Albert Müller Verlag, 1986

Knoll, Lore
ABC des Pferdekaufs
Franckh-Kosmos Verlags-GmbH, 1992

Knopfhart, Alfred
Beurteilung und Auswahl von Reitpferden
Verlag Paul Parey, Berlin 1971

Kronenberg, Susanne
Das richtige Pferd für mich
Gondrom Verlag GmbH, 1998

McBane, Susan
Conformation for the Purpose
Swann Hill Press, 2000

McEwen, John (Hrsg.)
Das große Buch der Pferdegesundheit
Kynos Verlag, 2003

Möller, Dr. H.; Born, Dr. L.
Handbuch der Pferdekunde
Verlag Paul Parey, 1919

Nissen, Jasper
Enzyklopädie der Pferderassen (3 Bde.)
Franckh-Kosmos Verlags-GmbH, 1999

Pochhammer, Gabriele et. al.
Faszination Pferde – Pferdebeurteilung
Franckh-Kosmos Verlags-GmbH, 2005

Schacht, Christian
Reitpferde richtig beurteilen
Franckh-Kosmos Verlags-GmbH, 2011

Schäfer, Michael
Wie werde ich Pferdekenner
Nymphenburger Verlagshandlung, 1971 (1973)

Schäfer, Michael
Großponys und Kleinpferde
Nymphenburger Verlagshandlung, 1972

Schäfer, Michael
Handbuch Pferdebeurteilung
Franckh-Kosmos Verlags-GmbH, 2000

Seyfert, Dr. Georg (Hrsg.)
Walthers Landwirtschaftliche Tierheilkunde
Emil Hübners Verlag, 1920

Smith-Thomas, Heather
Horse Conformation Handbook
Storey Publishing, 2005

Straiton, Edward
Pferdekrankheiten
BLV Verlagsgesellschaft, 1982

Kontakte

Andrea Jänisch, Hit-Aktivstall El Rocio, Fehling 28, 83339 Chieming, Deutschland; 0049-172-6110069 (mobil), www.andrea-jaenisch.de, andreajaenisch@aol.com

CHS Media/Saddlery, Tallahassee, Florida, European Distribution Centre Finkenweg 21, 27249 Mellinghausen, Deutschland; 0049-172-6832292 (mobil)

Dokumentationszentrum für Altösterreichische Pferderassen, Gutshofstraße 23, 2291 Schönfeld, Österreich; 0043-2213-2188 (Festnetz), www.pferde-altoesterreich.at

Fahrstall Bernd und Rainer Duen, Im Paarberger Wald 2, 26169 Friesoythe-Thüle, Deutschland; www.stall-duen.com

Hardy Oelke, Othmaringhausen, 58553 Halver

Criollo-Gestüt La Primera und Reitanlage Rodenberg, Gut Dalwitz 39a, 17179 Walkendorf, Deutschland; 0049-171-9690652 (mobil); www.gutdalwitz.de

Kate Storey-Whyte, Agincourt Connemara Stud, Llangunllo nr. Knighton, Powys LD7 1SU, Wales; 0044-7624-111287 (mobil), kate.storeywhyte@talk.21.com

Narelle Wockner Photography, Postbox 93, Rochedale, QLD 4123, Australien; www.nwpstudio.com.au

Royal Windsor Horse Show, The Royal Mews, Windsor Castle, Berkshire LS4 1NG, England; www.rwhs.co.uk; www.hpower.co.uk

Dank und Nachweise

Die Arbeit an diesem Buch zog sich über längere Zeit hin, vor allem die Beschaffung der Fotos und Gastkommentare erforderte viel Geduld. Doch es war ein interessantes und schönes Projekt, das an mein Buch „Der neue Kosmos Pferdeführer" thematisch anschließt.

Mein besonderer Dank gebührt Frau Dr. Bettina Holzer, die eine fachliche Überprüfung des tierärztlichen Teils übernahm, und Frau Dr. Elke Standeker, die eine fachliche Durchsicht der rechtlichen Passagen übernahm. Großer Dank ergeht auch an meine geduldigen Lektoren, Frau Mag. Heike Pekarz und Herrn Dipl.-Ing. Josef Pollhammer im Leopold Stocker Verlag. Mein besonderer Dank ergeht an Mrs. Maribeth Casey von Storey Publishing Ltd. für die gute Zusammenarbeit.

Weiters an Frau Karin Haas, Frau Miriam Lewin, Frau Barbara Müller, Franz und Bettina Müllner, Frau Bettina Niedermayer, Frau Ingvil Schierling, Frau Dr. Kate Storey-Whyte, Frau Susanne Lehmann, Mrs. Narelle Wockner sowie Prof. Rainer Willmann, Herrn Andreas Fitzgerald, Herrn Walter Goelles und Herrn Hardy Oelke für ihre Hilfe bei der Beschaffung von Fotos oder sonstigem Material und Frau Elizabeth Wener für Übersetzungshilfen. Besonderer Dank gebührt den Gastautorinnen bzw. -autoren, Frau Justine Armstrong-Small, Lady Marguerita Fuller, Frau Andrea Jänisch, Frau Heather Smith Thomas, Frau Dr. Kate Storey-Whyte sowie Herrn Hakan Alp, Herrn Hans Brabenetz, Herrn Dr. Thomas Druml, Herrn Rainer Duen, Herrn Ing. Heinrich Lazarini, Herrn Hardy Oelke und Herrn Gabriel Rodenberg.

Der Cartoon und das Fehlerpferd wurden von Frau Verena Braun de Praun gezeichnet. Die übrigen Illustrationen stammen, soweit nicht anders angegeben, vom Autor oder aus Archiven, vorwiegend jenem des Autors. Es war nicht immer möglich, unter vertretbarem Aufwand einen Eigentümer festzustellen. Sollte durch die vorliegende Veröffentlichung nachweislich ein Copyright verletzt worden sein, so ersuchen Verlag und Autor ihnen dies bekannt zu geben.